高等数学

主编　丁　勇

合肥工业大学出版社

图书在版编目(CIP)数据

高等数学/丁勇主编．—合肥:合肥工业大学出版社,2023.9
ISBN 978-7-5650-6406-7

Ⅰ.①高…　Ⅱ.①丁…　Ⅲ.①高等数学—高等学校—教材　Ⅳ.①O13

中国国家版本馆 CIP 数据核字(2023)第 152309 号

高 等 数 学

丁　勇　主编　　　　责任编辑　许璘琳

出　版	合肥工业大学出版社	版　次	2023 年 9 月第 1 版
地　址	合肥市屯溪路 193 号	印　次	2023 年 9 月第 1 次印刷
邮　编	230009	开　本	787 毫米×1092 毫米　1/16
电　话	基础与职业教育出版中心:0551-62903120	印　张	19.25　　插　页　7 印张
	营销与储运管理中心:0551-62903198	字　数	591 千字
网　址	press.hfut.edu.cn	印　刷	安徽联众印刷有限公司
E-mail	hfutpress@163.com	发　行	全国新华书店

ISBN 978-7-5650-6406-7　　　　定价:58.00 元

前　　言

高等数学是高等院校理工科专业的基础数学课程．本书依照国家教育部制定的“工科类本科数学教学基础课程教学基本要求”编写而成，体现了当前独立院校培养高素质应用型人才数学课程设置的发展趋势与教学理念．

全书共9章，内容包括函数、极限与连续，导数与微分，微分中值定理与导数的应用，不定积分，定积分及其应用，常微分方程，向量代数与空间解析几何，多元函数微分法及其应用，二重积分．每章除了配有复习题外，还有单独配套的章节练习题．本书可作为高等学校理工科高等数学课程的教材或教学参考书使用，同时对从事相关领域工作的人员也有一定的参考作用．

高等数学广泛应用于自然科学、社会科学、工程技术及经济管理等领域，对培养学生的数值计算能力、逻辑推理能力、抽象思维能力以及综合运用知识分析解决实际问题的能力等起着重要作用，也为学生进一步学习后续课程打下良好的数学基础．在我国的高等院校中，独立院校占了很大的比例，加之高等数学教学学时偏少，这对教学就提出了更高的要求．针对独立院校应用型高等数学教材要适应高等教育改革的形势也就显得更为紧迫．

本书力求体现独立院校的教学特点，始终贯彻“以应用为目的，以必须够用为度”的原则，结构紧凑，简明清晰，通俗易懂．全书内容在编排上深入浅出，着重强调基本概念、基本技能、基本方法，并将抽象内容与具体实例相结合，对基本概念和定理的应用进行讲解，实用性较强．对书中标有“*”内容，专科层次的教学可以不作要求，本科层次的教学可根据实际需要酌情选用．

本书由丁勇主编．该书的出版得到了武汉工程大学邮电与信息工程学院领导的大力支持，以及教研室同事们的帮助，在此表示衷心的感谢．

由于编者水平有限，书中难免存在疏漏、不妥与错误，敬请读者批评指正．

编　者

2023年5月

目　　录

第1章　函数、极限与连续

初等数学的研究对象是常量，用静止的观点研究问题；高等数学的研究对象是变量，用运动和辩证的观点研究问题．高等数学的基础是函数、极限以及连续，其中，函数是研究对象，极限是研究方法，而连续是研究桥梁．本章将介绍集合、映射、函数、极限和连续等基本概念以及它们的一些基本性质．

1.1　集合、映射与函数

集合(简称集)是数学中的一个基本概念，由康托尔提出，它是集合论的研究对象．集合在数学领域具有无可比拟的特殊性，现代数学各个分支中，几乎所有成果都构筑在严格的集合理论上．映射是建立在集合理论上的一个基本概念，而函数是微积分的研究对象，也是映射的一种．本节主要介绍集合、映射、函数的相关概念、性质与运算等．

1.1.1　集合

1. 集合的概念

讨论函数离不开集合．一般地，把具有某种特定性质的事物或对象的总体称为**集合**，组成集合的事物或对象称为该集合的**元素**．

通常用大写英文字母 $A,B,C,\cdots$ 表示集合，用小写英文字母 $a,b,c,\cdots$ 表示集合中的元素．

如果 a 是集合 A 的元素，则表示为 $a\in A$，读作"a 属于 A"；如果 a 不是集合 A 的元素，则表示为 $a\notin A$，读作"a 不属于 A"．

一个集合如果它含有有限个元素，则称为**有限集**；如果它含有无限个元素，则称为**无限集**；如果它不含任何元素，则称为**空集**，记作 $\varnothing$．

集合的表示方法通常有两种：一种是列举法，即把集合的元素一一列举出来，并用花括号"{}"括起来．例如，由 1,2,3,4,5 组成的集合 A，可表示成

$$A=\{1,2,3,4,5\}.$$

另一种是描述法，即设集合 M 中所有元素 x 的共同特征为 P，则集合 M 可表示为

$$M=\{x\mid x\text{ 具有性质 }P\}.$$

例如，集合 A 是不等式 $x^2-x-2<0$ 的解集，就可以表示为

$$A=\{x\mid x^2-x-2<0\}.$$

由数组成的集合，称为**数集**，初等数学中常见的数集有以下5种．

(1) 全体非负整数组成的集合称为非负整数集(或自然数集)，记作 $\mathbf{N}$，即

$$\mathbf{N}=\{0,1,2,3,\cdots\};$$

(2) 所有正整数组成的集合称为正整数集，记作 $\mathbf{N}^+$，即

$$\mathbf{N}^+=\{1,2,3,\cdots\};$$

(3) 全体整数组成的集合称为整数集，记作 $\mathbf{Z}$，即

$$\mathbf{Z}=\{\cdots,-3,-2,-1,0,1,2,3,\cdots\};$$

(4) 全体有理数组成的集合称为有理数集，记作 $\mathbf{Q}$，即

$$\mathbf{Q}=\left\{\frac{p}{q}\middle| p\in\mathbf{Z},q\in\mathbf{N}^+,\text{且 } p \text{ 与 } q \text{ 互质}\right\};$$

(5) 全体实数组成的集合称为实数集，记作 $\mathbf{R}$.

2. 区间与邻域

在初等数学中，最常见的数集是区间．设 $a,b\in\mathbf{R}$，且 $a<b$，则

(1) **开区间**：$(a,b)=\{x\,|\,a<x<b\}$；

(2) **半开半闭区间**：$[a,b)=\{x\,|\,a\leqslant x<b\}$，$(a,b]=\{x\,|\,a<x\leqslant b\}$；

(3) **闭区间**：$[a,b]=\{x\,|\,a\leqslant x\leqslant b\}$；

(4) **无穷区间**：$[a,+\infty)=\{x\,|\,x\geqslant a\}$，$(a,+\infty)=\{x\,|\,x>a\}$，$(-\infty,b]=\{x\,|\,x\leqslant b\}$，$(-\infty,b)=\{x\,|\,x<b\}$，$(-\infty,+\infty)=\{x\,|\,x\in\mathbf{R}\}$．

以上四类统称为区间，在区间在数轴上的表示如图1-1所示，其中(a)～(d)称为有限区间，(e)～(h)称为无限区间．

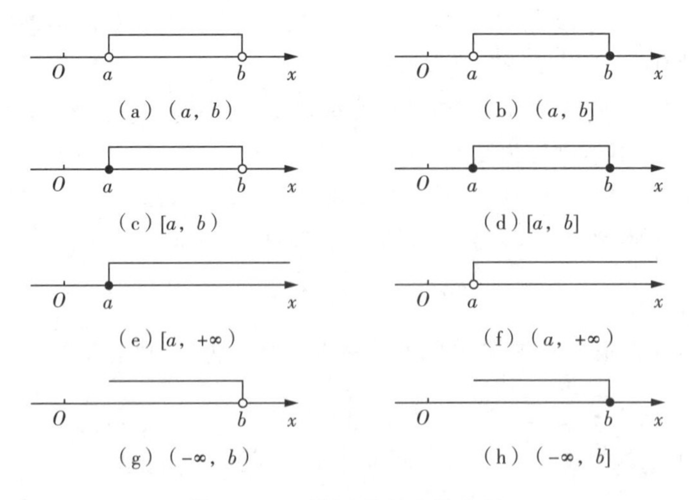

图1-1　区间在数轴上的表示

在微积分中，有时需要考虑由某点 x_0 附近的所有点组成的集合，为此引入邻域的概念.

定义1　设 δ 为某个正数，称开区间 $(x_0-\delta, x_0+\delta)$ 为点 x_0 的 δ **邻域**，简称为点 x_0 的邻域，记作 $U(x_0,\delta)$，即

$$U(x_0,\delta)=\{x \mid x_0-\delta<x<x_0+\delta\}=\{x \mid |x-x_0|<\delta\}.$$

在此，点 x_0 称为邻域的中心，δ 称为邻域的半径．点 x_0 的邻域如图1-2所示.

另外，点 x_0 的邻域去掉中心 x_0 后，称为点 x_0 的**去心邻域**，记作 $\mathring{U}(x_0,\delta)$，即

$$\mathring{U}(x_0,\delta)=\{x \mid 0<|x-x_0|<\delta\}.$$

点 x_0 的去心邻域如图1-3所示．其中，$(x_0-\delta,x_0)$ 称为点 x_0 的左邻域，$(x_0,x_0+\delta)$ 称为点 x_0 的右邻域.

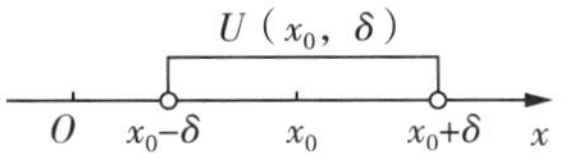

图1-2　点 x_0 的邻域

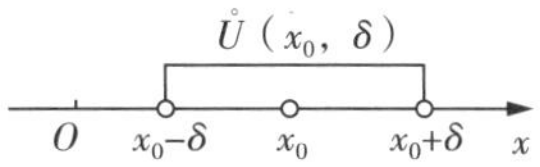

图1-3　点 x_0 的去心邻域

1.1.2　映射

1．映射的概念

定义2　设 X,Y 是两个非空集合，如果存在一个法则 f，使得对 X 中的每个元素 x，按法则 f，在 Y 中有唯一确定的元素 y 与之对应，那么称 f 为从 X 到 Y 的**映射**，记作

$$f:X\to Y,$$

其中，元素 y 称为元素 x 在映射 f 下的**像**，并记作 $f(x)$，即

$$y=f(x),$$

而元素 x 称为元素 y 在映射 f 下的一个**原像**．集合 X 称为映射 f 的**定义域**，记作 D_f，即 $D_f=X$. X 中所有元素的像所组成的集合称为映射 f 的**值域**，记作 R_f 或 $f(X)$，即

$$R_f=f(X)=\{f(x) \mid x\in X\}.$$

从上述映射的定义可知，构造映射需要注意以下两点.

(1) 构造一个映射必须具备以下三个因素：集合 X，即定义域 $D_f=X$；集合 Y，即值域的范围 $R_f\subset Y$；对应法则 f，使对每个 $x\in X$，有唯一确定的 $y=f(x)$ 与之对应.

(2) 对每个 $x\in X$，元素 x 的像 y 是唯一的；而对每个 $y\in R_f$，元素的 y 原像不一定是唯一的；映射 f 的值域 R_f 是 Y 的一个子集，即 $R_f\subset Y$，不一定是 $R_f=Y$.

例1　设 $f:\mathbf{R}\to\mathbf{R}$，对每个 $x\in\mathbf{R}$，$f(x)=2x^2$. 显然 f 是一个映射，f 的定义域 $D_f=\mathbf{R}$，值域 $R_f=\{y \mid y\geqslant 0\}$，它是 $\mathbf{R}$ 的一个真子集．对于 R_f 中的元素 y，除 $y=0$ 外，它的原像不是唯一的，如 $y=8$ 的原像就有 $x=2$ 和 $x=-2$ 两个.

设 f 是从集合 X 到集合 Y 的映射，若 $R_f=Y$，即 Y 中任一元素 y 都是 X 中某元素的像，则称 f 为 X 到 Y 上的**满射**.

例 2 设 $X=\{(x,y)\mid x^2+y^2=1\}$，$Y=\{(x,0)\mid |x|\leqslant 1\}$，$f:X\to Y$，对每个 $(x,y)\in X$，有唯一确定的 $(x,0)\in Y$ 与之对应．显然 f 是一个满射，其中，f 的定义域 $D_f=X$，值域 $R_f=Y$．在几何上，这个映射表示将平面上一个圆心在原点的单位圆周上的点投影到 x 轴的区间 $[-1,1]$ 上．

若对 X 中任意两个不同元素 $x_1\neq x_2$，它们的像 $f(x_1)\neq f(x_2)$，则称 f 为 X 到 Y 的**单射**；若映射 f 既是单射，又是满射，则称 f 为**一一映射**（或**双射**）．

例 3 设 $f:\left[-\frac{\pi}{2},\frac{\pi}{2}\right]\to[-1,1]$，对每个 $x\in\left[-\frac{\pi}{2},\frac{\pi}{2}\right]$，$f(x)=\sin x$．$f$ 既是单射，又是满射，所以 f 是一一映射．

映射又称为算子．根据集合 X，Y 的不同情形，在不同的数学分支中，映射又有不同的惯用名称．例如，概率论与数理统计中的概率是从非空集 X 到数集 Y 的映射，又称为 X 上的泛函；又如，线性代数中线性方程组是从非空集 X 到它自身的映射，又称为 X 上的变换；而高等数学中的函数是从实数集（或其子集）或者点集 X 到实数集 Y 的映射．

2．逆映射与复合映射

设 f 是 X 到 Y 的单射，则由定义，对每个 $y\in R_f$，有唯一的 $x\in X$，满足 $f(x)=y$．于是，可定义一个从 R_f 到 X 的新映射 g，即

$$g:R_f\to X,$$

对每个 $y\in R_f$，规定 $g(y)=x$，这 x 满足 $f(x)=y$，这个映射 g 称为 f 的逆映射，记作 f^{-1}，其定义域 $D_{f^{-1}}=R_f$，值域 $R_{f^{-1}}=X$．逆映射如图 1－4 所示．

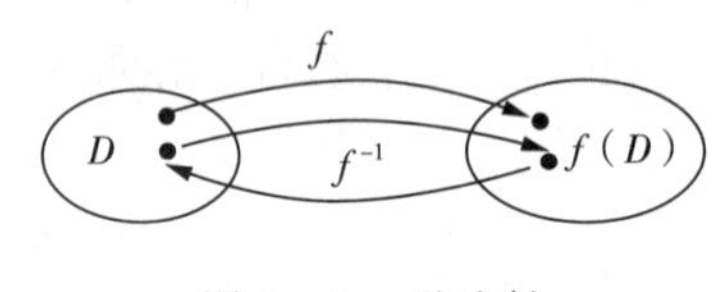

图 1－4 逆映射

按上述定义，只有单射才存在逆映射．所以，在例 1、例 2 和例 3 中，只有例 3 中的映射 f 才存在逆映射 f^{-1}，这个 f^{-1} 就是反正弦函数的主值，即

$$f^{-1}(x)=\arcsin x,x\in[-1,1],$$

其定义域 $D_{f^{-1}}=[-1,1]$，值域 $R_{f^{-1}}=\left[-\frac{\pi}{2},\frac{\pi}{2}\right]$．

设有两个映射

$$g:X\to Y_1,f:Y_2\to Z,$$

其中，$Y_1\subset Y_2$，则由映射 g 和 f 可以定出一个从 X 到 Z 的对应法则，它将每个 $x\in X$ 映成 $f[g(x)]\in Z$．显然，这个对应法则确定了一个从 X 到 Z 的映射，这个映射称为映射 g 和 f 构成的**复合映射**（图 1－5），记作 $f\circ g$，即

$$f\circ g:X\to Z,(f\circ g)(x)=f[g(x)],x\in X.$$

由复合映射的定义可知，映射 g 和 f 构成复合映射的条件是：g 的值域 R_g 必须包含在 f 的定义域内，即 $R_g\subset D_f$．否则，不能构成复合映射．由此可以知道，映射 g 和 f 的复合是有

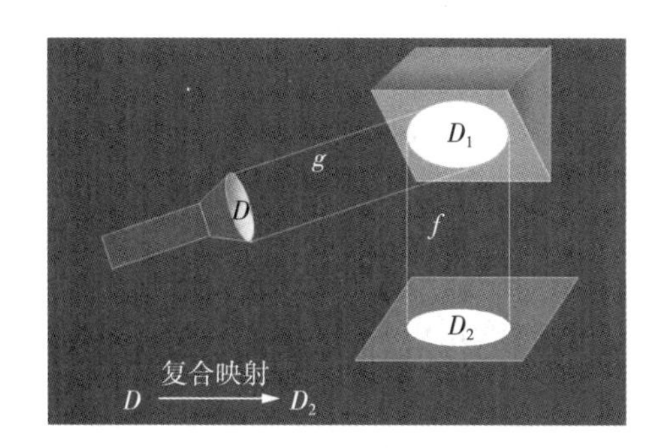

图1-5　复合映射

顺序的，$f\circ g$ 有意义并不表示 $g\circ f$ 也有意义，即使 $f\circ g$ 与 $g\circ f$ 都有意义，复合映射 $f\circ g$ 与 $g\circ f$ 也未必相同．

例4　设有映射 $g:\mathbf{R}\to[-1,1]$，对每个 $x\in\mathbf{R}$，$g(x)=\sin x$，映射 $f:[-1,1]\to[0,1]$，对每个 $u\in[-1,1]$，$f(u)=\sqrt{1-u^2}$，则映射 g 和 f 构成的复合映射 $f\circ g:\mathbf{R}\to[0,1]$，对每个，$x\in\mathbf{R}$ 有

$$(f\circ g)(x)=f[g(x)]=f(\sin x)=\sqrt{1-\sin^2 x}=|\cos x|.$$

1.1.3　函数

1. 函数的概念

定义3　设 x,y 是两个变量，D 是给定的非空实数集，如果对于每个 $x\in D$，通过对应法则 f，有唯一确定的 y 与之对应，则称 y 为 x 的**函数**，记作 $y=f(x)$．其中 x 为**自变量**，y 为**因变量**，D 为**定义域**，函数值 $f(x)$ 的全体称为函数 f 的**值域**，记作 R_f，即

$$R_f=\{y\,|\,y=f(x),x\in D\}.$$

函数的记号是可以任意选取的，除了用 f 外，还可用 g,F,φ 等表示．但在同一问题中，不同的函数应选用不同的记号．

通常把函数的定义域、对应关系以及值域称为**函数的三要素**．

例5　求函数 $y=\dfrac{1}{x}-\sqrt{1-x^2}$ 的定义域．

解　$\dfrac{1}{x}$ 的定义域应满足：$x\neq 0$；

$\sqrt{1-x^2}$ 的定义域应满足：$1-x^2\geqslant 0$，解得，$-1\leqslant x\leqslant 1$.

这两个函数定义域的公共部分应满足

$$-1\leqslant x<0\ 或\ 0<x\leqslant 1,$$

故所求函数定义域为 $[-1,0)\cup(0,1]$.

例 6 判断下列各组函数是否相同.

(1) $f(x)=2\lg x, g(x)=\lg x^2$;

(2) $f(x)=\sqrt[3]{x^4-x^3}, g(x)=x\sqrt[3]{x-1}$;

(3) $f(x)=x, g(x)=\sqrt{x^2}$.

解 (1) $f(x)=2\lg x$ 的定义域为 $\{x \mid x>0\}$, $g(x)=\lg x^2$ 的定义域为 $\{x \mid x \neq 0\}$. 两个函数定义域不同,所以 $f(x)$ 和 $g(x)$ 不相同.

(2) $f(x)$ 和 $g(x)$ 的定义域为一切实数. $f(x)=\sqrt[3]{x^4-x^3}=x\sqrt[3]{x-1}=g(x)$,所以 $f(x)$ 和 $g(x)$ 相同.

(3) $f(x)=x, g(x)=\sqrt{x^2}=|x|$,两者对应关系不一致,所以 $f(x)$ 和 $g(x)$ 不相同.

函数的表示法有列表法、图像法、解析法(公式法),常用的是图像法和解析法(公式法),在此不再多做说明.

例 7 函数 $y=\operatorname{sgn} x=\begin{cases}-1, x<0; \\ 0, x=0; \\ 1, x>0\end{cases}$ 称为**符号函数**,定义域为 $\mathbf{R}$,值域为 $\{-1,0,1\}$. 符号函数的图像如图 1-6 所示.

例 8 已知函数 $y=[x]$,该函数为**取整函数**,定义域为 $\mathbf{R}$,设 x 为任意实数,y 为不超过 x 的最大整数,值域为 $\mathbf{Z}$. 取整函数的图像如图 1-7 所示.

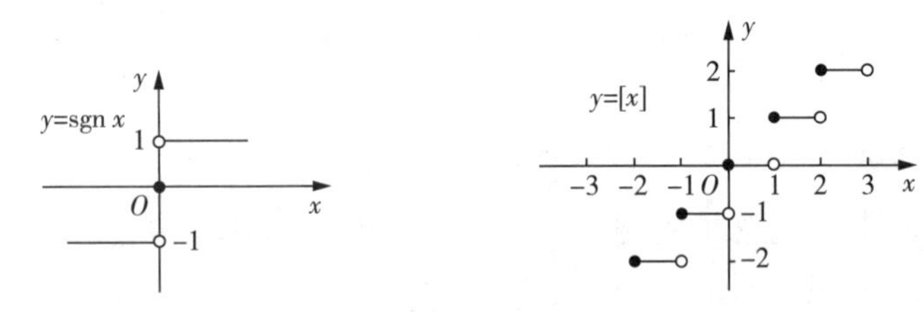

图 1-6 符号函数图像　　图 1-7 取整函数的图像

需要指出的是,在高等数学中还出现了另一类函数关系,一个自变量 x 通过对应法则 f 有确定的 y 值与之对应,但这个 y 值不总是唯一. 这个对应法则并不符合函数的一般定义,习惯上称这样的对应法则所确定的函数为**多值函数**.

2. 函数的性质

设函数 $y=f(x)$,定义域为 D 数集,$I \in D$.

(1) 有界性

定义 4 若存在常数 $M>0$,使得对每一个 $x \in I$,有 $|f(x)| \leqslant M$,则称函数 $f(x)$ 在 I 上**有界**;若对任意 $M>0$,总存在 $x_0 \in I$,使 $|f(x_0)|>M$,则称函数 $f(x)$ 在 I 上**无界**. 函数的有界性如图 1-8 所示.

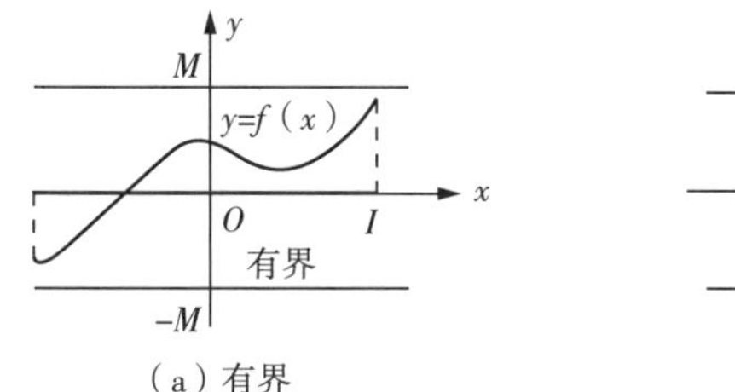

(a) 有界

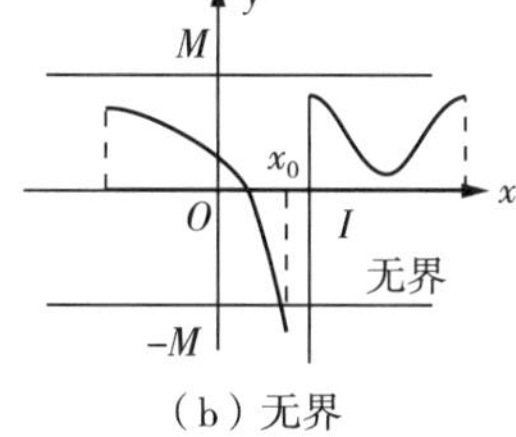

(b) 无界

图 1-8　函数的有界性

例如，函数 $f(x)=\sin x$ 在 $(-\infty,+\infty)$ 上是有界的，即 $|\sin x|\leqslant 1$. 函数 $f(x)=\dfrac{1}{x}$ 在 $(0,1)$ 内无上界，在 $(1,2)$ 内有界.

(2) 单调性

定义 5　设函数 $y=f(x)$ 在区间 I 上有定义，x_1 及 x_2 为区间 I 上任意两点，且 $x_1<x_2$. 如果恒有 $f(x_1)<f(x_2)$，则称 $f(x)$ 在 I 上是**单调递增**的；如果恒有 $f(x_1)>f(x_2)$，则称 $f(x)$ 在 I 上是**单调递减**的. 单调递增和单调递减的函数统称为**单调函数**.

函数的单调性如图 1-9 所示.

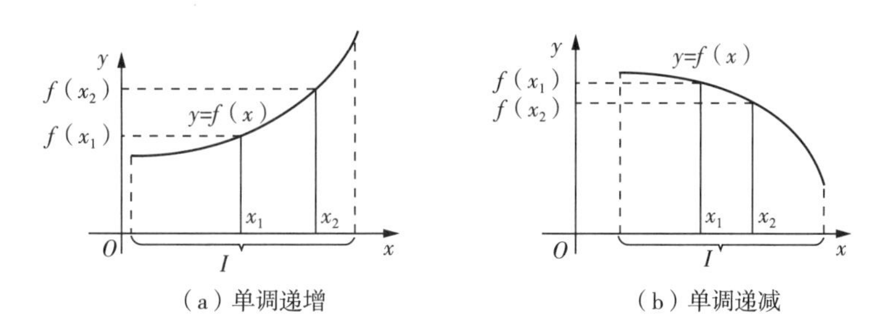

(a) 单调递增　　(b) 单调递减

图 1-9　函数的单调性

(3) 奇偶性

定义 6　设函数 $y=f(x)$ 的定义域 D 上关于原点对称. 如果在 D 上有 $f(-x)=f(x)$，则称 $f(x)$ 为**偶函数**；如果在 D 上有 $f(-x)=-f(x)$，则称 $f(x)$ 为**奇函数**.

例如，函数 $f(x)=x^2$，由于 $f(-x)=(-x)^2=x^2=f(x)$，所以 $f(x)=x^2$ 是偶函数；又如，函数 $f(x)=x^3$，由于 $f(-x)=(-x)^3=-x^3=-f(x)$，所以 $f(x)=x^3$ 是奇函数. 函数的奇偶性如图 1-10 所示.

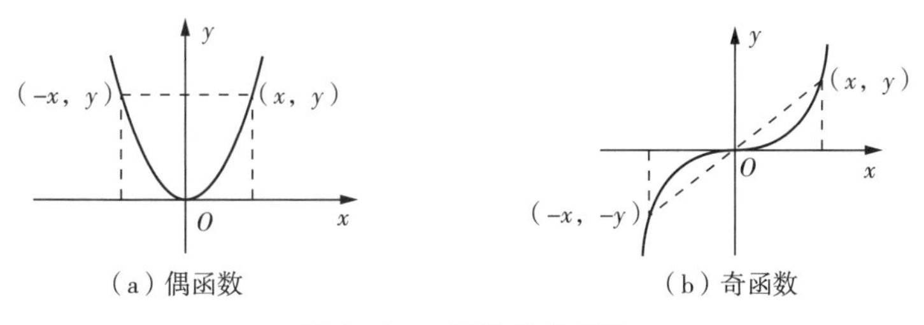

(a) 偶函数　　(b) 奇函数

图 1-10　函数的奇偶性

从函数图像上看,偶函数的图像关于 y 轴对称,奇函数的图像关于原点对称.

(4) 周期性

定义 7 设函数 $y=f(x)$ 的定义域为 D. 如果存在一个不为零的数 l,使得对于任一 $x\in D$ 有 $x\pm l\in D$,且 $f(x\pm l)=f(x)$,则称 $f(x)$ 为**周期函数**,l 称为 $f(x)$ 的周期. 如果在函数 $f(x)$ 的所有正周期中存在一个最小的正数,则称这个正数为 $f(x)$ 的**最小正周期**. 通常说的周期是指最小正周期.

例如,函数 $y=\sin x$ 和 $y=\cos x$ 是周期为 2π 的周期函数,函数 $y=\tan x$ 和 $y=\cot x$ 是周期为 π 的周期函数.

需要指出的是,某些周期函数不一定存在最小正周期.

例如,常量函数 $f(x)=C$,对任意实数 l,都有 $f(x\pm l)=f(x)$,故任意实数都是其周期,但它没有最小正周期.

又如,**狄利克雷函数**

$$D(x)=\begin{cases}1, x\in\mathbf{Q};\\0, x\in\mathbf{Q}^{c},\end{cases}$$

当 $x\in\mathbf{Q}^{c}$ 时,对任意有理数 l,$x+l\in\mathbf{Q}^{c}$,必有 $D(x+l)=D(x)$,故任意有理数都是其周期,但它没有最小正周期.

1.1.4 反函数与复合函数

1. 反函数的概念

定义 8 在初等数学的函数定义中,若函数 $f:D\to f(D)$ 为单射,则存在 $f^{-1}:f(D)\to D$,称此对应法则 f^{-1} 为 f 的**反函数**.

习惯上,$y=f(x), x\in D$ 的反函数记作

$$y=f^{-1}(x), x\in f(D).$$

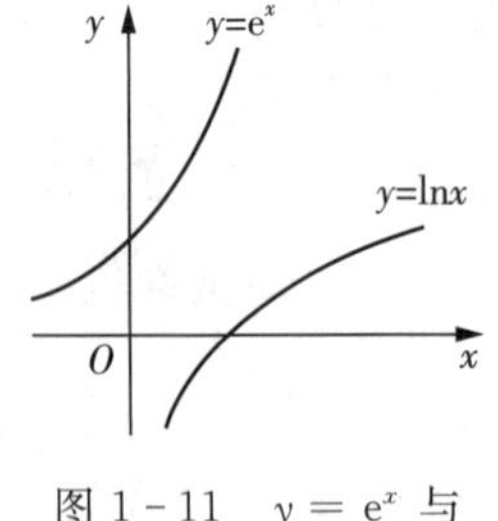

图 1-11 $y=e^{x}$ 与 $y=\ln x$ 的图像

例如,指数函数 $y=e^{x}, x\in(-\infty,+\infty)$ 的反函数为 $y=\ln x, x\in(0,+\infty)$. $y=e^{x}$ 与 $y=\ln x$ 的图像如图1-11 所示.

2. 反函数的性质

(1) 函数 $y=f(x)$ 单调递增(减),其反函数 $y=f^{-1}(x)$ 存在,且也单调递增(减).

(2) 函数 $y=f(x)$ 与其反函数 $y=f^{-1}(x)$ 的图像关于直线 $y=x$ 对称.

下面介绍几个常见的三角函数的反函数.

正弦函数 $y=\sin x$ 的反函数为反正弦函数 $y=\arcsin x$,正切函数 $y=\tan x$ 的反函数为反正切函数 $y=\arctan x$.

反正弦函数 $y=\arcsin x$ 的定义域是 $[-1,1]$,值域是 $\left[-\frac{\pi}{2},\frac{\pi}{2}\right]$;反正切函数 $y=$

$\arctan x$ 的定义域是 $(-\infty,+\infty)$，值域是 $\left(-\frac{\pi}{2},\frac{\pi}{2}\right)$. 反正弦函数与反正切函数的图像如图 1－12 所示.

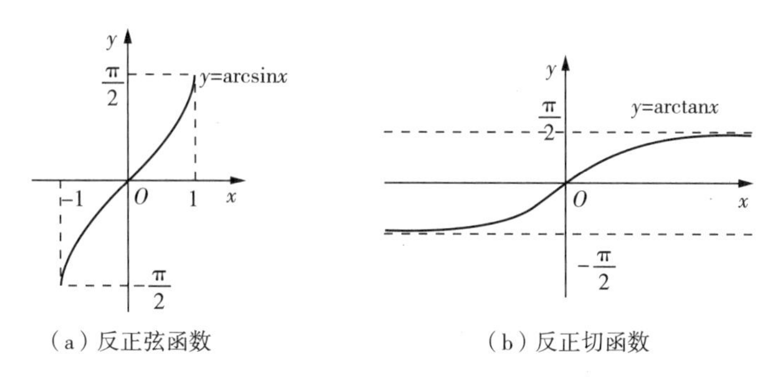

(a) 反正弦函数　　(b) 反正切函数

图 1－12　反正弦与反正切函数的图像

3. 复合函数

定义 9　设函数 $y=f(u),u\in D_f$，函数 $u=g(x),x\in D_g$，值域 $R_g\subset D_f$，则

$$y=f[g(x)] \text{ 或 } y=(f\circ g)(x),x\in D_g$$

称为由 $y=f(u),u=g(x)$ 复合而成的**复合函数**，其中，u 为中间变量.

注　函数 g 与函数 f 构成复合函数 $f\circ g$ 的条件是 $R_g\subset D_f$，否则，不能构成复合函数.

例如，函数 $y=\arcsin u,u\in[-1,1]$，$u=x^2+2,x\in\mathbf{R}$. 在形式上可以构成复合函数

$$y=\arcsin(x^2+2).$$

但是 $u=x^2+2$ 的值域为 $[2,+\infty)\not\subset[-1,1]$，故 $y=\arcsin(x^2+2)$ 没有意义.

在后面的微积分的学习中，也要掌握复合函数的分解. 复合函数的分解原则是从外向里，层层分解，直至最内层函数是若干个**简单函数**(即由一些基本初等函数，或由基本初等函数与常函数经四则运算所得的函数).

例 9　对函数 $y=a^{\sin x}$ 进行分解.

解　$y=a^{\sin x}$ 由 $y=a^u,u=\sin x$ 复合而成.

例 10　对函数 $y=\sin^2(2x+1)$ 进行分解.

解　$y=\sin^2(2x+1)$ 由 $y=u^2,u=\sin v,v=2x+1$ 复合而成.

1.1.5　初等函数

1. 基本初等函数

常用的有五种基本初等函数，分别是幂函数、指数函数、对数函数、三角函数及反三角函数.

幂函数：$y=x^a$ ($a\neq 0$，a 为常数)；

指数函数：$y=a^x$ ($a>0,a\neq 1$，且 a 是常数)；

对数函数：$y=\log_a x$ ($a>0,a\neq 1$，且 a 是常数)；

三角函数：$y=\sin x,y=\cos x,y=\tan x,y=\cot x,y=\sec x,y=\csc x$；

反三角函数：$y=\arcsin x$，$y=\arccos x$，$y=\arctan x$，$y=\operatorname{arccot} x$.

基本初等函数见表 1-1 所列.

表 1-1　基本初等函数

函数名称	函数的解析式	函数的图像	函数的性质
幂函数	$y=x^a$（a 是实数，$a\neq 0$）	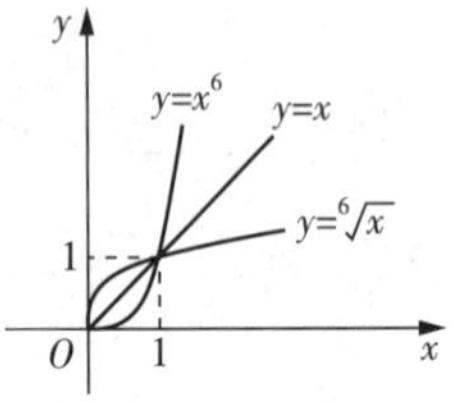 y $y=x^6$ $y=x$ $y=\sqrt[6]{x}$ 1 0　1　x （这里只画出部分函数图像的一部分）	令 $a=\frac{m}{n}$，$y=x^a=x^{\frac{m}{n}}=\sqrt[n]{x^m}$，则 ① 当 m 为偶数，n 为奇数时，y 是偶函数； ② 当 m,n 都是奇数时，y 是奇函数； ③ 当 m 为奇数，n 为偶数时，y 在 $(-\infty,0)$ 无意义
指数函数	$y=a^x$（$a>0$，$a\neq 1$，且 a 是常数）	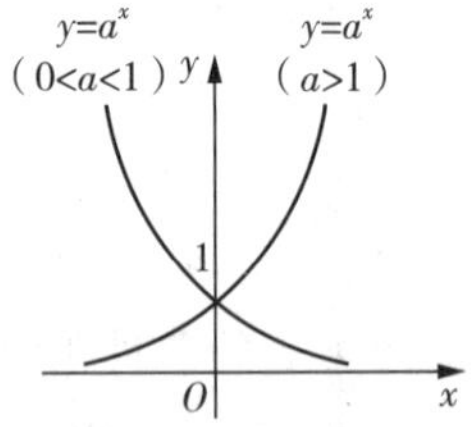 $y=a^x$ $(0<a<1)$ y $y=a^x$ $(a>1)$ 1 0　x	① 不论 x 为何值，y 总为正数； ② 当 $x=0$ 时，$y=1$
对数函数	$y=\log_a x$（$a>0$，$a\neq 1$，且 a 是常数）	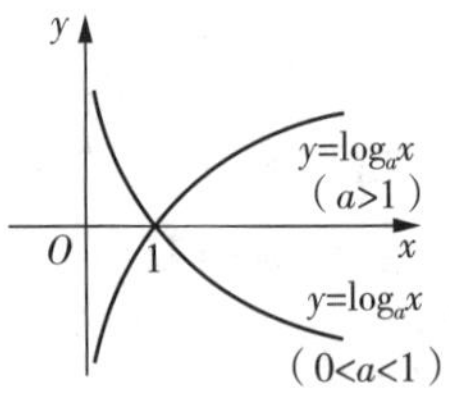 y $y=\log_a x$ $(a>1)$ 0　1　x $y=\log_a x$ $(0<a<1)$	① 其图像总位于 y 轴右侧，并过 $(1,0)$ 点； ② 当 $a>1$ 时，在区间 $(0,1)$ 上的值为负，在区间 $(1,+\infty)$ 上的值为正，在定义域内单调递增； ③ 当 $0<a<1$ 时，在区间 $(0,1)$ 上的值为正，在区间 $(1,+\infty)$ 上的值为负，在定义域内单调递减
三角函数	$y=\sin x$（正弦函数） （这里只讨论正弦函数）	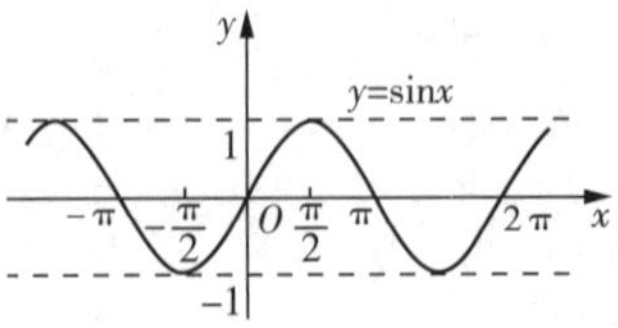 y $y=\sin x$ 1 $-\pi$　$-\frac{\pi}{2}$　0　$\frac{\pi}{2}$　π　2π　x -1	① 正弦函数是以 2π 为周期的周期函数； ② 正弦函数是奇函数且 $\lvert\sin x\rvert\leqslant 1$
反三角函数	$y=\arcsin x$（反正弦函数） （这里只讨论反正弦函数）	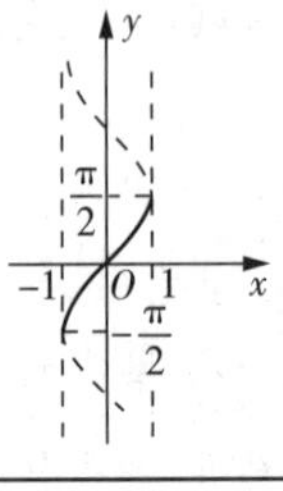 y $\frac{\pi}{2}$ -1　0　1　x $-\frac{\pi}{2}$	由于此函数为多值函数，因此此函数值限制在 $\left[-\frac{\pi}{2},\frac{\pi}{2}\right]$ 上，并称其为反正弦函数的主值

2. 初等函数

定义 10　由基本初等函数及常数经过有限次的四则运算或有限次的复合运算并且用一个式子表示的函数，称为**初等函数**.

例如，$y=\mathrm{e}^{\sin x}$，$y=\sin(2x+1)$，$y=\sqrt{\cot\frac{x}{2}}$ 等都是初等函数.

需要指出的是，在高等数学中遇到的函数一般都是初等函数，但是分段函数一般不是初等函数. 因为分段函数一般都用几个解析式来表示，但是有的分段函数通过形式的转化，可以用一个式子表示，就是初等函数. 例如，函数 $y=\begin{cases}-x, x<0;\\ x, x\geqslant 0\end{cases}$ 可表示为 $y=\sqrt{x^2}$，它是初等函数.

1.2　极　　限

极限在高等数学中占有重要地位，微积分思想的构架就是用极限定义的. 本节主要研究数列极限、函数极限的概念以及极限的有关性质等内容.

1.2.1　数列的极限

1. 数列的概念

定义 1　若按照一定的法则，有第一个数 a_1，第二个数 a_2，…，依次排列下去，使得任何一个正整数 n 对应着一个确定的数 a_n，那么称这列有次序的数 $a_1, a_2, \cdots, a_n, \cdots$ 为**数列**. 数列中的每一个数叫做数列的**项**. 第 n 项 a_n 叫做数列的**一般项(或通项)**.

例如，

$$\frac{1}{2},\frac{1}{4},\frac{1}{8},\cdots,\frac{1}{2^n},\cdots;$$

$$1,-\frac{1}{2},\frac{1}{3},-\frac{1}{4},\cdots,\frac{(-1)^{n-1}}{n},\cdots;$$

$$\frac{1}{2},\frac{2}{3},\frac{3}{4},\cdots,\frac{n}{n+1},\cdots;$$

$$1,-1,1,\cdots,(-1)^{n+1},\cdots$$

等都是数列，它们的一般项依次为

$$\frac{1}{2^n},\frac{(-1)^{n-1}}{n},\frac{n}{n+1},(-1)^{n+1}.$$

可以看出，数列 a_n 随着 n 变化而变化，可把数列 $\{a_n\}$ 看作自变量为正整数 n 的函数，即

$$a_n=f(n), n\in\mathbf{N}^+.$$

另外，从几何的角度看，数列 $\{a_n\}$ 对应着数轴上一个点列，可看作一动点在数轴上依次

取 $a_1, a_2, \cdots, a_n, \cdots$，数列 $\{a_n\}$ 在数轴上的表示如图 1 - 13 所示．

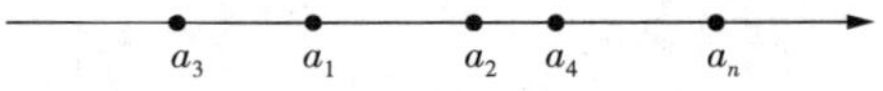

图 1 - 13　数列 $\{a_n\}$ 在数轴上的表示

2. 数列极限的定义

数列极限的思想早在古代就已萌生，我国《庄子》一书中著名的“一尺之锤，日取其半，万世不竭”，魏晋时期数学家刘徽在《九章算术注》中首创“割圆术”，用圆内接多边形的面积去逼近圆的面积，都是极限思想的萌芽．

设有一圆，先作圆内接正六边形，把它的面积记为 A_1；再作圆的内接正十二边形，其面积记为 A_2；再作圆的内接正二十四边形，其面积记为 A_3；依次进行下去，一般把内接正 $6 \times 2^{n-1}$ 边形的面积记为 A_n，可得一系列内接正多边形的面积为

$$A_1, A_2, A_3, \cdots, A_n, \cdots,$$

它们就构成一列有序数列．可以发现，当内接正多边形的边数无限增加时，A_n 也无限接近某一确定的数值（圆的面积），这个确定的数值在数学上被称为数列 $\{A_n\}$ 当 $n \to \infty$ 时的极限．

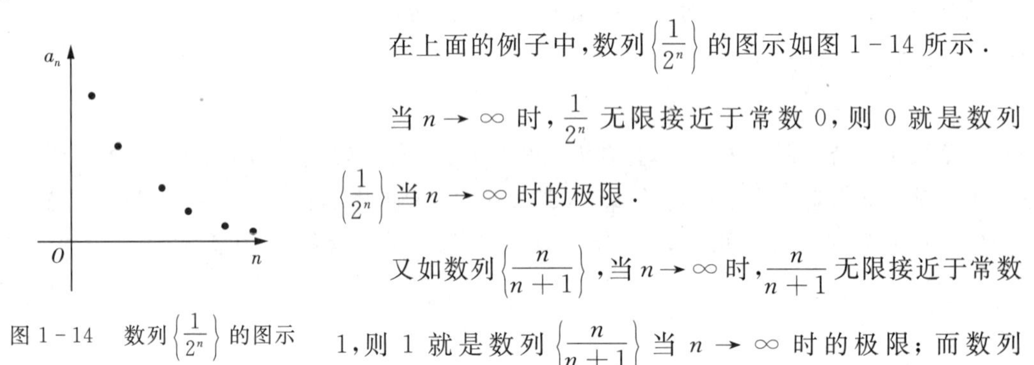

图 1 - 14　数列 $\left\{\frac{1}{2^n}\right\}$ 的图示

在上面的例子中，数列 $\left\{\frac{1}{2^n}\right\}$ 的图示如图 1 - 14 所示．

当 $n \to \infty$ 时，$\frac{1}{2^n}$ 无限接近于常数 0，则 0 就是数列 $\left\{\frac{1}{2^n}\right\}$ 当 $n \to \infty$ 时的极限．

又如数列 $\left\{\frac{n}{n+1}\right\}$，当 $n \to \infty$ 时，$\frac{n}{n+1}$ 无限接近于常数 1，则 1 就是数列 $\left\{\frac{n}{n+1}\right\}$ 当 $n \to \infty$ 时的极限；而数列 $\{(-1)^{n+1}\}$，当 $n \to \infty$ 时，$(-1)^{n+1}$ 在 1 和 -1 之间来回震荡，无法趋近一个确定的常数，故数列 $\{(-1)^{n+1}\}$ 当 $n \to \infty$ 时无极限．由此推得数列极限的直观定义．

定义 2　设 $\{a_n\}$ 是一数列，a 是一常数．当 n 无限增大时（即 $n \to \infty$），a_n 无限接近于 a，则 a 称为数列 $\{a_n\}$ 当 $n \to \infty$ 时的**极限**，记作

$$\lim_{n \to \infty} a_n = a \text{ 或 } a_n \to a (n \to \infty).$$

在上例中，

$$\lim_{n \to \infty} \frac{1}{2^n} = 0, \lim_{n \to \infty} \frac{n}{n+1} = 1, \lim_{n \to \infty} \frac{(-1)^{n-1}}{n} = 0.$$

对于数列 $\{a_n\}$，其极限为 a，即当 n 无限增大时，a_n 无限接近于 a．如何度量 a_n 与 a 无限接近呢？

一般情况下，两个数 a 与 b 之间的接近程度可以用这两个数之差的绝对值 $|b-a|$ 来度量，并且 $|b-a|$ 越小，表示 a 与 b 越接近．

例如，数列$\left\{\frac{(-1)^{n-1}}{n}\right\}$，通过观察我们发现，当 n 无限增大时，a_n 无限接近 0，即 0 是数列 $\{a_n\}$ 当 $n\to\infty$ 时的极限．下面通过距离来描述数列$\left\{\frac{(-1)^{n-1}}{n}\right\}$的极限为 0.

由于

$$|a_n-0|=\left|\frac{(-1)^{n-1}}{n}\right|=\frac{1}{n},$$

当 n 越来越大时，$\frac{1}{n}$ 越来越小，从而 a_n 越来越接近于 0．当 n 无限增大时，a_n 无限接近于 0.

例如，给定$\frac{1}{100}$，要使$\frac{1}{n}<\frac{1}{100}$，只要 $n>100$ 即可．也就是说从 101 项开始都能使

$$|a_n-0|<\frac{1}{100}$$

成立．

给定$\frac{1}{10000}$，要使$\frac{1}{n}<\frac{1}{10000}$，只要 $n>10000$ 即可．也就是说，从 10001 项开始都能使

$$|a_n-0|<\frac{1}{10000}$$

成立．

一般地，不论给定的正数 ε 多么的小，总存在一个正整数 N，使得当 $n>N$ 时，不等式

$$|a_n-a|<\varepsilon$$

都成立．这就是数列 $a_n=\frac{(-1)^{n-1}}{n}$ 当 $n\to\infty$ 时极限的实质．

根据这一特点得到数列极限的精确定义．

定义 3　设 $\{a_n\}$ 是一数列，a 是一常数．如果对任意给定的正数 ε，总存在正整数 N，使得当 $n>N$ 时，不等式

$$|a_n-a|<\varepsilon$$

都成立，则称 a 是数列 $\{a_n\}$ 的**极限**，或称数列 $\{a_n\}$ 收敛于 a，记作$\lim\limits_{n\to\infty}a_n=a$.

反之，如果数列 $\{a_n\}$ 的极限不存在，则称数列 $\{a_n\}$ **发散**．

在上面的定义中，ε 可以任意给定，不等式 $|a_n-a|<\varepsilon$ 刻画了 a_n 与 a 无限接近的程度．此外，N 与 ε 有关，随着 ε 的给定而选定．当 $n>N$ 时，$|a_n-a|<\varepsilon$ 都成立，表示从 $N+1$ 项开始满足不等式 $|a_n-a|<\varepsilon$.

数列 $\{a_n\}$ 的极限为 a，也可以写为

$$\lim_{n\to\infty}a_n=a\Leftrightarrow\forall\varepsilon>0,\exists N>0,\text{当 } n>N \text{ 时，有 }|a_n-a|<\varepsilon.$$

数列 $\{a_n\}$ 的极限为 a 的**几何解释**如下：

将常数a与数列$a_1,a_2,\cdots,a_n,\cdots$在数轴上用对应的点表示出来，从$N+1$项开始，数列$\{a_n\}$的点都落在开区间$(a-\varepsilon,a+\varepsilon)$，而只有有限个(至多有$N$个)在此区间以外(图1-15).

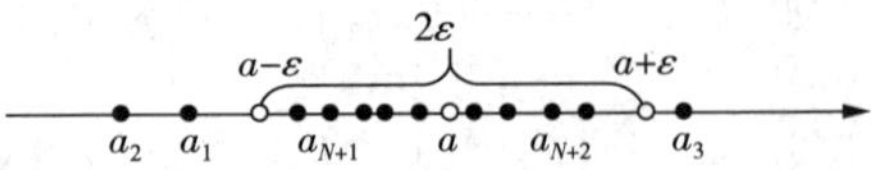

图1-15　数列$\{a_n\}$的极限为a的几何解释

例1　证明：$\lim\limits_{n\to\infty}\dfrac{(-1)^{n-1}}{n}=0$.

证　由于

$$|a_n-a|=\left|\frac{(-1)^{n-1}}{n}-0\right|=\frac{1}{n},$$

对$\forall\varepsilon>0$，要使

$$\left|\frac{(-1)^{n-1}}{n}-0\right|<\varepsilon,$$

即$\dfrac{1}{n}<\varepsilon$，$n>\dfrac{1}{\varepsilon}$，取$N=\left[\dfrac{1}{\varepsilon}\right]$，当$n>N$时，有$\left|\dfrac{(-1)^{n-1}}{n}-0\right|<\varepsilon$，由极限的定义知

$$\lim_{n\to\infty}\frac{(-1)^{n-1}}{n}=0.$$

例2　证明：$\lim\limits_{n\to\infty}\dfrac{3n+1}{2n+1}=\dfrac{3}{2}$.

证　由于

$$|a_n-a|=\left|\frac{3n+1}{2n+1}-\frac{3}{2}\right|=\left|\frac{-1}{4n+2}\right|=\frac{1}{4n+2}<\frac{1}{4n},$$

对$\forall\varepsilon>0$，要使

$$\left|\frac{3n+1}{2n+1}-\frac{3}{2}\right|<\varepsilon,$$

即$\dfrac{1}{4n}<\varepsilon$，$n>\dfrac{1}{4\varepsilon}$，取$N=\left[\dfrac{1}{4\varepsilon}\right]$，当$n>N$时，有$\left|\dfrac{3n+1}{2n+1}-\dfrac{3}{2}\right|<\varepsilon$，由极限的定义知

$$\lim_{n\to\infty}\frac{3n+1}{2n+1}=\frac{3}{2}.$$

注　在利用数列极限的定义来证明数列的极限时，重要的是指出对于任意给定的正数ε，正整数N确实存在，没有必要非去寻找最小的N.

例3　证明：$\lim\limits_{n\to\infty}\dfrac{1}{2^n}=0$.

证　由于

$$|a_n-a|=\left|\frac{1}{2^n}-0\right|=\frac{1}{2^n},$$

对 $\forall \varepsilon > 0$(设 $\varepsilon < 1$),要使

$$\left|\frac{1}{2^n} - 0\right| < \varepsilon,$$

即$\frac{1}{2^n} < \varepsilon$,取对数,得 $n > \frac{-\ln\varepsilon}{\ln 2}$. 取 $N = \left[\frac{-\ln\varepsilon}{\ln 2}\right]$,当 $n > N$ 时,有$\left|\frac{1}{2^n} - 0\right| < \varepsilon$,由极限的定义知

$$\lim_{n\to\infty} \frac{1}{2^n} = 0.$$

3. 数列极限的性质

定理 1(极限的唯一性)　收敛数列的极限必唯一.

证　(反证法)假设同时有$\lim\limits_{n\to\infty} a_n = a$ 及$\lim\limits_{n\to\infty} a_n = b$,且 $a \neq b$,不妨设 $a < b$.

按极限的定义,对于$\varepsilon = \frac{b-a}{2} > 0$,由于$\lim\limits_{n\to\infty} a_n = a$,存在充分大的正整数 N_1,使当$n > N_1$时,有

$$|a_n - a| < \varepsilon = \frac{b-a}{2},$$

从而有

$$a_n < \frac{b+a}{2}.$$

由于$\lim\limits_{n\to\infty} a_n = b$,存在充分大的正整数 N_2,使当 $n > N_2$ 时,有

$$|a_n - b| < \varepsilon = \frac{b-a}{2},$$

从而有

$$\frac{b+a}{2} < a_n.$$

取 $N = \max\{N_1, N_2\}$,则当$n > N$时,同时有 $a_n < \frac{b+a}{2}$ 和$\frac{b+a}{2} < a_n$ 成立,这是不可能的,故假设不成立. 由此可证得收敛数列的极限必唯一.

定理 2(收敛数列的有界性)　如果数列 $\{a_n\}$ 收敛,那么它一定有界,即对于收敛数列 $\{a_n\}$,必存在正数 M,对一切 $n \in \mathbf{N}^+$,有 $|a_n| \leqslant M$.

证　设$\lim\limits_{n\to\infty} a_n = a$,根据数列极限的定义,取 $\varepsilon = 1$,存在正整数 N,当 $n > N$ 时,不等式

$$|a_n - a| < 1$$

都成立. 于是当 $n > N$ 时,

$$|a_n| = |a_n - a + a| < |a_n - a| + |a| < 1 + |a|.$$

取 $M=\max\{|a_1|,|a_2|,\cdots,|a_N|,1+|a|\}$，那么，数列 $\{a_n\}$ 中的一切 a_n 都满足不等式 $|a_n|\leqslant M$. 这就证明了数列 $\{a_n\}$ 是有界的．

定理 2 说明了收敛数列一定有界，反之不成立．

例如，数列 $\{(-1)^n\}$ 有界，但是不收敛．

定理 3(收敛数列的保号性) 如果 $\lim\limits_{n\to\infty}a_n=a$，且 $a>0$(或 $a<0$)，那么存在正整数 N，当 $n>N$ 时，有 $a_n>0$(或 $a_n<0$).

证 现对 $a>0$ 的情形进行证明．由数列极限的定义，对 $\varepsilon=\frac{a}{2}>0$，$\exists N\in\mathbf{N}^+$，当 $n>N$ 时，有

$$|a_n-a|<\frac{a}{2},$$

从而

$$0<\frac{a}{2}<a_n.$$

推论 如果数列 $\{a_n\}$ 从某项起有 $a_n\geqslant 0$(或 $a_n\leqslant 0$)，且 $\lim\limits_{n\to\infty}a_n=a$，那么 $a\geqslant 0$(或 $a\leqslant 0$).

定理 4(收敛数列与其子数列间的关系) 如果数列 $\{a_n\}$ 收敛于 a，那么它的任一子数列也收敛，且极限也是 a.

证 设数列 $\{a_{n_k}\}$ 是数列 $\{a_n\}$ 的任一子数列．

因为数列 $\{a_n\}$ 收敛于 a，所以 $\forall\varepsilon>0$，$\exists$ 正整数 N，当 $n>N$ 时，有 $|a_n-a|<\varepsilon$ 成立．

取 $K=N$，则当 $k>K$ 时，$n_k>n_K=n_N\geqslant N$，于是 $|a_{n_k}-a|<\varepsilon$. 这就证明了 $\lim\limits_{k\to\infty}a_{n_k}=a$.

定理 5(夹逼准则) 如果数列 $\{a_n\}$，$\{b_n\}$ 及 $\{c_n\}$ 满足下列条件：

(1) $b_n\leqslant a_n\leqslant c_n\ (n=1,2,\cdots)$，

(2) $\lim\limits_{n\to\infty}b_n=a$，$\lim\limits_{n\to\infty}c_n=a$，

那么数列 $\{a_n\}$ 的极限存在，且 $\lim\limits_{n\to\infty}a_n=a$.

证 因为 $\lim\limits_{n\to\infty}b_n=a$，$\lim\limits_{n\to\infty}c_n=a$，根据数列极限的定义，对 $\forall\varepsilon>0$，$\exists N_1>0$，当 $n>N_1$ 时，有

$$a-\varepsilon<b_n<a+\varepsilon,$$

又 $\exists N_2>0$，当 $n>N_2$ 时，有

$$a-\varepsilon<c_n<a+\varepsilon.$$

现取 $N=\max\{N_1,N_2\}$，则当 $n>N$ 时，有

$$a-\varepsilon<b_n<a+\varepsilon,a-\varepsilon<c_n<a+\varepsilon$$

同时成立．又因 $b_n\leqslant a_n\leqslant c_n\ (n=1,2,\cdots)$，所以当 $n>N$ 时，有

$$a-\varepsilon<b_n\leqslant a_n\leqslant c_n<a+\varepsilon,$$

即

$$|a_n - a| < \varepsilon.$$

这就证明了$\lim\limits_{n\to\infty} a_n = a$.

例 4　证明：$\lim\limits_{n\to\infty}\left[\frac{1}{n^2}+\frac{1}{(n+1)^2}+\cdots+\frac{1}{(n+n)^2}\right]=0$.

证　由于

$$\frac{n+1}{(n+n)^2} \leqslant \frac{1}{n^2}+\frac{1}{(n+1)^2}+\cdots+\frac{1}{(n+n)^2} \leqslant \frac{n+1}{n^2},$$

而$\lim\limits_{n\to\infty}\frac{n+1}{(n+n)^2}=0$，$\lim\limits_{n\to\infty}\frac{n+1}{n^2}=0$，由夹逼准则知

$$\lim_{n\to\infty}\left[\frac{1}{n^2}+\frac{1}{(n+1)^2}+\cdots+\frac{1}{(n+n)^2}\right]=0.$$

如果数列$\{a_n\}$满足条件

$$a_1 \leqslant a_2 \leqslant \cdots \leqslant a_n \leqslant a_{n+1} \leqslant \cdots,$$

就称数列$\{a_n\}$是**单调增加**的.

如果数列$\{a_n\}$满足条件

$$a_1 \geqslant a_2 \geqslant \cdots \geqslant a_n \geqslant a_{n+1} \geqslant \cdots,$$

就称数列$\{a_n\}$是**单调减少**的.

单调增加和单调减少的数列统称为**单调数列**.

定理 6(单调有界准则)　单调有界数列必有极限.

例 5　求数列$\sqrt{1}$，$\sqrt{1+\sqrt{1}}$，…，$\sqrt{1+\sqrt{1+\cdots+\sqrt{1}}}$，…的极限.

解　先证明数列的有界性.

令$a_n=\sqrt{1+\sqrt{1+\cdots+\sqrt{1}}}$，则$a_{n+1}=\sqrt{1+a_n}$，其中$a_1=1$，$a_2=\sqrt{2}<2$. 设$a_k<2$，则

$$a_{k+1}=\sqrt{1+a_k}<\sqrt{3}<2.$$

由归纳法知，对所有的$n\in\mathbf{N}^+$，有$0<a_n<2$，故$\{a_n\}$有界.

再证明数列的单调性.

已知$a_1=1$，$a_2=\sqrt{2}$，则$a_2>a_1$. 设$a_k>a_{k-1}$，则

$$a_{k+1}-a_k=\sqrt{1+a_k}-\sqrt{1+a_{k-1}}=\frac{a_k-a_{k-1}}{\sqrt{1+a_k}+\sqrt{1+a_{k-1}}}>0.$$

由归纳法知，对所有的$n\in\mathbf{N}^+$，有$a_{n+1}>a_n$，故$\{a_n\}$单调递增.

由单调有界准则知，数列$\{a_n\}$存在极限，设为a. 在$a_{n+1}=\sqrt{1+a_n}$两边取极限，得

$$a=\sqrt{1+a},$$

解得 $a=\dfrac{1+\sqrt{5}}{2}$ 或 $a=\dfrac{1-\sqrt{5}}{2}$. 由收敛数列的保号性知 $a=\dfrac{1-\sqrt{5}}{2}$ 不合题意(舍去),故所求数列的极限是$\dfrac{1+\sqrt{5}}{2}$.

1.2.2 函数的极限

由于数列 $\{a_n\}$ 可以看作自变量为 n 的函数 $a_n=f(n)$,$n\in\mathbf{N}^+$,所以数列 $\{a_n\}$ 的极限为 a,可以认为当自变量 n 取正整数且无限增大时,对应的函数值 $f(n)$ 无限接近于常数 a. 对一般的函数 $y=f(x)$ 而言,在自变量的某个变化过程中,函数值 $f(x)$ 无限接近于某个确定的常数,那么这个常数就称为 $f(x)$ 在自变量 x 在这一变化过程中的极限. 这说明函数的极限与自变量的变化趋势有关,自变量的变化趋势不同,函数的极限也会不同.

下面主要介绍自变量的两种变化趋势下函数的极限.

1. 自变量 $x\to\infty$ 时函数的极限

引例 1 观察函数 $y=\dfrac{\sin x}{x}$ 当 $x\to+\infty$ 时的变化趋势(图 1-16).

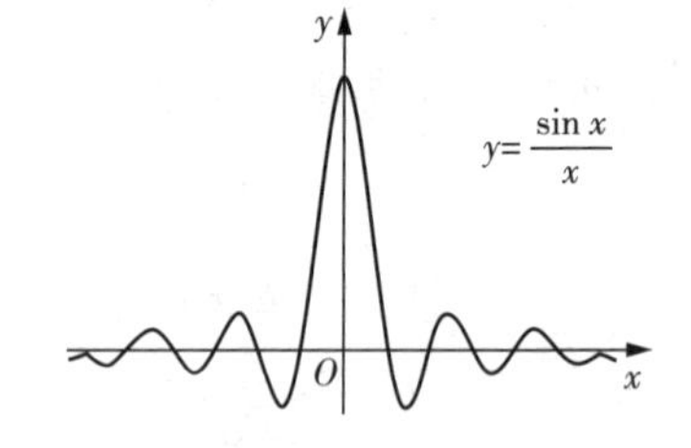

图 1-16 函数 $y=\dfrac{\sin x}{x}$ 的图像

可以看出,当 x 无限增大时,函数$\dfrac{\sin x}{x}$无限接近于0(确定的常数).

由此推得函数 $f(x)$ 在 $x\to+\infty$ 时极限的直观定义.

定义 4 设 $f(x)$ 当 x 大于某一正数时有定义,当 x 无限增大时,函数值 $f(x)$ 无限接近于一个确定的常数 A,称 A 为 $f(x)$ 当 $x\to+\infty$ 时的极限,记作

$$\lim_{x\to+\infty}f(x)=A \text{ 或 } f(x)\to A(\text{当 } x\to+\infty \text{ 时}).$$

引例 1 中,$\lim\limits_{x\to+\infty}\dfrac{\sin x}{x}=0$.

类比于数列极限的定义,可推得当 $x\to+\infty$ 时函数 $f(x)$ 的极限的精确定义.

定义 5 设 $f(x)$ 当 x 大于某一正数时有定义,如果存在常数 A,对任意给定的正数 ε,总存在正数 X,使得当 $x>X$ 时,不等式

$$|f(x)-A|<\varepsilon$$

都成立,则称 A 是函数 $f(x)$ 在 $x\to+\infty$ 时的极限,记作

$$\lim_{x\to+\infty}f(x)=A.$$

定义 5 可简述为

$$\lim_{x\to+\infty}f(x)=A\Leftrightarrow\forall\varepsilon>0,\exists X>0,\text{当 } x>X \text{ 时,有 } |f(x)-A|<\varepsilon.$$

类比于当 $x\to+\infty$ 时函数 $f(x)$ 的极限定义,可推得当 $x\to-\infty$ 时函数 $f(x)$ 的极限的定义.

定义 6　设 $f(x)$ 当 $-x$ 大于某一正数时有定义，如果存在常数 A，对任意给定的正数 ε，总存在正数 X，使得当 $x<-X$ 时，不等式

$$|f(x)-A|<\varepsilon$$

都成立，则称 A 是函数 $f(x)$ 在 $x\to-\infty$ 时的极限，记作

$$\lim_{x\to-\infty} f(x)=A.$$

定义 6 可简述为

$$\lim_{x\to-\infty} f(x)=A \Leftrightarrow \forall\varepsilon>0,\exists X>0,\text{当 } x<-X \text{ 时，有 } |f(x)-A|<\varepsilon.$$

在引例 1 中，$\lim\limits_{x\to-\infty}\dfrac{\sin x}{x}=0$.

结合定义 5 和定义 6，推得函数 $f(x)$ 在 $x\to\infty$ 时的极限的定义．

定义 7　设 $f(x)$ 当 $|x|$ 大于某一正数时有定义，如果存在常数 A，对任意给定的正数 ε，总存在正数 X，使得当 $|x|>X$ 时，不等式

$$|f(x)-A|<\varepsilon$$

都成立，则称 A 是函数 $f(x)$ 在 $x\to\infty$ 时的极限，记作

$$\lim_{x\to\infty} f(x)=A.$$

定义 7 可简述为

$$\lim_{x\to\infty} f(x)=A \Leftrightarrow \forall\varepsilon>0,\exists X>0,\text{当 } |x|>X \text{ 时，有 } |f(x)-A|<\varepsilon.$$

结合定义 7，函数 $f(x)$ 在 $x\to\infty$ 时的极限存在的充要条件：

$$\lim_{x\to\infty} f(x)=A \Leftrightarrow \lim_{x\to-\infty} f(x)=\lim_{x\to+\infty} f(x)=A.$$

例 6　证明：$\lim\limits_{x\to\infty}\dfrac{\sin x}{x}=0$.

证　由于

$$|f(x)-A|=\left|\frac{\sin x}{x}-0\right|=\left|\frac{\sin x}{x}\right|\leqslant\frac{1}{|x|},$$

对 $\forall\varepsilon>0$，要使

$$|f(x)-A|<\varepsilon,$$

即 $\dfrac{1}{|x|}<\varepsilon$，$|x|>\dfrac{1}{\varepsilon}$，取 $X=\dfrac{1}{\varepsilon}$，当 $|x|>X$ 时，有 $|f(x)-A|<\varepsilon$，由极限的定义知

$$\lim_{x\to\infty}\frac{\sin x}{x}=0.$$

从几何上看，$\lim\limits_{x\to\infty} f(x)=A$ 表示当 $|x|>X$ 时，曲线 $y=f(x)$ 位于直线 $y=A-\varepsilon$ 和 $y=$

$A+\varepsilon$ 之间(图 1-17).

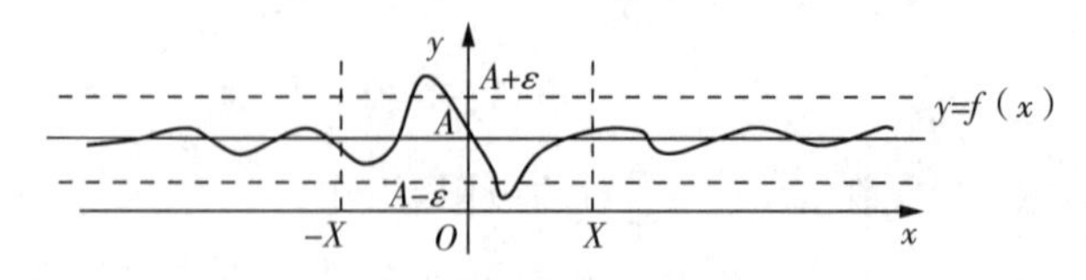

图 1-17　$\lim\limits_{x \to \infty} f(x)=A$ 的几何解释

这时称直线 $y=A$ 为曲线 $y=f(x)$ 的**水平渐近线**.

例如,$\lim\limits_{x \to \infty} \dfrac{\sin x}{x}=0$,则 $y=0$ 是曲线 $y=\dfrac{\sin x}{x}$ 的水平渐近线.

2. 自变量 $x \to x_0$ 时函数的极限

引例 2　观察函数 $f(x)=x+1$ 和 $g(x)=\dfrac{x^2-1}{x-1}$ 在 $x \to 1$ 时函数值的变化趋势(图 1-18).

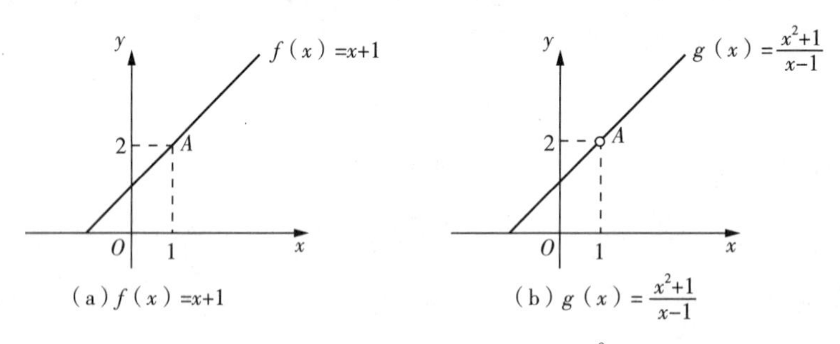

(a) $f(x)=x+1$　　(b) $g(x)=\dfrac{x^2+1}{x-1}$

图 1-18　函数 $f(x)=x+1$ 和 $g(x)=\dfrac{x^2-1}{x-1}$ 的图像

可以看出,函数 $f(x)=x+1$ 和 $g(x)=\dfrac{x^2-1}{x-1}$ 在 $x \to 1$ 时函数值都无限接近于2,则称2是函数 $f(x)=x+1$ 和 $g(x)=\dfrac{x^2-1}{x-1}$ 在 $x \to 1$ 时的极限.

从引例2看出,虽然 $f(x)$ 和 $g(x)$ 在 $x=1$ 处都有极限,但 $g(x)$ 在 $x=1$ 处无定义. 这说明函数在一点处是否存在极限与它在该点处是否有定义无关. 因此,假定函数 $f(x)$ 在 x_0 的某个去心邻域内有定义,得到 $f(x)$ 在 $x \to x_0$ 时函数极限的直观定义.

定义 8　函数 $f(x)$ 在 x_0 的某个去心邻域内有定义,当 $x \to x_0$ 时,函数 $f(x)$ 的函数值无限接近于确定的常数 A,称 A 为函数 $f(x)$ 在 $x \to x_0$ 时的极限.

在定义 8 中,函数 $f(x)$ 的函数值无限接近于某个确定的常数 A,表示 $|f(x)-A|$ 能任意小,在此同样可通过对于任意给定的正数 ε,用 $|f(x)-A|<\varepsilon$ 表示. 而 $x \to x_0$ 可以表示为 $0<|x-x_0|<\delta(\delta>0)$,$\delta$ 体现了 x 接近 x_0 的程度. 由此得到函数 $f(x)$ 在 $x \to x_0$ 时函数极限的精确定义.

定义 9　函数 $f(x)$ 在 x_0 的某个去心邻域内有定义. 对于任意给定的正数 ε,总存在正数 δ,当 x 满足不等式 $0<|x-x_0|<\delta$ 时,函数 $f(x)$ 满足不等式

$$|f(x)-A|<\varepsilon,$$

称 A 为函数 $f(x)$ 在 $x \to x_0$ 时的极限，记作

$$\lim_{x \to x_0} f(x) = A \text{ 或 } f(x) \to A(\text{当 } x \to x_0 \text{ 时}).$$

定义 9 可简述为

$$\lim_{x \to x_0} f(x) = A \Leftrightarrow \forall \varepsilon > 0, \exists \delta > 0, \text{当 } 0 < |x - x_0| < \delta \text{ 时，有 } |f(x) - A| < \varepsilon.$$

函数 $f(x)$ 在 $x \to x_0$ 时极限为 A 的几何解释：对 $\forall \varepsilon > 0$，当 $x \in \mathring{U}(x_0, \delta)$ 时，曲线 $y = f(x)$ 位于直线 $y = A - \varepsilon$ 和 $y = A + \varepsilon$ 之间，如图 1－19 所示．

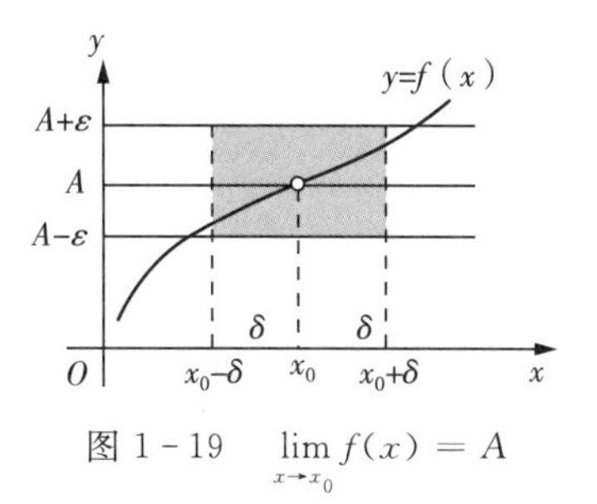

图 1－19　$\lim_{x \to x_0} f(x) = A$

例 7　证明：$\lim_{x \to x_0} C = C$，C 为常数．

证　由于

$$|f(x) - A| = |C - C| = 0,$$

对 $\forall \varepsilon > 0$，对 $\forall \delta > 0$，当 $0 < |x - x_0| < \delta$ 时，都有 $|f(x) - A| < \varepsilon$，故

$$\lim_{x \to x_0} C = C.$$

例 8　证明：$\lim_{x \to 1} \dfrac{x^2 - 1}{x - 1} = 2$.

证　由于

$$|f(x) - A| = \left| \frac{x^2 - 1}{x - 1} - 2 \right| = |x - 1|,$$

对 $\forall \varepsilon > 0$，要使 $|f(x) - A| < \varepsilon$，即 $|x - 1| < \varepsilon$. 取 $\delta = \varepsilon$，当 $0 < |x - x_0| < \delta$ 时，都有 $|f(x) - A| < \varepsilon$，故

$$\lim_{x \to 1} \frac{x^2 - 1}{x - 1} = 2.$$

在函数的极限中，$x \to x_0$ 既包含 x 从左侧向 x_0 靠近，又包含 x 从右侧向 x_0 靠近．因此，在求分段函数在分界点 x_0 处的极限时，由于在 x_0 处两侧函数式子不同，需要分别讨论．

x 从左侧向 x_0 靠近的情形，记作 $x \to x_0^-$. x 从右侧向 x_0 靠近的情形，记作 $x \to x_0^+$.

在定义 9 中，若把空心邻域 $0 < |x - x_0| < \delta$ 改为 $x_0 - \delta < x < x_0$，则称 A 为函数 $f(x)$ 在 $x \to x_0$ 时的**左极限**，记作

$$\lim_{x \to x_0^-} f(x) = A \text{ 或 } f(x_0^-) = A.$$

类似地，若把空心邻域 $0 < |x - x_0| < \delta$ 改为 $x_0 < x < x_0 + \delta$，则称 A 为函数 $f(x)$ 在 $x \to x_0$ 时的**右极限**，记作

$$\lim_{x \to x_0^+} f(x) = A \text{ 或 } f(x_0^+) = A.$$

左极限和右极限统称为**单侧极限**.

根据 $f(x)$ 在 $x \to x_0$ 时极限的定义，推出 $f(x)$ 在 $x \to x_0$ 时的极限存在的充要条件是左、右极限都存在并且相等，即

$$\lim_{x \to x_0} f(x) = A \Leftrightarrow \lim_{x \to x_0^-} f(x) = \lim_{x \to x_0^+} f(x) = A.$$

例 9 讨论函数

$$f(x) = \begin{cases} -x, x \leqslant 0; \\ 1 + x, x > 0 \end{cases}$$

当 $x \to 0$ 时的极限不存在.

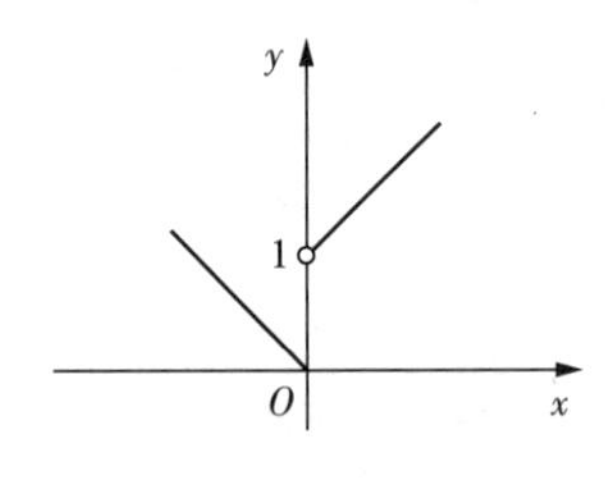

图 1-20 函数 $f(x)$ 的图像

解 函数图像如图 1-20 所示.

$f(x)$ 在 $x = 0$ 处的左极限为

$$\lim_{x \to 0^-} f(x) = \lim_{x \to 0^-} (-x) = 0,$$

右极限为

$$\lim_{x \to 0^+} f(x) = \lim_{x \to 0^+} (1 + x) = 1.$$

由于 $\lim\limits_{x \to 0^-} f(x) \neq \lim\limits_{x \to 0^+} f(x)$，故 $\lim\limits_{x \to 0} f(x)$ 不存在.

3. 函数极限的性质

类比数列极限的性质，可以得到函数极限的性质. 由于函数极限自变量的变化趋势有不同的形式，下面仅以 $\lim\limits_{x \to x_0} f(x)$ 为代表讨论.

性质 1(唯一性) 若 $\lim\limits_{x \to x_0} f(x) = A$，则极限值是唯一的.

性质 2(函数极限的局部有界性) 若 $\lim\limits_{x \to x_0} f(x) = A$，则存在常数 $M > 0$ 及 $\delta > 0$，当 $0 < |x - x_0| < \delta$ 时，有 $|f(x)| \leqslant M$.

证 因为 $\lim\limits_{x \to x_0} f(x) = A$，所以取 $\varepsilon = 1$，则 $\exists \delta > 0$，当 $0 < |x - x_0| < \delta$ 时，有

$$|f(x) - A| < \varepsilon = 1,$$

于是

$$|f(x)| = |f(x) - A + A| \leqslant |f(x) - A| + |A| < 1 + |A|.$$

这就证明了在 x_0 的去心邻域内 $f(x)$ 是有界的.

性质 3(函数极限的局部保号性) 若 $\lim\limits_{x \to x_0} f(x) = A$，且 $A > 0$(或 $A < 0$)，则存在 $\delta > 0$，当 $0 < |x - x_0| < \delta$ 时，有 $f(x) > 0$(或 $f(x) < 0$).

证　就 $A>0$ 的情形证明.

因为 $\lim\limits_{x \to x_0} f(x)=A>0$,所以,对于 $\varepsilon=\dfrac{A}{2}>0$,则 $\exists \delta>0$,当 $0<|x-x_0|<\delta$ 时,有

$$|f(x)-A|<\varepsilon=\frac{A}{2} \Rightarrow A-\frac{A}{2}<f(x) \Rightarrow f(x)>\frac{A}{2}>0.$$

类似地,可以证明 $A<0$ 的情形.

从性质3的证明中可知,在性质3的条件下可以得到下面更强的结论.

定理7　如果 $\lim\limits_{x \to x_0} f(x)=A(A \neq 0)$,那么存在点 x_0 的某一去心邻域 $\mathring{U}(x_0)$,当 $x \in \mathring{U}(x_0)$ 时,有 $|f(x)|>\dfrac{|A|}{2}$.

推论　如果在 x_0 的某一去心邻域 $\mathring{U}(x_0)$ 内 $f(x) \geqslant 0$(或 $f(x) \leqslant 0$),而且 $\lim\limits_{x \to x_0} f(x)=A$,那么 $A \geqslant 0$(或 $A \leqslant 0$).

定理8(函数极限与数列极限的关系)　如果极限 $\lim\limits_{x \to x_0} f(x)$ 存在,$\{x_n\}$ 为函数 $f(x)$ 的定义域内任一收敛于 x_0 的数列,且满足 $x_n \neq x_0(n \in \mathbf{N}^+)$,那么,相应的函数值数列 $\{f(x_n)\}$ 必收敛,且 $\lim\limits_{n \to \infty} f(x_n)=\lim\limits_{x \to x_0} f(x)$.

证　设 $\lim\limits_{x \to x_0} f(x)=A$,则 $\forall \varepsilon>0$,$\exists \delta>0$,当 $0<|x-x_0|<\delta$ 时,有 $|f(x)-A|<\varepsilon$.

又因为 $\lim\limits_{n \to \infty} x_n=x_0$,故 $\forall \delta>0$,存在正整数 N,当 $n>N$ 时,有 $|x_n-x_0|<\delta$.

由假设,$x_n \neq x_0(n \in \mathbf{N}^+)$.故当 $n>N$ 时,$0<|x_n-x_0|<\delta$,从而 $|f(x_n)-A|<\varepsilon$,即

$$\lim_{n \to \infty} f(x_n)=\lim_{x \to x_0} f(x).$$

性质4(夹逼准则)　设 $f(x)$,$g(x)$,$h(x)$ 是三个函数,若存在 $\delta>0$,当 $0<|x-x_0|<\delta$ 时,有

$$g(x) \leqslant f(x) \leqslant h(x),\ \lim_{x \to x_0} g(x)=\lim_{x \to x_0} h(x)=A,$$

则

$$\lim_{x \to x_0} f(x)=A.$$

1.3　无穷大与无穷小

在研究函数的变化趋势时,经常会遇到两种特殊情形:一是函数的极限为零,二是函数的绝对值无限增大,即本节讨论的无穷小和无穷大.以 $\lim\limits_{x \to x_0} f(x)$ 为代表讨论这两种情形.

1.3.1　无穷小

定义1　若 $\lim\limits_{x \to x_0} f(x)=0$,则称函数 $f(x)$ 为 $x \to x_0$ 时的**无穷小**.

例如,$\lim\limits_{x \to 1}(x^2-1)=0$,则 x^2-1 是 $x \to 1$ 时的无穷小.$\lim\limits_{x \to \infty} \dfrac{1}{x}=0$,则 $\dfrac{1}{x}$ 是 $x \to \infty$ 时的无

穷小.

需要指出的是:① 无穷小不是很小的数,它表示当 $x \to x_0$ 时,$f(x)$ 的绝对值可以任意小的函数.② 在说一个函数是无穷小时,一定要指明自变量的变化趋势.同一函数,在自变量的不同变化趋势下,极限不一定为0.③0是唯一的无穷小常数.

1.3.2 无穷大

定义2 函数 $f(x)$ 在 x_0 的某个去心邻域内有定义.对于任意给定的正数 M,总存在正数 δ,当 x 满足不等式 $0 < |x - x_0| < \delta$ 时,函数值 $f(x)$ 满足不等式

$$|f(x)| > M,$$

则称函数 $f(x)$ 为 $x \to x_0$ 时的**无穷大**.

按照函数极限的定义,当 $x \to x_0$ 时无穷大的函数 $f(x)$ 的极限是不存在的.为了便于叙述函数的这一性态,习惯上称作函数的极限是无穷大,记作

$$\lim_{x \to x_0} f(x) = \infty.$$

若把定义中 $|f(x)| > M$ 改为 $f(x) > M$(或 $f(x) < -M$),称函数极限为**正无穷大(或负无穷大)**,记作

$$\lim_{x \to x_0} f(x) = +\infty \quad [\text{或} \lim_{x \to x_0} f(x) = -\infty].$$

在此,同样注意无穷大不是很大的数,不能和很大的数混为一谈.

例如,由于 $\lim\limits_{x \to 0} \dfrac{1}{x} = \infty$,$\dfrac{1}{x}$ 为 $x \to 0$ 时的无穷大,如图1-21所示.

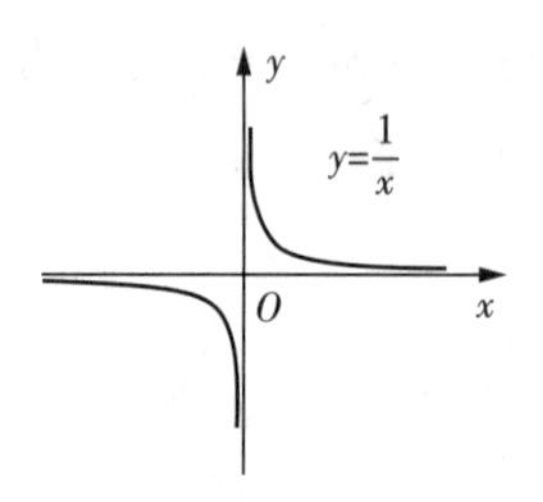

图1-21 函数 $y = \dfrac{1}{x}$ 的图像

从图像上看,当 $x \to 0$ 时,曲线 $y = \dfrac{1}{x}$ 无限接近于直线 $x = 0$.

一般地,若 $\lim\limits_{x \to x_0} f(x) = \infty$,则直线 $x = x_0$ 为曲线 $y = f(x)$ 的**铅直渐近线**.

在上例中,$x = 0$ 是曲线 $y = \dfrac{1}{x}$ 的铅直渐近线.

1.3.3 无穷小的性质

性质1 $\lim\limits_{x \to x_0} f(x) = A$ 充要条件是 $f(x) = A + \alpha$,其中 α 为 $x \to x_0$ 时的无穷小.

证 $\lim\limits_{x \to x_0} f(x) = A \Leftrightarrow \forall \varepsilon > 0, \exists \delta > 0$,当 $0 < |x - x_0| < \delta$ 时,都有

$$|f(x) - A| < \varepsilon.$$

令 $f(x) - A = \alpha$,则 $|\alpha| < \varepsilon$,即 $\lim\limits_{x \to x_0} \alpha = 0$,说明 α 为 $x \to x_0$ 时的无穷小.

此时 $f(x) = A + \alpha$.

性质2　在自变量的同一变化过程中，若 $f(x)$ 为无穷大，则 $\dfrac{1}{f(x)}$ 为无穷小；若 $f(x)$ 为无穷小，且 $f(x) \neq 0$，则 $\dfrac{1}{f(x)}$ 为无穷大．

例如，由于 $\lim\limits_{x \to 1}(x-1)=0$，则 $\lim\limits_{x \to 1} \dfrac{1}{x-1}=\infty$.

性质3　有限个无穷小的和是无穷小．

性质4　有界函数与无穷小的乘积是无穷小．

例　求极限 $\lim\limits_{x \to 0} x \sin \dfrac{1}{x}$.

解　由于 $\left|\sin \dfrac{1}{x}\right| \leqslant 1$，所以 $\sin \dfrac{1}{x}$ 是有界函数，而 $\lim\limits_{x \to 0} x=0$，由性质4，得 $\lim\limits_{x \to 0} x \sin \dfrac{1}{x}=0$.

推论1　常数与无穷小的乘积是无穷小．

推论2　有限个无穷小的乘积是无穷小．

1.4　极限的运算法则

本节讨论极限的求法，主要内容包括极限的四则运算、复合函数的极限运算法则以及利用这些法则求某些特定函数的极限．由于函数极限自变量的变化趋势有不同的形式，下面仅以 $\lim\limits_{x \to x_0} f(x)$ 为代表讨论．

定理　如果 $\lim\limits_{x \to x_0} f(x)=A$，$\lim\limits_{x \to x_0} g(x)=B$，$A$，$B$ 为有限常数，则

(1) $\lim\limits_{x \to x_0}(f(x) \pm g(x))=\lim\limits_{x \to x_0} f(x) \pm \lim\limits_{x \to x_0} g(x)=A \pm B$；

(2) $\lim\limits_{x \to x_0}(f(x) \cdot g(x))=\lim\limits_{x \to x_0} f(x) \cdot \lim\limits_{x \to x_0} g(x)=A \cdot B$；

(3) 若 $B \neq 0$，则 $\lim\limits_{x \to x_0} \dfrac{f(x)}{g(x)}=\dfrac{\lim\limits_{x \to x_0} f(x)}{\lim\limits_{x \to x_0} g(x)}=\dfrac{A}{B}$.

下面只证明 $\lim\limits_{x \to x_0}(f(x) \pm g(x))=A \pm B$.

证　由于 $\lim\limits_{x \to x_0} f(x)=A$，$\lim\limits_{x \to x_0} g(x)=B$，则

$$f(x)=A+\alpha, g(x)=B+\beta,$$

其中，α 和 β 是 $x \to x_0$ 时的无穷小．于是

$$f(x)+g(x)=(A+\alpha)+(B+\beta)=(A+B)+(\alpha+\beta).$$

由于 $\alpha+\beta$ 仍然是 $x \to x_0$ 时的无穷小，则

$$\lim_{x \to x_0}(f(x) \pm g(x))=A \pm B.$$

其他情况类似可证．

注　本定理可推广到有限个函数的情形．

例 1 求$\lim\limits_{x\to 2}(3x^2-x+5)$.

解 $\lim\limits_{x\to 2}(3x^2-x+5)=\lim\limits_{x\to 2}3x^2-\lim\limits_{x\to 2}x+\lim\limits_{x\to 2}5=3\lim\limits_{x\to 2}x^2-\lim\limits_{x\to 2}x+\lim\limits_{x\to 2}5$
$=3\cdot 4-2+5=15.$

例 2 求$\lim\limits_{x\to 1}\dfrac{x^2+2x+3}{x-2}$.

解 $\lim\limits_{x\to 1}\dfrac{x^2+2x+3}{x-2}=\dfrac{\lim\limits_{x\to 1}(x^2+2x+3)}{\lim\limits_{x\to 1}(x-2)}=\dfrac{\lim\limits_{x\to 1}x^2+2\lim\limits_{x\to 1}x+3}{\lim\limits_{x\to 1}x-2}=-6.$

注 在运用极限的四则运算中的商运算时,分母的极限$B\neq 0$. 当分母的极限$B=0$时,就不能直接应用商运算了.

例 3 求$\lim\limits_{x\to -1}\dfrac{x-1}{x+1}$.

解 因$\lim\limits_{x\to -1}(x+1)=0$,分母中极限为0,故不能用四则运算计算.

由于$\lim\limits_{x\to -1}\dfrac{x+1}{x-1}=\dfrac{\lim\limits_{x\to -1}(x+1)}{\lim\limits_{x\to -1}(x-1)}=\dfrac{0}{-2}=0$,根据无穷小的性质,知

$$\lim_{x\to -1}\frac{x-1}{x+1}=\infty.$$

例 4 求$\lim\limits_{x\to 1}\dfrac{x^2-2x+1}{x^2-1}$.

解 由于$x\to 1$时,分子、分母的极限都为0,记作$\dfrac{0}{0}$型. 分子、分母有公因子$x-1$,可约去公因子$x-1$,所以

$$\lim_{x\to 1}\frac{x^2-2x+1}{x^2-1}=\lim_{x\to 1}\frac{(x-1)^2}{(x-1)(x+1)}=\lim_{x\to 1}\frac{x-1}{x+1}=\frac{0}{2}=0.$$

总结 在求有理函数除法$\lim\limits_{x\to x_0}\dfrac{P(x)}{Q(x)}$的极限时,

(1) 当$Q(x_0)\neq 0$时,应用极限四则运算法则,$\lim\limits_{x\to x_0}\dfrac{P(x)}{Q(x)}=\dfrac{P(x_0)}{Q(x_0)}$;

(2) 当$Q(x_0)=0$,且$P(x_0)\neq 0$时,由无穷小的性质,$\lim\limits_{x\to x_0}\dfrac{P(x)}{Q(x)}=\infty$;

(3) 当$Q(x_0)=0$,且$P(x_0)=0$时,约去使分子、分母同为零的公因子$x-x_0$,再使用四则运算求极限.

例 5 求$\lim\limits_{x\to\infty}\dfrac{3x^2-2x+3}{2x^2+5x-7}$.

解 由于$x\to\infty$时,分子、分母的极限都为∞,记作$\dfrac{\infty}{\infty}$型. 用x^2去除分子及分母,即

$$\lim_{x\to\infty}\frac{3x^2-2x+3}{2x^2+5x-7}=\lim_{x\to\infty}\frac{3-\dfrac{2}{x}+\dfrac{3}{x^2}}{2+\dfrac{5}{x}-\dfrac{7}{x^2}}=\frac{3}{2}.$$

例 6　求:(1) $\lim\limits_{x\to\infty}\dfrac{x^3+1}{5x^2+2x+7}$；　(2) $\lim\limits_{x\to\infty}\dfrac{5x+3}{3x^2-x-1}$.

解　(1) 用 x^3 去除分子及分母,得

$$\lim_{x\to\infty}\frac{x^3+1}{5x^2+2x+7}=\lim_{x\to\infty}\frac{1+\dfrac{1}{x^3}}{\dfrac{5}{x}+\dfrac{2}{x^2}+\dfrac{7}{x^3}}=\infty.$$

(2) 用 x^2 去除分子及分母,求极限得

$$\lim_{x\to\infty}\frac{5x+3}{3x^2-x-1}=\lim_{x\to\infty}\frac{\dfrac{5}{x}+\dfrac{3}{x^2}}{3-\dfrac{1}{x}-\dfrac{1}{x^2}}=0.$$

总结　“$\dfrac{\infty}{\infty}$”型的函数极限的一般规律:当 $a_0\neq 0,b_0\neq 0,m$ 和 n 为正整数,则

$$\lim_{x\to\infty}\frac{a_0x^n+a_1x^{n-1}+\cdots+a_n}{b_0x^m+b_1x^{m-1}+\cdots+b_m}=\begin{cases}\dfrac{a_0}{b_0},n=m;\\ 0,n<m;\\ \infty,n>m.\end{cases}$$

例 7　求$\lim\limits_{x\to1}\left(\dfrac{1}{1-x}-\dfrac{3}{1-x^3}\right)$.

解　这是“$\infty-\infty$”型,可以先通分,再计算.

$$\lim_{x\to1}\left(\frac{1}{1-x}-\frac{3}{1-x^3}\right)=\lim_{x\to1}\frac{x^2+x-2}{(1-x)(1+x+x^2)}=\lim_{x\to1}\frac{(x+2)(x-1)}{(1-x)(1+x+x^2)}$$

$$=\lim_{x\to1}\frac{-(x+2)}{1+x+x^2}=-1.$$

例 8　求 $\lim\limits_{x\to+\infty}(\sqrt{x+1}-\sqrt{x})$.

解　这是“$\infty-\infty$”型无理式,可以先进行有理化,再计算.

$$\lim_{x\to+\infty}(\sqrt{x+1}-\sqrt{x})=\lim_{x\to+\infty}\frac{1}{\sqrt{x+1}+\sqrt{x}}=0.$$

1.5　两个重要极限

1.4 节介绍了极限的四则运算,不难发现所求的函数都是多项式函数,那么如果碰到其他的基本初等函数又该如何处理呢？下面讨论两个非常重要的极限,这两个极限在一定的程度上可以解决上述问题.

这两个极限是由 1.2 节中数列极限和函数极限中两个性质 —— 夹逼准则和单调有界

准则推理得到的.

1.5.1 $\lim\limits_{x\to 0}\dfrac{\sin x}{x}=1$

作单位圆,取圆心角 $\angle AOB=x$,设 $0<x<\dfrac{\pi}{2}$,如图1-22所示.

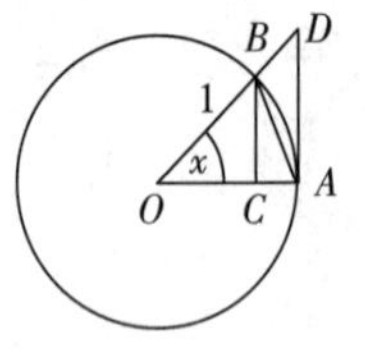

图 1-22 单位圆

由图可知,$S_{\triangle AOB}<S_{扇形AOB}<S_{\triangle AOD}$,

即

$$\frac{1}{2}\sin x<\frac{1}{2}x<\frac{1}{2}\tan x,$$

整理得

$$\sin x<x<\tan x.$$

不等式两边同时除以 $\sin x$,取倒数,得

$$\cos x<\frac{\sin x}{x}<1.$$

根据函数奇偶性,当 x 取值范围换成区间 $\left(-\dfrac{\pi}{2},0\right)$ 时,不等式符号不改变.

当 $x\to 0$ 时,$\lim\limits_{x\to 0}\cos x=1$,由夹逼准则知

$$\lim_{x\to 0}\frac{\sin x}{x}=1.$$

注 在利用 $\lim\limits_{x\to 0}\dfrac{\sin x}{x}=1$ 求函数的极限时,要注意使用条件:

(1) 极限是 $\dfrac{0}{0}$ 型;

(2) 式中带有三角函数;

(3) $\lim\limits_{\Delta\to 0}\dfrac{\sin\Delta}{\Delta}=1$ 中 Δ 的变量一致,都趋向于 0.

例 1 求 $\lim\limits_{x\to 0}\dfrac{\tan x}{x}$.

解 $\lim\limits_{x\to 0}\dfrac{\tan x}{x}=\lim\limits_{x\to 0}\left(\dfrac{\sin x}{x}\cdot\dfrac{1}{\cos x}\right)=\lim\limits_{x\to 0}\dfrac{\sin x}{x}\cdot\lim\limits_{x\to 0}\dfrac{1}{\cos x}=1\cdot 1=1.$

例 2 求 $\lim\limits_{x\to 0}\dfrac{\sin 3x}{\sin 2x}$.

解 $\lim\limits_{x\to 0}\dfrac{\sin 3x}{\sin 2x}=\lim\limits_{x\to 0}\dfrac{\sin 3x}{3x}\cdot\dfrac{2x}{\sin 2x}\cdot\dfrac{3}{2}=\dfrac{3}{2}\cdot\lim\limits_{x\to 0}\dfrac{\sin 3x}{3x}\cdot\lim\limits_{x\to 0}\dfrac{1}{\dfrac{\sin 2x}{2x}}=\dfrac{3}{2}\cdot 1\cdot 1=\dfrac{3}{2}.$

例 3 求 $\lim\limits_{x\to 0}\dfrac{1-\cos x}{x^2}$.

解　$\lim\limits_{x\to0}\dfrac{1-\cos x}{x^2}=\lim\limits_{x\to0}\dfrac{2\sin^2\dfrac{x}{2}}{x^2}=\dfrac{1}{2}\lim\limits_{x\to0}\dfrac{\sin^2\dfrac{x}{2}}{\left(\dfrac{x}{2}\right)^2}=\dfrac{1}{2}\lim\limits_{x\to0}\left(\dfrac{\sin\dfrac{x}{2}}{\dfrac{x}{2}}\right)^2=\dfrac{1}{2}\cdot1^2=\dfrac{1}{2}$.

1.5.2　$\lim\limits_{x\to\infty}\left(1+\dfrac{1}{x}\right)^x=\mathrm{e}$

考虑 $x=n$（正整数）的情形．记 $a_n=\left(1+\dfrac{1}{n}\right)^n$，下面证明 $\{a_n\}$ 是单调有界数列．

证　由于

$$a_n=\left(1+\frac{1}{n}\right)^n=1+n\cdot\frac{1}{n}+\frac{n(n-1)}{2!}\cdot\left(\frac{1}{n}\right)^2+\frac{n(n-1)(n-2)}{3!}\cdot\left(\frac{1}{n}\right)^3$$
$$+\cdots+\frac{n(n-1)(n-2)\cdots1}{n!}\cdot\left(\frac{1}{n}\right)^n$$
$$=1+1+\frac{1}{2!}\cdot\left(1-\frac{1}{n}\right)+\frac{1}{3!}\left(1-\frac{1}{n}\right)\left(1-\frac{2}{n}\right)+\cdots$$
$$+\frac{1}{n!}\cdot\left(1-\frac{1}{n}\right)\left(1-\frac{2}{n}\right)\cdots\left(1-\frac{n-1}{n}\right).$$

类似地，

$$a_{n+1}=\left(1+\frac{1}{n+1}\right)^{n+1}=1+1+\frac{1}{2!}\cdot\left(1-\frac{1}{n+1}\right)+\frac{1}{3!}\left(1-\frac{1}{n+1}\right)\left(1-\frac{2}{n+1}\right)$$
$$+\cdots+\frac{1}{(n+1)!}\left(1-\frac{1}{n+1}\right)\left(1-\frac{2}{n+1}\right)\cdots\left(1-\frac{n}{n+1}\right).$$

比较 a_n 和 a_{n+1} 的展开式，除前两项外，a_n 的每一项都小于 a_{n+1} 的对应项，且 a_{n+1} 比 a_n 多了最后的正数项，所以 $a_n<a_{n+1}$，即 $\{a_n\}$ 是单调递增数列．

由于

$$a_n=1+1+\frac{1}{2!}\left(1-\frac{1}{n}\right)+\frac{1}{3!}\left(1-\frac{1}{n}\right)\left(1-\frac{2}{n}\right)+\cdots$$
$$+\frac{1}{n!}\left(1-\frac{1}{n}\right)\left(1-\frac{2}{n}\right)\cdots\left(1-\frac{n-1}{n}\right)$$
$$\leqslant1+1+\frac{1}{2!}+\frac{1}{3!}+\cdots+\frac{1}{n!}$$
$$\leqslant1+1+\frac{1}{2\cdot1}+\frac{1}{2\cdot2\cdot1}+\cdots+\frac{1}{2\cdot2\cdot\cdots\cdot2\cdot1}$$
$$\leqslant1+1+\frac{1}{2}+\frac{1}{2^2}+\cdots+\frac{1}{2^{n-1}}=1+\frac{1-\frac{1}{2^n}}{1-\frac{1}{2}}<1+\frac{1}{1-\frac{1}{2}}=3.$$

故 $\{a_n\}$ 是有界数列.

由极限存在准则知,当 $n \to \infty$ 时,$a_n = \left(1+\frac{1}{n}\right)^n$ 的极限存在,通常用字母 e 来表示,即

$$\lim_{n\to\infty}\left(1+\frac{1}{n}\right)^n = \mathrm{e}.$$

可以证明,当 x 取实数而趋向 $+\infty$(或 $-\infty$) 时,函数 $\left(1+\frac{1}{x}\right)^x$ 的极限也存在,且等于 e. 故当 $x \to \infty$ 时,

$$\lim_{x\to\infty}\left(1+\frac{1}{x}\right)^x = \mathrm{e}.$$

令 $\frac{1}{x}=t$,当 $x \to \infty$ 时,$t \to 0$,上式可变为

$$\lim_{t\to 0}(1+t)^{\frac{1}{t}} = \mathrm{e},$$

故极限 $\lim\limits_{x\to\infty}\left(1+\frac{1}{x}\right)^x = \mathrm{e}$ 的另一种形式是

$$\lim_{x\to 0}(1+x)^{\frac{1}{x}} = \mathrm{e}.$$

注 在利用 $\lim\limits_{x\to\infty}\left(1+\frac{1}{x}\right)^x = \mathrm{e}$ 求函数极限时,要注意使用条件:

(1) 极限是 1^∞ 型;

(2) $\lim\limits_{\Delta\to\infty}\left(1+\frac{1}{\Delta}\right)^\Delta = \mathrm{e}$ 和 $\lim\limits_{\Delta\to 0}(1+\Delta)^{\frac{1}{\Delta}} = \mathrm{e}$ 中 Δ 的变量一致,且括号内 $\frac{1}{\Delta}$ 与括号右上角处 Δ 互为倒数.

例 4 求 $\lim\limits_{x\to\infty}\left(1+\frac{2}{x}\right)^x$.

解 $\lim\limits_{x\to\infty}\left(1+\frac{2}{x}\right)^x = \lim\limits_{x\to\infty}\left(1+\frac{2}{x}\right)^{\frac{x}{2}\cdot 2} = \lim\limits_{x\to\infty}\left[\left(1+\frac{2}{x}\right)^{\frac{x}{2}}\right]^2 = \mathrm{e}^2.$

例 5 求 $\lim\limits_{x\to\infty}\left(\frac{x-4}{x-3}\right)^x$.

解
$$\lim_{x\to\infty}\left(\frac{x-4}{x-3}\right)^x = \lim_{x\to\infty}\left(1+\frac{-1}{x-3}\right)^x = \lim_{x\to\infty}\left(1+\frac{-1}{x-3}\right)^{-(x-3)\cdot(-1)+3}$$
$$= \lim_{x\to\infty}\left[\left(1+\frac{-1}{x-3}\right)^{-(x-3)}\right]^{-1}\cdot\left(1+\frac{-1}{x-3}\right)^3 = \mathrm{e}^{-1}\cdot 1 = \mathrm{e}^{-1}.$$

例 6 求 $\lim\limits_{x\to 0}(1-2x)^{\frac{1}{x}}$.

解 $\lim\limits_{x\to 0}(1-2x)^{\frac{1}{x}} = \lim\limits_{x\to 0}[1+(-2x)]^{\frac{1}{-2x}\cdot(-2)} = \lim\limits_{x\to 0}\{[1+(-2x)]^{\frac{1}{-2x}}\}^{(-2)} = \mathrm{e}^{-2}.$

1.6　无穷小的比较

由1.3节中相关内容可知，两个无穷小量之间和、差以及乘积仍旧是无穷小量，但是其并没有提到两个无穷小的商的问题，下面通过一个例子来探究这个问题.

1.6.1　无穷小比较的定义

引例　当 $x \to 0$ 时，x、x^2、$3\sin x$ 都是无穷小，而极限

$$\lim_{x\to 0}\frac{x^2}{x}=0,\lim_{x\to 0}\frac{x}{x^2}=\infty,\lim_{x\to 0}\frac{3\sin x}{x}=3.$$

引例中，在 $x \to 0$ 时，三个函数都是无穷小，但其比值的极限结果不同，这反映了不同的无穷小趋于0的速度"快慢"不同.

定义　在 $x \to x_0$ 时，$\alpha(x)$ 和 $\beta(x)$ 为无穷小，

(1) 如果 $\lim\limits_{x\to x_0}\frac{\alpha(x)}{\beta(x)}=0$，则称 $\alpha(x)$ 是 $\beta(x)$ 为高阶无穷小，记作 $\alpha=o(\beta)$；

(2) 如果 $\lim\limits_{x\to x_0}\frac{\alpha(x)}{\beta(x)}=\infty$，则称 $\alpha(x)$ 是 $\beta(x)$ 为低阶无穷小；

(3) 如果 $\lim\limits_{x\to x_0}\frac{\alpha(x)}{\beta(x)}=C(C\neq 0)$，则称 $\alpha(x)$ 与 $\beta(x)$ 为同阶无穷小；

(4) 如果 $\lim\limits_{x\to x_0}\frac{\alpha(x)}{\beta^k(x)}=C(C\neq 0,k>0)$，则称 $\alpha(x)$ 是 $\beta(x)$ 的 k 阶无穷小；

(5) 如果 $\lim\limits_{x\to x_0}\frac{\alpha(x)}{\beta(x)}=1$，则称 $\alpha(x)$ 与 $\beta(x)$ 为等价无穷小，记作 $\alpha\sim\beta$.

显然等价无穷小是同阶无穷小的特殊情形，即 $C=1$.

在上面的引例中：

由于 $\lim\limits_{x\to 0}\frac{x^2}{x}=0$，则当 $x\to 0$ 时，x^2 是 x 的高阶无穷小，记作 $x^2=o(x)$；

由于 $\lim\limits_{x\to 0}\frac{x}{x^2}=\infty$，则当 $x\to 0$ 时，x 是 x^2 的低阶无穷小；

由于 $\lim\limits_{x\to 0}\frac{3\sin x}{x}=3$，则当 $x\to 0$ 时，$3\sin x$ 是 x 的同阶无穷小；

由于 $\lim\limits_{x\to 0}\frac{\sin x}{x}=1$，则当 $x\to 0$ 时，$\sin x$ 是 x 的等价无穷小.

在此列出当 $x\to 0$ 时，常见的等价无穷小：

$$\sin x\sim x;\tan x\sim x;1-\cos x\sim\frac{1}{2}x^2;\arcsin x\sim x;\arctan x\sim x$$

$$e^x-1\sim x;\ln(1+x)\sim x;\sqrt[n]{1+x}-1\sim\frac{1}{n}x.$$

1.6.2　等价无穷小的性质

在上述几个无穷小的概念中，最常见的是等价无穷小，下面给出等价无穷小的性质.

性质 1 $\alpha \sim \beta$ 的充要条件是 $\beta = \alpha + o(\alpha)$.

证 以自变量 $x \to x_0$ 时的极限为例.

必要性 设 $\alpha \sim \beta$,则

$$\lim_{x \to x_0} \frac{\beta - \alpha}{\alpha} = \lim_{x \to x_0} \left(\frac{\beta}{\alpha} - 1 \right) = \lim_{x \to x_0} \frac{\beta}{\alpha} - 1 = 0,$$

故 $\beta - \alpha = o(\alpha)(x \to x_0)$,即 $\beta = \alpha + o(\alpha)$.

充分性 设 $\beta = \alpha + o(\alpha)$,则

$$\lim_{x \to x_0} \frac{\beta}{\alpha} = \lim_{x \to x_0} \frac{\alpha + o(\alpha)}{\alpha} = \lim_{x \to x_0} \left[1 + \frac{o(\alpha)}{\alpha} \right] = 1,$$

故 $\alpha \sim \beta(x \to x_0)$.

其他自变量的变化趋势的证明同上.

性质 2 $\alpha \sim \alpha'$,$\beta \sim \beta'$,且 $\lim \frac{\beta'}{\alpha'}$ 存在,则

$$\lim \frac{\beta}{\alpha} = \lim \frac{\beta'}{\alpha'}.$$

证 以自变量 $x \to x_0$ 时的极限为例.

$$\lim_{x \to x_0} \frac{\beta}{\alpha} = \lim_{x \to x_0} \left(\frac{\beta}{\beta'} \cdot \frac{\beta'}{\alpha'} \cdot \frac{\alpha'}{\alpha} \right) = \lim_{x \to x_0} \frac{\beta}{\beta'} \cdot \lim_{x \to x_0} \frac{\beta'}{\alpha'} \cdot \lim_{x \to x_0} \frac{\alpha'}{\alpha} = \lim_{x \to x_0} \frac{\beta'}{\alpha'}.$$

性质 2 表明,在求两个无穷小之比的极限时,分子或分母都可用等价无穷小来代替.

例 1 求 $\lim\limits_{x \to 0} \frac{1 - \cos x}{x \sin x}$.

解 当 $x \to 0$ 时,$1 - \cos x \sim \frac{1}{2} x^2$,$\sin x \sim x$,则

$$\lim_{x \to 0} \frac{1 - \cos x}{x \sin x} = \lim_{x \to 0} \frac{\frac{1}{2} x^2}{x^2} = \frac{1}{2}.$$

例 2 求 $\lim\limits_{x \to 0} \frac{\sqrt{1 + x} - 1}{e^x - 1}$.

解 当 $x \to 0$ 时,$\sqrt{1 + x} - 1 \sim \frac{1}{2} x$,$e^x - 1 \sim x$,则

$$\lim_{x \to 0} \frac{\sqrt{1 + x} - 1}{e^x - 1} = \lim_{x \to 0} \frac{\frac{1}{2} x}{x} = \frac{1}{2}.$$

1.6.3 等价无穷小的运算规则

通过上文的例 1 和例 2 可以看出,当分子和分母都是同一变化趋势下的无穷小时,利用等价无穷小的性质,可以简化计算. 下面主要介绍等价无穷小的运算规则.

1. 和差取大规则

如果当 $x\to 0$ 时，若 $\beta=o(\alpha)$，那么 $\alpha\pm\beta\sim\alpha$.

例 3　求 $\lim\limits_{x\to 0}\dfrac{\sin x}{x^3+3x}$.

解　当 $x\to 0$ 时，$\sin x\sim x$，并且 $x^3=o(3x)$，则

$$\lim_{x\to 0}\frac{\sin x}{x^3+3x}=\lim_{x\to 0}\frac{x}{3x}=\frac{1}{3}.$$

2. 和差代替规则

如果当 $x\to 0$ 时，$\alpha\sim\alpha'$，$\beta\sim\beta'$，且 β 与 α 不等价，那么

$$\alpha-\beta\sim\alpha'-\beta'，并且\ \lim\frac{\alpha-\beta}{\gamma}=\lim\frac{\alpha'-\beta'}{\gamma}.$$

例 4　求 $\lim\limits_{x\to 0}\dfrac{\tan 2x-\sin x}{\sqrt{1+x}-1}$.

解　当 $x\to 0$ 时，$\sin x\sim x$，$\tan 2x\sim 2x$，$\sqrt{1+x}-1\sim\dfrac{1}{2}x$，且 $\sin x$ 与 $\tan 2x$ 不等价，则

$$\lim_{x\to 0}\frac{\tan 2x-\sin x}{\sqrt{1+x}-1}=\lim_{x\to 0}\frac{2x-x}{\frac{1}{2}x}=2.$$

3. 因式代替规则

如果当 $x\to 0$ 时，$\alpha\sim\beta$，并且 $\varphi(x)$ 极限存在或者有界，则 $\lim\limits_{x\to 0}\alpha\varphi(x)=\lim\limits_{x\to 0}\beta\varphi(x)$.

例 5　求 $\lim\limits_{x\to 0}\arcsin x\cdot\sin\dfrac{1}{x}$.

解　当 $x\to 0$ 时，$\arcsin x\sim x$，且 $\sin\dfrac{1}{x}$ 有界，则

$$\lim_{x\to 0}\arcsin x\cdot\sin\frac{1}{x}=\lim_{x\to 0}x\cdot\sin\frac{1}{x}=0.$$

例 6　求 $\lim\limits_{x\to 0}\dfrac{\tan x-\sin x}{x^3}$.

解　（错误做法）当 $x\to 0$ 时，$\sin x\sim x$，$\tan x\sim x$，则

$$\lim_{x\to 0}\frac{\tan x-\sin x}{x^3}=\lim_{x\to 0}\frac{x-x}{x^3}=0.$$

（正确做法）当 $x\to 0$ 时，$\sin x\sim x$，$\tan x\sim x$，则

$$\lim_{x\to 0}\frac{\tan x-\sin x}{x^3}=\lim_{x\to 0}\frac{\tan x(1-\cos x)}{x^3}=\lim_{x\to 0}\frac{x\cdot\frac{1}{2}x^2}{x^3\cdot\cos x}=\frac{1}{2}.$$

注　在代数和中各等价无穷小不能随便替换，在因式中可以用等价无穷小替换.

在计算无穷小的比较问题中，还需要注意等价无穷小的灵活运用，只要在结构上的变量一致，都趋向于0，就可以替换．

例 7 求$\lim\limits_{x\to 0}\dfrac{(1+x^2)^{\frac{1}{3}}-1}{\cos x-1}$.

解 当 $x\to 0$ 时，$(1+x^2)^{\frac{1}{3}}-1\sim\dfrac{1}{3}x^2$，$\cos x-1\sim-\dfrac{1}{2}x^2$，则

$$\lim_{x\to 0}\frac{(1+x^2)^{\frac{1}{3}}-1}{\cos x-1}=\lim_{x\to 0}\frac{\frac{1}{3}x^2}{-\frac{1}{2}x^2}=-\frac{2}{3}.$$

1.7 函数的连续性与间断点

在自然界中，有许多现象都是连续变化的，如气温的变化、河水的流动、植物的生长等．这些现象在函数关系上的反映，就是函数的连续性．

1.7.1 函数连续的概念

1．函数的增量

定义 1 设变量 u 从它的一个值 u_1 变到另一个值 u_2，其差 u_2-u_1 称作变量 u 的**增量(改变量)**，记作 Δu，即 $\Delta u=u_2-u_1$.

例如，一天中某段时间$[t_1,t_2]$，温度从 T_1 到 T_2，则温度的增量 $\Delta T=T_2-T_1$．当温度升高时，$\Delta T>0$；当温度降低时，$\Delta T<0$．当时间的改变量 $\Delta t=t_2-t_1$ 很微小时，温度的变化 ΔT 也会很小，当 $\Delta t\to 0$ 时，$\Delta T\to 0$.

定义 2 对于函数 $y=f(x)$，如果在定义区间内自变量从 x_0 变到 x，对应的函数值由 $f(x_0)$ 变化到 $f(x)$，则称 $x-x_0$ 为自变量的**增量(改变量)**，记作 Δx，即

$$\Delta x=x-x_0\text{ 或 }x=\Delta x+x_0.$$

$f(x)-f(x_0)$ 为函数的**增量(改变量)**，记作 Δy，即

$$\Delta y=f(x)-f(x_0)\text{ 或 }\Delta y=f(x_0+\Delta x)-f(x_0).$$

注 增量不一定是正的，当初值大于终值时，增量就是负的．

2．函数连续的概念

设函数 $y=f(x)$ 在点 x_0 的某一邻域内有定义，当自变量 x 在这邻域内从 x_0 变到 $x_0+\Delta x$ 时，函数增量 $\Delta y=f(x_0+\Delta x)-f(x_0)$(图 1-23).

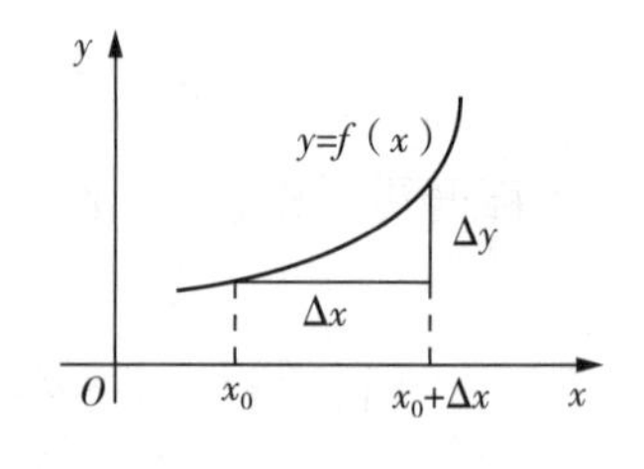

图 1-23 函数增量

假定 x_0 不变，让 Δx 变动，Δy 也随之变化．如果当 Δx 无限变小时，Δy 也无限变小．根据这一特点，给出函数 $y=f(x)$ 在 x_0 处连续的概念．

定义 3 设函数 $y=f(x)$ 在点 x_0 的某一邻域内有定

义，如果

$$\lim_{\Delta x \to 0} \Delta y = \lim_{\Delta x \to 0} [f(x_0 + \Delta x) - f(x_0)] = 0,$$

则称函数 $y = f(x)$ 在点 x_0 处**连续**.

设 $x = x_0 + \Delta x$，则当 $\Delta x \to 0$ 时，即是 $x \to x_0$. 而

$$\Delta y = f(x_0 + \Delta x) - f(x_0) = f(x) - f(x_0),$$

$\Delta y \to 0$ 就是 $f(x) \to f(x_0)$，即

$$\lim_{x \to x_0} f(x) = f(x_0).$$

定义 3 可以改写为定义 4.

定义 4 设函数 $y = f(x)$ 在点 x_0 的某一邻域内有定义，如果

$$\lim_{x \to x_0} f(x) = f(x_0),$$

那么称函数 $y = f(x)$ 在点 x_0 处**连续**.

由定义 4 知，函数 $y = f(x)$ 在点 x_0 处连续必须满足下列三个条件：

(1) 函数 $y = f(x)$ 在点 x_0 处有定义；

(2) $\lim\limits_{x \to x_0} f(x)$ 存在，即 $\lim\limits_{x \to x_0^-} f(x) = \lim\limits_{x \to x_0^+} f(x)$ 且存在；

(3) $\lim\limits_{x \to x_0} f(x) = f(x_0)$.

例 1 讨论函数

$$f(x) = \begin{cases} x \sin \dfrac{1}{x}, x \neq 0; \\ 0, x = 0. \end{cases}$$

在 $x = 0$ 处的连续性.

解 由于

$$\lim_{x \to 0} f(x) = \lim_{x \to 0} x \sin \frac{1}{x} = 0,$$

而 $f(0) = 0$，故

$$\lim_{x \to 0} f(x) = f(0).$$

由连续性的定义知，函数 $f(x)$ 在 $x = 0$ 处连续.

由于函数 $f(x)$ 在 x_0 处极限存在等价于 $f(x)$ 在 x_0 处左、右极限都存在并且相等，结合这一特点，下面定义左连续、右连续的概念.

如果 $\lim\limits_{x \to x_0^-} f(x) = f(x_0)$，则称函数 $f(x)$ 在点 x_0 处的**左连续**. 如果 $\lim\limits_{x \to x_0^+} f(x) = f(x_0)$，则称函数 $f(x)$ 在点 x_0 处的**右连续**.

如果函数 $y=f(x)$ 在点 x_0 处连续，必有 $\lim\limits_{x\to x_0}f(x)=f(x_0)$，则有

$$\lim_{x\to x_0^-}f(x)=\lim_{x\to x_0^+}f(x)=f(x_0),$$

这说明函数 $y=f(x)$ 在点 x_0 处连续既包含 $f(x)$ 在点 x_0 处左连续，又包含 $f(x)$ 在点 x_0 处右连续.

定理 函数 $y=f(x)$ 在点 x_0 处连续的充要条件是函数 $y=f(x)$ 在点 x_0 处既左连续又右连续.

注 此定理常用于判断分段函数在分段点处的连续性.

例 2 讨论函数

$$f(x)=\begin{cases}x^2,x\leqslant 1;\\ x+1,x>1\end{cases}$$

在 $x=1$ 处的连续性.

解 函数 $f(x)$ 的图像如图 1 - 24 所示.

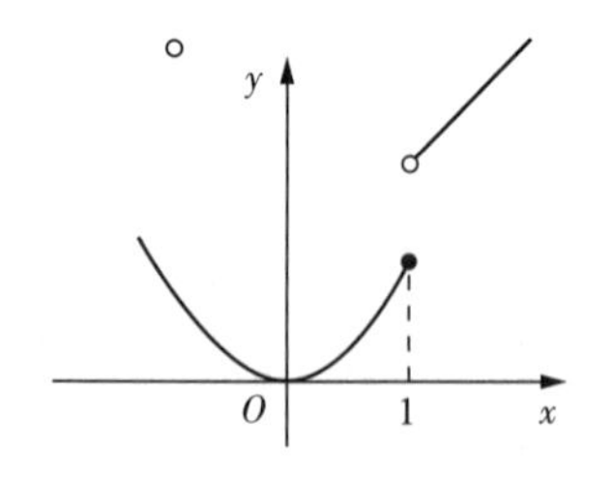

图 1 - 24 函数 $f(x)$ 的图像

由于 $\lim\limits_{x\to 1^-}f(x)=\lim\limits_{x\to 1^-}x^2=1=f(1)$，故 $f(x)$ 在 $x=1$ 处左连续.

又由于 $\lim\limits_{x\to 1^+}f(x)=\lim\limits_{x\to 1^+}(x+1)=2\neq f(1)$，故 $f(x)$ 在 $x=1$ 处不右连续.

因此，由定理知，函数 $f(x)$ 在 $x=1$ 处不连续.

以上是介绍函数在一点处连续的概念，下面介绍连续函数的概念.

定义 5 如果函数 $f(x)$ 在区间 (a,b) 内每一点都连续，称 $f(x)$ 为 (a,b) 内的**连续函数**.

如果函数 $f(x)$ 在 (a,b) 内连续，且在左端点 $x=a$ 处右连续，在右端点 $x=b$ 处左连续，则称 $f(x)$ 在闭区间 $[a,b]$ 上连续.

例 3 证明函数 $y=\sin x$ 在 $(-\infty,+\infty)$ 内是连续的.

证 任取 $x_0\in(-\infty,+\infty)$，则

$$\begin{aligned}\Delta y&=f(x_0+\Delta x)-f(x_0)=\sin(x_0+\Delta x)-\sin x_0\\&=2\cos\left(x_0+\frac{\Delta x}{2}\right)\sin\frac{\Delta x}{2}.\end{aligned}$$

由于

$$\lim_{\Delta x\to 0}\Delta y=2\lim_{\Delta x\to 0}\cos\left(x_0+\frac{\Delta x}{2}\right)\sin\frac{\Delta x}{2},$$

当 $\Delta x\to 0$ 时，由无穷小的性质知，$\lim\limits_{\Delta x\to 0}\Delta y=0$.

由定义知，$y=\sin x$ 在 x_0 处连续. 而 x_0 是在 $(-\infty,+\infty)$ 内任取的，故 $y=\sin x$ 在

$(-\infty,+\infty)$ 内是连续的.

类似地,可以验证 $y=\cos x$ 在定义区间内是连续的.

1.7.2　函数的间断点

定义6　如果函数 $y=f(x)$ 在点 x_0 处不连续,则称 $f(x)$ 在 x_0 处间断,x_0 称为 $f(x)$ 的**间断点**.

根据函数 $y=f(x)$ 在点 x_0 处连续必须满足的三个条件知,只要其中一个条件不满足,函数 $f(x)$ 就在 x_0 处间断.因此 $f(x)$ 在 x_0 处出现间断的情形有下列三种:

(1) 在 $x=x_0$ 处无定义;

(2) 在 $x=x_0$ 处虽然有定义,但是 $\lim\limits_{x\to x_0}f(x)$ 不存在;

(3) 在 $x=x_0$ 处有定义,$\lim\limits_{x\to x_0}f(x)$ 存在,但是 $\lim\limits_{x\to x_0}f(x)\neq f(x_0)$.

$f(x)$ 在 x_0 处只要符合上述三种情形之一,则函数 $f(x)$ 在 x_0 处必间断.

下面给出几个函数间断的例子.

(1) 函数 $f(x)=\dfrac{1}{x}$ 在 $x=0$ 处无定义,所以 $x=0$ 是 $f(x)=\dfrac{1}{x}$ 的间断点.

(2) 函数 $f(x)=\operatorname{sgn}x=\begin{cases}-1,x<0;\\0,x=0;\\1,x>0\end{cases}$ 在 $x=0$ 处,由于

$$\lim_{x\to 0^-}f(x)=\lim_{x\to 0^-}(-1)=-1,\lim_{x\to 0^+}f(x)=\lim_{x\to 0^+}1=1,$$

则 $f(x)$ 在 $x=0$ 处函数左、右极限不相等,故 $\lim\limits_{x\to 0}f(x)$ 不存在,因此 $x=0$ 是此函数的间断点.

(3) 函数 $f(x)=\begin{cases}\dfrac{\sin 5x}{x},x\neq 0;\\0,x=0.\end{cases}$ 在 $x=0$ 处,由于

$$\lim_{x\to 0}f(x)=\lim_{x\to 0}\frac{\sin 5x}{x}=5,$$

而 $f(0)=0$,故 $\lim\limits_{x\to 0}f(x)\neq f(0)$,$x=0$ 是此函数的间断点.

从上面的例子看出,函数 $f(x)$ 在 x_0 处虽然都是间断,但产生间断的原因各不相同.根据这一特点,下面对间断点进行分类.

如果 $f(x_0^-)$ 与 $f(x_0^+)$ 都存在,则称 x_0 为 $f(x)$ 的**第一类间断点**,否则称为**第二类间断点**.

在第一类间断点中,如果 $f(x_0^-)=f(x_0^+)$,则称 x_0 为 $f(x)$ 的**可去间断点**;如果 $f(x_0^-)\neq f(x_0^+)$,则称 x_0 为 $f(x)$ 的**跳跃间断点**.

上面给出的例子中,在(2)中 $x=0$ 是跳跃间断点,在(3)中 $x=0$ 是可去间断点.

在第二类间断点中,如果 $f(x_0^-)$ 与 $f(x_0^+)$ 至少有一个为 ∞,则称 x_0 为 $f(x)$ 的**无穷间**

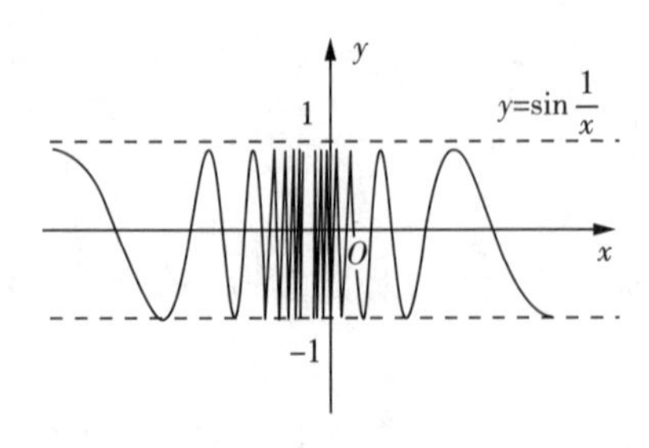

图 1-25　函数 $y=\sin\frac{1}{x}$ 的图像

断点；如果 $f(x_0^-)$ 与 $f(x_0^+)$ 至少有一个是不断振荡的，则称 x_0 为 $f(x)$ 的**振荡间断点**.

上面给出的例子中，在(1) 中 $x=0$ 是无穷间断点.

又如 $y=\sin\frac{1}{x}$，$x=0$ 为函数的间断点. 当 $x\to 0$ 时，函数在 -1 和 1 之间出现无限次的振荡，如图 1-25 所示，则 $x=0$ 为振荡间断点.

1.8　连续函数的运算与初等函数的连续性

1.8.1　连续函数的和、差、积、商的连续性

由函数在某一点连续的定义和极限的四则运算法则立即可得出下面的定理.

定理 1　设函数 $f(x)$ 与 $g(x)$ 在 x_0 处连续，则其和、差、积、商(分母在 x_0 处函数值不为零) 在 x_0 处也连续.

例 1　因 $\tan x=\frac{\sin x}{\cos x}$，$\cot x=\frac{\cos x}{\sin x}$，而 $\sin x$ 和 $\cos x$ 都在区间 $(-\infty,+\infty)$ 内连续，故由定理 1 知，$\tan x$ 和 $\cot x$ 在它们的定义域内是连续的.

1.8.2　反函数与复合函数的连续性

反函数与复合函数的概念在 1.1 节中介绍过，下面来讨论它们的连续性.

定理 2　如果函数 $y=f(x)$ 在区间 I_x 上单调增加(或单调减少) 且连续，那么它的反函数 $x=f^{-1}(y)$ 也在对应的区间 $I_y=\{y\,|\,y=f(x),x\in I_x\}$ 上单调增加(或单调减少) 且连续.

例 2　由于 $y=\sin x$ 在区间 $\left[-\frac{\pi}{2},\frac{\pi}{2}\right]$ 上单调增加且连续，所以它的反函数 $y=\arcsin x$ 在区间 $[-1,1]$ 上也是单调增加且连续的.

同样，$y=\arccos x$ 在区间 $[-1,1]$ 上也是单调减少且连续，$y=\arctan x$ 在区间 $(-\infty,+\infty)$ 内单调增加且连续，$y=\operatorname{arccot} x$ 在区间 $(-\infty,+\infty)$ 内单调减少且连续.

总之，反三角函数 $\arcsin x$，$\arccos x$，$\arctan x$，$\operatorname{arccot} x$ 在它们的定义域内都是连续的.

定理 3　设函数 $y=f[g(x)]$ 由函数 $y=f(u)$ 与函数 $u=g(x)$ 复合而成，$\mathring{U}(x_0)=D_{f\circ g}$. 若 $\lim\limits_{x\to x_0}g(x)=u_0$，而函数 $y=f(u)$ 在 $u=u_0$ 连续，则

$$\lim_{x\to x_0}f[g(x)]=\lim_{u\to u_0}f(u)=f(u_0).$$

定理的结论也可写成 $\lim\limits_{x\to x_0}f[g(x)]=f[\lim\limits_{x\to x_0}g(x)]$. 求复合函数 $y=f[g(x)]$ 的极限时，函数符号 f 与极限符号可以交换次序.

$\lim\limits_{x \to x_0} f[u(x)] = \lim\limits_{u \to u_0} f(u)$ 表明，在定理 3 的条件下，如果作代换 $u = g(x)$，那么，求 $\lim\limits_{x \to x_0} f[g(x)]$ 就转化为求 $\lim\limits_{u \to u_0} f(u)$，这里 $u_0 = \lim\limits_{x \to x_0} g(x)$.

把定理 3 中的 $x \to x_0$ 换成 $x \to \infty$，可得类似的定理．

例 3　求 $\lim\limits_{x \to 3} \sqrt{\dfrac{x-3}{x^2-9}}$.

解　$\lim\limits_{x \to 3} \sqrt{\dfrac{x-3}{x^2-9}}$ 是由 $y=\sqrt{u}$ 与 $u=\dfrac{x-3}{x^2-9}$ 复合而成的．因为 $\lim\limits_{x \to 3} \dfrac{x-3}{x^2-9} = \dfrac{1}{6}$，函数 $y=\sqrt{u}$ 在点 $u = \dfrac{1}{6}$ 处连续，所以

$$\lim_{x \to 3} \sqrt{\frac{x-3}{x^2-9}} = \sqrt{\lim_{x \to 3} \frac{x-3}{x^2-9}} = \sqrt{\frac{1}{6}}.$$

定理 4　设函数 $y=f[g(x)]$ 由函数 $y=f(u)$ 与函数 $u=g(x)$ 复合而成，$\mathring{U}(x_0)=D_{f\circ g}$. 若函数 $u=g(x)$ 在点 $x=x_0$ 处连续，而函数 $y=f(u)$ 在点 $u=u_0$ 处连续，则复合函数 $y=f[g(x)]$ 在点 $x=x_0$ 处也连续．

例 4　讨论函数 $y=\sin\dfrac{1}{x}$ 的连续性．

解　函数 $y=\sin\dfrac{1}{x}$ 是由 $y=\sin u$ 及 $u=\dfrac{1}{x}$ 复合而成的．函数 $u=\dfrac{1}{x}$ 在 $(-\infty,0) \cup (0,+\infty)$ 上是连续的，$y=\sin u$ 在 $(-\infty,+\infty)$ 上是连续的．根据定理 4，函数 $y=\sin\dfrac{1}{x}$ 在无限区间 $(-\infty,0) \cup (0,+\infty)$ 内是连续的．

1.8.3　初等函数的连续性

在基本初等函数中，已经证明了三角函数、反三角函数在它们的定义域内是连续的．

指数函数 $a^x\ (a>0, a\neq 1)$ 对于一切实数 x 都有定义，且在区间 $(-\infty,+\infty)$ 内是单调的和连续的，它的值域为 $(0,+\infty)$．

已知指数函数的单调性和连续性，由定理 2 可得，对数函数 $\log_a x\ (a>0, a\neq 1)$ 在区间 $(0,+\infty)$ 内单调且连续．

幂函数 $y=x^a$ 的定义域随 a 的值不同而不同，但无论 a 为何值，在区间 $(0,+\infty)$ 内幂函数总是有定义的．可以证明，在区间 $(0,+\infty)$ 内幂函数是连续的．事实上，设 $x>0$，则

$$y = x^a = a^{a\log_a x},$$

因此，幂函数 $y=x^a$ 可看作是由 $y=a^u$，$u=a\log_a x$ 复合而成的，由此，根据定理 4，它在 $(0,+\infty)$ 内是连续的．如果对 a 取不同值分别加以讨论，可以证明幂函数在它的定义域内是连续的．

综上可得，**基本初等函数在它们的定义域内都是连续的**.

最后，根据初等函数的定义，由基本初等函数的连续性以及本节有关定理可得下列重要结论．

定理 5 初等函数在其定义区间内是连续的.

所谓定义区间,就是包含在定义域内的区间.

初等函数的连续性在求函数极限中的应用:如果 $f(x)$ 是初等函数,且 x_0 是 $f(x)$ 的定义区间内的点,则 $\lim\limits_{x\to x_0} f(x)=f(x_0)$.

例 5 求 $\lim\limits_{x\to 0}\sqrt{x^2-2x+5}$.

解 $y=\sqrt{x^2-2x+5}$ 的定义域是 $(-\infty,+\infty)$. $x_0=0$ 是定义区间内的点,所以

$$\lim_{x\to 0}\sqrt{x^2-2x+5}=\sqrt{0^2-2\cdot 0+5}=\sqrt{5}.$$

例 6 求 $\lim\limits_{x\to 0}\dfrac{\log_a(1+x)}{x}$.

解 $\lim\limits_{x\to 0}\dfrac{\log_a(1+x)}{x}=\lim\limits_{x\to 0}\log_a(1+x)^{\frac{1}{x}}=\log_a\lim\limits_{x\to 0}(1+x)^{\frac{1}{x}}=\log_a \mathrm{e}=\dfrac{1}{\ln a}$.

例 7 求 $\lim\limits_{x\to 0}\dfrac{a^x-1}{x}$.

解 令 $a^x-1=t$,则 $x=\log_a(1+t)$,当 $x\to 0$ 时,$t\to 0$,则

$$\lim_{x\to 0}\frac{a^x-1}{x}=\lim_{t\to 0}\frac{t}{\log_a(1+t)}=\ln a.$$

例 8 求 $\lim\limits_{x\to 0}\dfrac{(1+x)^a-1}{x}(a\in\mathbf{R})$.

解 令 $(1+x)^a-1=t$,当 $x\to 0$ 时,$t\to 0$,则

$$\lim_{x\to 0}\frac{(1+x)^a-1}{x}=\lim_{x\to 0}\left[\frac{(1+x)^a-1}{\ln(1+x)^a}\cdot\frac{a\ln(1+x)}{x}\right]$$

$$=\lim_{t\to 0}\frac{t}{\ln(1+t)}\cdot\lim_{x\to 0}\frac{a\ln(1+x)}{x}=a.$$

由例 6、例 7、例 8 可以得到三个常用的等价无穷小的关系式,当 $x\to 0$ 时,$\ln(1+x)\sim x$,$\mathrm{e}^x-1\sim x$,$(1+x)^a-1\sim ax$.

例 9 求 $\lim\limits_{x\to 0}(1+2\tan^2x)^{\cot^2x}$.

解 由于

$$(1+2\tan^2x)^{\cot^2x}=\mathrm{e}^{\cot^2x\cdot\ln(1+2\tan^2x)},$$

当 $x\to 0$ 时,$\ln(1+2\tan^2x)\sim 2\tan^2x$,故

$$\lim_{x\to 0}(1+2\tan^2x)^{\cot^2x}=\lim_{x\to 0}\mathrm{e}^{\cot^2x\cdot\ln(1+2\tan^2x)}=\mathrm{e}^{\lim\limits_{x\to 0}\cot^2x\cdot\ln(1+2\tan^2x)}=\mathrm{e}^{2\lim\limits_{x\to 0}\cot^2x\cdot\tan^2x}=\mathrm{e}^2.$$

一般地，形如$(1+u(x))^{v(x)}$的函数称为**幂指函数**．如果

$$\lim u(x)=0, \lim v(x)=\infty,$$

则

$$\lim (1+u(x))^{v(x)}=\mathrm{e}^{\lim v(x)\ln(1+u(x))}=\mathrm{e}^{\lim v(x)u(x)}.$$

注 这里的三个 lim 都表示在同一自变量变化过程中的极限．

1.9 闭区间上连续函数的性质

前文已经介绍了函数 $f(x)$ 在闭区间 $[a,b]$ 上连续的概念，下面继续讨论闭区间 $[a,b]$ 上连续函数的性质．

1.9.1 最值定理

定理 1(最值定理) 闭区间上连续的函数在该区间上一定存在最大值和最小值．

此定理说明，如果函数 $f(x)$ 在闭区间 $[a,b]$ 内连续，即 $f(x)\in \mathbf{C}_{[a,b]}$（图 1-26），则至少存在一点 $\xi_1\in[a,b]$，$f(\xi_1)=m$，对 $\forall x\in[a,b]$，都有 $f(x)\geqslant m$，则 m 是 $f(x)$ 在 $[a,b]$ 上的最小值．至少存在一点 $\xi_2\in[a,b]$，$f(\xi_2)=M$，对 $\forall x\in[a,b]$，都有 $f(x)\leqslant M$，则 M 是 $f(x)$ 在 $[a,b]$ 上的最大值．

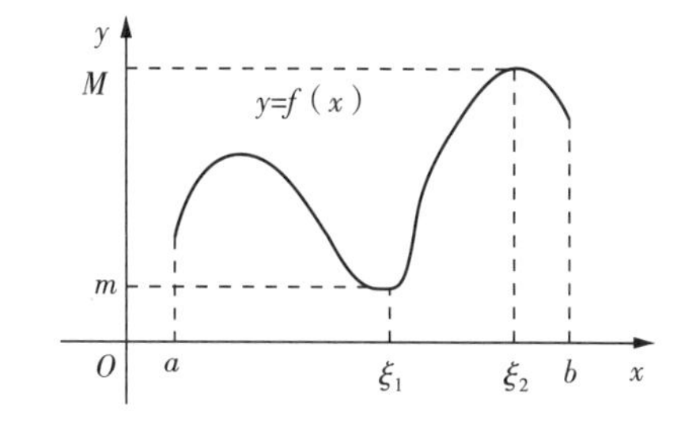

图 1-26 最值定理图示

注 定理 1 中条件“闭区间”和“连续”很重要，如果缺少一个，定理不一定成立．

例如，函数 $y=x$ 在开区间 $(0,2)$ 内虽然连续，但是没有最大值和最小值（图 1-27）.

函数 $y=f(x)=\begin{cases}-x+1, 0\leqslant x<1;\\ 1, \quad x=1;\\ -x+3, 1<x\leqslant 2\end{cases}$ 在闭区间 $[0,2]$ 上不连续，不存在最大值和最小值（图 1-28）.

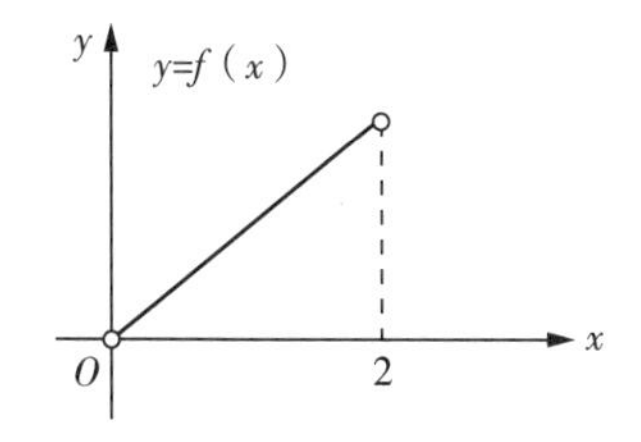

图 1-27 函数 $y=x$ 在区间 $(0,2)$ 上的图像

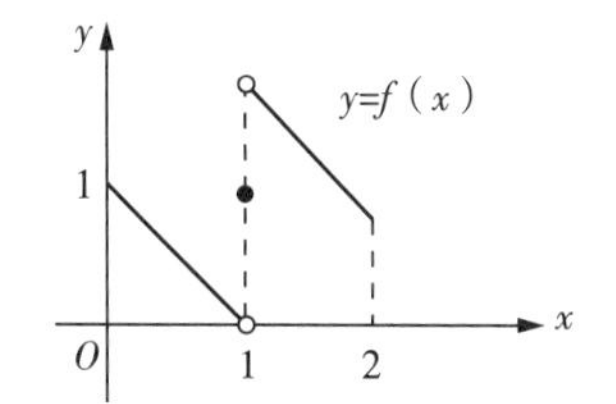

图 1-28 函数 $y=f(x)$ 的图像

由于闭区间上连续函数存在最大值和最小值，因此闭区间上连续函数必定有界．

推论 闭区间上连续函数在该区间上有界．

1.9.2 介值定理

定理2(介值定理) 函数 $f(x)$ 在闭区间 $[a,b]$ 上连续，M 和 m 分别是 $f(x)$ 在 $[a,b]$ 上的最大值和最小值，则至少存在一点 $\xi \in [a,b]$，使得 $m \leqslant f(\xi) \leqslant M$(图1-29).

定理3(零点定理) 函数 $f(x)$ 在闭区间 $[a,b]$ 上连续，且 $f(a)f(b) < 0$，则在开区间 (a,b) 内至少存在一点 ξ，使得 $f(\xi)=0$(图1-30).

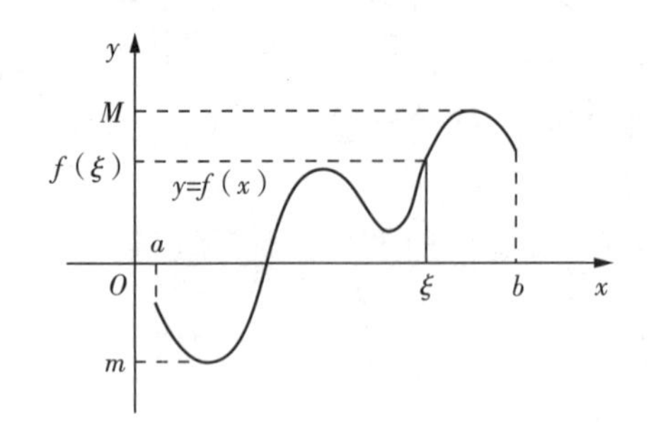

图1-29 介值定理图示

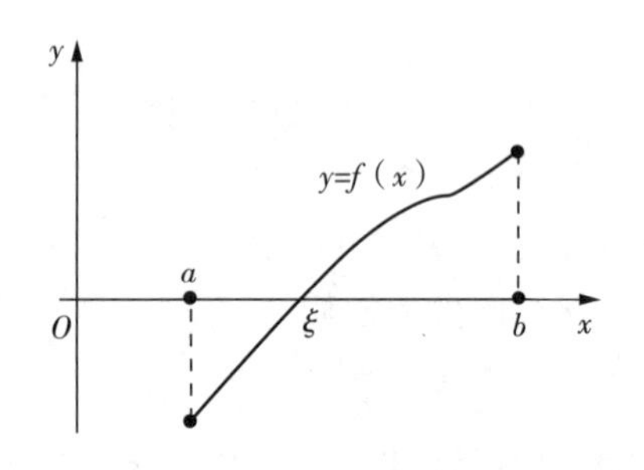

图1-30 零点定理图示

例1 证明方程 $x^5-2x^2-1=0$ 在区间 $(1,2)$ 内至少有一个根.

解 设 $f(x)=x^5-2x^2-1$，显然 $f(x)$ 在 $[1,2]$ 上连续，而

$$f(1)=-2<0, f(2)=23>0,$$

由零点定理知，至少存在一点 $\xi \in (1,2)$，使得 $f(\xi)=0$，即方程 $x^5-2x^2-1=0$ 在区间 $(1,2)$ 内至少有一个根 ξ.

例2 设函数 $f(x)$ 在闭区间 $[a,b]$ 上连续，且 $f(a)<a$，$f(b)>b$，证明至少存在一点 $\xi \in (a,b)$，使得 $f(\xi)=\xi$.

解 设 $\varphi(x)=f(x)-x$，显然 $\varphi(x)$ 在 $[a,b]$ 上连续，而

$$\varphi(a)=f(a)-a<0, \varphi(b)=f(b)-b>0,$$

由零点定理知，至少存在一点 $\xi \in (a,b)$，使得 $\varphi(\xi)=0$，即 $f(\xi)=\xi$.

注 在应用零点定理时，一定要注意检验函数是否满足定理使用的条件.

复习题1

1. 求下列函数的定义域.

(1) $y=\sqrt{\sin x}-\sqrt{36-x^2}$；

(2) $y=\ln(5x+1)$；

(3) $y=\sqrt{\log_2 x}$；

(4) $y=\sqrt{x^2(x-2)}+\arcsin\dfrac{x-1}{3}$；

(5)$y=f(x-1)+f(x+1)$，已知 $f(t)$ 的定义域为$(0,3)$；

(6)$y=\begin{cases}2x, & -1\leqslant x<0;\\ 1-3x, & x>0.\end{cases}$

2. 设 $f\left(x+\dfrac{1}{x}\right)=x^2+\dfrac{1}{x^2}$，求 $f(x)$，$f\left(x-\dfrac{1}{x}\right)$.

3. 求下列函数的反函数.

(1)$y=2^{3x-1}$；

(2)$y=\sin 2x, x\in\left[-\dfrac{\pi}{4},\dfrac{\pi}{4}\right]$；

(3)$y=\dfrac{1-2x}{1+2x}$.

4. 求下列函数的极限.

(1) $\lim\limits_{x\to 2}\dfrac{x+1}{x^2-3}$；

(2) $\lim\limits_{x\to -2}\dfrac{x^3+8}{x+2}$；

(3) $\lim\limits_{x\to 0}\dfrac{\sqrt{x^2+1}-1}{2x^2}$；

(4) $\lim\limits_{n\to\infty}\dfrac{n^3-5n+8}{2n^2+n+1}$；

(5) $\lim\limits_{h\to 0}\dfrac{(x+h)^2-x^2}{h}$；

(6) $\lim\limits_{x\to\infty}\sqrt{x^2+1}-\sqrt{x^2-1}$；

(7) $\lim\limits_{x\to\infty}\dfrac{(3x+1)^3(x+2)^2}{(3x+2)^5}$；

(8) $\lim\limits_{x\to 0}\dfrac{1-\cos 2x}{x\ln(1+x)}$；

(9) $\lim\limits_{x\to 0}\dfrac{\tan x-\sin x}{x\sin^2 x}$；

(10) $\lim\limits_{x\to\pi}\dfrac{x-\pi}{\sin(x-\pi)}$；

(11) $\lim\limits_{x\to\infty}\left(1+\dfrac{5}{x}\right)^x$；

(12) $\lim\limits_{x\to\infty}\left(\dfrac{x}{x-1}\right)^x$；

(13) $\lim\limits_{x\to\frac{\pi}{2}}(1+2\cos x)^{3\sec x}$；

(14) $\lim\limits_{x\to 0}\dfrac{\ln(1-2x)}{x}$；

(15) $\lim\limits_{n\to\infty}2^n\sin\dfrac{x}{2^n}(x\neq 0)$.

5. 求极限$\lim\limits_{n\to\infty}\left(\dfrac{1}{\sqrt{n^2+1}}+\dfrac{1}{\sqrt{n^2+2}}+\cdots+\dfrac{1}{\sqrt{n^2+n}}\right)$.

6. 若$\lim\limits_{x\to 1}\dfrac{x^2+ax+b}{1-x}=5$，求 a,b.

7. 设 $a>0,b>0,c>0$，求$\lim\limits_{x\to 0}\left(\dfrac{a^x+b^x+c^x}{3}\right)^{\frac{1}{x}}$.

8. 指出下列函数的间断点，并指出间断点类型.

(1) $f(x)=\dfrac{e^{\frac{1}{x}}-1}{e^{\frac{1}{x}}+1}$;

(2) $f(x)=\dfrac{x^2-1}{x(x-1)}$;

(3) $f(x)=\begin{cases} x, & -1 \leqslant x < 1; \\ 0, & \text{其他}. \end{cases}$

9. 证明方程 $x^4-4x+2=0$ 在区间 $(1,2)$ 内至少有一根.

10. 证明方程 $x+\sin x+1=0$ 在区间 $[-1,0]$ 内至少有一根.

阅读材料

一、高等数学的历史发展

一般认为16世纪以前发展起来的各个数学学科基本属于初等数学的范畴，17世纪以后建立的数学学科基本上是高等数学的内容. 由此可见，高等数学的范畴无法用简单的几句话或列举其所含分支学科来说明. 19世纪以前确立的几何、代数、分析三大数学分支中，前两个都是初等数学的分支，其后又发展了属于高等数学的部分，而只有分析从一开始就属于高等数学. 分析的基础——微积分被认为是“变量的数学”的开始. 因此，研究变量是高等数学的特征之一. 原始的变量概念是物质世界变化的诸量的直接抽象，现代数学中变量的概念包含更高层次的抽象. 例如，数学分析研究的限于实变量，而其他数学分支研究的还有取复数值的复变量和向量、张量形式的各种几何量、代数量，以及取值具有偶然性的随机变量、模糊变量和变化的(概率)空间——范畴和随机过程. 描述变量间依赖关系的概念由函数发展到泛函、变换以及函子. 与初等数学一样，高等数学也研究空间形式，只不过它具有更高层次的抽象性，并反映变化的特征，或者说是在变化中研究它. 例如，曲线、曲面的概念已发展成一般的流形. 按照埃尔朗根纲领，几何是关于图像在某种变换群下不变性质的理论，也就是说，几何是将各种空间形式置于变换之下来研究的.

无穷进入数学，这是高等数学的又一特征. 现实世界的各种事物都以有限的形式出现，无穷是对它们的共同本质的一种概括. 所以，无穷进入数学是数学高度理论化、抽象化的反映. 数学中的无穷以潜无穷和实无穷两种形式出现. 在极限过程中，变量的变化是无止境的，属于潜无穷的形式. 而极限值的存在又反映了实无穷过程. 最基本的极限过程是数列和函数的极限，数学分析以极限为基础，建立了刻画函数局部和总体特征的各种概念和有关理论，初步成功地描述了现实世界中的非均匀变化和运动. 另外，一些形式上更为抽象的极限过程在别的数学分支学科中也都起着基本的作用. 还有许多数学分支学科的研究对象本身就是无穷多的个体，也就是说无穷集合，如群、环、域之类及各种抽象空间. 这是数学中的实无穷. 能够处理这类无穷集合，是数学水平与能力提高的表现. 为了处理这类无穷集合，数学中引入了各种结构，如代数结构、序结构和拓扑结构．还有一种度量结构，如抽象空间中的范数、距离和测度等，使得个体之间的关系定量化、数字化，成为数学的定性描述和定量计算两方面的桥梁，上述结构使得这些无穷集合具有丰富的内涵，能够彼此区分，并由此形成了众多的数学分支学科．

数学的计算性方面在初等数学中占了主导地位，它在高等数学中的地位也是明显的．高等数学除了有很多理论性很强的学科之外，也有一大批计算性很强的分支学科，如微分方程、计算数学、统计学等．在高度抽象的理论装备下，这些分支学科才有可能处理现代科学技术中的复杂计算问题．

二、数学家介绍

刘徽（约225—约295），我国古代魏末晋初的杰出数学家．他撰写的《重差》（又名《海岛算经》）对《九章算术》中的方法和公式作了全面的评注，指出并纠正了其中的错误，在数学方法和数学理论上作出了杰出的贡献．他用“割圆术”求圆周率π的方法“割之弥细，所失弥小，割之又割，以至于不可割，则与圆合体而无所失矣”包含了“用已知逼近未知，用近似逼近精确”的重要极限思想．

康托尔（1845—1918），德国数学家，集合论的创始人．他证明了复合变量函数三角级数展开的唯一性，继而用有理数列极限定义无理数．1870年开始研究三角级数，并由此建立了19世纪末、20世纪初最伟大的数学成就——集合论和超穷数理论．除此之外，他还努力探讨在新理论创立过程中所涉及的数理哲学问题．

第 2 章　导数与微分

在高等数学中，导数和微分是一元函数微分学中十分重要的内容．在本章，首先通过变速直线运动的瞬时速度以及曲线切线的斜率等问题引出导数的概念，然后介绍函数的四则运算求导法则、反函数的导数以及函数的高阶导数，最后根据函数增量的问题引出函数微分的定义，并且给出函数的微分法则以及微分的应用．

2.1　导数的概念

2.1.1　引例

为了说明微分学的基本概念，先讨论两个问题:速度问题和切线问题．

1. 变速直线运动的瞬时速度

设某质点沿直线运动，在直线上规定原点、方向和单位长度，使直线成为数轴．设质点在运动的过程中，对于每个时刻 t，质点在直线上的位置坐标为 s，即 s 与 t 之间存在函数关系 $s=s(t)$，这个函数称作该质点在此运动过程中的位置函数．简而言之，该质点所经过的路程与时间成正比．下面需要讨论的就是该质点在任一时刻的速度，即**瞬时速度**．

由物理学可知，当物体做匀速直线运动时，它在任何时刻的速度可用公式

$$\text{速度}=\frac{\text{经过的路程}}{\text{所用的时间}}$$

来计算．对于变速直线运动，上式只能反映质点在某时段的平均速度，无法精确表示质点任一时刻的速度．为了求得质点在时刻 t_0 的速度，先取时刻 t_0 到 $t_0+\Delta t$ 的时间间隔，在这段时间内，质点从位置 $s(t_0)$ 移动到 $s(t_0+\Delta t)$，位置函数相应地有增量

$$\Delta s=s(t_0+\Delta t)-s(t_0),$$

于是比值

$$\frac{\Delta s}{\Delta t}=\frac{s(t_0+\Delta t)-s(t_0)}{\Delta t}$$

可表示质点在 t_0 到 $t_0+\Delta t$ 这段时间内的平均速度，记作 $\bar{v}$，即

$$\bar{v}=\frac{\Delta s}{\Delta t}$$

由于变速运动的速度是连续变化的，在很短的一段时间 Δt 内，速度变化不大，可以近似地看

作是匀速运动．因此，当$|\Delta t|$很小时，上式中的平均速度$\bar{v}$就可以看作质点在t_0时刻的瞬时速度的近似值．这里，可以用极限的方式来表示这一过程，即

$$v(t_0)=\lim_{\Delta t\to 0}\bar{v}=\lim_{\Delta t\to 0}\frac{s(t_0+\Delta t)-s(t_0)}{\Delta t}.$$

2．曲线切线的斜率

设曲线C：$y=f(x)$上的两点$M_0(x_0,y_0)$和$M(x,y)$，线段M_0M叫做曲线C的割线．如果点M沿曲线C无限地趋近点M_0，在图像中可看作割线M_0M所在的直线l绕点M_0是连续转动的，那么直线l的极限位置M_0T就是曲线在点M_0处的**切线**．

曲线的切线如图2-1所示，当点M沿曲线C无限地趋近于点M_0时，直线l的倾斜角φ也无限趋近于M_0T的倾斜角α，由此可以定义曲线C在点M_0处**切线的斜率**

$$k_{M_0T}=\lim_{M\to M_0}k_l,$$

其中，k_l是直线l的斜率．

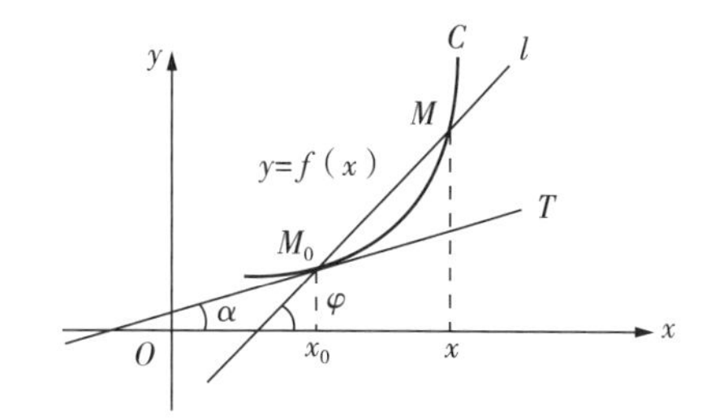

图2-1　曲线的切线

又因为割线M_0M的斜率为

$$\tan\varphi=\frac{y-y_0}{x-x_0}=\frac{f(x)-f(x_0)}{x-x_0},$$

当点M沿曲线C无限地趋近于点M_0时，有$x\to x_0$．如果上式极限存在，于是

$$k_{M_0T}=\lim_{M\to M_0}k_l=\lim_{x\to x_0}\frac{f(x)-f(x_0)}{x-x_0}.$$

2.1.2　函数的导数

1．导数的定义

两个问题都是计算当自变量的增量趋近于零的时候，函数的增量与自变量的增量之比的极限．在自然科学和工程技术领域内，还有许多其他实际问题也都采用此模型．通过抽象，撇开这些量的具体意义，抓住它们在数量关系上的共性，就可以得到函数的导数的定义.

定义1　设函数$y=f(x)$在点x_0的某一邻域内有定义，当自变量x在x_0处取得增量Δx（点$x_0+\Delta x$仍在该邻域内）时，相应的函数y取得增量$\Delta y=f(x_0+\Delta x)-f(x_0)$.

如果极限

$$\lim_{\Delta x\to 0}\frac{\Delta y}{\Delta x}=\lim_{\Delta x\to 0}\frac{f(x_0+\Delta x)-f(x_0)}{\Delta x}$$

存在，则称该极限为函数$y=f(x)$在点x_0处的导数，记作$f'(x_0)$，即

$$f'(x_0)=\lim_{\Delta x\to 0}\frac{\Delta y}{\Delta x}=\lim_{\Delta x\to 0}\frac{f(x_0+\Delta x)-f(x_0)}{\Delta x}\tag{2-1}$$

也可以记作$y'|_{x=x_0}$，$\left.\dfrac{\mathrm{d}y}{\mathrm{d}x}\right|_{x=x_0}$或$\left.\dfrac{\mathrm{d}f(x)}{\mathrm{d}x}\right|_{x=x_0}$.

函数$y=f(x)$在点x_0处导数存在，就可以说$f(x)$在点x_0处**可导**，否则就称函数$f(x)$在x_0处**不可导**．如果增量之比的极限为无穷大，导数是不存在的，但为了叙述方便，也称函数在x_0处导数为无穷大．

在实际问题中，需要讨论不同变量之间变化的“快慢”，也就是数学中函数的变化率问题．上述函数增量与自变量增量之比$\dfrac{\Delta y}{\Delta x}$，就是函数在区间$[x_0, x_0+\Delta x]$上的平均变化率．而导数$f'(x_0)$则是因变量$y$在$x_0$处的变化率，它反映了函数随自变量的变化而变化的快慢程度．

式(2-1)中，令$x=x_0+\Delta x$，则$\Delta x=x-x_0$，当$\Delta x\to 0$时，有$x\to x_0$. 这时，式(2-1)可写成

$$f'(x_0)=\lim_{x\to x_0}\frac{f(x)-f(x_0)}{x-x_0}.$$

这是导数的另一种形式．

上面讲的是函数在一点处可导，如果函数$y=f(x)$在开区间I内的每一点都可导，那么，就称函数$f(x)$在开区间I内可导．这时，对于任意$x\in I$，都对应着$f(x)$的一个确定的导数值．这样就构成了一个新的函数，该函数称为原来函数$y=f(x)$的**导函数**，记作

$$y', f'(x), \frac{\mathrm{d}y}{\mathrm{d}x}\text{或}\frac{\mathrm{d}f(x)}{\mathrm{d}x},$$

即有

$$f'(x)=\lim_{\Delta x\to 0}\frac{f(x+\Delta x)-f(x)}{\Delta x}$$

或

$$f'(x)=\lim_{h\to 0}\frac{f(x+h)-f(x)}{h}.$$

显然，函数$y=f(x)$在x_0处的导数$f'(x_0)$就是导函数$f'(x)$在点$x=x_0$处的函数值，即$f'(x_0)=f'(x)|_{x=x_0}$，导函数$f'(x)$简称**导数**，而$f'(x_0)$就是函数$f(x)$在点$x=x_0$处的导数值．

2. 根据定义求导数举例

根据定义求函数$y=f(x)$的导数，可分为以下三步：

(1) 求增量：$\Delta y=f(x+\Delta x)-f(x)$；

(2) 算比值：$\dfrac{\Delta y}{\Delta x}=\dfrac{f(x+\Delta x)-f(x)}{\Delta x}$；

(3) 取极限：$y'=\lim\limits_{\Delta x\to 0}\dfrac{\Delta y}{\Delta x}$.

例1　求函数 $f(x)=C$（C 为常数）的导数．

解　(1) 求增量：$\Delta y=f(x+\Delta x)-f(x)=C-C=0$；

(2) 算比值：$\dfrac{\Delta y}{\Delta x}=0$；

(3) 取极限：$y'=\lim\limits_{\Delta x\to 0}\dfrac{\Delta y}{\Delta x}=0$.

即得

$$(C)'=0.$$

这就是说，常数的导数等于零．

例2　求函数 $f(x)=x^n$（n 为正整数）的导数．

解　(1) 求增量：利用二项式定理展开，得

$$\begin{aligned}\Delta y&=f(x+\Delta x)-f(x)\\&=x^n+nx^{n-1}\Delta x+\frac{n(n-1)}{2!}x^{n-2}(\Delta x)^2+\cdots+(\Delta x)^n-x^n\\&=nx^{n-1}\Delta x+\frac{n(n-1)}{2!}x^{n-2}(\Delta x)^2+\cdots+(\Delta x)^n.\end{aligned}$$

(2) 算比值：

$$\frac{\Delta y}{\Delta x}=nx^{n-1}+\frac{n(n-1)}{2!}x^{n-2}\Delta x+\cdots+(\Delta x)^{n-1}.$$

(3) 取极限：

$$y'=\lim_{\Delta x\to 0}\frac{\Delta y}{\Delta x}=\lim_{\Delta x\to 0}\left[nx^{n-1}+\frac{n(n-1)}{2!}x^{n-2}\Delta x+\cdots+(\Delta x)^{n-1}\right]=nx^{n-1},$$

即得

$$(x^n)'=nx^{n-1}.$$

一般地，对于幂函数 $y=x^a$（a 为实数，且 $a\neq 0$），有

$$(x^a)'=ax^{a-1}.$$

这就是幂函数的导数公式．利用公式可以很方便地求出幂函数的导数，例如，

$$(\sqrt{x})'=(x^{\frac{1}{2}})'=\frac{1}{2}x^{-\frac{1}{2}}=\frac{1}{2\sqrt{x}}.$$

例3　求函数 $y=\sin x$ 的导数．

解　(1) 求增量：

$$\Delta y=f(x+\Delta x)-f(x)=\sin(x+\Delta x)-\sin x,$$

利用三角函数和差化积公式，有

$$\Delta y=2\cos\frac{x+\Delta x+x}{2}\sin\frac{x+\Delta x-x}{2}=2\cos\left(x+\frac{\Delta x}{2}\right)\sin\frac{\Delta x}{2}.$$

(2) 算比值：

$$\frac{\Delta y}{\Delta x}=\frac{2\cos\left(x+\frac{\Delta x}{2}\right)\sin\frac{\Delta x}{2}}{\Delta x}=\cos\left(x+\frac{\Delta x}{2}\right)\frac{\sin\frac{\Delta x}{2}}{\frac{\Delta x}{2}}.$$

(3) 取极限

$$y'=\lim_{\Delta x\to 0}\frac{\Delta y}{\Delta x}=\lim_{\Delta x\to 0}\cos\left(x+\frac{\Delta x}{2}\right)\frac{\sin\frac{\Delta x}{2}}{\frac{\Delta x}{2}}=\cos x,$$

即得

$$(\sin x)'=\cos x.$$

用类似的方法，可得余弦函数 $y=\cos x$ 的导数为

$$(\cos x)'=-\sin x.$$

例 4 求函数 $f(x)=|x|$ 在 $x=0$ 处的导数.

解 根据导数的定义可得

$$\lim_{h\to 0}\frac{f(0+h)-f(0)}{h}=\lim_{h\to 0}\frac{|h|}{h}$$

当 $h>0$ 时，

$$\lim_{h\to 0^+}\frac{|h|}{h}=\lim_{h\to 0^+}\frac{h}{h}=1;$$

当 $h<0$ 时，

$$\lim_{h\to 0^-}\frac{|h|}{h}=\lim_{h\to 0^-}\frac{-h}{h}=-1,$$

所以，$\lim\limits_{h\to 0}\frac{f(0+h)-f(0)}{h}$ 不存在，即函数 $f(x)=|x|$ 在 $x=0$ 处不可导.

3. 单侧导数

通过函数的导数的定义知，导数是一个极限，而极限存在的充分必要条件是左、右极限都存在且相等，因此，$f'(x_0)$ 在点 x_0 处可导的充分必要条件是左、右极限

$$\lim_{h\to 0^-}\frac{f(x_0+h)-f(x_0)}{h} \text{ 及 } \lim_{h\to 0^+}\frac{f(x_0+h)-f(x_0)}{h}$$

都存在且相等，这两个极限分别称为函数 $f(x)$ 在点 x_0 处的**左导数和右导数**，记 $f'_-(x_0)$ 和 $f'_+(x_0)$，即

$$f'_-(x_0)=\lim_{h\to 0^-}\frac{f(x_0+h)-f(x_0)}{h},\quad f'_+(x_0)=\lim_{h\to 0^+}\frac{f(x_0+h)-f(x_0)}{h},$$

左导数和右导数统称为**单侧导数**.

根据极限存在的充分必要条件易得,函数 $y=f(x)$ 在 x_0 处可导的充分必要条件是在此点的左导数和右导数都存在且相等.

例如,函数 $f(x)=|x|$ 在 $x=0$ 处的左导数 $f'_-(0)=-1$、右导数 $f'_+(0)=1$,存在但不相等,故函数 $f(x)=|x|$ 在 $x=0$ 处不可导.

如果函数 $f(x)$ 在开区间 (a,b) 内可导,且 $f'_+(a)$ 和 $f'_-(b)$ 都存在,那么,可得 $f(x)$ 在闭区间 $[a,b]$ 上可导.

2.1.3　导数的几何意义

如图 2-1 所示,函数 $y=f(x)$ 在点 x_0 处的导数 $f'(x_0)$ 在几何上表示曲线 $y=f(x)$ 在点 $M(x_0,f(x_0))$ 处切线的斜率. 如果 $f'(x_0)=\infty$,那么,切线垂直于 x 轴.

根据导数的几何意义,由直线的点斜式方程,可知曲线 $y=f(x)$ 在点 $M(x_0,y_0)$ 处的**切线方程**为

$$y-y_0=f'(x_0)(x-x_0),$$

过点 $M(x_0,y_0)$ 且与切线垂直的直线,称为曲线 $y=f(x)$ 在点 $M(x_0,y_0)$ 处的**法线**.

当 $f'(x_0)\neq 0$ 时,可得曲线 $y=f(x)$ 在点 $M(x_0,y_0)$ 处的**法线方程**为

$$y-y_0=-\frac{1}{f'(x_0)}(x-x_0)\quad (f'(x_0)\neq 0).$$

例 5　求等边双曲线 $y=\dfrac{1}{x}$ 在点(1,1)处的切线的斜率,并写出在该点处的切线方程和法线方程.

解　根据导数的几何意义,所求切线的斜率为

$$k_1=y'|_{x=1}=\left(\frac{1}{x}\right)'\bigg|_{x=1}=-\frac{1}{x^2}\bigg|_{x=1}=-1,$$

从而切线的方程为

$$y-1=-(x-1),$$

即

$$x+y-2=0.$$

所求法线的斜率 $k_2=1$,于是所求法线的方程为

$$y-1=x-1,$$

即

$$y=x.$$

例 6　在曲线 $y=x^{\frac{2}{3}}$ 上，求与直线 $y=2x+1$ 平行的切线方程．

解　根据导数的几何意义，曲线 $y=x^{\frac{2}{3}}$ 在任一点 (x,y) 处的切线斜率为

$$k=y'=(x^{\frac{2}{3}})'=\frac{2}{3\sqrt[3]{x}},$$

又因为与直线 $y=2x+1$ 平行，得

$$\frac{2}{3\sqrt[3]{x}}=2,$$

解得 $x=\frac{1}{27}$，代入曲线 $y=x^{\frac{2}{3}}$，得 $y=\frac{1}{9}$，从而得到曲线上一点 $M\left(\frac{1}{27},\frac{1}{9}\right)$，过点 M 的切线方程斜率 $k=2$，其切线方程为

$$y-\frac{1}{9}=2\left(x-\frac{1}{27}\right),$$

即

$$54x-27y+1=0.$$

2.1.4　函数可导性与连续性的关系

定理　若函数 $y=f(x)$ 在点 x 处可导，即函数在该点处必连续．

证　已知函数 $y=f(x)$ 在点 x 处可导，即 $\lim\limits_{\Delta x\to 0}\frac{\Delta y}{\Delta x}=f'(x)$ 存在．由具有极限的函数与无穷小的关系，可知

$$\frac{\Delta y}{\Delta x}=f'(x)+\alpha,$$

其中，α 为当 $\Delta x\to 0$ 时的无穷小．上式两边同时乘以 Δx，得

$$\Delta y=f'(x)\Delta x+\alpha\Delta x,$$

所以，当 $\Delta x\to 0$ 时，有 $\Delta y\to 0$，也就是说，函数 $y=f(x)$ 在点 x 处连续．

该定理表明，函数在该点处连续是函数在该点处可导的必要条件，但不是充分条件，即函数在某点连续却不一定可导．

例如，函数 $f(x)=|x|$ 在 $x=0$ 处连续，但是前面已经证明了函数 $f(x)=|x|$ 在 $x=0$ 处不可导．

2.2　函数的求导法则

2.1 节通过导数的定义，计算了一些简单的导数．但是对于复杂的函数，想要通过定义计算导数相当困难．在本节中，将介绍求导数的几个基本法则和基本初等函数的导数公式．借助这些基本法则和基本初等函数的导数公式，就可以更方便地求出常见的初等函数的导数．

2.2.1　函数的和、差、积、商的求导法则

定理1　如果函数 $u=u(x)$ 及 $v=v(x)$ 都在点 x 处具有导数，则它们的和、差、积、商(除分母为零的点外)都在点 x 处具有导数，且有法则：

(1) $[u(x)\pm v(x)]'=u'(x)\pm v'(x)$；

(2) $[u(x)v(x)]'=u'(x)v(x)+u(x)v'(x)$；

(3) $\left[\dfrac{u(x)}{v(x)}\right]'=\dfrac{u'(x)v(x)-u(x)v'(x)}{v^2(x)}\quad(v(x)\neq 0)$.

证

(1) $[u(x)\pm v(x)]'$

$$=\lim_{\Delta x\to 0}\frac{[u(x+\Delta x)\pm v(x+\Delta x)]-[u(x)\pm v(x)]}{\Delta x}$$

$$=\lim_{\Delta x\to 0}\frac{u(x+\Delta x)-u(x)}{\Delta x}\pm\lim_{\Delta x\to 0}\frac{v(x+\Delta x)-v(x)}{\Delta x}$$

$$=u'(x)\pm v'(x)$$

可简单表示为

$$(u\pm v)'=u'\pm v'.$$

(2) $[u(x)v(x)]'$

$$=\lim_{\Delta x\to 0}\frac{u(x+\Delta x)v(x+\Delta x)-u(x)v(x)}{\Delta x}$$

$$=\lim_{\Delta x\to 0}\frac{u(x+\Delta x)v(x+\Delta x)-u(x)v(x+\Delta x)+u(x)v(x+\Delta x)-u(x)v(x)}{\Delta x}$$

$$=\lim_{\Delta x\to 0}\frac{u(x+\Delta x)-u(x)}{\Delta x}\cdot\lim_{\Delta x\to 0}v(x+\Delta x)+u(x)\cdot\lim_{\Delta x\to 0}\frac{v(x+\Delta x)-v(x)}{\Delta x}$$

$$=u'(x)v(x)+u(x)v'(x)$$

可简单表示为

$$(uv)'=u'v+uv'.$$

同样可证法则(3)，具体证明过程留给读者自己完成.

法则(3)可简单表示为

$$\left(\frac{u}{v}\right)'=\frac{u'v-uv'}{v^2},$$

法则(1)(2)可以推广到有限个可导函数的情形.

例如，设 $u=u(x)$，$v=v(x)$，$w=w(x)$ 均可导，则有

$$(u\pm v\pm w)'=u'\pm v'\pm w',$$

$$(uvw)'=u'vw+uv'w+uvw'.$$

在法则(2)中，当 $v(x)=C$(C 为常数)时，有 $(Cu)'=Cu'$.

例 1 $y=x^3-3x^2+2x-5$,求 y'.

解 $y'=(x^3-3x^2+2x-5)'=(x^3)'-(3x^2)'+(2x)'-(5)'$
$=3x^2-3\cdot 2x+2-0=3x^2-6x+2.$

例 2 $y=2x^2-\cos x+\sin\frac{\pi}{2}$,求 y' 及$y'|_{x=\frac{\pi}{6}}$.

解 $y'=4x+\sin x$,$y'|_{x=\frac{\pi}{6}}=\frac{2\pi}{3}+\frac{1}{2}$.

例 3 $y=e^x\sin x$,求 y'.

解 $y'=(e^x)'\sin x+e^x(\sin x)'=e^x\sin x+e^x\cos x$
$=e^x(\sin x+\cos x)$.

例 4 $y=\tan x$,求 y'.

解 $y'=(\tan x)'=\left(\frac{\sin x}{\cos x}\right)'=\frac{(\sin x)'\cos x-\sin x(\cos x)'}{\cos^2 x}$
$=\frac{\cos^2 x+\sin^2 x}{\cos^2 x}=\frac{1}{\cos^2 x}=\sec^2 x$,

即

$$(\tan x)'=\sec^2 x.$$

这就是正切函数的导数公式.

用类似的方法还可以得到余切函数、正割函数及余割函数的导数公式.

$$(\cot x)'=-\csc^2 x,$$

$$(\sec x)'=\sec x\tan x,$$

$$(\csc x)'=-\csc x\cot x.$$

2.2.2 反函数的求导法则

定理 2 设直接函数 $x=f(y)$ 在某区间内单调连续,在区间内任一点 y 处可导,且 $f'(y)\neq 0$,那么,它的反函数 $y=f^{-1}(x)$ 在对应的点 x 处也可导,且

$$[f^{-1}(x)]'=\frac{1}{f'(y)} \text{ 或} \frac{\mathrm{d}y}{\mathrm{d}x}=\frac{1}{\frac{\mathrm{d}x}{\mathrm{d}y}}.$$

证 函数 $x=f(y)$ 在给定区间内单调连续,故它的反函数 $y=f^{-1}(x)$ 在对应的区间内也是单调连续的.当 x 有增量 $\Delta x\neq 0$ 时,对应的 y 有增量 $\Delta y=f(x+\Delta x)-f(x)\neq 0$,于是有

$$\frac{\Delta y}{\Delta x}=\frac{1}{\frac{\Delta x}{\Delta y}}$$

因 $y=f^{-1}(x)$ 连续,故

$$\lim_{\Delta x \to 0} \Delta y = 0,$$

于是有

$$[f^{-1}(x)]' = \lim_{\Delta x \to 0} \frac{\Delta y}{\Delta x} = \lim_{\Delta y \to 0} \frac{1}{\frac{\Delta x}{\Delta y}} = \frac{1}{f'(y)}.$$

简而言之，**反函数的导数等于直接函数的导数的倒数**.

下面根据上述结论来求指数函数及反三角函数的导数公式.

例5　对数函数 $x = \log_a y\ (a > 0, a \neq 1)$ 是直接函数，则指数函数 $y = a^x$ 是它的反函数，函数 $x = \log_a y$ 在区间 $0 < y < +\infty$ 内单调可导，其导数为

$$\frac{\mathrm{d}x}{\mathrm{d}y} = (\log_a y)' = \frac{1}{y\ln a}.$$

因此，在对应区间 $-\infty < x < +\infty$ 内，所求的指数函数 $y = a^x$ 的导数为

$$(a^x)' = \frac{1}{(\log_a y)'} = \frac{1}{\frac{1}{y\ln a}} = y\ln a.$$

将 $y = a^x$ 代入可得指数函数的导数

$$(a^x)' = a^x \ln a \quad (a > 0, a \neq 1).$$

当指数的底数为 e 时，公式为

$$(e^x)' = e^x.$$

例6　设 $x = \sin y$ 是直接函数，则 $y = \arcsin x$ 是它的反函数. 函数 $x = \sin y$ 在区间 $-\frac{\pi}{2} < y < \frac{\pi}{2}$ 内单调可导，且导数为

$$(\sin y)' = \cos y > 0.$$

因此，在对应区间 $-1 < x < 1$ 内，有

$$(\arcsin x)' = \frac{1}{(\sin y)'} = \frac{1}{\cos y},$$

其中，$\cos y = \sqrt{1 - \sin^2 y} = \sqrt{1 - x^2}$（当 $-\frac{\pi}{2} < y < \frac{\pi}{2}$ 时 $\cos y > 0$）.

从而得到反正弦三角函数的导数公式

$$(\arcsin x)' = \frac{1}{\sqrt{1 - x^2}}.$$

用类似的方法也可得到反余弦函数的导数公式

$$(\arccos x)' = -\frac{1}{\sqrt{1 - x^2}}.$$

2.2.3 复合函数的求导法则

到目前为止,已经掌握了基本初等函数的导数公式以及导数的四则运算. 但是对于一般的初等函数,还需要解决复合函数的求导问题.

例如,如果计算 $y=\sin 2x$ 的导数,就不能直接采用导数公式 $(\sin x)'=\cos x$ 来计算得出 $(\sin 2x)'=\cos 2x$.

事实上,利用正弦函数的二倍角公式展开后的导数乘法法则,得出

$$(\sin 2x)'=(2\sin x\cos x)'=2[(\sin x)'\cos x+\sin x(\cos x)']=2\cos 2x\neq\cos 2x.$$

由此,我们发现,$y=\sin 2x$ 是由 $y=\sin u, u=2x$ 组成的复合函数. 下面就来推导复合函数的求导法则.

定理 如果函数 $u=\varphi(x)$ 在点 x 处可导,$y=f(u)$ 在点 $u=\varphi(x)$ 处可导,那么复合函数 $y=f[\varphi(x)]$ 在点 x 处可导,且

$$\frac{\mathrm{d}y}{\mathrm{d}x}=\frac{\mathrm{d}y}{\mathrm{d}u}\cdot\frac{\mathrm{d}u}{\mathrm{d}x}.$$

上式可以写成

$$y'_x=y'_u u'_x \text{ 或 } y'(x)=f'(u)\varphi'(x),$$

式中的 y'_x 表示 y 对 x 的导数,y'_u 表示 y 对中间变量 u 的导数,而 u'_x 表示中间变量 u 对自变量 x 的导数.

证 因为函数 $u=\varphi(x)$ 在点 x 处可导,$y=f(u)$ 在点 $u=\varphi(x)$ 处可导,因此

$$\lim_{\Delta x\to 0}\frac{\Delta u}{\Delta x}=\frac{\mathrm{d}u}{\mathrm{d}x},\lim_{\Delta u\to 0}\frac{\Delta y}{\Delta u}=\frac{\mathrm{d}y}{\mathrm{d}u}$$

存在,当 $\Delta u\neq 0$ 时,

$$\frac{\Delta y}{\Delta x}=\frac{\Delta y}{\Delta u}\cdot\frac{\Delta u}{\Delta x}.$$

由于 $u=\varphi(x)$ 可导则必连续,故当 $\Delta x\to 0$ 时,必有 $\Delta u\to 0$,则对上式两边同时取极限,可得

$$\lim_{\Delta x\to 0}\frac{\Delta y}{\Delta x}=\lim_{\Delta x\to 0}\frac{\Delta y}{\Delta u}\cdot\frac{\Delta u}{\Delta x}=\lim_{\Delta u\to 0}\frac{\Delta y}{\Delta u}\cdot\lim_{\Delta x\to 0}\frac{\Delta u}{\Delta x}=\frac{\mathrm{d}y}{\mathrm{d}u}\cdot\frac{\mathrm{d}u}{\mathrm{d}x},$$

结论成立.

当 $\Delta u=0$ 时,$\Delta u=\varphi(x+\Delta x)-\varphi(x)=\varphi(x+\Delta x)-u$,即 $\varphi(x+\Delta x)=\Delta u+u$.

于是有

$$\lim_{\Delta x\to 0}\frac{\Delta y}{\Delta x}=\lim_{\Delta x\to 0}\frac{f[\varphi(x+\Delta x)]-f[\varphi(x)]}{\Delta x}=\lim_{\Delta x\to 0}\frac{f(u+\Delta u)-f(u)}{\Delta x}=\lim_{\Delta x\to 0}\frac{0}{\Delta x}=0.$$

所以复合函数 $y=f[\varphi(x)]$ 在点 x 处可导,且 $\frac{\mathrm{d}y}{\mathrm{d}x}=0$.

接下来,用链式法则来解决一开始提到的计算 $y=\sin 2x$ 的导数,由 $y=\sin u$ 和 $u=2x$ 组成的复合函数,可得

$$(\sin 2x)'=(\sin u)'_u(2x)'_x=\cos u\cdot 2=2\cos 2x.$$

例 7　设 $y=e^{x^2}$,求$\frac{\mathrm{d}y}{\mathrm{d}x}$.

解　$y=e^{x^2}$ 可分解为 $y=e^u$ 和 $u=x^2$,因此

$$\frac{\mathrm{d}y}{\mathrm{d}x}=\frac{\mathrm{d}y}{\mathrm{d}u}\cdot\frac{\mathrm{d}u}{\mathrm{d}x}=e^u\cdot 2x=2xe^{x^2}.$$

从上述例题可以看出,用复合函数求导法则,要分解成比较简单的函数的复合,先对中间变量求导,然后乘以中间变量对自变量求导．对复合函数的分解比较熟练后,就不再写中间变量,可采用下列例题的运算方式．

例 8　设 $y=\ln(1+x^3)$,求$\frac{\mathrm{d}y}{\mathrm{d}x}$.

解　$\frac{\mathrm{d}y}{\mathrm{d}x}=[\ln(1+x^3)]'=\frac{1}{1+x^3}(1+x^3)'=\frac{3x^2}{1+x^3}$.

例 9　$y=\sqrt{1-3x^2}$,求$\frac{\mathrm{d}y}{\mathrm{d}x}$.

解　$\frac{\mathrm{d}y}{\mathrm{d}x}=[(1-3x^2)^{\frac{1}{2}}]'=\frac{1}{2}(1-3x^2)^{-\frac{1}{2}}\cdot(1-3x^2)'=\frac{-3x}{\sqrt{1-3x^2}}$.

复合函数的求导法则,可以推广到多个中间变量的情形．下面以两个中间变量为例,设有复合函数 $y=f[\varphi(\psi(x))]$,分解为 $y=f(u)$,$u=\varphi(v)$,$v=\psi(x)$,则

$$\frac{\mathrm{d}y}{\mathrm{d}x}=\frac{\mathrm{d}y}{\mathrm{d}u}\cdot\frac{\mathrm{d}u}{\mathrm{d}v}\cdot\frac{\mathrm{d}v}{\mathrm{d}x}.$$

上式也可以写成

$$y'_x=y'_u u'_v v'_x \text{或}\ y'(x)=f'(u)\varphi'(v)\psi'(x).$$

例 10　设 $y=\ln\sin(e^x)$,求$\frac{\mathrm{d}y}{\mathrm{d}x}$.

解　$y=\ln\sin(e^x)$ 可以分解成 $y=\ln u$,$u=\sin v$,$v=e^x$. 利用上述复合函数的求导法则,得

$$\frac{\mathrm{d}y}{\mathrm{d}x}=\frac{\mathrm{d}y}{\mathrm{d}u}\cdot\frac{\mathrm{d}u}{\mathrm{d}v}\cdot\frac{\mathrm{d}v}{\mathrm{d}x}=(\ln u)'(\sin v)'(e^x)'=\frac{1}{u}\cos v\cdot e^x$$

$$=\frac{e^x\cos e^x}{\sin e^x}=e^x\cot e^x.$$

例 11　设 $y=2^{\sin\frac{1}{x}}$,求$\frac{\mathrm{d}y}{\mathrm{d}x}$.

解 $\frac{dy}{dx}=2^{\sin\frac{1}{x}}\ln 2\left(\sin\frac{1}{x}\right)'=2^{\sin\frac{1}{x}}\ln 2\cos\frac{1}{x}\left(\frac{1}{x}\right)'=-\frac{2^{\sin\frac{1}{x}}\ln 2\cos\frac{1}{x}}{x^2}.$

1.2.4 基本求导公式与求导法则

基本初等函数的导数公式在初等函数的求导运算中起着重要的作用，必须熟记．为了便于使用，现将这些导数公式和求导法则归纳如下．

1．基本求导公式

(1) $(C)'=0$（C为常数）；

(2) $(x^\mu)'=\mu x^{\mu-1}$（μ是实数，$\mu\neq 0$）；

(3) $(\sin x)'=\cos x$；

(4) $(\cos x)'=-\sin x$；

(5) $(\tan x)'=\sec^2 x$；

(6) $(\cot x)'=-\csc^2 x$；

(7) $(\sec x)'=\sec x\tan x$；

(8) $(\csc x)'=-\csc x\cot x$；

(9) $(a^x)'=a^x\ln a(a>0,a\neq 1)$；

(10) $(e^x)'=e^x$；

(11) $(\log_a x)'=\frac{1}{x\ln a}(a>0,a\neq 1)$；

(12) $(\ln x)'=\frac{1}{x}$；

(13) $(\arcsin x)'=\frac{1}{\sqrt{1-x^2}}$；

(14) $(\arccos x)'=-\frac{1}{\sqrt{1-x^2}}$；

(15) $(\arctan x)'=\frac{1}{1+x^2}$；

(16) $(\operatorname{arccot} x)'=-\frac{1}{1+x^2}$.

2．函数的和、差、积、商的求导法则

设 $u=u(x)$，$v=v(x)$ 均可导，则

(1) $(u\pm v)'=u'\pm v'$；

(2) $(Cu)'=Cu'$（C为常数）；

(3) $(uv)'=u'v+uv'$；

(4) $\left(\frac{u}{v}\right)'=\frac{u'v-uv'}{v^2}(v\neq 0)$.

3．反函数的求导法则

设直接函数 $x=f(y)$ 在某区间内单调连续，在区间内任一点 y 处可导，且 $f'(y)\neq 0$，那么，它的反函数 $y=f^{-1}(x)$ 在对应的点 x 处也可导，且其导数为

$$[f^{-1}(x)]'=\frac{1}{f'(y)}\text{ 或 }\frac{dy}{dx}=\frac{1}{\frac{dx}{dy}}.$$

4．复合函数的求导法则

如果函数 $u=\varphi(x)$ 及 $y=f(u)$ 均可导，那么，复合函数 $y=f[\varphi(x)]$ 的导数为

$$\frac{dy}{dx}=\frac{dy}{du}\cdot\frac{du}{dx}\text{ 或 }y'(x)=f'(u)\varphi'(x).$$

最后，再举一个求初等函数的导数的例子．

例 12 设 $y=x\ln(x+\sqrt{1+x^2})$，求 y'.

解

$$y'=\ln(x+\sqrt{1+x^2})+x\left[\ln(x+\sqrt{1+x^2})\right]'$$

$$=\ln(x+\sqrt{1+x^2})+\frac{x}{x+\sqrt{1+x^2}}(x+\sqrt{1+x^2})'$$

$$=\ln(x+\sqrt{1+x^2})+\frac{x}{x+\sqrt{1+x^2}}\left(1+\frac{2x}{2\sqrt{1+x^2}}\right)$$

$$=\ln(x+\sqrt{1+x^2})+\frac{x}{\sqrt{1+x^2}}.$$

2.3　高阶导数

大家已经知道,变速直线运动的速度 $v(t)$ 是位置函数 $s(t)$ 对时间 t 的导数,即

$$v=\frac{\mathrm{d}s}{\mathrm{d}t} \text{ 或 } v=s'(t),$$

而加速度 a 又是速度 $v(t)$ 对时间 t 的导数,即

$$a=\frac{\mathrm{d}v}{\mathrm{d}t}=\frac{\mathrm{d}}{\mathrm{d}t}\left(\frac{\mathrm{d}s}{\mathrm{d}t}\right) \text{ 或 } a=[s'(t)]'.$$

这种导数的导数叫做 s 对 t 的二阶导数,记作

$$\frac{\mathrm{d}^2 s}{\mathrm{d}t^2} \text{ 或 } s''(t).$$

所以,变速直线运动的加速度 a 就是位置函数 $s(t)$ 对时间 t 的二阶导数.

通常,如果函数 $y=f(x)$ 的导数 $y'=f'(x)$ 仍是 x 的函数,则把 $y'=f'(x)$ 的导数叫做函数 $y=f(x)$ 的**二阶导数**,记作 $f''(x)$,y'' 或 $\frac{\mathrm{d}^2 y}{\mathrm{d}x^2}$,即

$$f''(x)=[f'(x)]',y''=(y')' \text{ 或 } \frac{\mathrm{d}^2 y}{\mathrm{d}x^2}=\frac{\mathrm{d}}{\mathrm{d}x}\left(\frac{\mathrm{d}y}{\mathrm{d}x}\right).$$

相应地,$y=f(x)$ 的导数 $y'=f'(x)$ 也叫函数 $y=f(x)$ 的一阶导数.

类似地,二阶导数的导数叫做**三阶导数**,三阶导数的导数叫做**四阶导数**,……,$(n-1)$ 阶导数的导数叫做 n **阶导数**,分别记作

$$y''',y^{(4)},\cdots,y^{(n)} \text{ 或 } \frac{\mathrm{d}^3 y}{\mathrm{d}x^3},\frac{\mathrm{d}^4 y}{\mathrm{d}x^4},\cdots,\frac{\mathrm{d}^n y}{\mathrm{d}x^n}.$$

函数 $y=f(x)$ 具有 n 阶导数,也称函数 $f(x)$ 为 n 阶可导.函数的二阶及二阶以上的导数统称为**高阶导数**.由此可见,若需要求函数的高阶导数,则需要逐次求导,并寻找它的某种规律.

例1　设 $y=ax+b$,求 y''.

解　$y'=a$,$y''=0$.

例 2 设 $s=A\sin\omega t$，求 s''.

解 $s'=\omega A\cos\omega t$，$s''=-\omega^2 A\sin\omega t$.

例 3 指数函数 $y=e^x$ 的 n 阶导数.

解 $y'=e^x$，$y''=e^x$，$y'''=e^x$，$\cdots$，$y^{(n)}=e^x$，

即

$$(e^x)^{(n)}=e^x \quad (n=1,2,3,\cdots).$$

例 4 求对数函数 $y=\ln(x+1)$ 的 n 阶导数.

解 $y'=\dfrac{1}{1+x}$，

$$y''=-\frac{1}{(1+x)^2},\quad y'''=\frac{1\cdot 2}{(1+x)^3},\quad y^{(4)}=-\frac{1\cdot 2\cdot 3}{(1+x)^4}.$$

由此可推出

$$y^{(n)}=(-1)^{n-1}\frac{(n-1)!}{(1+x)^n},$$

即

$$[\ln(1+x)]^{(n)}=(-1)^{n-1}\frac{(n-1)!}{(1+x)^n}.$$

规定 $0!=1$，所以，上述结论当 $n=1$ 时也成立.

例 5 求正弦函数 $y=\sin x$ 的 n 阶导数.

解 $y=\sin x$，

$$y'=\cos x=\sin\left(x+\frac{\pi}{2}\right),$$

$$y''=\cos\left(x+\frac{\pi}{2}\right)=\sin\left[\left(x+\frac{\pi}{2}\right)+\frac{\pi}{2}\right]=\sin\left(x+2\times\frac{\pi}{2}\right),$$

$$y'''=\cos\left(x+2\times\frac{\pi}{2}\right)=\sin\left(x+3\times\frac{\pi}{2}\right).$$

由此可推出

$$y^{(n)}=\sin\left(x+n\times\frac{\pi}{2}\right),$$

即

$$(\sin x)^{(n)}=\sin\left(x+\frac{n\pi}{2}\right),\quad n=1,2,3,\cdots$$

用类似的方法,可得

$$(\cos x)^{(n)}=\cos\left(x+\frac{n\pi}{2}\right),\quad n=1,2,3,\cdots$$

例 6 求幂函数 $y=x^{\mu}$ 的 n 阶导数.

解 设 $y=x^{\mu}$(μ 是任意常数),那么

$$y'=\mu x^{\mu-1},$$

$$y''=\mu(\mu-1)x^{\mu-2},$$

$$y'''=\mu(\mu-1)(\mu-2)x^{\mu-3}.$$

可推导出

$$y^{(n)}=\mu(\mu-1)(\mu-2)\cdots[(\mu-n+1)]x^{\mu-n},$$

即

$$(x^{\mu})^{(n)}=\mu(\mu-1)(\mu-2)\cdots[(\mu-n+1)]x^{\mu-n}.$$

当 $\mu=n$ 时,得到

$$(x^{n})^{(n)}=n(n-1)(n-2)\cdot\cdots\cdot 3\cdot 2\cdot 1=n!,$$

而

$$(x^{n})^{(n+k)}=0,\quad k=1,2,\cdots$$

如果函数 $u=u(x)$ 及 $v=v(x)$ 在点 x 处具有 n 阶导数,可以采用同样的方法得到乘积 $u(x)\cdot v(x)$ 的 n 阶导数公式,即

$$(uv)^{(n)}=\sum_{k=0}^{n}C_n^k u^{(n-k)}v^{(k)}.$$

上式称为**莱布尼茨公式**,通过以上基本初等函数的高阶导数公式,可以解决更为复杂的初等函数的高阶导数问题.

例 7 设 $y=x^2e^x$,求 $y^{(10)}$.

解 设 $u=e^x,v=x^2$,则

$$u^{(k)}=e^x,\quad k=1,2,\cdots,10$$

$$v'=2x,v''=2,v^{(k)}=0,\quad k=3,4,\cdots,10$$

代入莱布尼茨公式,可得

$$y^{(10)}=(x^2e^x)^{(10)}=e^x\cdot x^2+10\cdot 2xe^x+\frac{10\cdot 9}{2!}\cdot 2e^x=e^x(x^2+20x+90).$$

2.4 隐函数及由参数方程所确定的函数的导数

2.4.1 隐函数的导数

在通常情况下，函数 $y=f(x)$ 表示两个变量 y 与 x 之间的对应关系，这种对应关系可以用各种不同的方式表达．例如，$y=\sin x$，$y=e^{2x}+x^2$，表示成 $y=f(x)$ 的形式，这样的函数称为**显函数**．表达式的特点是：等号左端是因变量的符号，而右端是含有自变量的式子．但是，有些函数表达方式不是这样，例如，方程 $x^4+2x^3y-5y^2+4=0$ 就不能确定 y 是 x 的函数.

一般来说，如果变量 y 与 x 满足一个方程 $F(x,y)$，在一定条件下，当 x 取某区间内任一值时，总有一个 y 值与之对应，那么就说该方程确定了 y 是 x 的函数，这样的函数称为**隐函数**.

把一个隐函数化成显函数的过程，叫做**隐函数的显化**．例如，从方程 $2x-y^3+1=0$ 得到 $y=\sqrt[3]{2x+1}$，就把隐函数化成了显函数．又如，方程 $x^4+2x^3y-5y^2+4=0$ 对任一 x 都能得到至少一个 y 的实根，所以，该方程确定了 x 的一个隐函数 y，但是却无法把隐函数显化．由此可见，隐函数的显化有时是很困难的，甚至不可能显化．因此希望有一种方法，不管隐函数是否可以显化，都直接由方程算出它所确定的隐函数的导数．下面通过具体的例题来引出这种方法．

例 1　求由方程 $x^3-2xy+4y+3=0$ 所确定的隐函数的导数 $\dfrac{dy}{dx}$.

解　把方程两边分别对 x 求导数，这里要注意的是 y 是 x 的函数，那么 xy 就应该按照乘法的求导法则来进行运算，得

$$\frac{d}{dx}(x^3-2xy+4y+3)=3x^2-2y-2x\frac{dy}{dx}+4\frac{dy}{dx},$$

方程右边对 x 求导，得

$$(0)'=0.$$

由于等式两边对 x 的导数相等，所以有

$$3x^2-2y-2x\frac{dy}{dx}+4\frac{dy}{dx}=0,$$

从而

$$\frac{dy}{dx}=\frac{3x^2-2y}{2x-4}.$$

结果中的 y 是由方程 $x^3-2xy+4y+3=0$ 所确定的隐函数．

例 2　求由方程 $xy-e^{x}+e^{y}=0$ 所确定的隐函数的导数$\frac{\mathrm{d}y}{\mathrm{d}x},\left.\frac{\mathrm{d}y}{\mathrm{d}x}\right|_{x=0}$.

解　把方程两边分别对 x 求导,由于等式两边对 x 的导数相等,所以有

$$y+x\frac{\mathrm{d}y}{\mathrm{d}x}-e^{x}+e^{y}\frac{\mathrm{d}y}{\mathrm{d}x}=0,$$

解得

$$\frac{\mathrm{d}y}{\mathrm{d}x}=\frac{e^{x}-y}{x+e^{y}}.$$

由原方程得,当 $x=0,y=0$ 时,有

$$\left.\frac{\mathrm{d}y}{\mathrm{d}x}\right|_{x=0}=\left.\frac{e^{x}-y}{x+e^{y}}\right|_{x=0,y=0}=1.$$

例 3　设 $x^{4}-xy+y^{4}=1$,求二阶导数 y'' 在点(0,1)处的值.

解　方程两边对 x 求导,得

$$4x^{3}-y-xy'+4y^{3}y'=0,$$

代入点(0,1)有

$$y'|_{x=0,y=1}=\frac{1}{4}.$$

将上述方程两边再对 x 求导,得

$$12x^{2}-2y'-xy''+12y^{2}(y')^{2}+4y^{3}y''=0,$$

代入 $x=0,y=1,y'|_{x=0,y=1}=\frac{1}{4}$,得

$$y''|_{x=0,y=1}=-\frac{1}{16}.$$

2.4.2　对数求导法

对函数 $y=f(x)$ 两边取对数,通过对数运算法则简化,再利用隐函数求导法则求出函数的导数,这种求导方法称为**对数求导法**. 下面通过具体例子来说明.

例 4　设 $y=\frac{(x+1)\sqrt[3]{x-1}}{(x+4)^{2}e^{x}}$,求 y'.

解　在等式两边取对数,得

$$\ln y=\ln(x+1)+\frac{1}{3}\ln(x-1)-2\ln(x+4)-x,$$

上式两边对 x 求导,注意到 $y=y(x)$,得

$$\frac{1}{y}y'=\frac{1}{x+1}+\frac{1}{3(x-1)}-\frac{2}{x+4}-1,$$

于是

$$y'=y\left(\frac{1}{x+1}+\frac{1}{3(x-1)}-\frac{2}{x+4}-1\right)$$

$$=\frac{(x+1)\sqrt[3]{x-1}}{(x+4)^2e^x}\left[\frac{1}{x+1}+\frac{1}{3(x-1)}-\frac{2}{x+4}-1\right].$$

例 5 设 $y=x^{\sin x}(x>0)$，求 y'.

解 首先注意到，函数 $y=x^{\sin x}$ 的底和指数都含有自变量 x，它既不是幂函数，也不是指数函数，这种函数称作**幂指函数**. 为了计算这类函数的导数，可以在等式两边取对数，得

$$\ln y=\sin x\cdot\ln x,$$

上式两边对 x 求导，注意到 $y=y(x)$，得

$$\frac{1}{y}y'=\cos x\cdot\ln x+\sin x\cdot\frac{1}{x},$$

于是

$$y'=y\left(\cos x\ln x+\frac{\sin x}{x}\right)=x^{\sin x}\left(\cos x\ln x+\frac{\sin x}{x}\right).$$

对于一般形式的幂指函数

$$y=[u(x)]^{v(x)},\quad u(x)>0,$$

若函数 $u(x)$ 和 $v(x)$ 都具有导数，则可以利用对数求导法来解决导数问题.

2.4.3 由参数方程所确定的函数的导数

一般地，若参数方程

$$\begin{cases}x=\varphi(t),\\ y=\psi(t).\end{cases}(t\text{ 为参数})$$

确定 y 与 x 间的函数关系，则称为**由参数方程所确定的函数**.

在实际问题中，如果要计算由参数方程所确定的函数的导数，有的时候消去参数 t 很困难，因此，下面推导由参数方程所确定的函数的求导公式.

如果函数 $x=\varphi(t)$ 与 $y=\psi(t)$ 都有导数，且 $\varphi'(t)\neq0$，$x=\varphi(t)$ 具有单调连续反函数 $t=\varphi^{-1}(x)$，则 y 是 x 的复合函数，即

$$y=\psi(t),t=\varphi^{-1}(x)\quad\text{或}\quad y=\psi[\varphi^{-1}(x)].$$

根据复合函数的求导法则与反函数的求导法则，有

$$\frac{dy}{dx}=\frac{dy}{dt}\cdot\frac{dt}{dx}=\frac{dy}{dt}\cdot\frac{1}{\frac{dx}{dt}}=\frac{\psi'(t)}{\varphi'(t)},$$

即

$$\frac{\mathrm{d}y}{\mathrm{d}x}=\frac{\psi'(t)}{\varphi'(t)}.$$

上式也可以写成

$$\frac{\mathrm{d}y}{\mathrm{d}x}=\frac{\frac{\mathrm{d}y}{\mathrm{d}t}}{\frac{\mathrm{d}x}{\mathrm{d}t}}.$$

上式就是由参数方程所确定的 x 的函数的导数公式 .

在上述条件下,如果函数 $x=\varphi(t)$ 与 $y=\psi(t)$ 还有二阶导数,则有

$$\begin{aligned}\frac{\mathrm{d}^2y}{\mathrm{d}x^2}&=\frac{\mathrm{d}}{\mathrm{d}x}\left(\frac{\mathrm{d}y}{\mathrm{d}x}\right)=\frac{\mathrm{d}}{\mathrm{d}x}\left[\frac{\psi'(t)}{\varphi'(t)}\right]\\&=\frac{\mathrm{d}}{\mathrm{d}t}\left(\frac{\psi'(t)}{\varphi'(t)}\right)\frac{\mathrm{d}t}{\mathrm{d}x}=\frac{\mathrm{d}}{\mathrm{d}t}\left(\frac{\psi'(t)}{\varphi'(t)}\right)\frac{1}{\frac{\mathrm{d}x}{\mathrm{d}t}}\\&=\frac{\psi''(t)\varphi'(t)-\psi'(t)\varphi''(t)}{\varphi'^2(t)}\cdot\frac{1}{\varphi'(t)},\end{aligned}$$

即

$$\frac{\mathrm{d}^2y}{\mathrm{d}x^2}=\frac{\psi''(t)\varphi'(t)-\psi'(t)\varphi''(t)}{\varphi'^3(t)}.$$

例 6　已知椭圆的参数方程为

$$\begin{cases}x=a\cos t,\\y=b\sin t.\end{cases}$$

求椭圆在 $t=\frac{\pi}{6}$ 对应的点的切线的斜率 .

解　由参数方程确定的导数为

$$\frac{\mathrm{d}y}{\mathrm{d}x}=\frac{\frac{\mathrm{d}y}{\mathrm{d}t}}{\frac{\mathrm{d}x}{\mathrm{d}t}}=\frac{b\cos t}{-a\sin t},$$

则曲线在点 $t=\frac{\pi}{6}$ 处切线的斜率为

$$k=\left.\frac{b\cos t}{-a\sin t}\right|_{t=\frac{\pi}{6}}=-\frac{\sqrt{3}b}{a}.$$

例 7 计算由摆线的参数方程

$$\begin{cases} x = a(t - \sin t), \\ y = a(1 - \cos t), \end{cases} \quad (t \neq 2n\pi, n \in \mathbf{Z})$$

所确定函数的二阶导数．

解 $\dfrac{\mathrm{d}y}{\mathrm{d}x} = \dfrac{\dfrac{\mathrm{d}y}{\mathrm{d}t}}{\dfrac{\mathrm{d}x}{\mathrm{d}t}} = \dfrac{a\sin t}{a(1-\cos t)} = \dfrac{\sin t}{1-\cos t} \quad (t \neq 2n\pi, n \in \mathbf{Z})$

由参数方程的二阶导数公式$\dfrac{\mathrm{d}^2 y}{\mathrm{d}x^2} = \dfrac{\psi''(t)\varphi'(t) - \psi'(t)\varphi''(t)}{\varphi'^3(t)}$,

因为 $\varphi''(t) = a\sin t, \psi''(t) = a\cos t$,则

$$\frac{\mathrm{d}^2 y}{\mathrm{d}x^2} = \frac{a\cos t \cdot a(1-\cos t) - a\sin t \cdot a\sin t}{a^3 (1-\cos t)^3} = \frac{\cos t - 1}{a(1-\cos t)^3}$$

$$= -\frac{1}{a(1-\cos t)^2} \quad (t \neq 2n\pi, n \in \mathbf{Z})$$

2.4.2 相关变化率

设函数 $x = x(t)$ 与 $y = y(t)$ 都有导数,如果 y 与 x 之间存在某种关系,对应变化率$\dfrac{\mathrm{d}y}{\mathrm{d}t}$与$\dfrac{\mathrm{d}x}{\mathrm{d}t}$间也存在一定的关系,那么,这两个相互依赖的变化率称作**相关变化率**．相关变化率问题就是研究这两个变化率之间的关系,以便于从其中一个变化率求出另一个变化率．

例 8 在离观测者 100 m 处让一气球垂直上升,其速率为 140 m/s,当气球上升到 100 m 时,观测者视线的仰角增加率是多少?

解 设气球上升 t 秒后,上升的高度为 h m,观测者的仰角为 α,则

$$\tan\alpha = \frac{h}{100},$$

对上式两边同时对 t 求导,得

$$\frac{1}{\cos^2\alpha} \cdot \frac{\mathrm{d}\alpha}{\mathrm{d}t} = \frac{1}{100} \cdot \frac{\mathrm{d}h}{\mathrm{d}t}.$$

又因为速度

$$v = \frac{\mathrm{d}h}{\mathrm{d}t} = 140 \text{ m/s},$$

当 $h = 100$ m 时,

$$\cos\alpha = \frac{\sqrt{2}}{2},$$

所以

$$\frac{\mathrm{d}\alpha}{\mathrm{d}t}=0.7(\mathrm{rad/min}),$$

即此时观测员的仰角增加率是 0.7 rad/min.

2.5　函数的微分

2.5.1　微分的定义

引例　如图 2-2 所示，一个正方形的金属薄片受温度变化的影响，它的边长改变了 Δx，问该金属薄片的面积改变了多少？

解　设正方形金属薄片的面积为 A，边长为 x，则 A 是 x 的函数 $A=x^2$. 薄片受温度的变化的影响时，面积的改变量可以看成是当自变量 x 自 x_0 取得增量 Δx 时，函数 A 相应的增量 ΔA，即

$$\Delta A=(x_0+\Delta x)^2-x_0^2=2x_0\Delta x+(\Delta x)^2. \tag{2-2}$$

从式(2-2)可以看出，ΔA 分成两个部分，第一部分 $2x_0\Delta x$ 是 Δx 的线性函数，第二部分是 $(\Delta x)^2$.

当 $\Delta x\to 0$ 时，第二部分是 $(\Delta x)^2$ 比 Δx 高阶的无穷小，即 $(\Delta x)^2=o(\Delta x)$. 由此可见，如果边长改变很微小，即 $|\Delta x|$ 很小的时候，面积改变量 ΔA 可近似地用第一部分来代替. 也就是说，如果函数 $y=f(x)$ 满足一定条件，那么，增量 Δy 可以表示为

$$\Delta y=A\Delta x+o(\Delta x),$$

其中，A 是并不依赖 Δx 的常数，$o(\Delta x)$ 是比 Δx 高阶的无穷小. 那么，当 $A\neq 0$ 且 $|\Delta x|$ 很小时，就有函数增量的近似表达式

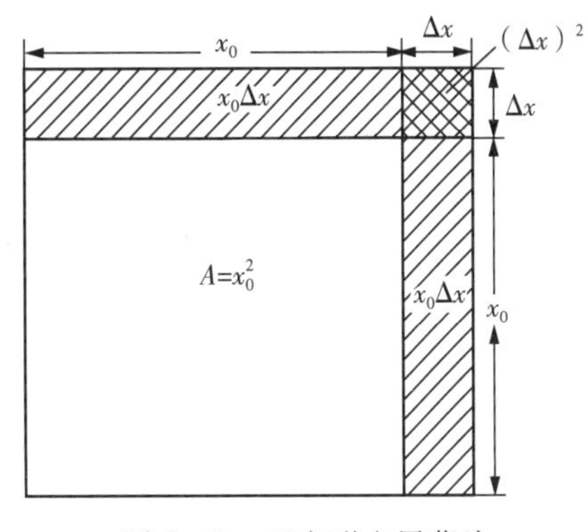

图 2-2　正方形金属薄片

$$\Delta y\approx A\Delta x.$$

定义　设函数 $y=f(x)$ 在某区间内有定义，x_0 及 $x_0+\Delta x$ 均在这个区间，如果函数的增量

$$\Delta y=f(x_0+\Delta x)-f(x_0),$$

可表示为

$$\Delta y=A\Delta x+o(\Delta x),$$

其中，A 是并不依赖 Δx 的常数，$o(\Delta x)$ 是比 Δx 高阶的无穷小，则称函数 $y=f(x)$ 在点 x_0 处

是可微的,而 $A\Delta x$ 称为函数 $y=f(x)$ 在点 x_0 处的**微分**,记作 $\mathrm{d}y$,即

$$\mathrm{d}y=A\Delta x.$$

2.5.2 函数可微与可导之间的关系

定理 函数 $f(x)$ 在点 x_0 处可微的充分必要条件是该函数在点 x_0 处可导.

证 必要性.设 $y=f(x)$ 在点 x_0 处可微,根据微分的定义,有

$$\Delta y=A\Delta x+o(\Delta x),$$

上式两边除以 $\Delta x(\Delta x\neq 0)$,得

$$\frac{\Delta y}{\Delta x}=A+\frac{o(\Delta x)}{\Delta x}.$$

对上式取极限 $\Delta x\to 0$,得到

$$\lim_{\Delta x\to 0}\frac{\Delta y}{\Delta x}=\lim_{\Delta x\to 0}\left[A+\frac{o(\Delta x)}{\Delta x}\right]=A+\lim_{\Delta x\to 0}\frac{o(\Delta x)}{\Delta x}=A,$$

即 $A=f'(x_0)$.

因此,如果函数在点 x_0 处可微,那么,该函数在点 x_0 处可导,且 $A=f'(x_0)$.

充分性.如果函数 $y=f(x)$ 在点 x_0 处可导,即有

$$\lim_{\Delta x\to 0}\frac{\Delta y}{\Delta x}=f'(x_0),$$

根据极限与无穷小的关系,有

$$\frac{\Delta y}{\Delta x}=f'(x_0)+\alpha,$$

其中,α 是当 $\Delta x\to 0$ 时的无穷小,即

$$\Delta y=f'(x_0)\Delta x+\alpha\Delta x.$$

这里,$\alpha\Delta x=o(\Delta x)$,$f'(x_0)=A$ 与 Δx 无关,故函数 $f(x)$ 在点 x_0 处可微.

以上定理表明,当函数 $f(x)$ 在点 x_0 处可微时,函数 $f(x)$ 在点 x_0 处的微分就是

$$\mathrm{d}y=f'(x_0)\Delta x.$$

同时,微分定义式可以写为

$$\Delta y=\mathrm{d}y+o(\Delta x).$$

其中,$\mathrm{d}y=f'(x_0)\Delta x$ 是 Δy 的主部,且又是 Δx 的线性式.因此,函数的微分 $\mathrm{d}y$ 也称为函数增量 Δy 的**线性主部**.于是得到结论,在 $f'(x_0)\neq 0$ 时,当 $|\Delta x|$ 充分小时,$\frac{\Delta y}{\mathrm{d}y}$ 可以任意接近

于1,即$\frac{\Delta y}{\mathrm{d}y}\approx 1$. 从而有精度较好的近似式$\Delta y\approx \mathrm{d}y$.

例1　求函数$y=x^2$在$x_0=1$处的微分.

解　由于$f'(x_0)=2x|_{x_0=1}=2$,于是在$x_0=1$处的微分为

$$\mathrm{d}y=f'(x_0)\Delta x=2\Delta x.$$

例2　求函数$y=x^4$当$x_0=2,\Delta x=0.01$时的微分.

解　函数在$x_0=2,\Delta x=0.01$时的微分为

$$\mathrm{d}y\Big|_{\substack{x_0=2\\ \Delta x=0.01}}=(x^4)'\Delta x\Big|_{\substack{x_0=2\\ \Delta x=0.01}}=4x^3\Delta x\Big|_{\substack{x_0=2\\ \Delta x=0.01}}=0.32.$$

通常把自变量x的增量Δx称为自变量的微分,记作$\mathrm{d}x$,即$\mathrm{d}x=\Delta x$. 于是,函数$y=f(x)$的微分又可以记作

$$\mathrm{d}y=f'(x)\mathrm{d}x,$$

从而有

$$\frac{\mathrm{d}y}{\mathrm{d}x}=f'(x).$$

所以说,函数的微分$\mathrm{d}y$与自变量的微分$\mathrm{d}x$之商等于该函数的导数. 因此,导数也叫做**微商**.

例3　求函数$y=\sin x+e^x$的微分$\mathrm{d}y$.

解　由于$y'=\cos x+e^x$,所以

$$\mathrm{d}y=(\cos x+e^x)\mathrm{d}x.$$

2.5.3　微分的几何意义

下面通过几何图像来说明函数的微分与导数以及函数的增量之间的关系.

在直角坐标系中,函数$y=f(x)$的图像是一条曲线,确定曲线上一点$M(x_0,y_0)$,当自变量x有微小增量Δx时,就得到曲线上另一点$N(x_0+\Delta x,y_0+\Delta y)$. 如图2-3所示

$$MQ=\Delta x, QN=\Delta y,$$

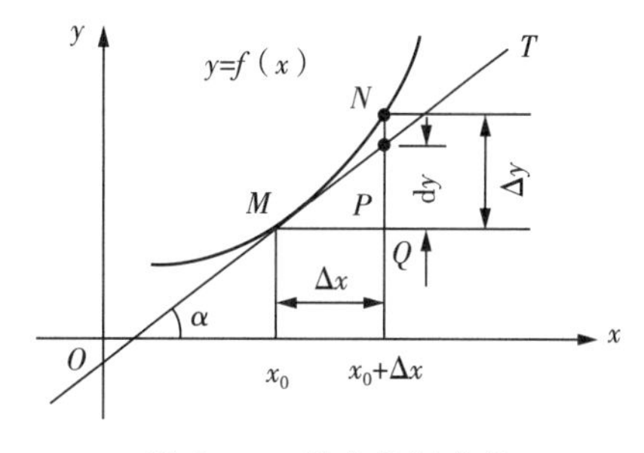

图2-3　微分几何意义

过点M做曲线的切线MT,切线的倾斜角为α,在直角$\triangle MQP$中,

$$PQ=MQ\cdot\tan\alpha=\Delta x\cdot f'(x_0),$$

即

$$dy = PQ.$$

它表示曲线 $y=f(x)$ 的上一点 $M(x_0,y_0)$ 处切线的纵坐标的增量．而

$$\Delta y = QN$$

则表示的是曲线在点 $M(x_0,y_0)$ 处纵坐标的增量．

比较 PQ 与 QN 可知，当 $|\Delta x|$ 充分小，在点 M 的邻近处，切线与曲线十分接近，$|\Delta y - dy| = |PN|$ 很小．因此，从几何上看，用 dy 近似代替 Δy，就是在点 M 的邻近处利用切线段 MP 近似取代曲线弧 MN．这就是微分学的基本思想方法之一．

2.5.4 函数的微分公式与微分法则

函数的微分公式是

$$dy = f'(x)dx,$$

由于一元函数在某点可微和可导是等价的，因此可以直接从函数的导数公式和求导法则，相应地推出微分公式和微分法则．

1. 基本初等函数的微分公式

为方便导数公式与微分公式对照，见表 2－1 所列．

表 2－1 基本初等函数的导数公式和微分公式

导数公式	微分公式
$(x^\mu)' = \mu x^{\mu-1}$	$d(x^\mu) = \mu x^{\mu-1}dx$
$(\sin x)' = \cos x$	$d(\sin x) = \cos x dx$
$(\cos x)' = -\sin x$	$d(\cos x) = -\sin x dx$
$(\tan x)' = \sec^2 x$	$d(\tan x) = \sec^2 x dx$
$(\cot x)' = -\csc^2 x$	$d(\cot x) = -\csc^2 x dx$
$(\sec x)' = \sec x \tan x$	$d(\sec x) = \sec x \tan x dx$
$(\csc x)' = -\csc x \cot x$	$d(\csc x) = -\csc x \cot x dx$
$(a^x)' = a^x \ln a$	$d(a^x) = a^x \ln a dx$
$(\log_a x)' = \frac{1}{x\ln a}$	$d(\log_a x) = \frac{1}{x\ln a}dx$
$(\arcsin x)' = \frac{1}{\sqrt{1-x^2}}$	$d(\arcsin x) = \frac{1}{\sqrt{1-x^2}}dx$
$(\arctan x)' = \frac{1}{1+x^2}$	$d(\arctan x) = \frac{1}{1+x^2}dx$

2. 函数的和、差、积、商的微分法则

为了便于对照，同时函数的和、差、积、商的求导法和微分法见表 2－2 所列，其中，$u=u(x)$，$v=v(x)$ 都具有导数．

表 2-2　函数的和、差、积、商的求导法和微分法则

函数的和、差、积、商的求导法则	函数的和、差、积、商的微分法则
$(u \pm v)' = u' \pm v'$	$\mathrm{d}(u \pm v) = \mathrm{d}u \pm \mathrm{d}v$
$(Cu)' = Cu'$	$\mathrm{d}(Cu) = C\mathrm{d}u$
$(uv)' = u'v + uv'$	$\mathrm{d}(uv) = v\mathrm{d}u + u\mathrm{d}v$
$\left(\frac{u}{v}\right)' = \frac{u'v - uv'}{v^2} \quad (v \neq 0)$	$\mathrm{d}\left(\frac{u}{v}\right) = \frac{v\mathrm{d}u - u\mathrm{d}v}{v^2} \quad (v \neq 0)$

3. 复合函数的微分法则

根据复合函数的求导法则，可以推出复合函数的微分法则．

设函数 $y=f[\varphi(x)]$ 是由可导函数 $y=f(u)$，$u=\varphi(x)$ 复合而成的复合函数，其导数为

$$\frac{\mathrm{d}y}{\mathrm{d}x}=\frac{\mathrm{d}y}{\mathrm{d}u}\cdot\frac{\mathrm{d}u}{\mathrm{d}x}=f'(u)\varphi'(x)=f'[\varphi(x)]\varphi'(x),$$

再根据微分的定义，就可以得到复合函数的微分公式

$$\mathrm{d}y=f'(u)\varphi'(x)\mathrm{d}x.$$

又 $\varphi'(x)\mathrm{d}x=\mathrm{d}u$，则可得复合函数的微分公式

$$\mathrm{d}y=f'(u)\mathrm{d}u.$$

由此可见，无论 u 是自变量还是中间变量，$y=f(u)$ 的微分 $\mathrm{d}y$ 保持不变．这一性质称为**一阶微分形式不变性**．

例 4　$y=\sin(2x+1)$，求 $\mathrm{d}y$.

解　函数 $y=\sin(2x+1)$ 是由 $y=\sin u$，$u=2x+1$ 复合而成的复合函数，接下来尝试三种不同的思路解题．

首先，应用复合函数的微分法则，得

$$\mathrm{d}y=(\sin u)'(2x+1)'\mathrm{d}x=2\cos u\mathrm{d}x=2\cos(2x+1)\mathrm{d}x.$$

其次，也可应用微分形式的不变形来计算，即

$$\mathrm{d}y=(\sin u)'\mathrm{d}u=\cos u\mathrm{d}u,$$

$$\mathrm{d}u=u'\mathrm{d}x=(2x+1)'\mathrm{d}x=2\mathrm{d}x,$$

所以

$$\mathrm{d}y=\cos u\mathrm{d}u=2\cos(2x+1)\mathrm{d}x.$$

最后，也可根据函数的微分公式 $\mathrm{d}y=f'(x)\mathrm{d}x$，得

$$y'=[\sin(2x+1)]'=2\cos(2x+1),$$

所以

$$dy = 2\cos(2x+1)\,dx.$$

例 5 $y = e^x \sin x$，求 dy.

解 应用函数乘积的微分法则，得

$$dy = d(e^x \sin x) = \sin x\, d(e^x) + e^x d(\sin x)$$
$$= e^x(\sin x + \cos x)\,dx.$$

例 6 在下列等式的括号中填入适当的函数，使等式成立．

(1)$d(\quad) = x^3 dx$；(2)$d(\quad) = \sin 2x\, dx$；(3)$d(e^{x^2}) = (\quad)\, d(x^2)$．

解 (1) 由 $d(x^4) = 4x^3 dx$，即得 $d\left(\frac{x^4}{4}\right) = x^3 dx$.

一般地，有 $d\left(\frac{x^4}{4} + C\right) = x^3 dx$（$C$ 为任意常数）.

(2) 因为 $d(\cos 2x) = -2\sin 2x\, dx$，即得 $d\left(-\frac{\cos 2x}{2}\right) = \sin 2x\, dx$.

一般地，有 $d\left(-\frac{1}{2}\cos 2x + C\right) = \sin 2x\, dx$（$C$ 为任意常数）.

(3) 因为 $d(e^{x^2}) = e^{x^2} \cdot 2x\, dx$，$d(x^2) = 2x\, dx$，即得 $\frac{d(e^{x^2})}{d(x^2)} = \frac{e^{x^2} \cdot 2x\, dx}{2x\, dx} = e^{x^2}$，

所以

$$d(e^{x^2}) = e^{x^2} d(x^2).$$

2.5.5 微分在近似计算中的应用

在工程问题中，经常遇到一些复杂的计算公式．如果直接用这些公式进行计算，计算过程十分烦琐．在这里，可以利用微分把一些复杂的计算公式用简单的等式来代换，进而快速得到结果．

根据微分的定义可以给出，当 $|\Delta x|$ 很小，且 $f'(x_0) \neq 0$ 时，有

$$\Delta y = f(x_0 + \Delta x) - f(x_0) \approx f'(x_0)\Delta x,$$

或

$$f(x_0 + \Delta x) \approx f(x_0) + f'(x_0)\Delta x.$$

令 $x = x_0 + \Delta x$，即 $\Delta x = x - x_0$，那么，上式可以改写为

$$f(x) \approx f(x_0) + f'(x_0)(x - x_0).$$

如果 $f(x_0)$ 与 $f'(x_0)$ 都已知，那么，便可得到 $f(x)$ 的近似值．

取 $x_0 = 0$，于是有 $f(x) \approx f(0) + f'(0)x$.

下面通过微分的应用给出几个在工程上常用的近似公式(假定 $|x|$ 很小)：

(1) $(1+x)^{\mu} \approx 1+\mu x\ (\mu \in R)$；

(2) $\sin x \approx x$ (x 用弧度单位)；

(3) $\tan x \approx x$ (x 用弧度单位)；

(4) $e^{x} \approx 1+x$；

(5) $\ln(1+x) \approx x$.

读者有兴趣可以自己讨论证明，下面通过例题来学习微分的应用 .

例 7　计算 $\sqrt{1.002}$ 的近似值 .

解
$$\sqrt{1.002}=\sqrt{1+0.002}$$

这里 $x=0.002$，数值较小，则可采用上面的公式(1)，得

$$\sqrt{1.002}=\sqrt{1+0.002} \approx 1+\frac{1}{2}\times(0.002)=1.001.$$

复习题 2

1. 选择题 .

(1) 已知函数 $f(x)$ 在点 x_0 处可导，且 $f'(x_0)=2$，则

$\lim\limits_{h\to 0}\dfrac{h}{f(x_0-2h)-f(x_0)}=$(　　).

A. $\frac{1}{4}$　　B. $-\frac{1}{4}$　　C. $\frac{1}{2}$　　D. $-\frac{1}{2}$

(2) 函数的导数 $f'_{-}(x_0)$ 和 $f'_{+}(x_0)$ 存在，且 $f'_{-}(x_0)=f'_{+}(x_0)$ 是 $f'(x_0)$ 存在的(　　).

A. 充分非必要条件

B. 必要非充分条件

C. 既不是充分条件，也不是必要条件

D. 充要条件

(3) 下列命题中，正确的是(　　).

A. 函数 $f(x)$ 在点 x_0 处可导，但不一定连续

B. 函数 $f(x)$ 在点 x_0 处连续，则一定可导

C. 函数 $f(x)$ 在点 x_0 处不可导，则一定不连续

D. 函数 $f(x)$ 在点 x_0 处不连续，则一定不可导

(4) 函数 $f(x)=2|x|+1$ 在 $x=0$ 处(　　).

A. 不连续　　B. 可导

C. 连续但不可导　　D. 无定义

(5) 设函数 $f(x)$ 是可微函数，则 $\mathrm{d}y$ (　　).

A. 与 Δx 无关

B. 为 Δx 的线性函数

C. 当 $\Delta x \to 0$ 时,为 Δx 的高阶无穷小

D. 与 Δx 为等价无穷小

2. 填空题.

(1) 曲线 $y=e^x$ 在点(0,1)处的切线方程为________.

(2) 设 $y=\sin^2 x$,则 $y'=$________.

(3) 设 $y=\ln\cos x$,则 $y'=$________.

(4) 设 $f(x)$ 可导,且 $y=f(x^2)$,则$\dfrac{dy}{dx}=$________.

(5) 设 $x^3-2x^2y+5xy^2-5y+1=0$ 确定了 y 是 x 的函数,$\left.\dfrac{dy}{dx}\right|_{(1,1)}=$____________;$\dfrac{d^2y}{dx^2}=$________.

(6) 曲线 $x^3+y^3-xy=7$ 在点(1,2)处的切线方程是________.

(7) 曲线$\begin{cases}x=e^t\cos t\\ y=e^t\sin t\end{cases}$,则$\dfrac{dy}{dx}=$________;$\left.\dfrac{d^2y}{dx^2}\right|_{t=\frac{\pi}{3}}=$________.

3. 设 $y=xe^{2x^2-1}$,求函数的二阶导数 y''.

4. 设 $y=\dfrac{\sqrt{x+2}\,(x-3)^4}{(x+1)^5}$,求函数的导数 y'.

5. 设 $y=e^{\cos x}$,求函数的微分 dy.

阅读材料

一、微积分发展简史(一)

微积分学是微分学和积分学的总称,它是一种数学思想,“无限细分”就是微分,“无限求和”就是积分.微积分的产生一般分为三个阶段:极限的概念,求积的无限小方法,积分与微分的互逆关系.

17世纪,欧洲的社会经济迅猛发展,资本主义工业的大型生产使得力学在科学中的地位越来越重要.于是,一系列的力学问题及与此有关问题便呈现在科学家们的面前.以力学的需要为中心,产生了大量的数学问题.例如,由距离和时间的函数关系,如何求物体在任意时刻的速度和加速度;由加速度和时间的函数关系如何求物体的速度和距离;求曲线上任意一点处的切线,或确定运动问题在运行轨道上任意点处的运动方向;求函数的最大值和最小值;找到求曲线的长度、曲线所围图像的面积、曲面所围成立体的体积及物体的重心的一般方法等.微分的概念起源于对曲线切线、函数极值及瞬时变化率问题的处理.17世纪的微积分正是围绕着这些问题的解决逐步建立起来的.微分的概念和方法在欧洲也已经历了一段酝酿的过程.

费马(Fermat,1601—1665)是微积分创立的先驱工作者之一,他于1629年撰写了《求

极大值与极小值的方法》,用与现代方法十分相似的方法求切线和极值．意大利物理学家、数学家伽利雷(Galilei,1564—1642)通过列表法研究求函数最值问题,在观察中得出很多重要结果．1669 年英国数学家巴罗(Barrow,1630—1677)首次采用微分三角形来求切线,这种方法非常接近现代微分法,弥补了费马求切线方法的不足,为微分理论做出了重要的贡献,进一步推动了微分学概念的产生．笛卡儿(Descartes,1596—1650)的代数方法对推动微积分的早期发展有很大的影响,在创立了坐标系后,他又于 1637 年成功地创立了解析几何学．笛卡儿的解析几何引入了变数,加深了函数的理念．有了函数才能真正地建立起微积分,他的这一成就为微积分的创立奠定了基础．

17 世纪下半叶,在前人工作的基础上,英国大科学家牛顿(Newton,1642—1727)和德国数学家莱布尼茨(Leibniz,1646—1716)各自独立创立了微积分．牛顿在 1671 年写了《流数法和无穷级级数》,这本书直到 1736 年才出版,他在这本书里指出,变量是由点、线、面的连续运动产生的,否定了以前自己认为的变量是无穷小元素的静止集合．1684 年,他发表了现在世界上认为是最早的微积分文献,这篇文章有一个很长且很古怪的名字——"一种求极大极小值和切线的新方法,它也适用于分式和无理量,以及这种新方法的奇妙类型的计算"．文章从几何学的角度论述了微分法则,得到微分学的一系列基本结果．1686 年他又发表了第一篇积分学的论文,可以求出原函数．这两篇文献均早于牛顿首次发表的微积分结果(1687 年),但他开始从事研究的时间要晚近十年,因此数学史上将他们二人并列作为微积分的创立者．

二、数学家介绍

费马是一名 17 世纪的法国律师,也是一位业余数学家．之所以称业余,是因为费马具有律师的全职工作．17 世纪是杰出数学家活跃的世纪,而贝尔认为费马是 17 世纪数学家中最多产的明星．

1601 年 8 月 17 日,费马出生于法国南部图卢兹附近的博蒙·德·洛马涅．他的父亲在当地开了一家大皮革商店,拥有相当丰厚的产业,使得费马从小生活在富裕舒适的环境中．费马的父亲由于富有和经营有道,颇受人们尊敬,并因此获得了地方事务顾问的头衔,但费马小的时候并没有因为家境的富裕而产生多少优越感．费马的母亲出身穿袍贵族．费马小时候受教于他的叔叔皮埃尔,得到了良好的启蒙教育,培养了他广泛的兴趣和爱好,对他的性格也产生了重要的影响．直到 14 岁时,费马才进入博蒙·德·洛马涅公学,毕业后先后在奥尔良大学和图卢兹大学学习法律．

17 世纪的法国,男子最讲究的职业是当律师．因此,男子学习法律成为时髦,也使人敬羡．有趣的是,法国为那些有产的而缺少资历的"准律师"尽快成为律师创造了良好的条件．1523 年,佛朗期瓦一世成立了一个专门鬻卖官爵的机关,公开出售官职．这种官职鬻卖的社会现象一经产生,便应时代的需要而一发不可收．鬻卖官职,一方面迎合了那些富有者,使其获得官位从而提高社会地位,另一方面也使政府的财政状况得以好转．因此到了 17 世纪,除宫廷官员和军官以外的任何官职都可以买卖了．直到今日,法院的书记官、公证人、传达人等职务,仍没有完全摆脱买卖性质．法国的买官特产,使许多中产阶级从中受惠,费

费马(1601—1665)

马也不例外．费马尚没有大学毕业，便在博蒙·德·洛马涅买好了“律师”和“参议员”的职位．等到1631年费马毕业返回家乡以后，他便很容易地当上了图卢兹议会的议员．

尽管费马从步入社会直到去世都没有失去官职，而且逐年得到提升，但是据记载，费马并没有什么政绩，应付官场的能力也极普通，更谈不上什么领导才能．不过，费马并未因此而中断升迁．在费马任了七年地方议会议员之后，升任了调查参议员，这个官职有权对行政当局进行调查和质疑．1642年，有一位权威人士最高法院顾问勃里斯亚斯推荐费马进入了最高刑事法庭和法国大理院主要法庭，这使得费马以后得到了更好的升迁机会．1646年，费马升任议会首席发言人，以后还当过天主教联盟的主席等职．费马的官场生涯没有什么突出政绩值得称道，不过费马从不利用职权向人们勒索、从不受贿、为人敦厚、公开廉明，赢得了人们的信任和称赞．费马的婚姻使费马跻身穿袍贵族的行列，费马娶了他的舅表妹罗格．原本就为母亲的贵族血统而感骄傲的费马，如今干脆在自己的姓名上加上了贵族姓氏的标志“de”．

费马生有三女二男，除了大女儿克拉莱出嫁之外，四个子女都使费马感到体面．两个女儿当上了牧师，次子当上了菲玛雷斯的副主教．尤其是长子克莱曼特·萨摩尔，他不仅继承了费马的公职，在1665年当上了律师，而且还整理了费马的数学论著．如果不是费马长子积极出版费马的数学论著，很难说费马能对数学产生如此重大的影响，因为大部分论文都是在费马死后，由其长子负责发表的．从这个意义上说，萨摩尔也称得上是费马事业上的继承人．

费马一生从未受过专门的数学教育，数学研究也不过是业余之爱好．然而，在17世纪的法国还找不到哪位数学家可以与之匹敌．他是解析几何的发明者之一，对于微积分诞生的贡献仅次于牛顿、莱布尼茨，他还是概率论的主要创始人，以及独撑17世纪数论天地的人．此外，费马对物理学也有重要贡献．一代数学天才费马堪称是17世纪法国最伟大的数学家．

第3章　微分中值定理与导数的应用

在第2章里，我们引进了导数的概念，详细地讨论了导数的计算方法．这样一来，类似于求已知平面曲线上点的切线问题已解决，但若想用导数这一工具去分析并解决复杂一些的问题，只知道怎样计算导数是远远不够的，需要以此为基础，发展更多的工具．为此，本章将以微分中值定理为中心，利用导数来研究函数及曲线性态，并讨论导数在一些实际问题中的应用．下面首先介绍微分学中的几个中值定理，它们是后面讨论导数应用的理论基础．

3.1　微分中值定理

下面先讲罗尔(Rolle)定理，然后根据它推出拉格朗日(Lagrange)中值定理和柯西(Cauchy)中值定理．

3.1.1　罗尔定理

首先观察如图3-1所示的曲线弧$\overset{\frown}{AB}$图像，设曲线弧$\overset{\frown}{AB}$是函数$y=f(x)(a\leqslant x\leqslant b)$的图像，是一条连续的曲线弧，除端点外处处有不垂直于x轴的切线，且两个端点的纵坐标相等，即$f(a)=f(b)$.

可以发现，在曲线弧的最高点C处或最低点D处，曲线有水平的切线．如果记点C的横坐标为ξ，那么，就有$f'(\xi)=0$. 只要用分析语言表述这个几何现象，就可得下面的罗尔定理，为了应用方便，先介绍费马(Fermat)引理．

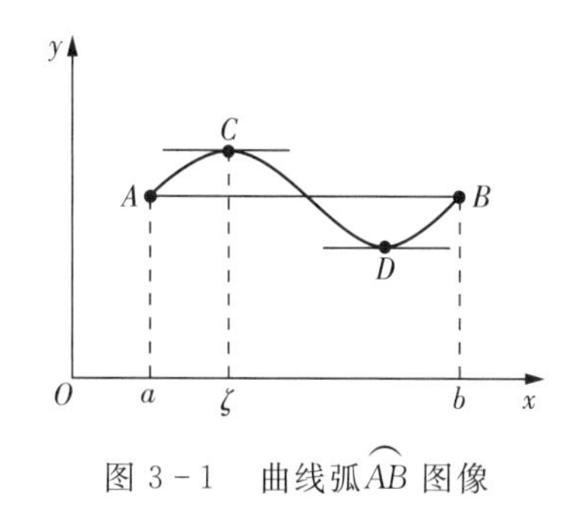

图3-1　曲线弧$\overset{\frown}{AB}$图像

费马引理　设函数$f(x)$在点x_0的某邻域$U(x_0)$内有定义，并且在x_0处可导，如果对任意的$x\in U(x_0)$，有

$$f(x)\leqslant f(x_0)[\text{或 } f(x)\geqslant f(x_0)]$$

恒成立，那么$f'(x_0)=0$.

通常称导数等于零的点为函数的**驻点**(或**稳定点**，**临界点**).

罗尔定理　如果函数$f(x)$满足以下条件：

(1) 在闭区间$[a,b]$上连续；

(2) 在开区间(a,b)内可导；

(3) 在区间端点处的函数值相等，即$f(a)=f(b)$，

那么在(a,b)内至少有一点$\xi(a<\xi<b)$，使得函数在该点的导数等于零，即

$$f'(\xi)=0, a<\xi<b.$$

证 由于$f(x)$在闭区间$[a,b]$上连续，根据闭区间上连续函数的最值定理，$f(x)$在闭区间$[a,b]$上必定取得它的最大值M和最小值m. 有两种情形，分别讨论：

(1) 当$M=m$时，这时$f(x)$在闭区间$[a,b]$上必然取相同的数值M：$f(x)=M$. 由此，$\forall x\in(a,b)$，有$f'(x)=0$. 因此，任取$\xi\in(a,b)$，有$f'(\xi)=0$.

(2) 当$M>m$时，因$f(a)=f(b)$，所以M和m中至少有一个不等于$f(x)$在闭区间$[a,b]$的端点处的函数值. 不妨设$M\neq f(a)$（或$m\neq f(a)$），那么，必定在开区间(a,b)内有一点ξ，使$f(\xi)=M$. 因此，$\forall x\in(a,b)$，有$f(x)\leqslant f(\xi)$，从而由费马引理可知$f'(\xi)=0$.

例 1 验证函数$f(x)=x^2-4x-12$在区间$[-2,6]$上罗尔定理成立.

证 由于$f(x)=x^2-4x-12=(x-6)(x+2)$，

$$f'(x)=2x-4=2(x-2),$$

$$f(-2)=f(6)=0.$$

显然，$f(x)$在$[-2,6]$上满足罗尔定理的三个条件，存在$\xi=2, 2\in(-2,6)$，使得$f'(2)=0$，符合罗尔定理的结论.

3.1.2 拉格朗日中值定理

罗尔定理中$f(a)=f(b)$这个特殊条件限制了它的应用，若将这个$f(a)=f(b)$条件取消，但仍保留剩余两个条件，并相应地改变结论，就可得微分学中十分重要的拉格朗日中值定理.

拉格朗日中值定理 如果函数$f(x)$满足以下条件：

(1) 在闭区间$[a,b]$上连续；

(2) 在开区间(a,b)内可导.

那么在(a,b)内至少有一点$\xi(a<\xi<b)$，使得

$$f'(\xi)=\frac{f(b)-f(a)}{b-a}$$

成立.

证 作辅助函数$\varphi(x)=f(x)-f(a)-\dfrac{f(b)-f(a)}{b-a}(x-a)$，可知$\varphi(x)$满足罗尔定理，可得至少存在一点$\xi\in(a,b)$，使得

$$\varphi'(\xi)=f'(\xi)-\frac{f(b)-f(a)}{b-a}=0.$$

即
$$f'(\xi)=\frac{f(b)-f(a)}{b-a}.$$

容易看出，罗尔定理是拉格朗日中值定理当$f(a)=f(b)$时的特殊情形. 并且由拉格朗

日中值定理可得出下面两个重要的推论：

推论1 若函数 $f(x)$ 在区间 (a,b) 内任意一点的导数 $f'(x)$ 恒等于零，则函数 $f(x)$ 在 (a,b) 内是一个常数．

推论2 若函数 $f(x)$ 与 $g(x)$ 在区间 (a,b) 内任意一点都有 $f'(x)=g'(x)$，则两个函数在区间 (a,b) 内至多相差一个常数．

例2 证明不等式 $\ln(1+x)-\ln x>\frac{1}{1+x}(x>0)$．

证 设 $f(x)=\ln x(x>0)$，因 $f(x)$ 在 $[x,1+x]$ 上满足拉格朗日中值定理的条件，因此有

$$f(1+x)-f(x)=f'(\xi)(1+x-x),\xi\in(x,1+x),$$

即
$$\ln(1+x)-\ln x=\frac{1}{\xi},\xi\in(x,1+x).$$

又因
$$0<x<\xi<1+x,$$

即得证．

3.1.3 柯西中值定理

柯西中值定理 设函数 $f(x)$ 与 $g(x)$ 满足以下条件：

(1) 在闭区间 $[a,b]$ 上连续；

(2) 在开区间 (a,b) 内可导；

(3) 在 (a,b) 内任何一点处都有 $g'(x)\neq 0$，则在 (a,b) 内至少存在一点 $\xi(a<\xi<b)$，使得

$$\frac{f(b)-f(a)}{g(b)-g(a)}=\frac{f'(\xi)}{g'(\xi)}$$

恒成立．

证 由假设 $g'(x)\neq 0$，可以肯定 $g(b)-g(a)\neq 0$；如果 $g(b)-g(a)=0$，则 $g(x)$ 满足罗尔定理的三个条件，因而至少存在一点 $\xi\in(a,b)$，使 $g'(\xi)=0$，则与 $g'(x)\neq 0$ 矛盾．

仿照证明拉格朗日中值定理的方法，作辅助函数

$$\varphi(x)=f(x)-f(a)-\frac{f(b)-f(a)}{g(b)-g(a)}[g(x)-g(a)].$$

易知 $\varphi(x)$ 满足罗尔定理的全部条件：① 在闭区间 $[a,b]$ 上连续；② 在开区间 (a,b) 内可导；③ $\varphi(a)=\varphi(b)=0$. 并且

$$\varphi'(x)=f'(x)-\frac{f(b)-f(a)}{g(b)-g(a)}g'(x),$$

即至少存在一点 $\xi\in(a,b)$，使得

$$\varphi'(\xi)=f'(\xi)-\frac{f(b)-f(a)}{g(b)-g(a)}g'(\xi)=0,$$

即
$$\frac{f(b)-f(a)}{g(b)-g(a)}=\frac{f'(\xi)}{g'(\xi)}.$$

容易看出,拉格朗日中值定理是柯西中值定理当 $g(x)=x$ 时的特殊情形.

3.2　洛必达法则

3.1节所介绍的中值定理,可应用计算某些函数的极限.如果当 $x\to a$(或 $x\to\infty$)时,两个函数 $f(x)$ 与 $g(x)$ 都趋于零或都趋于无穷大,那么,极限 $\lim\limits_{\substack{x\to a\\(x\to\infty)}}\frac{f(x)}{F(x)}$ 可能存在,也可能不存在,通常把这种极限叫做**未定式**,并分别简记为$\frac{0}{0}$型或$\frac{\infty}{\infty}$型.重要极限中$\lim\limits_{x\to 0}\frac{\sin x}{x}$就是未定式$\frac{0}{0}$型.对于这类极限,即使它存在也不能用"商的极限等于极限的商"这一法则.所以依据柯西中值定理推导出一个求未定式极限的法则,并称为**洛必达法则**.

3.2.1　$\frac{0}{0}$型和$\frac{\infty}{\infty}$型未定式的洛必达法则

定理1　设函数 $f(x)$ 与 $g(x)$ 满足以下条件:

(1) $\lim\limits_{x\to a}f(x)=\lim\limits_{x\to a}g(x)=0$;

(2) 在点 a 的某个邻域内(点 a 本身可以除外)可导,且 $g'(x)\neq 0$;

(3) $\lim\limits_{x\to a}\frac{f'(x)}{g'(x)}=A$(或 ∞),

则必有

$$\lim_{x\to a}\frac{f(x)}{g(x)}=\lim_{x\to a}\frac{f'(x)}{g'(x)}=A(\text{或 }\infty).$$

证　在点 $x=a$ 处补充定义函数值 $f(a)=g(a)=0$,则函数 $f(x)$ 与 $g(x)$ 在点 a 某邻域内连续.设 x 为这个邻域内的任意一点,如设 $x>a$(或 $x<a$),则在区间 $[a,x]$(或 $[x,a]$)上,$f(x)$ 与 $g(x)$ 满足柯西中值定理的全部条件,因此有

$$\frac{f(x)}{g(x)}=\frac{f(x)-f(a)}{g(x)-g(a)}=\frac{f'(\xi)}{g'(\xi)},\ \xi\text{ 在 }x\text{ 与 }a\text{ 之间}.$$

显然,当 $x\to a$ 时,$\xi\to a$.于是,求上式两边的极限得

$$\lim_{x\to a}\frac{f(x)}{g(x)}=\lim_{\xi\to a}\frac{f'(\xi)}{g'(\xi)}=\lim_{x\to a}\frac{f'(x)}{g'(x)}=A(\text{或 }\infty).$$

当求出$\frac{f'(x)}{g'(x)}$的极限值 A 或能断定它是无穷大量时,应用这个定理就解决了这一类$\frac{0}{0}$

型未定式的极限问题．

例1 求$\lim\limits_{x\to 2}\dfrac{x^4-16}{x-2}$. $\left(\dfrac{0}{0}\text{型}\right)$

解 $\lim\limits_{x\to 2}\dfrac{x^4-16}{x-2}=\lim\limits_{x\to 2}\dfrac{4x^3}{1}=32.$

例2 求$\lim\limits_{x\to 1}\dfrac{2x^3-3x^2+1}{x^3-x^2-x+1}$. $\left(\dfrac{0}{0}\text{型}\right)$

解 $\lim\limits_{x\to 1}\dfrac{2x^3-3x^2+1}{x^3-x^2-x+1}=\lim\limits_{x\to 1}\dfrac{6x^2-6x}{3x^2-2x-1}=\lim\limits_{x\to 1}\dfrac{12x-6}{6x-2}=\dfrac{3}{2}.$

注 若$\lim\limits_{x\to a}\dfrac{f'(x)}{g'(x)}$还是$\dfrac{0}{0}$型未定式，且函数$f'(x)$与$g'(x)$能满足定理中$f(x)$与$g(x)$应满足的条件，可再次使用洛必达法则，即

$$\lim_{x\to a}\frac{f(x)}{g(x)}=\lim_{x\to a}\frac{f'(x)}{g'(x)}=\lim_{x\to a}\frac{f''(x)}{g''(x)},$$

且可以此类推，直到求出极限．

例3 求$\lim\limits_{x\to 0}\dfrac{\ln(1+x)}{x^2}$. $\left(\dfrac{0}{0}\text{型}\right)$

解 $\lim\limits_{x\to 0}\dfrac{\ln(1+x)}{x^2}=\lim\limits_{x\to 0}\dfrac{1}{2x(x+1)}=\infty.$

例4 求$\lim\limits_{x\to 0}\dfrac{x^2\sin\dfrac{1}{x}}{\sin x}$. $\left(\dfrac{0}{0}\text{型}\right)$

解 这个问题虽然属于$\dfrac{0}{0}$型，但是分子中$\sin\dfrac{1}{x}$的x在趋于0时是震荡且无极限的．故洛必达法则失效，不能使用．但原极限是存在的，可用如下方法求得．

$$\lim_{x\to 0}\frac{x^2\sin\dfrac{1}{x}}{\sin x}=\lim_{x\to 0}\left(\frac{x}{\sin x}\cdot x\sin\frac{1}{x}\right)=0.$$

注 若无法断定$\dfrac{f'(x)}{g'(x)}$的极限状态，或能断定震荡从而无极限，则洛必达法则失效，需要另寻他法．

定理2 设函数$f(x)$与$g(x)$满足以下条件：

(1) $\lim\limits_{x\to a}f(x)=\lim\limits_{x\to a}g(x)=\infty$；

(2) 在点a的某个邻域内(点本身可以除外)可导，且$g'(x)\neq 0$；

(3) $\lim\limits_{x\to a}\dfrac{f'(x)}{g'(x)}=A$(或$\infty$)，则必有

$$\lim_{x\to a}\frac{f(x)}{g(x)}=\lim_{x\to a}\frac{f'(x)}{g'(x)}=A(\text{或}\ \infty).$$

例 5 求$\lim\limits_{x\to\frac{\pi}{2}}\dfrac{\tan x}{\tan 3x}$. $\left(\dfrac{\infty}{\infty}\text{型}\right)$

解 $$\lim_{x\to\frac{\pi}{2}}\frac{\tan x}{\tan 3x}=\lim_{x\to\frac{\pi}{2}}\frac{\dfrac{1}{\cos^2 x}}{\dfrac{3}{\cos^2 3x}}=\frac{1}{3}\lim_{x\to\frac{\pi}{2}}\frac{\cos^2 3x}{\cos^2 x}=\lim_{x\to\frac{\pi}{2}}\frac{\sin 6x}{\sin 2x}=\lim_{x\to\frac{\pi}{2}}\frac{6x}{2x}=3.$$

当定理 1 与定理 2 中 $x\to a$ 改为 $x\to\infty$ 时,洛必达法则同样有效.

例 6 求$\lim\limits_{x\to+\infty}\dfrac{\ln x}{x^n}(n>0)$. $\left(\dfrac{\infty}{\infty}\text{型}\right)$

解 $$\lim_{x\to+\infty}\frac{\ln x}{x^n}=\lim_{x\to+\infty}\frac{\dfrac{1}{x}}{nx^{n-1}}=\lim_{x\to+\infty}\frac{1}{nx^n}=0.$$

注 除了$\dfrac{0}{0}$型或$\dfrac{\infty}{\infty}$型未定式,洛必达法则还适用于其他类型的未定式.

3.2.2 其他未定式的计算

对于 $0\cdot\infty$ 及 $\infty-\infty$ 型未定式,需适当变换,将其化成$\dfrac{0}{0}$型或$\dfrac{\infty}{\infty}$型未定式来求其极限.

例 7 求$\lim\limits_{x\to+\infty}x\left(\dfrac{\pi}{2}-\arctan x\right)$. ($\infty\cdot 0$ 型)

解 $$\lim_{x\to+\infty}x\left(\frac{\pi}{2}-\arctan x\right)=\lim_{x\to+\infty}\frac{\dfrac{\pi}{2}-\arctan x}{\dfrac{1}{x}}=\lim_{x\to+\infty}\frac{-\dfrac{1}{1+x^2}}{-\dfrac{1}{x^2}}=\lim_{x\to+\infty}\frac{x^2}{1+x^2}=1.$$

例 8 求$\lim\limits_{x\to1}\left(\dfrac{x}{x-1}-\dfrac{1}{\ln x}\right)$. ($\infty-\infty$ 型)

解 $$\lim_{x\to1}\left(\frac{x}{x-1}-\frac{1}{\ln x}\right)=\lim_{x\to1}\frac{x\ln x-x+1}{(x-1)\ln x}=\lim_{x\to1}\frac{\ln x+1-1}{\dfrac{x-1}{x}+\ln x}=\lim_{x\to1}\frac{\ln x}{1-\dfrac{1}{x}+\ln x}$$
$$=\lim_{x\to1}\frac{\dfrac{1}{x}}{\dfrac{1}{x^2}+\dfrac{1}{x}}=\frac{1}{2}.$$

对于 1^∞,0^0,∞^0 等型未定式,可先化成以 e 为底的指数函数,再利用指数函数的连续性转化成求指数部分的极限值,其中指数部分的极限需要化成$\dfrac{0}{0}$型或$\dfrac{\infty}{\infty}$型未定式.

例 9 求$\lim\limits_{x\to1}x^{\frac{1}{1-x}}$. ($1^\infty$ 型)

解 因$\lim\limits_{x\to1}x^{\frac{1}{1-x}}=\lim\limits_{x\to1}e^{\frac{\ln x}{1-x}}=e^{\lim\limits_{x\to1}\frac{\ln x}{1-x}}$,而

$$\lim_{x\to1}\frac{\ln x}{1-x}=\lim_{x\to1}\frac{\dfrac{1}{x}}{-1}=-1,$$

即
$$\lim_{x\to 1}x^{\frac{1}{1-x}}=e^{-1}=\frac{1}{e}.$$

例 10　求 $\lim\limits_{x\to 0^+}x^x$.（$0^0$ 型）

解　因 $\lim\limits_{x\to 0^+}x^x=\lim\limits_{x\to 0^+}e^{x\ln x}=e^{\lim\limits_{x\to 0^+}x\ln x}$，而

$$\lim_{x\to 0^+}x\ln x=\lim_{x\to 0^+}\frac{\ln x}{\frac{1}{x}}=\lim_{x\to 0^+}(-x)=0,$$

即
$$\lim_{x\to 0^+}x^x=e^0=1.$$

例 11　求 $\lim\limits_{x\to +\infty}(x+e^x)^{\frac{1}{x}}$.（$\infty^0$ 型）

解　因 $\lim\limits_{x\to +\infty}(x+e^x)^{\frac{1}{x}}=\lim\limits_{x\to +\infty}e^{\frac{1}{x}\ln(x+e^x)}=e^{\lim\limits_{x\to +\infty}\frac{\ln(x+e^x)}{x}}$，而

$$\lim_{x\to +\infty}\frac{\ln(x+e^x)}{x}=\lim_{x\to +\infty}\frac{1+e^x}{x+e^x}=\lim_{x\to +\infty}\frac{e^x}{1+e^x}=\lim_{x\to +\infty}\frac{e^x}{e^x}=1,$$

即
$$\lim_{x\to +\infty}(x+e^x)^{\frac{1}{x}}=e^1=e.$$

一般情况下，对于未定式，洛必达法则是一种有效方法．但是最好能结合其他求极限方法合理使用．例如，能化简应尽可能先化简，可应用等价无穷小替代或重要极限时，应尽可能应用，这样可以化繁为简，运算简捷．

例 12　求 $\lim\limits_{x\to 0}\dfrac{\tan x-x}{x^2\sin x}$.

解　若直接用洛必达法则，会发现分母的导数较繁杂，但若利用等价无穷小替代，那么就简捷多了．

$$\lim_{x\to 0}\frac{\tan x-x}{x^2\sin x}=\lim_{x\to 0}\frac{\tan x-x}{x^3}=\lim_{x\to 0}\frac{\sec^2 x-1}{3x^2}=\lim_{x\to 0}\frac{2\sec^2 x\tan x}{6x}=\frac{1}{3}\lim_{x\to 0}\frac{\tan x}{x}=\frac{1}{3}.$$

*3.3　泰勒公式

为了便于研究，对于较繁杂的函数，往往希望用相应简单的函数来近似表达．由于用多项式表示的函数，只要对自变量进行有限次加、减、乘三种算术运算，便能求出它的函数值，因此经常用多项式来近似表达函数．

在微分的应用中已经知道，当$|x|$很小时，有如下的近似等式：

$$e^x\approx 1+x,\ln(1+x)\approx x.$$

这些都是用一次多项式来近似表达函数的例子．显然，在 $x=0$ 处这些一次多项式及其一阶导数的值，分别等于被近似表达的函数及其导数的相应值．

虽说这种近似表达式的精确度不够，但是它所产生的误差仅是关于 x 的高阶无穷小．

为了提高精确度,自然想到用更高次的多项式来逼近函数.作如下假设:设 $f(x)$ 在 x_0 处具有 n 阶导数,试找出一个关于 $(x-x_0)$ 的 n 次多项式

$$p_n(x)=a_0+a_1(x-x_0)+a_2(x-x_0)^2+\cdots+a_n(x-x_0)^n \tag{3-1}$$

来近似表达 $f(x)$,要求 $p_n(x)$ 与 $f(x)$ 之差是当 $x\to x_0$ 时比 $(x-x_0)^n$ 高阶的无穷小.

针对这个问题,作如下讨论:

假设 $p_n(x)$ 在 x_0 处及直到 x_0 处 n 阶导数的函数值分别用 $f(x_0),f'(x_0),\cdots,f^{(n)}(x_0)$ 来表示,即

$$p_n(x_0)=f(x_0),p_n'(x_0)=f'(x_0),\cdots,p_n{}^{(n)}(x_0)=f^{(n)}(x_0),$$

结合等式依次确定多项式(3-1)的系数 $a_0,a_1,a_2,\cdots,a_n$.代入上述等式可得

$$a_0=f(x_0),a_1=f'(x_0),a_2=\frac{1}{2!}f''(x_0),\cdots,a_n=\frac{1}{n!}f^{(n)}(x_0).$$

即式(3-1)可写成

$$p_n(x)=f(x_0)+f'(x_0)(x-x_0)+\frac{1}{2!}f''(x_0)(x-x_0)^2+$$

$$\cdots+\frac{1}{n!}f^{(n)}(x_0)(x-x_0)^n \tag{3-2}$$

结合下面的定理,可知多项式(3-2)的确是所要找的 n 次多项式.

泰勒(Taylor)中值定理1 如果函数 $f(x)$ 在 x_0 处具有 n 阶导数,那么存在 x_0 的一个邻域,对于该邻域内任意 x,都有

$$f(x)=f(x_0)+f'(x_0)(x-x_0)+\frac{1}{2!}f''(x_0)(x-x_0)^2+\cdots+$$

$$\frac{1}{n!}f^{(n)}(x_0)(x-x_0)^n+R_n(x) \tag{3-3}$$

其中

$$R_n(x)=o((x-x_0)^n) \tag{3-4}$$

证 记 $R_n(x)=f(x)-p_n(x)$,则

$$R_n(x_0)=R_n'(x_0)=R_n''(x_0)=\cdots=R_n{}^{(n)}(x_0)=0.$$

由于 $f(x)$ 在 x_0 处具有 n 阶导数,因此 $f(x)$ 必在 x_0 的某邻域内存在 $(n-1)$ 阶导数,从而 $R_n(x)$ 也在该邻域内 $(n-1)$ 阶可导,反复应用洛必达法则,可得

$$\lim_{x\to x_0}\frac{R_n(x)}{(x-x_0)^n}=\lim_{x\to x_0}\frac{R_n'(x)}{n(x-x_0)^{n-1}}=\lim_{x\to x_0}\frac{R_n''(x)}{n(n-1)(x-x_0)^{n-2}}=\cdots$$

$$=\lim_{x\to x_0}\frac{R_n{}^{(n-1)}(x)}{n!(x-x_0)}=\frac{1}{n!}\lim_{x\to x_0}\frac{R_n{}^{(n-1)}(x)-R_n{}^{(n-1)}(x_0)}{x-x_0}$$

$$=\frac{1}{n!}R_n^{(n)}(x_0)=0, \text{因此 } k_n(x)=0((x-x_0)^n).$$

多项式(3-2)称为函数 $f(x)$ 在 x_0 处(或按 $(x-x_0)$ 的幂展开)的 n 次泰勒多项式,公式(3-3)称为 $f(x)$ 在 x_0 处(或按 $(x-x_0)$ 的幂展开)的带有**佩亚诺(Peano)余项**的 n 阶**泰勒公式**,而 $R_n(x)$ 的表达式(3-4)称为**佩亚诺余项**,它就是用 n 次泰勒多项式来近似表达 $f(x)$ 所产生的误差,这一误差是当 $x\to x_0$ 时比 $(x-x_0)^n$ 高阶无穷小,但不能由它具体估算出误差的大小. 但是有了下面的定理2便解决了这一问题.

泰勒(Taylor)中值定理2 如果函数 $f(x)$ 在 x_0 的某个邻域 $U(x_0)$ 内具有 $(n+1)$ 阶导数,那么对任一 $x\in U(x_0)$,有

$$f(x)=f(x_0)+f'(x_0)(x-x_0)+\frac{1}{2!}f''(x_0)(x-x_0)^2+\cdots+$$

$$\frac{1}{n!}f^{(n)}(x_0)(x-x_0)^n+R_n(x). \tag{3-5}$$

其中

$$R_n(x)=\frac{f^{(n+1)}(\xi)}{(n+1)!}(x-x_0)^{n+1}(\text{这里 } \xi \text{ 是 } x_0 \text{ 与 } x \text{ 之间的某个值}). \tag{3-6}$$

证 记 $R_n(x)=f(x)-p_n(x)$,只需证明

$$R_n(x)=\frac{f^{(n+1)}(\xi)}{(n+1)!}(x-x_0)^{n+1}(\xi \text{ 在 } x_0 \text{ 与 } x \text{ 之间}).$$

由假设可知,$R_n(x)$ 在 $U(x_0)$ 内具有 $(n+1)$ 阶导数,且

$$R_n(x_0)=R_n'(x_0)=R_n''(x_0)=\cdots=R_n^{(n)}(x_0)=0.$$

对两个函数 $R_n(x)$ 及 $(x-x_0)^{n+1}$ 在以 x_0 及 x 为端点的区间上应用柯西中值定理,得

$$\frac{R_n(x)}{(x-x_0)^{n+1}}=\frac{R_n(x)-R_n(x_0)}{(x-x_0)^{n+1}-0}=\frac{R_n'(\xi_1)}{(n+1)(\xi_1-x_0)^n}(\xi_1 \text{ 在 } x_0 \text{ 与 } x \text{ 之间}).$$

再对函数 $R_n'(x)$ 及 $(n+1)(x-x_0)^n$ 在以 x_0 及 ξ_1 为端点的区间上应用柯西中值定理,得

$$\frac{R_n'(\xi_1)}{(n+1)(\xi_1-x_0)^n}=\frac{R_n'(\xi_1)-R_n'(x_0)}{(n+1)(\xi_1-x_0)^n-0}=\frac{R_n''(\xi_1)}{(n+1)n(\xi_2-x_0)^{n-1}}(\xi_2 \text{ 在 } x_0 \text{ 与 } \xi_1 \text{ 之间}).$$

照此方法继续下去,经过 $(n+1)$ 次后,得

$$\frac{R_n(x)}{(x-x_0)^{n+1}}=\frac{R_n^{(n+1)}(\xi)}{(n+1)!}(\xi \text{ 在 } x_0 \text{ 与 } \xi_n \text{ 之间}).$$

注意到 $R_n^{(n+1)}(x)=f^{(n+1)}(x)$(因 $p_n^{(n+1)}(x)=0$),则由上式得

$$R_n(x)=\frac{f^{(n+1)}(\xi)}{(n+1)!}(x-x_0)^{n+1}(\xi \text{在} x_0 \text{与} x \text{之间}).$$

公式(3-5)称为$f(x)$在x_0处(或按$(x-x_0)$的幂展开)的带有拉格朗日余项的n阶**泰勒公式**,而$R_n(x)$的表达式(3-6)称为**拉格朗日余项**.

当$n=0$时,泰勒公式(3-5)变成拉格朗日中值公式

$$f(x)=f(x_0)+f'(\xi)(x-x_0)(\xi \text{在} x_0 \text{与} x \text{之间}).$$

因此,泰勒中值定理2是拉格朗日中值定理的推广.

由泰勒中值定理2可知,以多项式$p_n(x)$近似表达函数$f(x)$时,其误差为$|R_n(x)|$.如果对于某个固定的n,当$x\in U(x_0)$时,$|f^{(n+1)}(x)|\leqslant M$,那么有估计式

$$|R_n(x)|=\left|\frac{f^{(n+1)}(\xi)}{(n+1)!}(x-x_0)^{n+1}\right|\leqslant\frac{M}{(n+1)!}|x-x_0|^{n+1}. \tag{3-7}$$

在泰勒公式(3-3)中,如果取$x_0=0$,那么,就是带有佩亚诺余项的**麦克劳林(Maclaurin)公式**:

$$f(x)=f(0)+f'(0)x+\cdots+\frac{f^{(n)}(0)}{n!}x^n+o(x^n). \tag{3-8}$$

在泰勒公式(3-5)中,如果取$x_0=0$,那么ξ在0与x之间.因此,可令$\xi=\theta x\ (0<\theta<1)$,从而泰勒公式(3-5)变成较简单的形式,即所谓带有拉格朗日余项的麦克劳林公式

$$f(x)=f(0)+f'(0)x+\frac{f''(0)}{2!}x^2+\cdots+\frac{f^{(n)}(0)}{n!}x^n+$$

$$\frac{f^{(n+1)}(\theta x)}{(n+1)!}x^{n+1},0<\theta<1. \tag{3-9}$$

由式(3-8)或式(3-9)可得近似公式

$$f(x)\approx f(0)+f'(0)x+\frac{f''(0)}{2!}x^2+\cdots+\frac{f^{(n)}(0)}{n!}x^n.$$

误差估计式(3-7)相应地变成

$$|R_n(x)|\leqslant\frac{M}{(n+1)!}|x|^{n+1}. \tag{3-10}$$

例1 写出函数$f(x)=e^x$的带有拉格朗日余项的n阶麦克劳林公式.

解 因为

$$f'(x)=f''(x)=\cdots=f^{(n)}(x)=e^x,$$

所以

$$f(0)=f'(0)=f''(0)=\cdots=f^{(n)}(0)=1.$$

将这些值代入公式(3-9)，并注意到 $f^{(n+1)}(\theta x)=e^{\theta x}$，便得

$$e^x=1+x+\frac{x^2}{2!}+\cdots+\frac{x^n}{n!}+\frac{e^{\theta x}}{(n+1)!}x^{n+1}\ (0<\theta<1).$$

由这个公式可知，若把 e^x 用它的 n 次泰勒多项式表达为

$$e^x\approx 1+x+\frac{x^2}{2!}+\cdots+\frac{x^n}{n!},$$

这时所产生的误差为

$$|R_n(x)|=\left|\frac{e^{\theta x}}{(n+1)!}x^{n+1}\right|<\frac{e^{|x|}}{(n+1)!}|x|^{n+1}\ (0<\theta<1).$$

如果取 $x=1$，则得无理数 e 的近似式为

$$e^x\approx 1+1+\frac{1}{2!}+\cdots+\frac{1}{n!},$$

其误差

$$|R_n|<\frac{e}{(n+1)!}<\frac{3}{(n+1)!}.$$

当 $n=10$ 时，可算出 $e\approx 2.718282$，其误差不超过10^{-6}.

例2　求 $f(x)=\sin x$ 的带有拉格朗日余项的 n 阶麦克劳林公式.

解　因为

$$f'(x)=\cos x, f''(x)=-\sin x, f'''(x)=-\cos x,\cdots, f^{(n)}(x)=\sin\left(x+\frac{n\pi}{2}\right),$$

所以

$$f(0)=0, f'(0)=1, f''(0)=0, f'''(0)=-1, f^{(4)}(0)=0.$$

它们顺序循环地取四个数 $0,1,0,-1$，于是按公式(3-9)得(令 $n=2m$)

$$\sin x=x-\frac{x^3}{3!}+\frac{x^5}{5!}-\cdots+(-1)^{m-1}\frac{x^{2m-1}}{(2m-1)!}+R_{2m}(x),$$

其中

$$R_{2m}(x)=\frac{\sin\left[\theta x+(2m+1)\frac{\pi}{2}\right]}{(2m+1)!}x^{2m+1}=(-1)^m\frac{\cos\theta x}{(2m+1)!}x^{2m+1}\ (0<\theta<1).$$

如果取 $m=1$，那么，得近似式

$$\sin x \approx x,$$

这时误差为

$$|R_2| = \left| -\frac{\cos\theta x}{3!}x^3 \right| \leqslant \frac{|x|^3}{6} (0<\theta<1).$$

如果 m 分别取 2 和 3，那么可得 $\sin x$ 的 3 次和 5 次泰勒多项式

$$\sin x \approx x - \frac{1}{3!}x^3 \text{ 和 } \sin x \approx x - \frac{1}{3!}x^3 + \frac{1}{5!}x^5,$$

其误差的绝对值依次不超过 $\frac{1}{5!}|x|^5$ 和 $\frac{1}{7!}|x|^7$. 以上三个泰勒多项式及正弦函数的图像如图 3－2 所示，以便于比较.

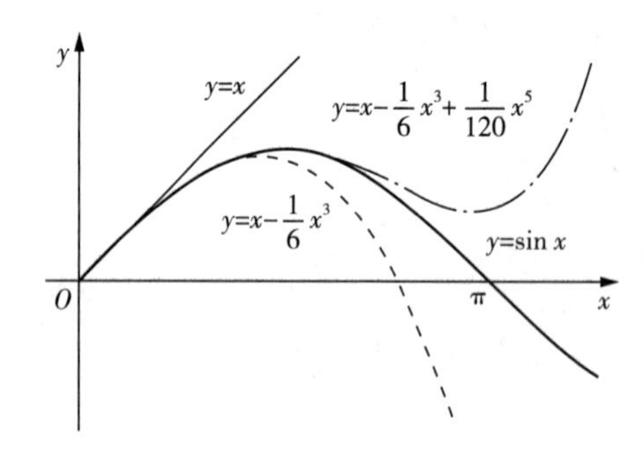

图 3－2　函数图像

类似地，还可以得到

$$\cos x = 1 - \frac{1}{2!}x^2 + \frac{1}{4!}x^4 - \cdots + (-1)^m \frac{1}{(2m)!}x^{2m} + R_{2m+1}(x),$$

其中 $R_{2m+1}(x) = \frac{\cos[\theta x + (m+1)\pi]}{(2m+2)!}x^{2m+2} = (-1)^{m+1}\frac{\cos\theta x}{(2m+2)!}x^{2m+2} (0<\theta<1)$；

$$\ln(1+x) = x - \frac{1}{2}x^2 + \frac{1}{3}x^3 - \cdots + (-1)^{n-1}\frac{1}{n}x^n + R_n(x),$$

其中 $R_n(x) = \frac{(-1)^n}{(n+1)(1+\theta x)^{n+1}}x^{n+1} (0<\theta<1)$；

$$(1+x)^\alpha = 1 + \alpha x + \frac{\alpha(\alpha-1)}{2!}x^2 + \cdots + \frac{\alpha(\alpha-1)\cdots(\alpha-n+1)}{n!}x^n + R_n(x),$$

其中 $R_n(x) = \frac{\alpha(\alpha-1)\cdots(\alpha-n+1)(\alpha-n)}{(n+1)!}(1+\theta x)^{\alpha-n-1}x^{n+1} (0<\theta<1)$.

由以上带有拉格朗日余项的**麦克劳林公式**，易得相应带有佩亚诺余项的麦克劳林公式.

例 3 利用带有佩亚诺余项的麦克劳林公式,求极限$\lim\limits_{x\to 0}\dfrac{\sin x - x\cos x}{\sin^3 x}$.

解 由于分式的分母$\sin^3 x \sim x^3 (x\to 0)$,只需将分子中的 $\sin x$ 和 $\cos x$ 分别用带有佩亚诺余项的三阶麦克劳林公式表示,即

$$\sin x = x - \frac{x^3}{3!} + o(x^3), \quad x\cos x = x - \frac{x^3}{2!} + o(x^3).$$

于是

$$\sin x - x\cos x = x - \frac{x^3}{3!} + o(x^3) - x + \frac{x^3}{2!} - o(x^3) = \frac{1}{3}x^3 + o(x^3),$$

对上式作运算时,把两个比 x^3 高阶的无穷小的代数和仍记作 $o(x^3)$,故

$$\lim_{x\to 0}\frac{\sin x - x\cos x}{\sin^3 x} = \lim_{x\to 0}\frac{\frac{1}{3}x^3 + o(x^3)}{x^3} = \frac{1}{3}.$$

3.4 函数的单调性与曲线的凹凸性

3.4.1 函数的单调性

一个函数在某个区间内单调增减性的变化规律,是研究函数图像时首先要考虑的问题.在第1章已经给出了函数在某个区间内单调增减性的定义,现在介绍利用函数的导数判定函数单调增减性的方法.

先从几何直观分析.如果在区间(a,b)内,函数 $y=f(x)$ 曲线上每一点的切线斜率都为正值,即 $y'=f'(x)>0$,则曲线是上升的,即函数 $f(x)$ 是单调增加的,如图 3-3 所示.

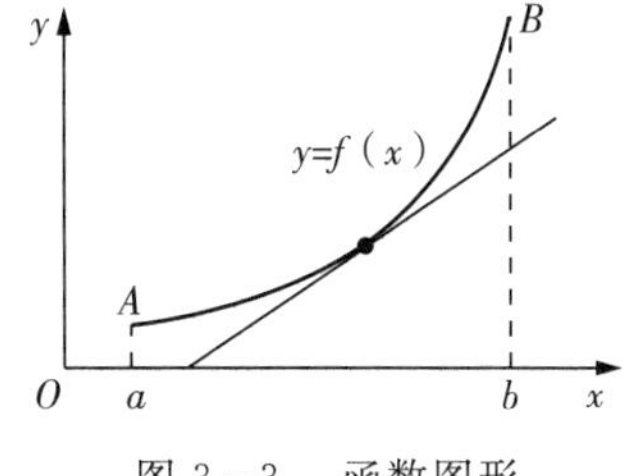

图 3-3 函数图形上升时切线斜率非负

如果切线斜率都为负值,即 $y'=f'(x)<0$,则曲线是下降的,即函数 $f(x)$ 是单调减少的,如图 3-4 所示.对于上升或下降的曲线,它的切线在个别点可能平行于 x 轴(即导数等于 0),如图 3-5 所示.

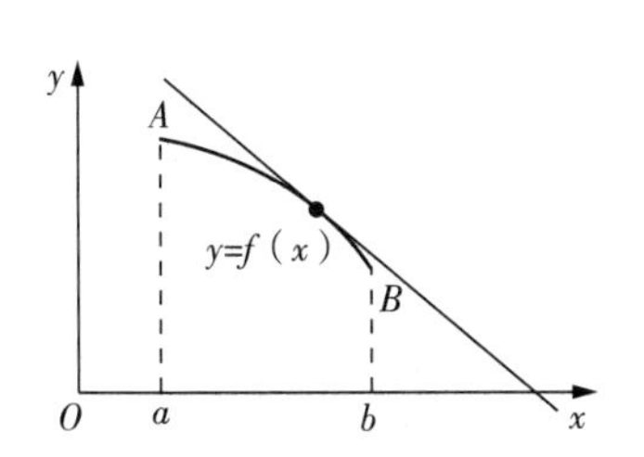

图 3-4 函数图形下降时切线斜率非正

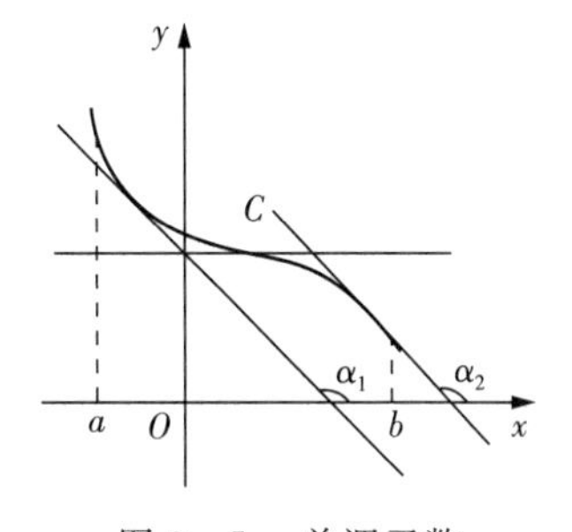

图 3-5 单调函数

定理 1　设函数 $f(x)$ 在闭区间 $[a,b]$ 内连续，在开区间 (a,b) 内可导，那么

(1) 如果 $x \in (a,b)$ 时，恒有 $f'(x) > 0$，则函数 $f(x)$ 在区间 (a,b) 内单调增加；

(2) 如果 $x \in (a,b)$ 时，恒有 $f'(x) < 0$，则函数 $f(x)$ 在区间 (a,b) 内单调减少．

证　在区间 (a,b) 内任取两点 x_1, x_2，设 $x_1 < x_2$，则由拉格朗日中值定理有

$$f(x_2) = f(x_1) + f'(\xi)(x_2 - x_1), \quad \xi \in (x_1, x_2) \tag{3-11}$$

(1) 如果 $x \in (a,b)$ 时 $f'(x) > 0$，则 $f'(\xi) > 0$，由式(3-11)，得 $f(x_2) > f(x_1)$，所以函数 $f(x)$ 在区间 (a,b) 内单调增加；

(2) 如果 $x \in (a,b)$ 时 $f'(x) < 0$，则 $f'(\xi) < 0$，由式(3-11)，得 $f(x_2) < f(x_1)$，所以函数 $f(x)$ 在区间 (a,b) 内单调减少．

例 1　确定函数 $f(x) = x^3 - 3x$ 的单调增减区间．

解　因 $f'(x) = 3x^2 - 3 = 3(x+1)(x-1)$，当 $x \in (-\infty, -1)$ 时，$f'(x) > 0$，函数 $f(x)$ 在区间 $(-\infty, -1)$ 内单调增加；而当 $x \in (-1, 1)$ 时，$f'(x) < 0$，函数 $f(x)$ 在区间 $(-1,1)$ 内单调减少；当 $x \in (1, +\infty)$ 时，$f'(x) > 0$，函数 $f(x)$ 在区间 $(1, +\infty)$ 内单调增加.

注　如果在区间 (a,b) 内 $f'(x) \geqslant 0$（或 $f'(x) \leqslant 0$），但等号只有在有限个点处成立，则函数 $f(x)$ 在区间 (a,b) 内仍是单调增加（或单调减少）的.

例 2　确定函数 $f(x) = x^3$ 的增减性．

解　因 $f'(x) = 3x^2 \geqslant 0$，且只有当 $x = 0$ 时，$f'(0) = 0$，所以 $f(x) = x^3$ 在 R 内是单调增加的，如图 3-6 所示．

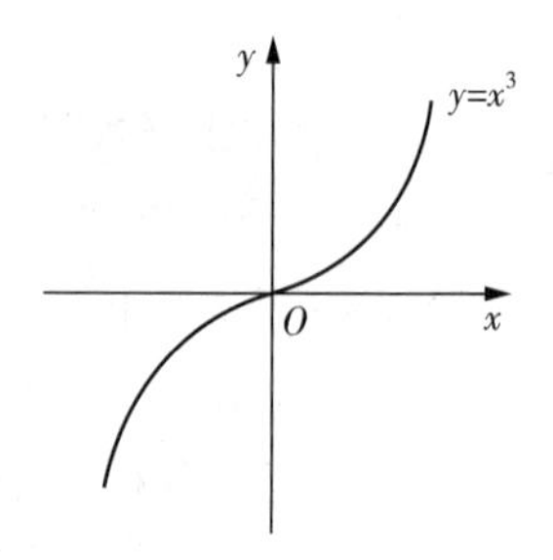

图 3-6　函数 $y = x^3$ 图形

例 3　证明：当 $x > 0$ 时，$e^x > 1 + x$.

证　设 $f(x) = e^x - 1 - x$，则 $f'(x) = e^x - 1$. 因为 $x > 0$，所以 $f'(x) > 0$，因此 $f(x)$ 在 $(0, +\infty)$ 内单调增加．

又因为 $f(x)$ 为连续函数，所以，当 $x > 0$ 时，$f(x) > f(0) = 0$，即 $e^x - 1 - x > 0$.

3.4.2　曲线的凹凸性

在研究函数图像的变化状况时，知道它的上升和下降规律很有用处，但还不能完全反映它的变化规律．

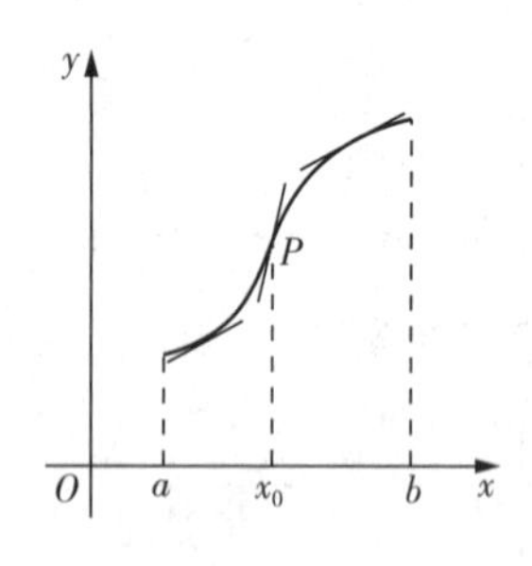

图 3-7　曲线弯曲方向

如图 3-7 所示的函数 $y = f(x)$ 的图像在区间 (a,b) 内虽然一直是上升的，但却有不同的弯曲状况．从左向右，曲线先是向上弯曲，通过 P 点后，扭转了弯曲的方向，而向下弯曲．因此，研究函数图像时，考察它的弯曲方向以及扭转弯曲方向的点，是很有必要的．从图 3-7 明显可以看出，曲线向上弯曲的弧段位于这弧段上任意一点的切线的上方，曲线向下弯曲的弧段位于这弧段上任意一点的切线的下方．据此，给出下面的定义．

定义1 如果在某区间内，曲线弧位于其上任意一点的切线的上方，则称曲线在该区间内是**凹**的(简称**凹弧**)，如图 3－8 所示．

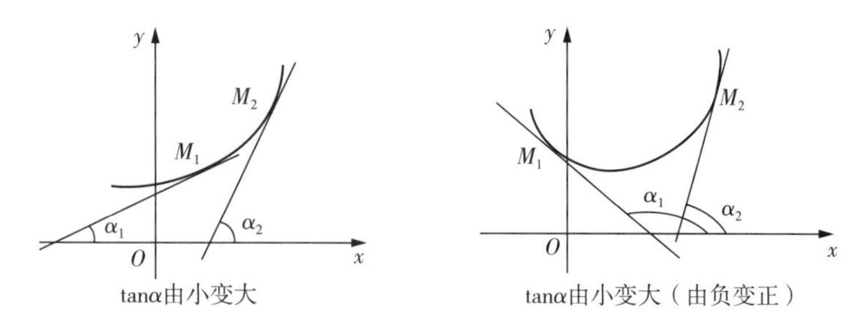

图 3－8 凹弧

如果在某区间内，曲线弧位于其上任意一点的切线的下方，则称曲线在该区间内是**凸**的(简称**凸弧**)，如图 3－9 所示．

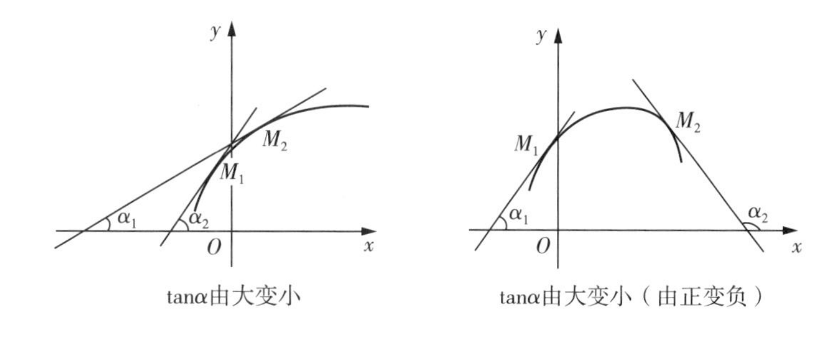

图 3－9 凸弧

定理2 设函数 $f(x)$ 在区间 $[a,b]$ 上连续，且在区间 (a,b) 内具有一阶和二阶导数，那么

(1) 如果 $x \in (a,b)$ 时，恒有 $f''(x) > 0$，则函数 $f(x)$ 在区间 (a,b) 上是凹的；

(2) 如果 $x \in (a,b)$ 时，恒有 $f''(x) < 0$，则函数 $f(x)$ 在区间 (a,b) 上是凸的．

因为 $f''(x) > 0$ 时，$f'(x)$ 单调增加，即 $\tan\alpha$ 由小变大，所以由图 3－8 可见曲线是凹的；反之，若 $f''(x) < 0$ 时，$f'(x)$ 单调减少，即 $\tan\alpha$ 由大变小，所以由图 3－9 可见曲线是凸的．

定义2 连续曲线上凹弧与凸弧的分界点，称为曲线的**拐点**．

拐点既然是凹与凸的分界点，在拐点适当小的左右邻域 $f''(x)$ 就必然异号，因而在拐点处 $f''(x)=0$ 或 $f''(x)$ 不存在．

例4 求曲线 $y=x^4-2x^3+1$ 的凹凸性与拐点．

解 求导数

$$y'=4x^3-6x^2, \quad y''=12x^2-12x=12x(x-1).$$

令 $y''=0$，得 $x_1=0, x_2=1$.

下面列表说明函数的凹凸性、拐点，具体情况如表 3－1 所示．

表 3-1　函数的凸凹性与拐点

x	$(-\infty,0)$	0	$(0,1)$	1	$(1,+\infty)$
y''	+	0	−	0	+
y	∪	$(0,1)$ 拐点	∩	$(1,0)$ 拐点	∪

注　表中符号"∪"表示曲线凹,符号"∩"表示曲线凸.

由表 3-1 可见,曲线在区间$(-\infty,0)$,$(1,+\infty)$上是凹的;在区间$(0,1)$上是凸的;曲线的拐点是$(0,1)$和$(1,0)$,如图 3-10 所示.

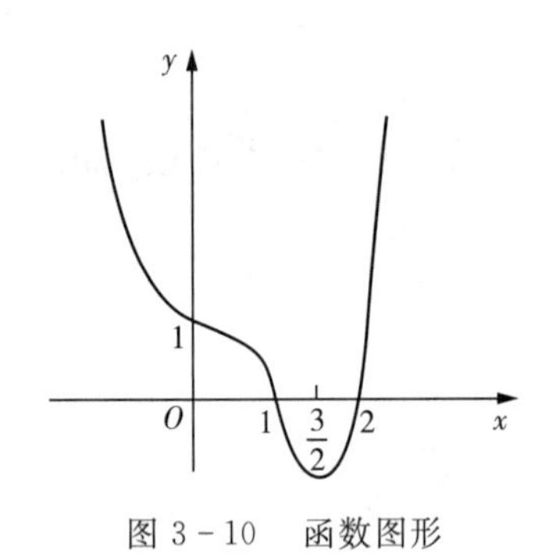

图 3-10　函数图形

有两种特殊情况要加以注意:

(1) 在点 x_0 处一阶导数存在而二阶导数不存在时,如果在点 x_0 适当小的左右邻域二阶导数存在且符号相反,则$(x_0,f(x_0))$是拐点;如果符号相同,则不是拐点.

(2) 在点 x_0 处函数连续而一、二阶导数都不存在时,如果在点 x_0 适当小的左右邻域二阶导数存在且符号相反,则$(x_0,f(x_0))$是拐点;如果符号相同,则不是拐点.

例 5　求曲线 $y=(x-2)^{\frac{5}{3}}$ 的凹凸性与拐点.

解　求导数

$$y'=\frac{5}{3}(x-2)^{\frac{2}{3}},y''=\frac{10}{9}(x-2)^{-\frac{1}{3}}.$$

当 $x=2$ 时,$y'=0$,y'' 不存在. 具体情况见表 3-2.

表 3-2　曲线 $y=(x-2)^{\frac{5}{3}}$ 的凹凸性与拐点

x	$(-\infty,2)$	2	$(2,+\infty)$
y''	−	不存在	+
y	∩	$(2,0)$ 拐点	∪

因此,曲线在区间$(-\infty,2)$上是凸的,在区间$(2,+\infty)$上是凹的,拐点是$(2,0)$.

例 6　求曲线 $y=x^{\frac{1}{3}}$ 的凹凸性与拐点.

解　求导数

$$y'=\frac{1}{3}x^{-\frac{2}{3}},\quad y''=-\frac{2}{9}x^{-\frac{5}{3}}.$$

当 $x=0$ 时,y' 与 y'' 都不存在. 具体情况见表 3-3.

表3-3 曲线 $y=x^{\frac{1}{3}}$ 的凹凸性与拐点

x	$(-\infty,0)$	0	$(0,+\infty)$
y''	$+$	∞	$-$
y	$\cup$	$(0,0)$ 拐点	$\cap$

因此,曲线在区间 $(-\infty,0)$ 上是凹的,在 $(0,+\infty)$ 上是凸的,$(0,0)$ 是拐点.

3.5 函数的极值与最值

3.5.1 函数的极值

在3.4节的例1中,当 x 从点 $x=-1$ 的左边邻域变成右边邻域时,函数 $f(x)=x^3-3x$ 的函数值由单调增加变为单调减少,即点 $x=-1$ 是函数由增加变为减少的转折点,因此在点 $x=-1$ 的左右邻域恒有 $f(-1)>f(x)$,我们称 $f(-1)$ 为 $f(x)$ 的极大值.同样地,点 $x=1$ 是函数由减少变为增加的转折点,因此在点 $x=1$ 的左右邻域恒有 $f(1)<f(x)$,称 $f(1)$ 为 $f(x)$ 的极小值.

定义1 若函数 $f(x)$ 在点 $x=x_0$ 的一个 δ 邻域内有定义,对于任意 $x\in(x_0-\delta,x_0)\cup(x_0,x_0+\delta)$,恒有 $f(x)<f(x_0)$,那么,$f(x_0)$ 为函数的**极大值**,且 x_0 为函数的**极大值点**;若对于任意 $x\in(x_0-\delta,x_0)\cup(x_0,x_0+\delta)$,恒有 $f(x)>f(x_0)$,那么,$f(x_0)$ 为函数的**极小值**,且 x_0 为函数的**极小值点**.

注 极大值与极小值统称为**极值**,极值指的是函数值.极大值点与极小值点统称为**极值点**.显然,极值是一个局部性的概念,它只是与极值点邻近的所有点的函数值相比较而言,并不意味着它在函数的整个定义区间内最大或最小.

定理1(极值存在的必要条件) 设函数 $f(x)$ 在点 x_0 处具有导数,且在 x_0 处取得极值,则函数 $f(x)$ 在点 x_0 处的导数一定为零,即 $f'(x_0)=0$.

注意驻点可能是函数的极值点,也可能不是函数的极值点,即函数的极值点必是函数的驻点或导数不存在的点.但是,驻点或导数不存在的点不一定是函数的极值点.

如何去判断函数在驻点或导数不存在的点处是否取得极值,以及如何判定极大值和极小值?下面给出两种判定方法.

定理2(判定极值的第一充分条件) 设函数 $f(x)$ 在点 x_0 的某个邻域内连续,且在该邻域内可导(点 x_0 本身可以除外),点 x_0 是驻点(即 $f'(x)=0$ 的点)或不可导点(即 $f'(x)$ 不存在的点),若在该邻域内点 x_0 的左、右两侧邻近处有

(1) 当 $x<x_0$(x 在 x_0 的左侧)时,$f'(x)>0$;当 $x>x_0$(x 在 x_0 的右侧)时,$f'(x)<0$,则函数 $f(x)$ 在点 x_0 处取得极大值;

(2) 当 $x<x_0$(x 在 x_0 的左侧)时,$f'(x)<0$;当 $x>x_0$(x 在 x_0 的右侧)时,$f'(x)>0$,则函数 $f(x)$ 在点 x_0 处取得极小值;

(3) 在 x_0 的左右两侧,$f'(x)$ 的符号相同,当 $x<x_0$(x 在 x_0 的左侧)时,$f'(x)>0$;当

$x > x_0$（x 在 x_0 的右侧）时，$f'(x) > 0$，则函数 $f(x)$ 在点 x_0 处没有极值．

应用定理，求 $f(x)$ 的极值点和极值的步骤可归纳如下：

(1) 求出导数 $f'(x)$；

(2) 求出 $f(x)$ 在所讨论的区间内的所有驻点（即 $f'(x)=0$ 的实根）及不可导点（即 $f'(x)$ 不存在的点）；

(3) 考察 $f'(x)$ 的符号在每个驻点或不可导点的左、右邻近的情形，以确定该点是否为极值点，并在极值点处确定 $f(x)$ 是取得极大值还是取得极小值；

(4) 求出函数 $f(x)$ 在各极值点处的函数值，即函数的极大(小)值．

例 1 求函数 $f(x)=(x-1)\sqrt[3]{x^2}$ 的极值．

解 由题意可知，定义域为 R，即

$$f'(x)=x^{\frac{2}{3}}+\frac{2}{3}(x-1)x^{-\frac{1}{3}}=\frac{5x-2}{3\sqrt[3]{x}}.$$

当 $x=0$ 时，$f'(x)$ 不存在；令 $f'(x)=0$，求得驻点 $x=\frac{2}{5}$. 具体情况见表 3-4.

表 3-4 函数 $f(x)=(x-1)\sqrt[3]{x^2}$ 的极值

x	$(-\infty,0)$	0	$\left(0,\frac{2}{5}\right)$	$\frac{2}{5}$	$\left(\frac{2}{5},+\infty\right)$
$f'(x)$	+	不存在	−	0	+
$f(x)$	↗	极大值	↘	极小值	↗

由表 3-4 可得，$f(x)$ 在 $x=0$ 处有极大值 $f(0)=0$；在 $x=\frac{2}{5}$ 处有极小值 $f\left(\frac{2}{5}\right)=-\frac{3}{5}\sqrt[3]{\frac{4}{25}}$.

当函数 $f(x)$ 在驻点处的二阶导数存在且不为零时，也可利用下述定理来判定函数 $f(x)$ 在驻点处是否取得极值．

定理 3(判定极值的第二充分条件) 设函数 $f(x)$ 在点 x_0 处具有二阶导数，且 $f'(x_0)=0$，$f''(x_0)\neq 0$，则

(1) 当 $f''(x_0)<0$ 时，函数 $f(x)$ 在 x_0 处取得极大值；

(2) 当 $f''(x_0)>0$ 时，函数 $f(x)$ 在 x_0 处取得极小值．

定理 3 表明，如果函数 $f(x)$ 在驻点 x_0 处的二阶导数 $f''(x_0)\neq 0$，那么，该驻点 x_0 一定是极值点，并且可以按二阶导数 $f''(x_0)$ 的符号来判定 $f(x_0)$ 是极大值还是极小值．但如果 $f''(x_0)=0$，那么，定理 3 就不能应用．事实上，当 $f'(x_0)=0$，$f''(x_0)=0$ 时，$f(x)$ 在 x_0 处可能有极值，也可能没有极值．例如，$f_1(x)=-x^4$，$f_2(x)=x^4$，$f_3(x)=x^3$ 这三个函数在 $x=0$ 处就分别有极大值、极小值和没有极值．因此，如果函数在 x_0 处 $f''(x_0)=0$，那么，可以用

$f'(x_0)$ 在驻点邻近的符号来判定．若函数在驻点处有

$$f''(x_0)=\cdots=f^{(n-1)}(x_0)=0, f^{(n)}(x_0)\neq 0,$$

也可利用具有佩亚诺余项的泰勒公式来讨论判定．

例 2　求函数 $f(x)=(x^2-1)^3+1$ 的极值．

解　$f'(x)=6x(x^2-1)^2$. 令 $f'(x)=0$,求得驻点 $x_1=-1, x_2=0, x_3=1$.

$$f''(x)=6(x^2-1)(5x^2-1).$$

因 $f''(0)=6>0$,故 $f(x)$ 在 $x=0$ 处取得极小值,极小值为 $f(0)=0$.

因 $f''(-1)=f''(1)=0$,故用定理 3 无法判别．考察 $f'(x)$ 在驻点 $x_1=-1$ 及 $x_3=1$ 左右邻近的符号:当 x 取 -1 左侧邻近的值时,$f'(x)<0$;当 x 取 -1 右侧邻近的值时,$f'(x)<0$,符号未改变,故 $f(x)$ 在 $x=-1$ 处没有极值．同理,$f(x)$ 在 $x=1$ 处也没有极值．具体函数图像如图 3－11 所示．

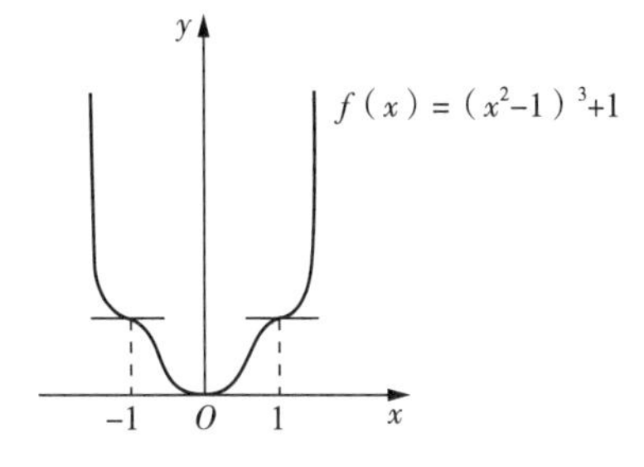

图 3－11　函数图像

3.5.2　函数的最值

假定函数 $f(x)$ 在闭区间 $[a,b]$ 上连续,在开区间 (a,b) 内除有限个点外可导,且至多有有限个驻点．在上述条件下,我们来讨论 $f(x)$ 在 $[a,b]$ 上的最值求法．

首先,由闭区间上连续函数的性质可知,$f(x)$ 在 $[a,b]$ 上的最大值和最小值一定存在．

其次,如果最大值(或最小值)$f(x_0)$ 在开区间 (a,b) 内的点 x_0 处取得,那么,按 $f(x)$ 在开区间内除有限个点外可导且至多有有限个驻点的假定,可知 $f(x_0)$ 一定也是 $f(x)$ 的极大值(或极小值),从而 x_0 一定是 $f(x)$ 的驻点或不可导点．又 $f(x)$ 的最大值和最小值也可能在区间的端点处取得．因此,求 $f(x)$ 在 $[a,b]$ 上的最大值和最小值可按以下步骤进行:

(1) 求出 $f(x)$ 在 (a,b) 内的驻点及不可导点;

(2) 计算 $f(x)$ 在上述驻点、不可导点处的函数值及 $f(a)$, $f(b)$;

(3) 比较(2) 中诸值的大小,其中最大的便是 $f(x)$ 在 $[a,b]$ 上的最大值,最小的便是 $f(x)$ 在 $[a,b]$ 上的最小值．

例 3　求函数 $f(x)=|x^2-3x+2|$ 在 $[-3,4]$ 的最大值与最小值．

解

$$f(x)=\begin{cases} x^2-3x+2, & x\in[-3,1]\cup[2,4] \\ -x^2+3x-2, & x\in(1,2) \end{cases}$$

$$f'(x)=\begin{cases} 2x-3, & x\in[-3,1]\cup[2,4] \\ -2x+3, & x\in(1,2) \end{cases}$$

在 $(-3,4)$ 内,$f(x)$ 的驻点为 $x=\frac{3}{2}$;不可导点为 $x=1,2$. 具体情况见表 3－5.

表 3-5　函数 $f(x)=|x^2-3x+2|$ 在 $[-3,4]$ 的最大值与最小值

x	-3	1	$\frac{3}{2}$	2	4
$f(x)$	20	0	$\frac{1}{4}$	0	6

由表 3-5 可得，$f(x)$ 在 $x=-3$ 处取得最大值 20，在 $x=1$ 或 $x=2$ 处取得最小值 0.

3.5.3　实际问题的应用

在工农业生产、工程技术及科学实验中，常常会遇到一类问题：在一定条件下，怎样使“产品最多”“成本最低”“效率最高”等问题. 这类问题在数学上有时就可归结为求某一函数（通常称为目标函数）的最值问题.

例 4　如图 3-12 所示，铁路线上 AB 段的距离为 100 km. 工厂 C 距 A 处为 20 km，AC 垂直于 AB. 为了运输需要，要在 AB 线上选定一点 D 向工厂修筑一条公路. 已知铁路与公路每千米货运运费之比为 3∶5. 为了使货物从供应站 B 运到工厂 C 的运费最省，问 D 点应选在何处?

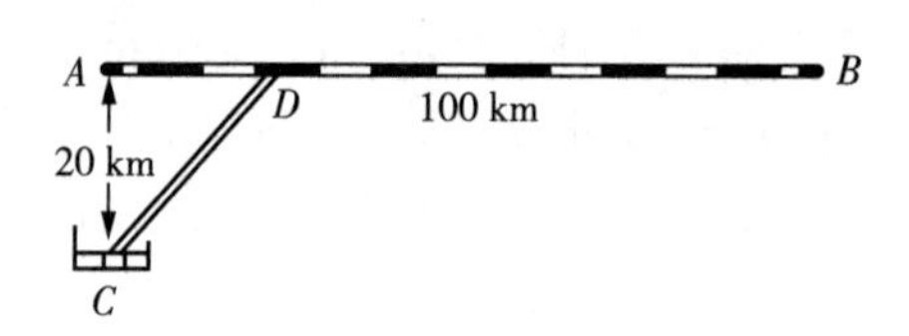

图 3-12　示意图

解　设 $|AD|=x$ km，则

$$|DB|=(100-x)\text{km},\ |CD|=\sqrt{20^2+x^2}=\sqrt{400+x^2}\,\text{km}.$$

由于铁路与公路每千米货运运费之比为 3∶5，因此不妨设铁路上每千米的运费为 $3k$，公路上每千米的运费为 $5k$（k 为某个正数，因它与本题的解无关，所以不必定出）. 设从 B 点到 C 点需要的总运费为 y，则

$$y=5k\cdot|CD|+3k\cdot|DB|,$$

即

$$y=5k\sqrt{400+x^2}+3k(100-x),\quad 0\leqslant x\leqslant 100.$$

现在，问题就归结为 x 在 $[0,100]$ 内取何值时目标函数 y 的值最小.

先求 y 对 x 的导数

$$y'=k\left(\frac{5x}{\sqrt{400+x^2}}-3\right),$$

解方程 $y'=0$，得 $x=15$ km.

由于 $y|_{x=0}=400k$，$y|_{x=15}=380k$，$y|_{x=100}=500k\sqrt{1+\frac{1}{5^2}}$，其中，以 $y|_{x=15}=380k$ 最小，因此，当 $|AD|=x=15$ km 时，总运费为最省.

3.6　函数图像的描绘

前面讨论了函数的基本性质和一阶、二阶导数及函数图像变化形态的关系，这些都可以应用在函数图像的描绘中，再结合即将介绍的曲线渐近线，可对某些函数的图像有极大的帮助．

3.6.1　曲线的渐近线

有些函数的定义域与值域都是有限区间，此时函数的图像局限于一定的范围之内，如圆、椭圆等．而有些函数的定义域或值域是无穷区间，此时函数的图像向无穷远处延伸，如双曲线、抛物线等．有些向无穷远处延伸的曲线，呈现出越来越接近某一直线的形态，这种直线就是曲线的渐近线．

定义 1　如果曲线上的一点沿着曲线趋于无穷远处，该点与某条直线的距离趋于 0，则称此直线为曲线的**渐近线**．

如果给定曲线的方程为 $y=f(x)$，如何确定该曲线是否有渐近线呢？如果有渐近线，又怎样求出它呢？下面分三种情形进行讨论．

1. 水平渐近线

如果曲线 $y=f(x)$ 的定义域是无限区间，且

$$\lim_{x\to-\infty} f(x)=b \text{ 或 } \lim_{x\to+\infty} f(x)=b,$$

则称直线 $y=b$ 为曲线 $y=f(x)$ **水平渐近线**，如图 3－13 所示．

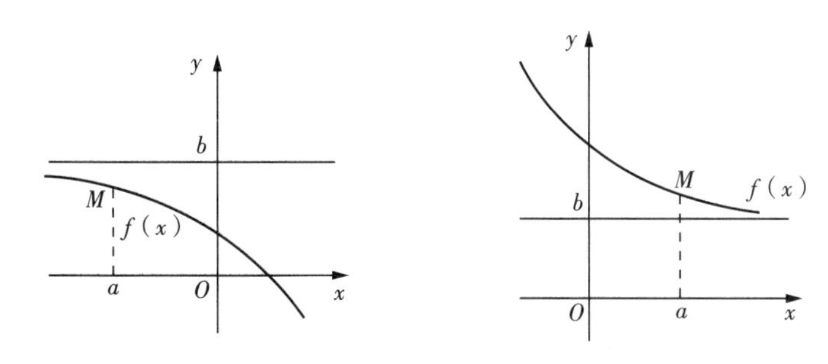

图 3－13　水平渐近线

例 1　求曲线 $y=\dfrac{1}{x-1}$ 的水平渐近线．

解　因为 $\lim\limits_{x\to\pm\infty}\dfrac{1}{x-1}=0$

所以 $y=0$ 是曲线的一条水平渐近线，函数图像如图 3－14 所示．

2. 铅直渐近线

如果曲线 $y=f(x)$ 的定义域是无限区间，且有

$$\lim_{x\to c^-} f(x)=\infty \text{ 或 } \lim_{x\to c^+} f(x)=\infty,$$

则称直线 $x=c$ 为曲线 $y=f(x)$ 的**铅直渐近线**(**或垂直渐近线**),如图 3-15 所示.

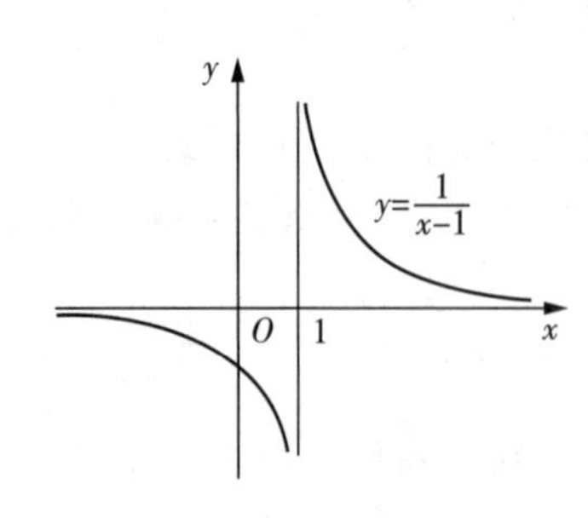

图 3-14 函数图像

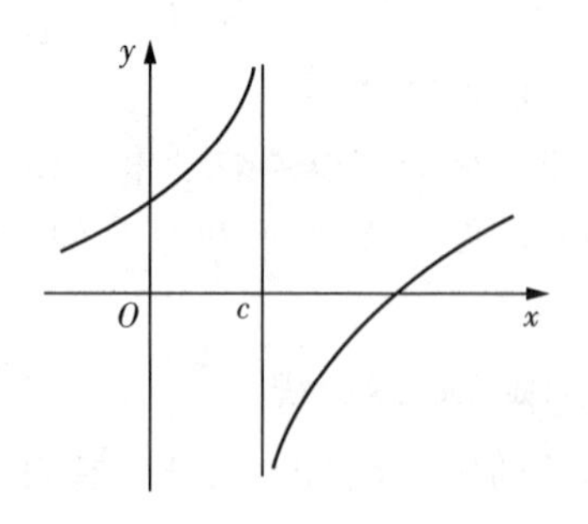

图 3-15 铅直渐近线

例 2 求曲线 $y=\dfrac{1}{x-1}$ 的铅直渐近线.

解 因为 $\lim\limits_{x\to1^-}\dfrac{1}{x-1}=-\infty$, $\lim\limits_{x\to1^+}\dfrac{1}{x-1}=+\infty$,

所以 $x=1$ 是曲线的一条铅直渐近线,如图 3-14 所示.

3. 斜渐近线

如果 $\lim\limits_{x\to\pm\infty}\dfrac{f(x)}{x}=a\neq0$,求出 a 后,将 a 代入式 $\lim\limits_{x\to\pm\infty}[f(x)-ax]$ 中,若存在极限 b,即

$$\lim_{x\to\pm\infty}[f(x)-(ax+b)]=0$$

成立,则称 $y=ax+b$ 为曲线 $y=f(x)$ 的**斜渐近线**,如图 3-16 所示.

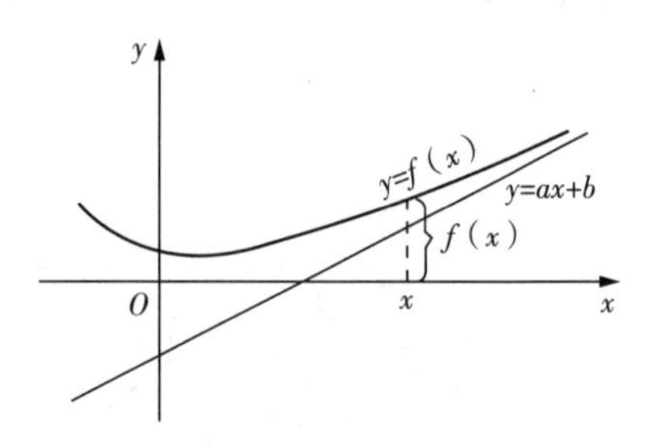

图 3-16 斜渐近线

例 3 求曲线 $y=\dfrac{x^2}{x+1}$ 的渐近线.

解 (1) 由 $\lim\limits_{x\to-1^-}\dfrac{x^2}{x+1}=-\infty$, $\lim\limits_{x\to-1^+}\dfrac{x^2}{x+1}=+\infty$,可知 $x=-1$ 是曲线的铅直渐近线.

(2) 由 $k=\lim\limits_{x\to\infty}\dfrac{f(x)}{x}=\lim\limits_{x\to\infty}\dfrac{x}{x+1}=1$

和

$$b=\lim_{x\to\infty}[f(x)-kx]=\lim_{x\to\infty}\left[\frac{x^2}{x+1}-x\right]=\lim_{x\to\infty}\frac{-x}{x+1}=-1$$

可得 $y=x-1$ 是曲线的斜渐近线.

3.6.2 函数图像的描绘

结合前面所了解的函数的各种性态,函数图像描绘的具体步骤如下:

(1) 确定函数的定义域;

(2) 确定曲线的对称性;

(3) 讨论函数的增减性和极值;

(4) 讨论曲线的凹凸性和拐点;

(5) 确定曲线的渐近线;

(6) 由曲线的方程可得特殊点的坐标,尤其是曲线与坐标轴的交点坐标.

例4 作函数 $y=\frac{4(x+1)}{x^2}-2$ 的图像.

解 (1) 函数定义域:$\{x \mid x \neq 0, x \in k\}$.

(2) 函数的增减性、极值、凸凹性和拐点:

$$y'=-\frac{4(x+2)}{x^3}, y''=\frac{8(x+3)}{x^4}.$$

令 $y'=0$,得 $x=-2$;令 $y''=0$,得 $x=-3$. 具体情况见表 3-6.

表 3-6 函数 $y=\frac{4(x+1)}{x^2}-2$ 的极值、凸凹性和拐点

x	$(-\infty,-3)$	-3	$(-3,-2)$	-2	$(-2,0)$	0	$(0,+\infty)$
y'	$-$		$-$	0	$+$		$-$
y''	$-$	0	$+$		$+$		$+$
y	$\cap \searrow$	$\left(-3,-\frac{26}{9}\right)$	$\cup \searrow$	-3 极小值	$\cup \nearrow$	间断	$\cup \searrow$

(3) 确定渐近线:

因 $\lim\limits_{x \to \pm\infty}\left[\frac{4(x+1)}{x^2}-2\right]=-2$,所以 $y=-2$ 是水平渐近线;

又因 $\lim\limits_{x \to 0}\left[\frac{4(x+1)}{x^2}-2\right]=\infty$,所以 $x=0$ 是铅直渐近线.

(4) 描出函数图像上的点:

$A(-1,-2), B(1,6), C(2,1), D\left(3,-\frac{2}{9}\right)$,

即可作出函数的图像,如图 3-17 所示.

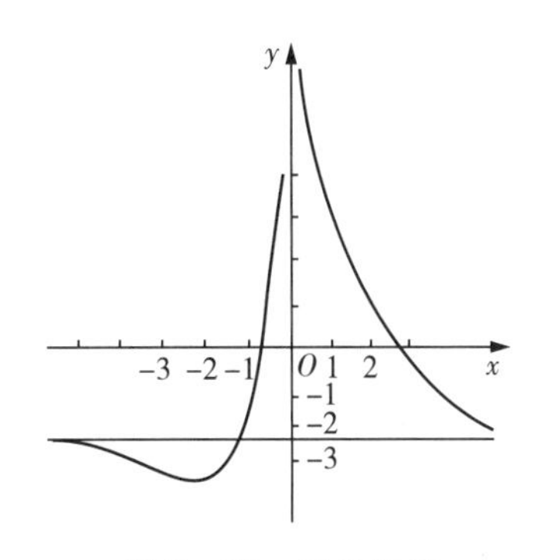

图 3-17 函数图像

例5 作函数 $y=\frac{c}{1+be^{-ax}}(a,b,c>0)$ 的图像.

解 (1) 函数定义域:R.

(2) 函数的增减性、极值、凹凸性及拐点:

$$y'=\frac{abce^{-ax}}{(1+be^{-ax})^2}>0,$$

所以函数单调递增,无极值.

$$y''=\frac{a^2bce^{-ax}(be^{-ax}-1)}{(1+be^{-ax})^3},$$

令 $y''=0$,有 $e^{-ax}=\frac{1}{b}$,即 $ax=\ln b, x=\frac{\ln b}{a}$.

当 $x<\frac{\ln b}{a}$ 时,$y''>0$,曲线是凹的;当 $x>\frac{\ln b}{a}$ 时,$y''<0$,曲线是凹的.

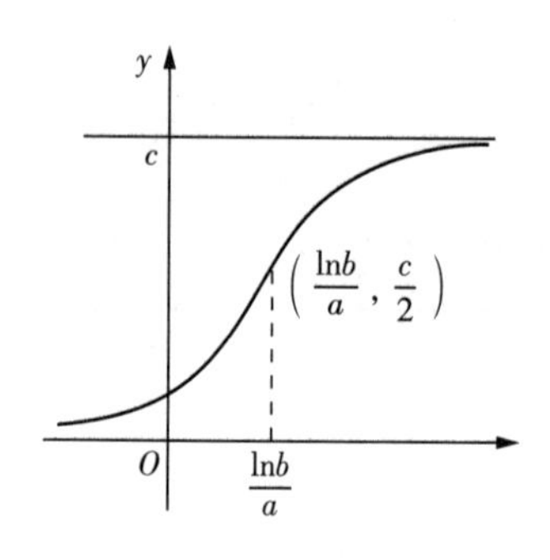

图 3-18　逻辑斯蒂曲线

因此,$\left(\frac{\ln b}{a},\frac{c}{2}\right)$ 为拐点.

(3) 确定渐近线:

$$\lim_{x\to+\infty}\frac{c}{1+be^{-ax}}=c,\quad \lim_{x\to-\infty}\frac{c}{1+be^{-ax}}=0$$

所以 $y=0$ 及 $y=c$ 为两条水平渐近线,如图 3-18 所示. 该曲线称为**逻辑斯蒂曲线**,在实际问题中应用广泛.

3.7　曲　　率

在工程技术中常需要考虑曲线的弯曲程度. 例如,公路、铁路的弯道,梁在荷载作用下弯曲的程度等. 为此,引入了曲率这个概念.

3.7.1　弧微分

设函数 $f(x)$ 具有一阶连续导数. 在曲线 $y=f(x)$ 上取定一点 A 作为度量弧长的起点,并以 x 增大的方向为曲线的正向. 对于曲线上任意一点 $M(x,y)$,规定有向弧段 $\overset{\frown}{AM}$ 的值 s(简称为弧 s)如下:s 的绝对值等于弧 $\overset{\frown}{AM}$ 的长度,当 $\overset{\frown}{AM}$ 的方向与曲线的正向一致时,$s>0$;当 $\overset{\frown}{AM}$ 的方向与曲线的正向相反时,$s<0$. 显然,弧 s 是 x 的函数,即 $s=s(x)$,且是单调增加的. 先求 $s(x)$ 的导数和微分.

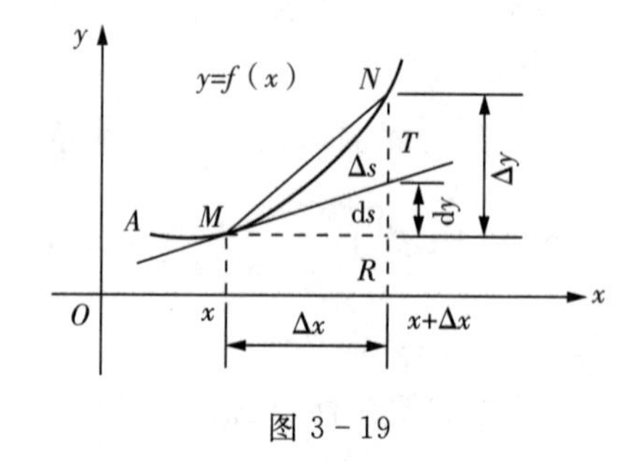

图 3-19

在点 $M(x,y)$ 的邻近取一点 $N(x+\Delta x, y+\Delta y)$,则弧 s 的增量 Δs 为 $\overset{\frown}{MN}$,如图 3-19 所示,于是

$$\left(\frac{\Delta s}{\Delta x}\right)^2=\left(\frac{\overset{\frown}{MN}}{\Delta x}\right)^2=\left(\frac{\overset{\frown}{MN}}{|MN|}\right)^2\cdot\left(\frac{|MN|}{\Delta x}\right)^2=\left(\frac{\overset{\frown}{MN}}{|MN|}\right)^2\cdot\frac{(\Delta x)^2+(\Delta y)^2}{(\Delta x)^2}.$$

$$\frac{\Delta s}{\Delta x}=\pm\sqrt{\frac{(\Delta x)^2+(\Delta y)^2}{(\Delta x)^2}}\cdot\frac{|\overset{\frown}{MN}|}{|MN|}=\pm\sqrt{1+\left(\frac{\Delta y}{\Delta x}\right)^2}\cdot\frac{|\overset{\frown}{MN}|}{|MN|}.$$

因为当 $\Delta x\to 0$ 时，$N\to M$，可证得 $\lim\limits_{\Delta x\to 0}\frac{|\overset{\frown}{MN}|}{|MN|}=1$，而 $\lim\limits_{\Delta x\to 0}\frac{\Delta y}{\Delta x}=y'$，

故得

$$\frac{\mathrm{d}s}{\mathrm{d}x}=\lim_{\Delta x\to 0}\frac{\Delta s}{\Delta x}=\pm\lim_{\Delta x\to 0}\sqrt{1+\left(\frac{\Delta y}{\Delta x}\right)^2}=\pm\sqrt{1+y'^2},$$

又因 $s(x)$ 是单调增加的，有 $\frac{\mathrm{d}s}{\mathrm{d}x}>0$，即

$$\frac{\mathrm{d}s}{\mathrm{d}x}=\sqrt{1+y'^2}. \tag{3-12}$$

由导数与微分的关系，可得弧的微分为

$$\mathrm{d}s=\sqrt{1+y'^2}\,\mathrm{d}x. \tag{3-13}$$

这就是**弧微分**公式．

3.7.2 曲率的概念及计算公式

先从图像上来分析曲线的弯曲程度与哪些因素量有关．

在图 3-20 中，曲线弧 $\overset{\frown}{M_1M_2}$ 与 $\overset{\frown}{M_2M_3}$ 的长度相等，但 $\overset{\frown}{M_2M_3}$ 比 $\overset{\frown}{M_1M_2}$ 的弯曲程度大．当动点沿曲线弧 $\overset{\frown}{M_1M_2}$ 由点 M_1 移动到点 M_2 时，相应的切线由 M_1T_1 转动到 M_2T_2，切线所转过的角（简称转角）就是切线 M_1T_1 与 M_2T_2 所夹的角 $\Delta\alpha_1$；当动点沿曲线弧 $\overset{\frown}{M_2M_3}$ 由点 M_2 移动到点 M_3 时，切线的转角为 $\Delta\alpha_2$，明显 $\Delta\alpha_2>\Delta\alpha_1$．由此可知，当弧长相等时，切线的转角越大，曲线的弯曲程度越大．

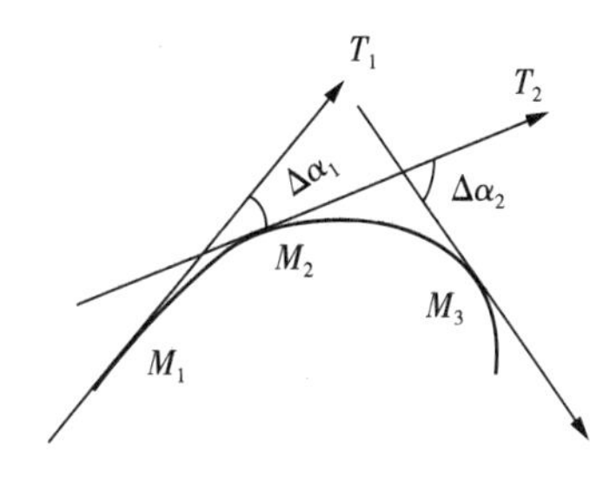

图 3-20 弧长相等曲线

但是，切线的转角的大小还不能完全反映曲线的弯曲程度．如图 3-21 所示，曲线弧 $\overset{\frown}{M_1N_1}$ 的长度为 Δs_1，曲线弧 $\overset{\frown}{M_2N_2}$ 的长度为 Δs_2，$\Delta s_1<\Delta s_2$，尽管切线的转角相同，都是 $\Delta\alpha$，但是由图可看出，当转角相等时，弧长越短，则曲线的弯曲程度就越大．

从以上直观的分析可知，曲线的弯曲程度不仅与切线的转角 $\Delta\alpha$ 的大小有关，而且还与所考察的曲线弧段的弧长 Δs 有关．下面引入描述曲线弯曲程度的曲率的概念．

设曲线 C 具有连续转动的切线，在曲线 C 上选定一点 A 作为度量弧 s 的起点．设曲线上点 M 对应于弧 s，切线的倾角为 α；曲线上另一点 N 对应于弧 $s+\Delta s$，切线的倾角为 $\alpha+\Delta\alpha$（图 3-22）．那么，弧段 $\overset{\frown}{MN}$ 的长度为 $|\Delta s|$，当动点 M 沿曲线 C 移动点 N 时，切线转过的角度为 $|\Delta\alpha|$．

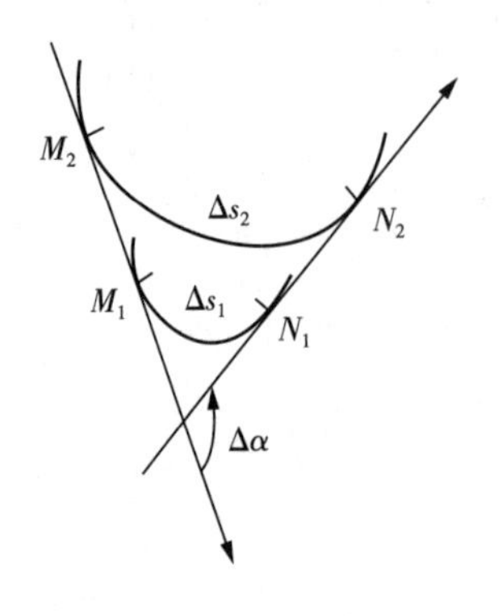

图 3-21　转角相等曲线

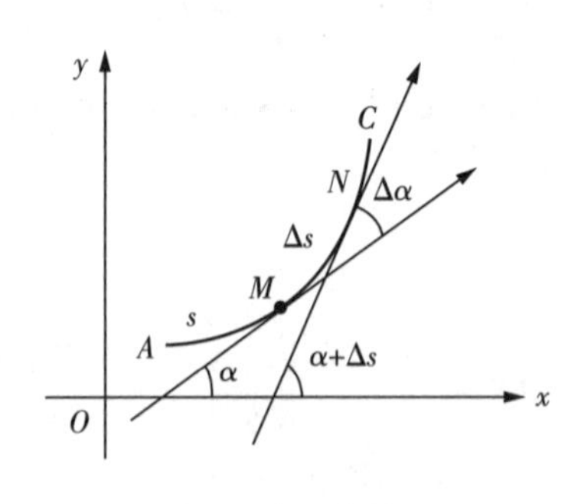

图 3-22　曲线弧

用比值$\dfrac{|\Delta\alpha|}{|\Delta s|}$,即单位弧段上切线转角的大小来表达弧段$\overset{\frown}{MN}$ 的平均弯曲程度,称此比值为曲线弧段$\overset{\frown}{MN}$ 的**平均曲率**,记作 $\bar{K}$,即 $\bar{K}=\left|\dfrac{\Delta\alpha}{\Delta s}\right|$.

一般来说,曲线上各点处的弯曲情形常常是不相同的,因此,就需要讨论每一点处曲线的弯曲程度．但是,平均曲率并不能精确地表示曲线在某一点处的弯曲程度．那么,如何描述曲线在某一点 M 处的弯曲程度呢?

用类似于从平均速度引进瞬时速度的方法,当 $\Delta s\to 0$(即 $N\to M$) 时,上述平均曲率$\left|\dfrac{\Delta\alpha}{\Delta s}\right|$的极限称为**曲线 C 在点 M 处的曲率**,记作 K,即

$$K=\lim_{\Delta s\to 0}\left|\frac{\Delta\alpha}{\Delta s}\right|.$$

在$\lim\limits_{\Delta s\to 0}\left|\dfrac{\Delta\alpha}{\Delta s}\right|=\dfrac{d\alpha}{ds}$ 存在的条件下,$K=\left|\dfrac{d\alpha}{ds}\right|$,即曲线在点 M 处的曲率是切线的倾角对弧长的变化率(导数) 的绝对值．

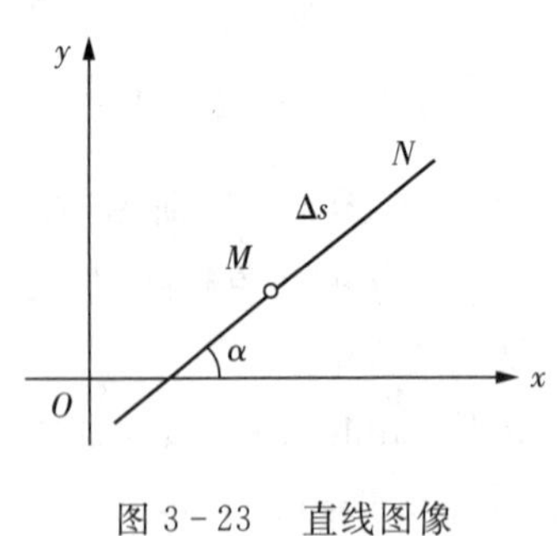

图 3-23　直线图像

例 1　证明直线的曲线等于零．

证　对于直线来说,切线与直线重合,当点沿直线移动时,切线的倾角 α 不变(图 3-23),

此时,$\Delta\alpha=0$,$\dfrac{\Delta\alpha}{\Delta s}=0$,从而平均曲率 $\bar{K}=\left|\dfrac{\Delta\alpha}{\Delta s}\right|=0$,当 $\Delta s\to 0$ 时,取平均曲率的极限,得

$$K=\lim_{\Delta s\to 0}\left|\frac{\Delta\alpha}{\Delta s}\right|=0.$$

这就是说,直线上任意点 M 处的曲率等于零,直线是没有弯曲的．

例 2　求半径为 a 的圆的曲率．

解　如图 3-24 所示．在圆上任取点 M 及 N,在点 M 及 N 处圆的切线所夹的角 $\Delta\alpha$ 等于

圆心角 $\angle MCN$，而

$$\angle MCN=\frac{\Delta s}{\alpha},\quad \text{即 } \Delta\alpha=\frac{\Delta s}{a},$$

于是，平均曲率为

$$\bar{K}=\left|\frac{\Delta\alpha}{\Delta s}\right|=\frac{1}{a}.$$

根据曲率的定义，半径为 a 的圆上任意一点 M 处的曲率为

$$K=\left|\frac{\Delta\alpha}{\Delta s}\right|=\lim_{\Delta x\to 0}\frac{1}{a}=\frac{1}{a}.$$

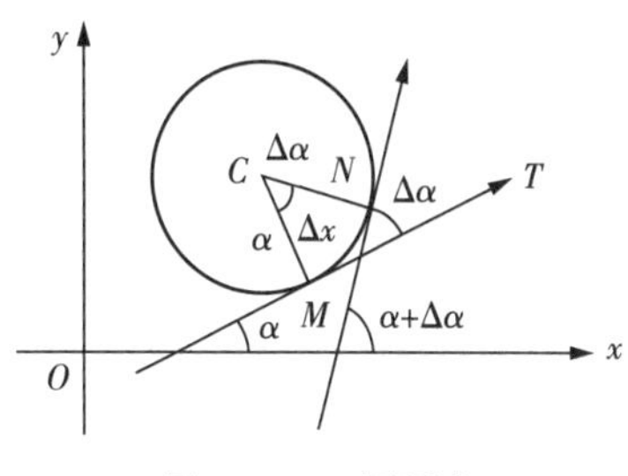

图 3-24　圆图像

这个结果表示，圆上各点处的曲率都等于半径 a 的倒数 $\frac{1}{a}$，即圆上各点处的弯曲程度都相同，且半径越小，则曲率越大，即圆弧弯曲得越厉害．

一般来说，直接由定义计算曲线的曲率是比较困难的，因此，要根据曲率的定义式 $K=\left|\frac{\mathrm{d}\alpha}{\mathrm{d}s}\right|$ 导出便于实际计算曲率的公式．

设曲线 $y=f(x)$，且 $f(x)$ 具有二阶导数．由导数的几何意义可知，曲线在点 $M(x,y)$ 处的切线斜率为

$$y'=\tan\alpha.$$

上式两边对 x 求导，并且 α 是 x 的函数，利用复合函数求导法则，得

$$y''=\sec^2\alpha\,\frac{\mathrm{d}\alpha}{\mathrm{d}x}.$$

于是

$$\frac{\mathrm{d}\alpha}{\mathrm{d}x}=\frac{y''}{\sec^2\alpha}=\frac{y''}{1+\tan^2\alpha}=\frac{y''}{1+y'^2},$$

即

$$\mathrm{d}\alpha=\frac{y''}{1+y'^2}\mathrm{d}x.$$

又因

$$\mathrm{d}s=\sqrt{1+y'^2}\,\mathrm{d}x.$$

即

$$K=\left|\frac{\mathrm{d}\alpha}{\mathrm{d}s}\right|=\left|\frac{\frac{y''}{1+y'^2}\mathrm{d}x}{\sqrt{1+y'^2}\,\mathrm{d}x}\right|=\left|\frac{y''}{(1+y'^2)^{\frac{3}{2}}}\right|,$$

$$K=\frac{|y''|}{(1+y'^2)^{\frac{3}{2}}}.\tag{3-14}$$

例 3 求立方抛物线 $y=ax^3\ (a>0)$ 在点 $(0,0)$ 及点 $(1,a)$ 处的曲率.

解 $y'=3ax^2, y''=6ax$. 代入曲率公式(3-14),得

$$K=\frac{6a|x|}{(1+9a^2x^4)^{\frac{3}{2}}}.$$

在点 $(0,0)$ 及点 $(1,a)$ 处的曲率分别为

$$K(0,0)=\frac{6a|x|}{(1+9a^2x^4)^{\frac{3}{2}}}\bigg|_{x=0}=0.$$

及

$$K(1,a)=\frac{6a|x|}{(1+9a^2x^4)^{\frac{3}{2}}}\bigg|_{x=1}=\frac{6a}{(1+9a^2)^{\frac{3}{2}}}.$$

例 4 求椭圆 $\frac{x^2}{4}+\frac{y^2}{6}=1$ 在点 $\left(1,\frac{3\sqrt{2}}{2}\right)$ 处的曲率.

解 利用隐函数的求导法,两端对 x 求导,得

$$\frac{1}{2}x+\frac{1}{3}y\cdot y'=0,$$

从而解得
$$y'=-\frac{3x}{2y}.$$

两边再对 x 求导,得
$$y''=-\frac{3}{2}\cdot\frac{y-xy'}{y^2}.$$

因此

$$y'\bigg|_{\substack{x=1\\ y=\frac{3\sqrt{2}}{2}}}=-\frac{\sqrt{2}}{2},\ y''\bigg|_{\substack{x=1\\ y=\frac{3\sqrt{2}}{2}}}=-\frac{3}{2}\cdot\frac{y-xy'}{y^2}\bigg|_{\substack{x=1\\ y=\frac{3\sqrt{2}}{2}\\ y'=-\frac{\sqrt{2}}{2}}}=-\frac{2\sqrt{2}}{3}.$$

将其代入曲率公式(3-14),可得曲率为

$$K=\left|\frac{-\frac{2\sqrt{2}}{3}}{\left[1+\left(-\frac{\sqrt{2}}{2}\right)^2\right]^{\frac{3}{2}}}\right|=\frac{8}{9\sqrt{3}}.$$

例 5 求摆线 $\begin{cases}x=a(t-\sin t),\\ y=a(1-\cos t)\end{cases}(a>0)$ 在 $t=\pi$ 处的曲率.

解 由参数方程所确定的函数的求导法则,得

$$\frac{dx}{dt}=a(1-\cos t),\ \frac{dy}{dt}=a\sin t,$$

$$\frac{dy}{dx}=\frac{\frac{dy}{dt}}{\frac{dx}{dt}}=\frac{a\sin t}{a(1-\cos t)}=\frac{2\sin\frac{t}{2}\cos\frac{t}{2}}{2\sin^2\frac{t}{2}}=\cot\frac{t}{2},$$

上式两边再对 x 求导一次，得

$$\frac{d^2y}{dx^2}=\frac{d\left(\cot\frac{t}{2}\right)}{dt}\frac{dt}{dx}=-\frac{1}{2}\csc^2\frac{t}{2}\cdot\frac{1}{\frac{dx}{dt}}$$

$$=-\frac{1}{2}\csc^2\frac{t}{2}\frac{1}{a(1-\cos t)}=-\frac{1}{4a}\frac{1}{\sin^4\frac{t}{2}}.$$

又因

$$(1+y'^2)^{\frac{3}{2}}=\left(1+\cot^2\frac{t}{2}\right)^{\frac{3}{2}}=\left(\csc^2\frac{t}{2}\right)^{\frac{3}{2}}=\frac{1}{\sin^3\frac{t}{2}},$$

将其代入曲率公式(3-14)，可得在 $t=\pi$ 处，曲率

$$K\Big|_{t=\pi}=\frac{1}{4a\left|\sin\frac{t}{2}\right|_{t=\pi}}=\frac{1}{4a}.$$

例6　试问：抛物线 $y=ax^2+bx+c$ 上哪一点处的曲率最大？

解　由 $y=ax^2+bx+c$，得 $y'=2ax+b$，$y''=2a$，代入曲率公式(3-14)，得

$$K=\frac{|2a|}{[1+(2ax+b)^2]^{\frac{3}{2}}}.$$

因为 K 的分子是常数 $|2a|$，所以只要分母最小，K 就最大．容易看出，当 $2ax+b=0$，即 $x=-\frac{b}{2a}$ 时，K 的分母就最小，因而 K 有最大值 $|2a|$．而当 $x=-\frac{b}{2a}$ 时，

$$y=-\frac{b^2-4ac}{4a},$$

所以，抛物线在点 $\left(-\frac{b}{2a},-\frac{b^2-4ac}{4a}\right)$ 处的曲率最大．由平面解析几何可知，这也恰好是抛物线的顶点．因此，抛物线在顶点处的曲率最大．

在一些实际问题里，如果 $|y'|\ll 1$（即 $|y'|$ 与 1 相比较起来要小得多），则 y'^2 可以忽略不计．这时，由于 $1+y'^2\approx 1$．从而有曲率

$$K=\frac{|y''|}{(1+y'^2)^{\frac{3}{2}}}\approx|y''|. \tag{3-15}$$

这是工程上常用的一种近似计算曲率的方法.

3.7.3 曲率半径与曲率圆

若曲线 $y=f(x)$ 在点 $M(x,y)$ 处的曲率 $K\neq 0$,则称曲率 K 的倒数 $\frac{1}{K}$ 为曲线在该点处的**曲率半径**,记为 ρ,即

$$\rho=\frac{1}{K}=\frac{(1+y'^2)^{\frac{3}{2}}}{|y''|}. \tag{3-16}$$

由例 2 可知,圆的曲率半径就是它的半径.

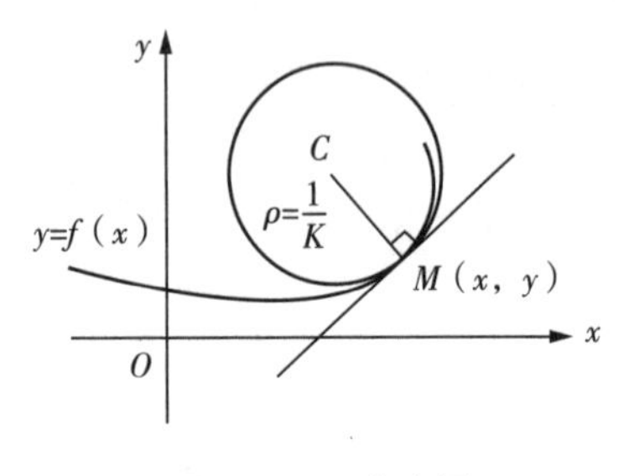

图 3-25　曲率圆

过曲线 $y=f(x)$ 上点 $M(x,y)$ 作曲线的法线(图 3-25). 在法线上沿曲线凹向的一侧取一点 C,使 $|MC|=\frac{1}{K}=\rho$. 以 C 为圆心,以 ρ 为半径作圆,则称此圆为曲线 $y=f(x)$ 在 M 处的**曲率圆**,而称曲率圆的圆心 C 为曲线在点 M 处的曲率中心.

曲率圆具有如下性质:

(1) 它与曲线在点 M 处相切;

(2) 它与曲线在点 M 处凹向相同;

(3) 它的曲率与曲线在点 M 处的曲率相等.

由于在点 M 处的曲率圆与曲线的这种密切关系,有时也称曲率圆为**密切圆**. 在实际问题里,讨论有关曲线在某点处的形态时,经常用该点处的曲率圆来近似代替曲线,从而使问题得到简化.

例 7　求曲线 $y=a\ln\left(1-\frac{x^2}{a^2}\right)$ $(a>0)$ 上的点,使在该点的曲率半径最小.

解
$$y'=\frac{-2ax}{a^2-x^2},y''=\frac{-2a(a^2+x^2)}{(a^2-x^2)^2}.$$

曲率半径为

$$\rho=\frac{(1+y'^2)^{\frac{3}{2}}}{|y''|}=\frac{(a^2+x^2)^2}{2a(a^2-x^2)}.$$

因为
$$\frac{\mathrm{d}\rho}{\mathrm{d}x}=\frac{x(a^2+x^2)(3a^2-x^2)}{a(a^2-x^2)^2},$$

所以,令 $\frac{\mathrm{d}\rho}{\mathrm{d}x}=0$,便可求得函数 $\rho=\frac{(a^2+x^2)^2}{2a(a^2-x^2)}$ 在定义域 $(-a,a)$ 内的驻点为 $x=0$.

当 $-a<x<0$ 时,$\frac{\mathrm{d}\rho}{\mathrm{d}x}<0$;当 $0<x<a$ 时,$\frac{\mathrm{d}\rho}{\mathrm{d}x}>0$. 所以 ρ 在 $x=0$ 处取得极小值,这个极小值也就是定义域内的最小值. 因此,曲线在原点 $(0,0)$ 处的曲率半径最小.

复习题 3

1. 选择题.

(1) 在下列四个函数中,在$[-1,1]$上满足罗尔定理条件的函数是(　　).

A. $y=8|x|+1$　　B. $y=4x^2+1$

C. $y=\dfrac{1}{x^2}$　　D. $y=|\sin x|$

(2) 函数 $f(x)=\dfrac{1}{x}$ 满足拉格朗日中值定理条件的区间是(　　).

A. $[-2,2]$　　B. $[-2,0]$

C. $[1,2]$　　D. $[0,1]$

(3) 设函数 $y=\dfrac{2x}{1+x^2}$,下列说法正确的是(　　).

A. 在$(-\infty,+\infty)$上单调增加　　B. 在$(-\infty,+\infty)$上单调减少

C. 只有在区间$(-1,1)$上单调增加　　D. 只有在区间$(-1,1)$上单调减少

(4) 曲线 $y=\dfrac{e^x}{1+x}$(　　).

A. 有一个拐点　　B. 有两个拐点

C. 有三个拐点　　D. 无拐点

(5) 下列关于曲线 $y=\dfrac{x}{3-x^2}$ 的渐近线的说法,正确的是(　　).

A. 没有水平渐近线,也没有斜渐近线

B. $x=\sqrt{3}$ 为其垂直渐近线,但无水平渐近线

C. 既有垂直渐近线,又有水平渐近线

D. 只有水平渐近线

2. 填空题

(1) 函数 $f(x)=2x^2-x-3$ 在区间 $\left[-1,\dfrac{3}{2}\right]$ 上满足罗尔定理的条件中的 $\xi=$________.

(2) 在$[-1,3]$上,函数 $f(x)=1-x^2$ 满足拉格朗日中值定理中的 $\xi=$________.

(3) 曲线 $y=e^{\frac{1}{x}}-1$ 的水平渐近线的方程为________.

(4) 曲线 $y=\dfrac{3x^2-4x+5}{(x+3)^2}$ 的铅直渐近线的方程为________.

(5) 曲线 $y=\begin{cases}x\ln x^2, & x\neq 0,\\ 0, & x=0\end{cases}$ 的图像在________上是凹的,在________上是凸的,________是该曲线的拐点.

(6) 曲率处处为零的曲线为________;曲率处处相等的曲线为________.

(7) 抛物线 $y=x^2-4x+3$ 在顶点处的曲率为________;曲率半径为________.

(8) 曲线 $y=\ln(x+\sqrt{1+x^2})$ 在(0,0)处的曲率为________.

3. 证明不等式

$$nb^{n-1}(a-b)<a^n-b^n<na^{n-1}(a-b)\quad(n>1,a>b>0).$$

4. 用洛必达法则求下列函数极限.

(1) $\lim\limits_{x\to1}\dfrac{x^3-3x^2+2}{x^3-x^2-x+1}$;

(2) $\lim\limits_{x\to0}\dfrac{3^x+3^{-x}-2}{x^2}$;

(3) $\lim\limits_{x\to0}\left(\dfrac{1}{x^2}-\dfrac{1}{\sin^2x}\right)$;

(4) $\lim\limits_{x\to0}\dfrac{x-\ln(1+x)}{x^2}$;

(5) $\lim\limits_{x\to0}\left(\dfrac{1}{\ln(1+x)}-\dfrac{1}{x}\right)$;

(6) $\lim\limits_{x\to\frac{\pi}{6}}\dfrac{1-2\sin x}{\cos3x}$;

(7) $\lim\limits_{x\to0}(1+x^2)^{\frac{1}{x}}$;

(8) $\lim\limits_{x\to+\infty}\left(\dfrac{\pi}{2}-\mathrm{arctg}x\right)^{\frac{1}{\ln x}}$.

5. 按$(x-4)$的幂展开多项式 $f(x)=x^4-5x^3+x^2-3x+4$.

6. 应用麦克劳林公式,按 x 的幂展开函数 $f(x)=(x^2-3x+1)^3$.

7. 已知函数 $f(x)=ax^3-6ax^2+b(a>0)$,在区间$[-1,2]$上的最大值为3,最小值为-29,求 a,b 的值.

8. 若曲线 $f(x)=ax^3+bx^2+cx+d$ 在点 $x=0$ 处有极值 $y=0$,点(1,1)为拐点,求 a,b,c,d 的值.

9. 设函数

$$f(x)=\begin{cases}\dfrac{1-\cos x}{x^2}, & x>0,\\ k, & x=0,\\ \dfrac{1}{x}-\dfrac{1}{e^x-1}, & x<0.\end{cases}$$

当 k 为何值时,$f(x)$ 在点 $x=0$ 处连续?

阅读材料

数学家柯西

柯西,1789年8月21日出生生于巴黎,柯西是一位多产的数学家,他的全集从1882年开始出版到1974年才出齐最后一卷,总计28卷.著作有《代数分析教程》、《无穷小分析教程概要》和《微积分在几何中应用教程》.这些工作为微积分奠定了基础,促进了数学的发展,成为数学教程的典范.

柯西在幼年时,他的父亲常带领他到法国参议院内的办公室,并且在那里指导他进行学习，因此他有机会遇到参议员拉普拉斯和拉格朗日两位大数学家．他们对他的才能十分赏识，拉格朗日认为他将来必定成为大数学家，但建议他的父亲在他学好文科前不要学数学．

柯西于1802年入中学．在中学时，他的拉丁文和希腊文取得优异成绩，多次参加竞赛获奖，数学成绩也深受老师赞扬．他于1805年考入综合工科学校，在那里主要学习数学和力学，1807年考入桥梁公路学校，1810年以优异成绩毕业，前往瑟堡参加海港建设工程．

柯西去瑟堡时携带了拉格朗日的解析函数论和拉普拉斯的天体力学，后来还陆续收到从巴黎寄出或从当地借得的一些数学书．他在业余时间悉心攻读有关数学各分支方面的书籍，从数论直到天文学方面．根据拉格朗日的建议，他进行了多面体的研究，并于1811年及1812年向科学院提交了两篇论文，其中主要成果是：

(1) 证明了凸正多面体只有五种(面数分别是4,6,8,12,20)，星形正多面体只有四种(面数是12的三种，面数是20的一种)．

(2) 得到了欧拉关于多面体的顶点、面和棱的个数关系式的另一证明并加以推广．

(3) 证明了各面固定的多面体必然是固定的，从此可导出从未证明过的欧几里得的一个定理．

这两篇论文在数学界造成了极大的影响．柯西在瑟堡由于工作劳累生病，于1812年回到巴黎他的父母家中休养．

柯西于1813年在巴黎被任命为运河工程的工程师，他在巴黎休养和担任工程师期间，继续潜心研究数学并且参加学术活动．这一时期他的主要贡献是：

(1) 研究代换理论，发表了代换理论和群论在历史上的基本论文．

(2) 证明了费马关于多角形数的猜测，即任何正整数是个角形数的和．这一猜测当时已提出了100多年，经过许多数学家研究，都没有能够解决．

以上两项研究是柯西在瑟堡时开始进行的．

(3) 用复变函数的积分计算实积分，这是复变函数论中柯西积分定理的出发点．

(4) 研究液体表面波的传播问题，得到流体力学中的一些经典结果，于1815年得法国科学院数学大奖．

以上突出成果的发表给柯西带来了很高的声誉，他成为当时一位国际上著名的青年数学家．

1815年法国拿破仑失败，波旁王朝复辟，路易十八当上了法王．柯西于1816年先后被任命为法国科学院院士和综合工科学校教授．1821年又被任命为巴黎大学力学教授，还曾在法兰西学院授课．这一时期他的主要贡献是：

(1) 在综合工科学校讲授分析课程，建立了微积分的基础极限理论，还阐明了极限理论．在此以前，微积分和级数的概念是模糊不清的．由于柯西的讲法与传统方式不同，当时学校师生对他提出了许多非议．柯西在这一时期出版的著作有《代数分析教程》《无穷小分析教程概要》和《微积分在几何中应用教程》．这些工作为微积分奠定了基础，促进了数学的发展，成为数学教程的典范．

(2) 柯西在担任巴黎大学力学教授后，重新研究连续介质力学．在1822年的一篇论文中,他建立了弹性理论的基础.

(3) 继续研究复平面上的积分及留数计算,并应用有关结果研究数学物理中的偏微分方程等.他的大量论文分别在法国科学院论文集和他自己编写的期刊《数学习题》上发表.

1830年法国爆发了推翻波旁王朝的革命,法王查理十世仓皇逃走,奥尔良公爵路易·菲力浦继任法王.当时规定在法国担任公职必须宣誓对新法王效忠,由于柯西属于拥护波旁王朝的正统派,他拒绝宣誓效忠,并自行离开法国.他先到瑞士,后于1832—1833年任意大利都灵大学数学、物理教授,并参加当地科学院的学术活动.那时他研究了复变函数的级数展开和微分方程(强级数法),并为此作出重要贡献.

1833—1838年柯西先在布拉格,后在戈尔兹担任波旁王朝"王储"波尔多公爵的教师,最后被授予"男爵"封号.在此期间,他的研究工作进行得较少.

1838年柯西回到巴黎.由于他没有宣誓对法王效忠,只能参加科学院的学术活动,不能进行教学工作.他在创办不久的《法国科学院报告》和他自己编写的期刊分析及数学物理习题上发表了关于复变函数、天体力学、弹性力学等方面的大批重要论文.

1848年法国又爆发了革命,路易·菲力浦倒台,重新建立了共和国,废除了公职人员对法王效忠的宣誓.柯西于1848年担任巴黎大学数理天文学教授,重新进行他在法国高等学校中断了18年的教学工作.

1852年拿破仑三世发动政变,法国从共和国变成了帝国,恢复了公职人员对新政权的效忠宣誓,柯西立即向巴黎大学辞职.后来拿破仑三世特准免除他和物理学家阿拉果的忠诚宣誓.于是柯西得以继续进行所担任的教学工作,直到1857年他在巴黎近郊逝世时为止.柯西直到逝世前仍不断参加学术活动,不断发表科学论文.

柯西是一位多产的数学家,他的全集从1882年开始出版到1974年才出齐最后一卷,总计28卷.他的主要贡献是单复变函数、分析基础和常微分方程.

虽然柯西主要研究分析,但在数学中各领域都有贡献.关于用到数学的其他学科,他在天文和光学方面的成果是次要的,可是他却是数理弹性理论的奠基人之一.除以上所述外,他在数学中其他贡献如下:

(1) 分析方面:在一阶偏微分方程论中行进丁特征线的基本概念;认识到傅立叶变换在解微分方程中的作用等.

(2) 几何方面:开创了积分几何,得到了把平面凸曲线的长用它在平面直线上一些正交投影表示出来的公式.

(3) 代数方面:首先证明了阶数超过了的矩阵有特征值;与比内同时发现两行列式相乘的公式,首先明确提出置换群概念,并得到群论中的一些非平凡的结果;独立发现了所谓"代数要领",即格拉斯曼的外代数原理.

第 4 章　不定积分

前面已经讨论了一元函数微分学，自本章开始到第 5 章，将讨论一元函数积分学．一元函数积分学中有两个基本问题 —— 不定积分与定积分．本章先讨论不定积分．

4.1　不定积分的概念与性质

微分学中讨论的基本问题是：已知函数 $f(x)$，如何求它的导数或微分．但在科学技术中，常会遇到与此相反的问题，即寻找一个可导函数，使得它的导函数等于已知函数．

例如，在微分学中学过已知作变速直线运动的质点 M 在任一时刻 t 的瞬时速度 $v=s'(t)$，如何求该质点 M 的运动规律，即该质点 M 在数轴上的位置 s 与运动的时间 t 的函数关系：$s=s(t)$．

又如，已知曲线上任一点 $P(x,y)$ 处的切线斜率为 $y'=f'(x)$，如何求此曲线的方程 $y=f(x)$．这些问题在数学上就是已知函数 $f(x)$，要求出可导函数 $F(x)$，使得 $F'(x)=f(x)$，这就是本章要讨论的问题．显然，这类问题正是微分学的逆问题，即不定积分问题．正如数的乘法与除法一样，不定积分是微分的逆运算．为此，下面先引入原函数与不定积分的概念．

4.1.1　原函数与不定积分的概念

1. 原函数的概念

定义 1　已知函数 $f(x)$ 在区间 I 上有定义，若存在可导函数 $F(x)$，使得对任意一点 $x\in I$，都有 $F'(x)=f(x)$ 或 $\mathrm{d}F(x)=f(x)\mathrm{d}x$，则称函数 $F(x)$ 为函数 $f(x)$ 在区间 I 上的一个**原函数**．

例如：因为 $(x^2)'=2x$，所以 x^2 是 $2x$ 在 $(-\infty,+\infty)$ 内的一个原函数．

因为 $(\sin x)'=\cos x$，所以 $\sin x$ 是 $\cos x$ 在 $(-\infty,+\infty)$ 上的一个原函数．

因为 $(\arcsin x)'=\dfrac{1}{\sqrt{1-x^2}}\ (-1<x<1)$，所以 $\arcsin x$ 是 $\dfrac{1}{\sqrt{1-x^2}}$ 在 $(-1,1)$ 上的一个原函数．

关于原函数现在有如下三个问题：

首先，原函数存在性，一个函数具备什么条件才保证有原函数？

结论：如果函数 $f(x)$ 在某区间上连续，则在该区间上 $f(x)$ 的原函数必定存在．简言之，连续函数必有原函数．这个原函数存在定理将在下一章给出．

其次，函数如果有原函数，则原函数是否唯一？若不唯一，那么它有多少个？

例如，因为 $(\sin x)'=\cos x$；$(\sin x+2)'=\cos x$；$(\sin x+C)'=\cos x$（C 为任意常数），所以

$\sin x, \sin x+2, \sin x+C$ 都是 $\cos x$ 的原函数，即在 $(-\infty,+\infty)$ 上 $\cos x$ 的原函数可有无限多个.

定理 1 若 $F(x)$ 是 $f(x)$ 在区间 I 上的原函数，则一切形如 $F(x)+C$ 的函数也是 $f(x)$ 的原函数.

证 有 $F'(x)=f(x)$，则 $(F(x)+C)'=F'(x)+C'=f(x)$，故 $F(x)+C$ 也是 $f(x)$ 的原函数. 由于常数 C 的任意性，从而可知，如果函数 $f(x)$ 在某区间 I 上存在原函数，则它的原函数可有无限多个.

最后，$f(x)$ 在某区间 I 上的任意两个原函数之间有什么关系呢？下面给出一个定理.

定理 2 若函数 $F(x)$ 和 $G(x)$ 为 $f(x)$ 在区间 I 上的任意两个不同的原函数，则它们的差在该区间 I 上是一个常数，即 $G(x)=F(x)+C$.

证 因为 $F'(x)=f(x), G'(x)=f(x)$，所以

$$(F(x)-G(x))'=F'(x)-G'(x)=f(x)-f(x)=0,$$

故

$$G(x)=F(x)+C.$$

综上，如果 $F(x)$ 为 $f(x)$ 在区间 I 上的一个原函数，则 $F(x)+C$ 就是 $f(x)$ 的全体原函数，称为 $f(x)$ 的原函数族.

基于以上内容，下面引进不定积分的概念.

2. 不定积分的概念

定义 2 若 $F(x)$ 是 $f(x)$ 在区间 I 上的一个原函数，则称 $f(x)$ 的全体原函数 $F(x)+C$ 为 $f(x)$ 在区间 I 上的**不定积分**，记为 $\int f(x)\mathrm{d}x$，即

$$\int f(x)\mathrm{d}x=F(x)+C. \tag{4-1}$$

其中，记号 $\int$ 称为**积分号**，$f(x)$ 称为**被积函数**，$f(x)\mathrm{d}x$ 称为**被积表达式**，x 称为**积分变量**，任意常数 C 也称为**积分常数**. 以后为了简单起见，不再注明区间.

由定义知 $f(x)$ 的不定积分，即为 $f(x)$ 的一个原函数加常数 C，注意任意常数 C 不能去掉，它是不定积分的标志.

为叙述方便，今后讨论不定积分时，总假定不定积分是对被积数在连续区间上讨论的，因此，在不至于发生混淆的情况下，不再指明有关的区间.

例 1 求 $\int x^3\mathrm{d}x$.

解 因为 $\left(\frac{x^4}{4}\right)'=x^3$，所以 $\frac{x^4}{4}$ 是 x^3 的一个原函数，于是

$$\int x^3\mathrm{d}x=\frac{x^4}{4}+C(C\text{ 为任意常数，下同}).$$

例 2　求$\int \frac{dx}{1+x^2}$.

解　因为$(\arctan x)'=\frac{1}{1+x^2}$,所以 $\arctan x$ 是$\frac{1}{1+x^2}$ 的一个原函数,于是

$$\int \frac{dx}{1+x^2}=\arctan x+C.$$

例 3　求$\int \frac{1}{x}dx$.

解　当$x>0$时,由于$(\ln x)'=\frac{1}{x}$,所以$\ln x$是$\frac{1}{x}$在$(0,+\infty)$内的一个原函数. 因此,在$(0,+\infty)$内,

$$\int \frac{1}{x}dx=\ln x+C.$$

当$x<0$时,由于$[\ln(-x)]'=\frac{1}{x}$,所以$\ln(-x)$是$\frac{1}{x}$在$(-\infty,0)$内的一个原函数. 因此,在$(-\infty,0)$内,

$$\int \frac{1}{x}dx=\ln(-x)+C.$$

把在$x>0$及$x<0$的结果合起来,可写作

$$\int \frac{1}{x}dx=\ln|x|+C.$$

今后为了方便起见,不定积分也简称为积分,求不定积分的运算称为**积分法**.

3. *原函数与不定积分的几何意义*

设$F(x)$是$f(x)$的一个原函数,则$y=F(x)$在几何上表示xoy平面上的一条曲线,这条曲线称为$f(x)$的**积分曲线**. 而

$$y=F(x)+C. \tag{4-2}$$

当C取不同的值时,就得到不同的积分曲线,它们可看作是由曲线$y=F(x)$沿y轴平行移动距离为$|C|$而得到的一簇曲线,称此簇曲线为$f(x)$的**积分曲线簇**. 这簇积分曲线具有这样的特点:在横坐标x相同的点处,曲线的切线都是平行的,且切线的斜率都等于$f(x)$,而它们的纵坐标只差一个常数.

由于不定积分

$$\int f(x)dx=F(x)+C\ (C\text{为任意常数}),$$

是$f(x)$的任意一个原函数的一般表达式,于是它的几何意义是:表示$f(x)$的积分曲线簇中的任意一条积分曲线. 如果要求出通过点(x_0,y_0)的某一条积分曲线,只要把条件"当$x=x_0$时,$y=y_0$"代入式(4-2),求出C的值为$C=y_0-F(x_0)$,再代入式(4-2)即可,若记

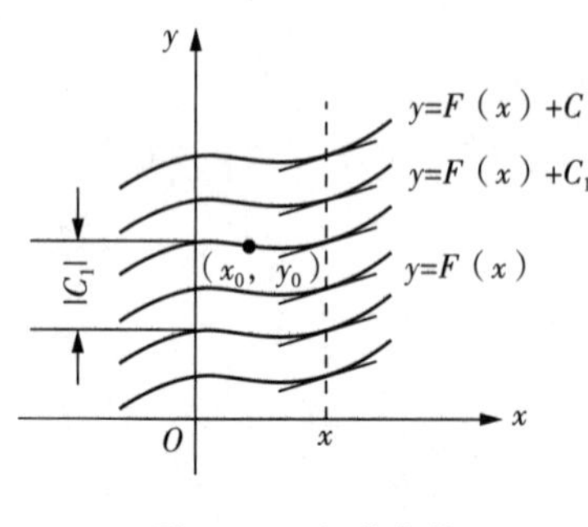

图 4-1　积分曲线

$C_1=y_0-F(x_0)$，则所求积分曲线的方程为 $y=F(x)+C_1$（图 4-1）.

例 4　设曲线通过点(1,2)，且其上任一点处的切线斜率等于这点横坐标的 2 倍，求此曲线的方程.

解　设所求的曲线方程为 $y=f(x)$，按题设，曲线上任一点 (x,y) 处的切线斜率为

$$y'=\frac{\mathrm{d}y}{\mathrm{d}x}=2x,$$

即 $f(x)$ 是 $2x$ 的一个原函数．因为 $(x^2)'=2x$，所以 x^2 是 $2x$ 的一个原函数，于是

$$y=\int 2x\,\mathrm{d}x=x^2+C,$$

因所求曲线通过点(1,2)，故 $2=1+C$，$C=1$，于是所求曲线方程为

$$y=x^2+1.$$

函数 $f(x)$ 的原函数的图像称为 $f(x)$ 的**积分曲线**．本例即求函数 $2x$ 的通过点(1,2)的那条积分曲线．显然，这条积分曲线可以由另一条积分曲线（例如 $y=x^2$）经 y 轴方向平移而得（图 4-1）.

4.1.2　基本积分表

由前面所讨论的原函数与不定积分的概念，可以看到积分法是微分法的逆运算，利用求导的公式，就可以得到相应的积分公式．

例如，因为 $(x^{\mu+1})'=(\mu+1)x^{\mu}$，所以 $\left(\frac{x^{\mu+1}}{1+\mu}\right)'=x^{\mu}$，这表明 $\frac{x^{\mu+1}}{1+\mu}$ 是 x^{μ} 的一个原函数，于是

$$\int x^{\mu}\mathrm{d}x=\frac{x^{\mu+1}}{1+\mu}+C \quad (\mu\neq-1).$$

用类似的方法还可以得到其他一些积分公式．下面我们把一些基本的积分公式列成一个表，这个表通常称为**基本积分表**．

① $\int k\,\mathrm{d}x=kx+C$，（k 是常数）；

② $\int x^{\mu}\mathrm{d}x=\frac{x^{\mu+1}}{1+\mu}+C$，$(\mu\neq-1)$；

③ $\int \frac{1}{x}\mathrm{d}x=\ln|x|+C$，$(x\neq 0)$；

④ $\int \frac{1}{1+x^2}\mathrm{d}x=\arctan x+C$；

⑤ $\int \frac{\mathrm{d}x}{\sqrt{1-x^2}}\mathrm{d}x=\arcsin x+C$；

⑥ $\int \cos x \mathrm{d}x = \sin x + C$；

⑦ $\int \sin x \mathrm{d}x = -\cos x + C$；

⑧ $\int \sec^2 x \mathrm{d}x = \int \frac{1}{\cos^2 x} \mathrm{d}x = \tan x + C$；

⑨ $\int \csc^2 x \mathrm{d}x = \int \frac{1}{\sin^2 x} \mathrm{d}x = -\cot x + C$；

⑩ $\int \sec x \tan x \mathrm{d}x = \sec x + C$；

⑪ $\int \csc x \tan x \mathrm{d}x = -\csc x + C$；

⑫ $\int e^x \mathrm{d}x = e^x + C$；

⑬ $\int a^x \mathrm{d}x = \frac{a^x}{\ln a} + C(a > 0, a \neq 1)$.

以上13个基本积分公式是求不定积分的基础,必须熟练掌握．要验证这些基本公式的正确性,只要验证各个公式右端的导数是否等于左端的被积函数就行了．运用上述公式可以较快地计算不定积分,下面举几个例子．

例5　利用公式计算$\int \frac{\sqrt{x}}{x^2} \mathrm{d}x$.

解　$\int \frac{\sqrt{x}}{x^2} \mathrm{d}x = \int x^{-\frac{3}{2}} \mathrm{d}x = \frac{x^{-\frac{3}{2}+1}}{-\frac{3}{2}+1} + C = -2x^{-\frac{1}{2}} + C.$

例6　利用公式计算$\int 2^x e^x \mathrm{d}x$.

解　$\int 2^x e^x \mathrm{d}x = \int (2e)^x \mathrm{d}x = \frac{(2e)^x}{\ln 2e} + C.$

4.1.3　不定积分的运算性质

根据不定积分的定义及求导运算法则,可以推得不定积分的如下性质(这里假定出现的不定积分均存在).

性质1　不定积分运算与微分运算的互逆关系．

(1) 因为$\int f(x)\mathrm{d}x$ 是 $f(x)$ 的任意一个原函数,所以

$$\frac{\mathrm{d}}{\mathrm{d}x}\left[\int f(x)\mathrm{d}x\right] = f(x),\text{或 } \mathrm{d}\left[\int f(x)\mathrm{d}x\right] = f(x)\mathrm{d}x \tag{4-3}$$

(2) 因为 $F(x)$ 是 $F'(x)$ 的原函数,所以

$$\int F'(x)\mathrm{d}x = F(x) + C,\text{或 } \int \mathrm{d}F(x) = F(x) + C \tag{4-4}$$

此性质表明,当积分运算记号$\int$与微分运算记号d连在一起时,或者相互抵消,或者抵消

后只差一个常数．可以用“先积后微，形式不变；先微后积，差个常数”这句口诀来帮助记忆．

性质 2 设函数 $f(x)$ 和 $g(x)$ 的原函数存在，则

$$\int[f(x)+g(x)]\mathrm{d}x=\int f(x)\mathrm{d}x+\int g(x)\mathrm{d}x. \tag{4-5}$$

证 将(4－5)式右端求导，得

$$\left[\int f(x)\mathrm{d}x+\int g(x)\mathrm{d}x\right]'=\left[\int f(x)\mathrm{d}x\right]'+\left[\int g(x)\mathrm{d}x\right]'=f(x)+g(x).$$

这表示，式(4－5)右端是 $f(x)+g(x)$ 的原函数，又式(4－5)右端有两个积分记号，形式上含两个任意常数，由于任意常数之和仍为任意常数，故实际上含一个任意常数，因此式(4－5)右端是 $f(x)+g(x)$ 的不定积分．

性质 2 对于被积函数为有限个函数的代数和的情形也是成立的，即

$$\int[f_1(x)+f_2(x)+\cdots+f_n(x)]\mathrm{d}x=\int f_1(x)\mathrm{d}x+\int f_2(x)\mathrm{d}x+\cdots+\int f_n(x)\mathrm{d}x.$$

这里的 n 是正整数．

性质 3 设函数 $f(x)$ 的原函数存在，k 为非零常数，则

$$\int kf(x)\mathrm{d}x=k\int f(x)\mathrm{d}x.$$

证 根据导数的运算法则及式(4－3)知

$$\left(k\int f(x)\mathrm{d}x\right)'=k\left(\int f(x)\mathrm{d}x\right)'=kf(x).$$

故 $k\int f(x)\mathrm{d}x$ 是 $kf(x)$ 的原函数，且积分号表示含有一个任意常数，所以它又表示 $kf(x)$ 的原函数的一般表达式，因此

$$\int kf(x)\mathrm{d}x=k\int f(x)\mathrm{d}x.$$

此性质表明，被积函数中**不为零**的常数乘积因子可以提到积分号外．

结合性质 2 和 3 有

$$\int[k_1f_1(x)\pm k_2f_2(x)]\mathrm{d}x=k_1\int f_1(x)\mathrm{d}x\pm k_2\int f_2(x)\mathrm{d}x.$$

其中 k_1 和 k_2 均为非零常数．

利用这些性质与 13 个基本积分公式便可计算出一部分不定积分，所用的方法为**直接积分法**．

例 7 求 $\int(x^{99}-3\sin x+5)\mathrm{d}x$.

解 $\int(x^{99}-3\sin x+5)\mathrm{d}x=\int x^{99}\mathrm{d}x-\int 3\sin x\mathrm{d}x+\int 5\mathrm{d}x$

$$=\int x^{99}\mathrm{d}x-3\int \sin x\mathrm{d}x+\int 5\mathrm{d}x$$

$$=\frac{1}{100}x^{100}+3\cos x+5x+C.$$

注 (1) 在分项积分后，虽然中间的几个不定积分都分别含有任意常数，但与任意常数的代数和仍是任意常数，因此，只要在最后加上一个任意常数 C 就行了.

(2) 如要检验积分计算是否正确，只要类似于验证基本积分公式的正确性一样，把积分结果求导数，看它是否等于被积函数，若相等，就是正确的；否则，就是错误的.

例如，就例 7 的计算结果来看，由于

$$\left(\frac{1}{100}x^{100}+3\cos x+5x+C\right)'=x^{99}-3\sin x+5.$$

它恰好等于原积分的被积函数，所以上面的计算结果是正确的.

例 8 求 $\int(1+\sqrt{x})^4\mathrm{d}x$.

解 $$\int(1+\sqrt{x})^4\mathrm{d}x=\int(1+4\sqrt{x}+6x+4x\sqrt{x}+x^2)\mathrm{d}x$$

$$=\int\mathrm{d}x+4\int x^{\frac{1}{2}}\mathrm{d}x+6\int x\mathrm{d}x+4\int x^{\frac{3}{2}}\mathrm{d}x+\int x^2\mathrm{d}x$$

$$=x+\frac{8}{3}x^{\frac{3}{2}}+3x^2+\frac{8}{5}x^{\frac{5}{2}}+\frac{1}{3}x^3+C.$$

例 9 求 $\int\frac{xe^x+x^3+3}{x}\mathrm{d}x$.

解 $$\int\frac{xe^x+x^3+3}{x}\mathrm{d}x=\int e^x\mathrm{d}x+\int x^2\mathrm{d}x+3\int\frac{\mathrm{d}x}{x}=e^x+\frac{x^3}{3}+3\ln|x|+C.$$

例 10 求 $\int\frac{x^4}{x^2+1}\mathrm{d}x$.

解 被积函数是一个有理假分式[①]，在基本积分表中没有这种类型的积分. 先将被积函数变形，再求积分.

$$\int\frac{x^4}{x^2+1}\mathrm{d}x=\int\frac{x^4-1+1}{x^2+1}\mathrm{d}x=\int\left(x^2-1+\frac{1}{x^2+1}\right)\mathrm{d}x=\frac{x^3}{3}-x+\arctan x+C.$$

例 11 求 $\int\tan^2 x\mathrm{d}x$.

解 基本积分表中没有这种类型的积分，先利用三角恒等式化成基本积分表中所列类型的积分，然后再逐项求积分.

---

① 参阅本章第 5 节.

$$\int \tan^2 x\mathrm{d}x = \int (\sec^2 x - 1)\,\mathrm{d}x = \int \sec^2 x\mathrm{d}x - \int \mathrm{d}x = \tan x - x + C.$$

例 12 求$\int \cos^2 \dfrac{x}{2}\mathrm{d}x$.

解 基本积分表中没有这种类型的积分，同上例一样，可先利用三角恒等式变形，然后再逐项求积分．

$$\int \cos^2 \frac{x}{2}\mathrm{d}x = \int \frac{1+\cos x}{2}\mathrm{d}x = \frac{1}{2}\int (1+\cos x)\,\mathrm{d}x$$

$$= \frac{1}{2}\int \mathrm{d}x + \frac{1}{2}\int \cos x\mathrm{d}x = \frac{1}{2}x + \frac{1}{2}\sin x + C.$$

例 13 求$\int \dfrac{1}{\sin^2 x\cos x^2 x}\mathrm{d}x$.

解 利用三角恒等式$\sin^2 x + \cos x^2 = 1$，便得

$$\int \frac{1}{\sin^2 x\cos x^2 x}\mathrm{d}x = \int \frac{\sin^2 x + \cos x^2 x}{\sin^2 x\cos x^2 x}\mathrm{d}x = \int \left(\frac{1}{\cos x^2} + \frac{1}{\sin^2 x}\right)\mathrm{d}x$$

$$= \int \frac{1}{\cos x^2}\mathrm{d}x + \int \frac{1}{\sin^2 x}\mathrm{d}x = \tan x - \cot x + C.$$

例 14 已知$\int f(x)\mathrm{d}x = x\ln x + c$，求 $f(x)$.

解 根据不定积分定义，可得

$$f(x) = (x\ln x + c)' = \ln x + 1.$$

4.2 第一类换元积分法

利用直接积分法可求一些简单函数的不定积分，但当被积函数较为复杂时，直接积分法往往难以奏效．如求积分$\int \sin(3x+5)\mathrm{d}x$，它不能直接用公式$\int \sin x\mathrm{d}x = -\cos x + C$进行积分，这是因为被积函数是一个复合函数．大家知道，复合函数的微分法解决了许多复杂函数的求导(求微分)问题，同样，将复合函数的微分法用于求积分，即得复合函数的积分法 —— 换元积分法．

不定积分的换元积分法，简称**换元法**．它的基本思想是把复合函数的求导法则反过来用于求不定积分．利用换元法，可以通过适当的变量代换，把某些不定积分化为基本积分表中所列积分的形式，从而可以求出不定积分．换元积分法分为两类，第一换元积分法，又叫**凑微分**法，也称间接换元法；第二换元积分法，也称直接换元法．本节介绍第一换元积分法．

先看一个例子．

例 1　求$\int\cos2x\mathrm{d}x$.

分析　如果直接由基本积分表中公式 ⑥$\int\cos x\mathrm{d}x=\sin x+C$,得到

$$\int\cos2x\mathrm{d}x=\sin2x+C.$$

那么,不难验证它是错误的. 因为$(\sin2x)'=2\cos2x\neq\cos2x$,所以$\int\cos2x\mathrm{d}x\neq\sin2x+C$.

为什么会产生这种错误呢? 原因在于被积函数 $\cos2x$ 与公式 ⑥ 中积分$\int\cos x\mathrm{d}x$ 的被积函数不相同.

由于 $\mathrm{d}x=\frac{1}{2}\mathrm{d}(2x)$,如果令 $u=2x$,便得

$$\int\cos2x\mathrm{d}x=\frac{1}{2}\int\cos2x\mathrm{d}2x=\frac{1}{2}\int\cos u\mathrm{d}u=\frac{1}{2}\sin u+C.$$

最后,再以 $u=2x$ 代回,即得所求积分的正确结果:

$$\int\cos2x\mathrm{d}x=\left[\frac{1}{2}\sin u+C\right]_{u=2x}=\frac{1}{2}\sin2x+C.$$

根据以上的分析,本题可求解如下:

解　令 $u=2x$,则 $\mathrm{d}u=2\mathrm{d}x$,$\mathrm{d}x=\frac{1}{2}\mathrm{d}u$.

$$\int\cos2x\mathrm{d}x=\frac{1}{2}\int\cos2x\mathrm{d}2x=\frac{1}{2}\int\cos u\mathrm{d}u=\frac{1}{2}\sin u+C\xlongequal{u=2x}\frac{1}{2}\sin2x+C.$$

像本例中所采用的变量代换方法,就是第一类换元法. 下面来对第一类换元法作一般性的讨论.

定理 1　设函数 $f(u)$ 有原函数 $F(u)$,$u=\varphi(x)$ 可导,则 $F[\varphi(x)]$ 是 $f[\varphi(x)]\varphi'(x)$ 的原函数,并有第一类换元积分公式

$$\int f[\varphi(x)]\varphi'(x)\mathrm{d}x\xlongequal{u=\varphi(x)}\int f(u)\mathrm{d}u=F(u)+C\xlongequal{u=\varphi(x)}F[\varphi(x)]+C\qquad(4-6)$$

证　由假设 $F(u)$ 是 $f(u)$ 的原函数,即

$$F'(u)=f(u),\int f(u)\mathrm{d}u=F(u)+C.$$

有 $\mathrm{d}F(u)=f(u)\mathrm{d}u$. 又根据复合函数微分法

$$\mathrm{d}F[\varphi(x)]=f[\varphi(x)]\varphi'(x)\mathrm{d}x.$$

所以 $F[\varphi(x)]$ 是 $f[\varphi(x)]\varphi'(x)$ 的原函数,从而根据不定积分的定义可得

$$\int f[\varphi(x)]\varphi'(x)\mathrm{d}x=F[\varphi(x)]+C.$$

式(4－6)称为不定积分的**第一类换元积分公式**．它的作用在于:当所求不定积分的被积函数以复合函数形式出现时,如能把被积表达式变形为 $f[\varphi(x)]\varphi'(x)\mathrm{d}x$ 的形式,而把 $\varphi'(x)\mathrm{d}x$ 凑成微分 $\mathrm{d}\varphi(x)$,则通过作变量代换 $u=\varphi(x)$,可把原积分 $\int f[\varphi(x)]\varphi'(x)\mathrm{d}x$ 化为 $\int f[\varphi(x)]\mathrm{d}\varphi(x)$. 只要 $\int f(u)\mathrm{d}u$ 容易积出,或可以直接由基本积分公式(把公式中的积分变量 x 换成 u) 求得,那么在求得的结果 $\int f(u)\mathrm{d}u=F(u)+C$ 中,再以 $u=\varphi(x)$ 代回还原到原积分变量 x,便可得到所求原不定积分的结果．这种积分法的关键是把被积函数中的某一部分与 $\mathrm{d}x$ 凑微分,使被积表达式变成 $f[\varphi(x)]\mathrm{d}\varphi(x)$ 的形式,从而可以寻找出所需作的变量代换 $u=\varphi(x)$. 因此,第一类换元法也称为**凑微分法**．

由此定理可见,虽然 $f[\varphi(x)]\varphi'(x)\mathrm{d}x$ 是一个整体的记号,但从形式上看,被积表达式中的 $\mathrm{d}x$ 也可当作变量 x 的微分来对待,从而微分等式 $\varphi'(x)\mathrm{d}x=\mathrm{d}u$ 可以方便地应用到被积表达式中来,在 4.1 节第一目中已经这样用了,那里把积分 $\int F'(x)\mathrm{d}x$ 记作 $\int \mathrm{d}F(x)$,就是按微分 $\int F'(x)\mathrm{d}x=\int \mathrm{d}F(x)$,把被积表达式 $\int F'(x)\mathrm{d}x$ 记作 $\int \mathrm{d}F(x)$.

如何应用公式(4-6)来求不定积分？设要求 $\int g(x)\mathrm{d}x$,如果函数 $g(x)$ 可以化为 $g(x)=f[\varphi(x)]\varphi'(x)\mathrm{d}x$ 的形式,那么,

$$\int g(x)\mathrm{d}x=\int f[\varphi(x)]\varphi'(x)\mathrm{d}x=\int f[\varphi(x)]\mathrm{d}\varphi(x)=\left[\int f(u)\mathrm{d}u\right]_{u=\varphi(x)}.$$

这样,函数 $g(x)$ 的积分即转化为函数 $f(u)$ 的积分．如果能求得 $f(u)$ 的原函数,再通过回代 $u=\varphi(x)$ 也就得到了 $g(x)$ 的原函数．

例 2 求 $\int \frac{1}{\sqrt[3]{1+3x}}\mathrm{d}x$.

解 因为 $d(1+3x)=3\mathrm{d}x$, $\mathrm{d}x=\frac{1}{3}\mathrm{d}(1+3x)$,所以可设变量代换 $u=1+3x$,使得

$$\int \frac{1}{\sqrt[3]{1+3x}}\mathrm{d}x=\frac{1}{3}\int(1+3x)^{-\frac{1}{3}}\mathrm{d}(1+3x).$$

$$\xlongequal{u=1+3x}\frac{1}{3}\int u^{-\frac{1}{3}}\mathrm{d}u=\frac{1}{2}u^{\frac{2}{3}}+C\xlongequal{u=1+3x}\frac{1}{2}\sqrt[3]{(1+3x)^2}+C.$$

一般地,对于积分 $\int f(ax+b)\mathrm{d}x$, (a, b 为常数, $a\neq 0$),总可以作变换 $u=ax+b$,把它化为

$$\int f(ax+b)\mathrm{d}x=\frac{1}{a}\int f(ax+b)\mathrm{d}(ax+b)=\frac{1}{a}\left[\int(u)\mathrm{d}u\right]_{u=ax+b}.$$

例3 求$\int \tan x \mathrm{d}x$.

解 $\int \tan x \mathrm{d}x = \int \frac{\sin x}{\cos x}\mathrm{d}x = -\int \frac{\mathrm{d}\cos x}{\cos x}$

$$\xlongequal{u=\cos x} -\int \frac{1}{u}\mathrm{d}u = -\ln|u| + C = -\ln|\cos x| + C.$$

类似地,可得$\int \cot x \mathrm{d}x = \ln|\sin x| + C$.

例4 求$\int \csc x \mathrm{d}x$.

解 $\int \csc x \mathrm{d}x = \int \frac{1}{\sin x}\mathrm{d}x = \int \frac{1}{2\sin\frac{x}{2}\cos\frac{x}{2}}\mathrm{d}x = \int \frac{1}{\tan\frac{x}{2}\cos^2\frac{x}{2}}\mathrm{d}\left(\frac{x}{2}\right)$

$$= \int \frac{\mathrm{d}\tan\frac{x}{2}}{\tan\frac{x}{2}} \xlongequal{u=\tan\frac{x}{2}} \int \frac{1}{u}\mathrm{d}u = \ln|u| + C = \ln\left|\tan\frac{x}{2}\right| + C.$$

因为 $\tan\frac{x}{2} = \frac{\sin\frac{x}{2}}{\cos\frac{x}{2}} = \frac{2\sin^2\frac{x}{2}}{\sin x} = \frac{1-\cos x}{\sin x} = \csc x - \cot x$.

故上述不定积分又可写为

$$\int \csc x \mathrm{d}x = \ln|\csc x - \cot x| + C.$$

例5 求$\int \sec x \mathrm{d}x$.

解 $\int \sec x \mathrm{d}x = \int \frac{1}{\cos x}\mathrm{d}x = \int \frac{d\left(x+\frac{\pi}{2}\right)}{\sin\left(x+\frac{\pi}{2}\right)}$

$$\xlongequal{u=x+\frac{\pi}{2}} \int \frac{\mathrm{d}u}{\sin u} = \ln|\csc u - \cot u| + C,$$

$$= \ln\left|\csc\left(x+\frac{\pi}{2}\right) - \cot\left(x+\frac{\pi}{2}\right)\right| + C = \ln|\sec x + \tan x| + C.$$

第一类换元积分法在解题熟练后,可以不写出变量代换 $u=\varphi(x)$,直接凑微分,求出积分结果.

例 6 求$\int \frac{1}{a^2+x^2}dx$ $(a \neq 0)$.

解 $\int \frac{1}{a^2+x^2}dx = \int \frac{1}{a^2\left[1+\left(\frac{x}{a}\right)^2\right]}dx = \frac{1}{a}\int \frac{1}{1+\left(\frac{x}{a}\right)^2}d\left(\frac{x}{a}\right) = \frac{1}{a}\arctan\frac{x}{a}+C.$

例 7 求$\int \frac{1}{\sqrt{a^2-x^2}}dx$ $(a>0)$.

解 $\int \frac{1}{\sqrt{a^2-x^2}}dx = \int \frac{1}{a\sqrt{1-\left(\frac{x}{a}\right)^2}}dx = \int \frac{1}{\sqrt{1-\left(\frac{x}{a}\right)^2}}d\left(\frac{x}{a}\right) = \arcsin\frac{x}{a}+C.$

例 8 求$\int \frac{1}{x^2-a^2}dx$ $(a \neq 0)$.

解

$$\begin{aligned}
\int \frac{1}{x^2-a^2}dx &= \int \frac{1}{(x-a)(x+a)}dx = \frac{1}{2a}\int\left(\frac{1}{x-a}-\frac{1}{x+a}\right)dx \\
&= \frac{1}{2a}\left[\int \frac{1}{x-a}dx - \int \frac{1}{x+a}dx\right] \\
&= \frac{1}{2a}\left[\int \frac{1}{x-a}d(x-a) - \int \frac{1}{x+a}d(x+a)\right] \\
&= \frac{1}{2a}[\ln|x-a| - \ln|x+a|]+C \\
&= \frac{1}{2a}\ln\left|\frac{x-a}{x+a}\right|+C.
\end{aligned}$$

例 9 求$\int \frac{1}{x^2+4x+29}dx$.

解 $\int \frac{1}{x^2+4x+29}dx = \int \frac{1}{(x+2)^2+5^2}d(x+2) = \frac{1}{5}\arctan\frac{x+2}{5}+C.$

例 10 求$\int \frac{1}{x^2}\cos\frac{1}{x}dx$.

解 $\int \frac{1}{x^2}\cos\frac{1}{x}dx = -\int \cos\frac{1}{x}d\left(\frac{1}{x}\right) = -\sin\frac{1}{x}+C.$

例 11 求$\int x(1+x^2)^{100}dx$.

解 $\int x(1+x^2)^{100}dx = \frac{1}{2}\int(1+x^2)^{100}d(1+x^2) = \frac{1}{202}(1+x^2)^{101}+C.$

例 12　求$\int \frac{\sqrt{1+2\arctan x}}{1+x^2}\mathrm{d}x$.

解　$$\int \frac{\sqrt{1+2\arctan x}}{1+x^2}\mathrm{d}x=\frac{1}{2}\int (1+2\arctan x)^{\frac{1}{2}}\mathrm{d}(1+2\arctan x)$$

$$=\frac{1}{3}(1+2\arctan x)^{\frac{3}{2}}+C.$$

例 13　求$\int (x-1)e^{x^2-2x}\mathrm{d}x$.

解　$$\int (x-1)e^{x^2-2x}\mathrm{d}x=\frac{1}{2}\int e^{x^2-2x}\mathrm{d}(x^2-2x)=\frac{1}{2}e^{x^2-2x}+C.$$

例 14　求$\int \frac{1}{x(1+3\ln x)}\mathrm{d}x$.

解　$$\int \frac{1}{x(1+3\ln x)}\mathrm{d}x=\int \frac{1}{1+3\ln x}\mathrm{d}\ln x=\frac{1}{3}\int \frac{1}{1+3\ln x}\mathrm{d}(1+3\ln x)$$

$$=\frac{1}{3}\ln|1+3\ln x|+C.$$

例 15　求$\int \sin^4 x\cos x\mathrm{d}x$.

解　$$\int \sin^4 x\cos x\mathrm{d}x=\int \sin^4 x\mathrm{d}\sin x=\frac{1}{5}\sin^5 x+C.$$

例 16　求$\int \cos^2 x\mathrm{d}x$.

解　$$\int \cos^2 x\mathrm{d}x=\int \frac{1+\cos 2x}{2}\mathrm{d}x=\int \frac{1}{2}\mathrm{d}x+\frac{1}{2}\int \cos 2x\mathrm{d}x$$

$$=\frac{x}{2}+\frac{1}{4}\int \cos 2x\mathrm{d}(2x)=\frac{x}{2}+\frac{1}{4}\sin 2x+C.$$

例 17　求$\int \cos 2x\cos 4x\mathrm{d}x$.

解　$$\int \cos 2x\cos 4x\mathrm{d}x=\frac{1}{2}\int (\cos 2x+\cos 6x)\mathrm{d}x$$

$$=\frac{1}{2}\left[\frac{1}{2}\int \cos 2x\mathrm{d}(2x)+\frac{1}{6}\int \cos 6x\mathrm{d}(6x)\right]$$

$$=\frac{1}{4}\sin 2x+\frac{1}{12}\sin 6x+C.$$

一般地说，对于形如下列的积分：

$$\int \sin mx\cos nx\,dx,\int \sin mx\sin nx\,dx,\int \cos mx\cos nx\,dx,$$

当 $m\neq n$ 时，可用三角函数中的积化和差公式把积分化简．

由以上例题可以看出，在运用换元积分法时，有时需要对被积函数做适当的代数运算或三角运算，然后再凑微分，技巧性很强，无一般规律可循．因此，只有在练习过程中，随时总结、归纳，积累经验，才能运用灵活．下面给出几种常见的凑微分形式：

① $\int f(ax+b)dx=\frac{1}{a}\int f(ax+b)d(ax+b)$；

② $\int f(ax^n+b)x^{n-1}dx=\frac{1}{na}\int f(ax^n+b)d(ax^n+b)$；

③ $\int f(\ln x)\cdot\frac{dx}{x}=\int f(\ln x)d(\ln x)$；

④ $\int f\left(\frac{1}{x}\right)\cdot\frac{dx}{x^2}=-\int f\left(\frac{1}{x}\right)d\left(\frac{1}{x}\right)$；

⑤ $\int f(e^x)e^x dx=\int f(e^x)d(e^x)$；

⑥ $\int f(\sin x)\cos x dx=\int f(\sin x)d(\sin x)$；

⑦ $\int f(\cos x)\sin x dx=-\int f(\cos x)d(\cos x)$；

⑧ $\int f(\tan x)\sec^2 x dx=\int f(\tan x)d(\tan x)$；

⑨ $\int f(\cot x)\csc^2 x dx=-\int f(\cot x)d(\cot x)$；

⑩ $\int f(\arcsin x)\frac{dx}{\sqrt{1-x^2}}=\int f(\arcsin x)d(\arcsin x)$；

⑪ $\int f(\arctan x)\frac{dx}{1+x^2}=\int f(\arctan x)d(\arctan x)$.

例 18 求 $\int \sin x\cos x dx$.

解 按不同的凑微分方法，现列举三种解法：

解法 1 $\int \sin x\cos x dx=\int \sin x d\sin x=\frac{1}{2}\sin^2 x+C_1$.

解法 2 $\int \sin x\cos x dx=-\int \cos x d\cos x=-\frac{1}{2}\cos^2 x+C_2$.

解法 3 $\int \sin x\cos x dx=\frac{1}{4}\int \sin 2x d(2x)=-\frac{1}{4}\cos(2x)+C_3$.

其中 C_1,C_2,C_3 均为任意常数．由于

$$\sin^2 x=-\cos^2 x+1,$$

$$\frac{1}{2}\sin^2 x = -\frac{1}{2}\cos^2 x + \frac{1}{2} = -\frac{1}{4}(1+\cos 2x) + \frac{1}{2} = -\frac{1}{4}\cos 2x + \frac{1}{4}.$$

容易看出,上述三种结果彼此之间都只相差一个常数,即 C_1 与 C_2 相差$\frac{1}{2}$,C_2 与 C_3 及 C_1 与 C_3 都只相差$\frac{1}{4}$. 因此,上述三种解法的结果都是正确的.

上述各例用的都是第一类换元法,即形如 $u=\varphi(x)$ 的变换. 下一节将介绍另一种形式的变量代换 $x=\psi(t)$,即所谓第二类换元法.

4.3　第二类换元积分法

第一类换元积分法是将积分$\int f[\varphi(x)]\varphi'(x)\mathrm{d}x$ 中 $\varphi(x)$ 用一个新的变量 u 替换,化为积分$\int f(u)\mathrm{d}u$,从而使不定积分容易计算. 第一类换元积分法虽然使用很广泛,但是对于求某些不定积分,如

$$\int \frac{\mathrm{d}x}{1+\sqrt{x+1}},\quad \int \sqrt{a^2-x^2}\,\mathrm{d}x,\quad \int \frac{\mathrm{d}x}{\sqrt{x^2-1}}$$

等就不一定能适用. 下面来介绍第二类换元积分法.

第二类换元积分法,则是引入新积分变量 t,将 x 表示为 t 的一个连续函数 $x=\psi(t)$,从而简化积分计算.

定理 1　设 $x=\psi(t)$ 是单调可导函数,且 $\psi'(t)\neq 0$. 如果 $f[\psi(t)]\psi'(t)$ 有原函数 $\Phi(t)$,即

$$\int f[\psi(t)]\psi'(t)\mathrm{d}t = \Phi(t)+C.$$

则

$$\int f(x)\mathrm{d}x = \left[\int f[\psi(t)]\psi'(t)\mathrm{d}t\right]_{t=\psi^{-1}(x)} = \Phi[\psi^{-1}(x)]+C. \tag{4-7}$$

其中 $t=\psi^{-1}(x)$ 是 $x=\psi(t)$ 的反函数.

证　由假设 $\Phi(t)$ 是 $f[\psi(t)]\psi'(t)$ 的原函数,有

$$\mathrm{d}\Phi(t) = f[\psi(t)]\psi'(t)\mathrm{d}t,$$

由于 $t=\psi^{-1}(x)$ 是 $x=\psi(t)$ 的反函数,根据复合函数微分法,

$$\mathrm{d}\Phi[\psi^{-1}(x)] = \Phi'[\psi^{-1}(x)]\mathrm{d}\psi^{-1}(x) = \Phi'(t)\mathrm{d}t = f[\psi(t)]\psi'(t)\mathrm{d}t = f(x)\mathrm{d}x,$$

所以 $\Phi[\psi^{-1}(x)]$ 是 $f(x)$ 的原函数,即

$$\int f(x)\mathrm{d}x = \Phi[\psi^{-1}(x)]+C.$$

第二类换元积分法是用一个新积分变量 t 的函数 $\psi(t)$ 代换旧积分变量 x，将关于积分变量 x 的不定积分 $\int f(x)\mathrm{d}x$ 转化为关于积分变量 t 的不定积分 $\int g(t)\mathrm{d}t$（其中 $g(t)=f[\psi(t)]\psi'(t)$）. 经过代换后，不定积分 $\int g(t)\mathrm{d}t$ 比原积分 $\int f(x)\mathrm{d}x$ 容易积出 . 在应用这种换元积分法时，要注意适当地选择变量代换 $x=\psi(t)$，否则会使积分更加复杂 . 如何寻找适当的变量代换 $x=\psi(t)$. 下面来举例说明常用的三种代换法 —— 根式代换法、三角函数代换法和倒代换法 .

4.3.1 根式代换法

例 1 求 $\int \frac{1}{1+\sqrt{x}}\mathrm{d}x$.

解 为了去掉被积函数中的根式，可设 $\sqrt{x}=t(t>0)$，则 $x=t^2$，$\mathrm{d}x=2t\mathrm{d}t$.
于是

$$\int \frac{\mathrm{d}x}{1+\sqrt{x}}=\int \frac{2t\mathrm{d}t}{1+t}=2\int \frac{t+1-1}{1+t}\mathrm{d}t=2\int\left(1-\frac{1}{1+t}\right)\mathrm{d}t$$

$$=2t-2\ln(t+1)+C=2\sqrt{x}-2\ln(\sqrt{x}+1)+C.$$

例 2 求 $\int \frac{1}{\sqrt[3]{x}+\sqrt{x}}\mathrm{d}x$.

解 为了去掉被积函数中的根式，可设 $\sqrt[6]{x}=t$，则 $x=t^6$，$\mathrm{d}x=6t^5\mathrm{d}t$.
于是

$$\int \frac{1}{\sqrt[3]{x}+\sqrt{x}}\mathrm{d}x=\int \frac{6t^5}{t^3+t^2}\mathrm{d}t=6\int \frac{t^5}{t^3+t^2}\mathrm{d}t=6\int \frac{t^3}{t+1}\mathrm{d}t$$

$$=6\int \frac{t^3+1-1}{t+1}\mathrm{d}t=6\int\left[\int(t^2-t+1)-\frac{1}{t+1}\right]\mathrm{d}t$$

$$=6\left[\frac{t^3}{3}-\frac{t^2}{2}+t-\ln(t+1)\right]+C$$

$$=2\sqrt{x}-3\sqrt[3]{x}+6\sqrt[6]{x}-6\ln(\sqrt[6]{x}+1)+C.$$

4.3.2 三角函数代换法

例 3 求 $\int \frac{1}{\sqrt{x^2+a^2}}\mathrm{d}x\ (a>0)$.

解 求这个积分的困难在于被积函数中有根式 $\sqrt{x^2+a^2}$，为了化去这个根式，可以利用三角恒等式 $1+\tan^2 x=\sec^2 x$ 来达到目的 .

设 $x=a\tan t\left(-\frac{\pi}{2}<x<\frac{\pi}{2}\right)$，则 $\mathrm{d}x=a\sec^2 t\mathrm{d}t$，

$$\sqrt{x^2+a^2}=\sqrt{a^2+a^2\tan^2x}=a\sec t.$$

于是

$$\int\frac{1}{\sqrt{x^2+a^2}}\mathrm{d}x=\int\frac{a\sec^2t}{a\sec t}\mathrm{d}t=\int\sec t\mathrm{d}t=\ln|\sec t+\tan t|+C.$$

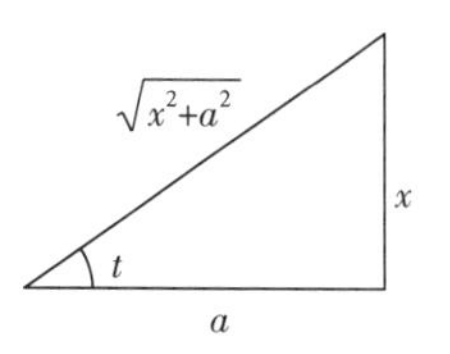

图 4-2　辅助三角形

为了把 $\sec t$ 和 $\tan t$ 换成 x 的函数，根据 $\tan t=\frac{x}{a}$ 作如图 4-2 所示的辅助三角形，于是有 $\sec t=\frac{\sqrt{a^2+x^2}}{a}$，因此

$$\int\frac{1}{\sqrt{x^2+a^2}}\mathrm{d}x=\ln\left(\frac{x}{a}+\frac{\sqrt{x^2+a^2}}{a}\right)+C_1=\ln(x+\sqrt{x^2+a^2})+C(C=C_1-\ln a).$$

例 4　求 $\int\sqrt{a^2-x^2}\mathrm{d}x\quad(a>0)$.

解　类似于例 3，可以利用三角恒等式 $\sin^2x+\cos^2x=1$ 来划去根式.

设 $x=a\sin t\left(-\frac{\pi}{2}<x<\frac{\pi}{2}\right)$，则 $\mathrm{d}x=a\cos t\mathrm{d}t$，

$$\sqrt{a^2-x^2}=\sqrt{a^2-a^2\sin^2x}=a|\cos x|=a\cos x,$$

于是

$$\int\sqrt{a^2-x^2}\mathrm{d}x=\int a\cos t a\cos t\mathrm{d}t=a^2\int\cos^2t\mathrm{d}t$$

$$=a^2\int\frac{1+\cos 2t}{2}\mathrm{d}t=\frac{a^2}{2}\left(t+\frac{\sin 2t}{2}\right)+C.$$

为了把变量还原为 x，根据 $\sin t=\frac{x}{a}$ 作如图 4-3 所示的辅助三角形，于是有

$$\cos t=\frac{\sqrt{a^2-x^2}}{a},$$

$$\sin 2t=2\sin t\cos t=2\cdot\frac{x}{a}\cdot\frac{\sqrt{a^2-x^2}}{a},t=\arcsin\frac{x}{a},$$

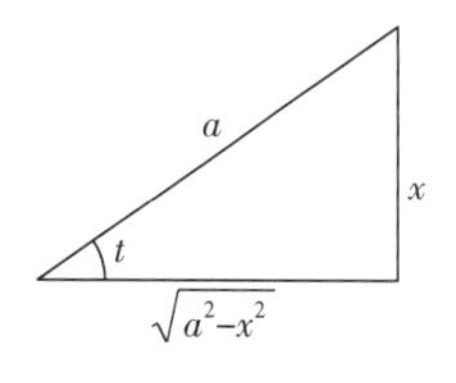

图 4-3　辅助三角形

因此

$$\int\sqrt{a^2-x^2}\mathrm{d}x=\frac{a^2}{2}\arcsin\frac{x}{a}+\frac{x}{2}\sqrt{a^2-x^2}+C.$$

例 5　求 $\int\frac{1}{\sqrt{x^2-a^2}}\mathrm{d}x\quad(a>0)$.

解　为了消去被积函数中的根式，可设 $x=a\sec t\left(0<t<\frac{\pi}{2}\right)$，则 $\mathrm{d}x=a\sec t\tan t\mathrm{d}t$，

于是

$$\int \frac{1}{\sqrt{x^2-a^2}}\mathrm{d}x=\int \frac{a\sec t\tan t}{a\tan t}\mathrm{d}t=\int \sec t\mathrm{d}t=\ln|\sec t+\tan t|+C.$$

根据 $\sec t=\frac{x}{a}$ 作如图 4－4 所示的辅助三角形，于是有 $\tan t=\frac{\sqrt{x^2-a^2}}{a}$，因此

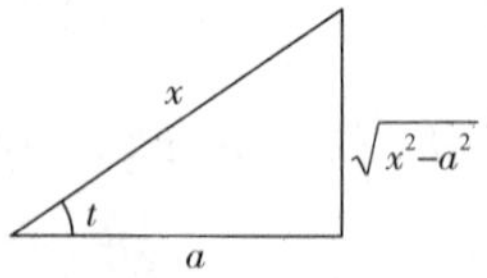

图 4－4 辅助三角形

$$\int \frac{1}{\sqrt{x^2-a^2}}\mathrm{d}x=\ln\left|\frac{x}{a}+\frac{\sqrt{x^2-a^2}}{a}\right|+C_1$$

$$=\ln\left|x+\sqrt{x^2-a^2}\right|+C \quad (C=C_1-\ln a).$$

如果被积函数含有 $\sqrt{a^2-x^2}$，作代换 $x=a\sin t$ 或 $x=a\cos t$；如果被积函数含有 $\sqrt{x^2+a^2}$，作代换 $x=a\tan t$；如果被积函数含有 $\sqrt{x^2-a^2}$，作代换 $x=a\sec t$. 利用三角函数代换，可以把根式积分化为三角函数有理式积分．

4.3.3 倒代换法

称代换 $x=\frac{1}{t}$，为**倒代换**．

例 6 求 $\int \frac{x+1}{x^2\sqrt{x^2-1}}\mathrm{d}x\ (x>1)$.

解 这类积分可以用三角函数代换去根式，但用代换 $x=\frac{1}{t}$ 更简便，即

$$\int \frac{x+1}{x^2\sqrt{x^2-1}}\mathrm{d}x \xlongequal{x=\frac{1}{t}} \int \frac{\frac{1}{t}+1}{\frac{1}{t^2}\sqrt{\frac{1}{t^2}-1}}\cdot\left(-\frac{1}{t^2}\mathrm{d}t\right)=-\int \frac{1+t}{\sqrt{1-t^2}}\mathrm{d}t$$

$$=-\int \frac{1}{\sqrt{1-t^2}}\mathrm{d}t+\int \frac{1}{2\sqrt{1-t^2}}\mathrm{d}(1-t^2)$$

$$=-\arcsin t+\sqrt{1-t^2}+C=\frac{\sqrt{x^2-1}}{x}-\arcsin\frac{1}{x}+C.$$

如果被积函数的分子和分母关于积分变量 x 的最高次幂分别为 m 和 n，当 $n-m>1$ 时，用倒代换法常可以消去在被积函数的分母中的变量因子 x（如例 6）.

在本节的例题中，有几个积分经常用到，它们通常也被当作公式使用．因此，除了基本积分公式外，再补充下面几个积分公式（编号接基本积分公式）：

⑭ $\int \tan x\mathrm{d}x=-\ln|\cos x|+C$；

⑮ $\int \cot x\mathrm{d}x=\ln|\sin x|+C$；

⑯ $\int \sec x \mathrm{d}x = \ln|\sec x + \tan x| + C$；

⑰ $\int \csc x \mathrm{d}x = \ln|\csc x - \cot x| + C$；

⑱ $\int \frac{1}{a^2 + x^2}\mathrm{d}x = \frac{1}{a}\arctan\frac{x}{a} + C$；

⑲ $\int \frac{1}{x^2 - a^2}\mathrm{d}x = \frac{1}{2a}\ln\left|\frac{x-a}{x+a}\right| + C$；

⑳ $\int \frac{1}{\sqrt{a^2 - x^2}}\mathrm{d}x = \arcsin\frac{x}{a} + C$；

㉑ $\int \sqrt{a^2 - x^2}\,\mathrm{d}x = \frac{x}{2}\sqrt{a^2 - x^2} + \frac{a^2}{2}\arcsin\frac{x}{a} + C$；

㉒ $\int \frac{1}{\sqrt{x^2 - a^2}}\mathrm{d}x = \ln\left|x + \sqrt{x^2 - a^2}\right| + C$；

㉓ $\int \frac{1}{\sqrt{x^2 + a^2}}\mathrm{d}x = \ln(x + \sqrt{x^2 + a^2}) + C$.

例 7　$\int \frac{1}{\sqrt{1 + x + x^2}}\mathrm{d}x$.

解　$\int \frac{1}{\sqrt{1 + x + x^2}}\mathrm{d}x = \int \frac{1}{\sqrt{\left(x + \frac{1}{2}\right)^2 + \left(\frac{\sqrt{3}}{2}\right)^2}}\mathrm{d}x$

利用公式㉓，得

$$原式 = \ln\left(x + \frac{1}{2} + \sqrt{1 + x + x^2}\right) + C.$$

例 8　求$\int \sqrt{5 - 4x - x^2}\,\mathrm{d}x$.

解　$\int \sqrt{5 - 4x - x^2}\,\mathrm{d}x = \int \sqrt{3^2 - (x+2)^2}\,\mathrm{d}x$

利用公式㉑，得

$$原式 = \frac{1}{2}(x+2)\sqrt{5 - 4x - x^2} + \frac{9}{2}\arcsin\frac{x+2}{3} + C.$$

4.4　分部积分法

前面将复合函数的微分法用于求积分，得到换元积分法，大大拓展了求积分的领域．下面利用两个函数乘积的微分法则，推出另一种求积分的基本方法——**分部积分法**．

设函数 $u = u(x)$，$v = v(x)$ 具有连续导数，由函数乘积的微分公式有

$$d(uv) = u\mathrm{d}v + v\mathrm{d}u,$$

移项得

$$u\mathrm{d}v = d(uv) - v\mathrm{d}u,$$

对上式两边积分得

$$\int u\mathrm{d}v = uv - \int v\mathrm{d}u. \qquad (4-8)$$

或写成

$$\int uv'\mathrm{d}x = uv - \int vu'\mathrm{d}x \qquad (4-9)$$

式(4－8)或式(4－9)叫做**分部积分公式**.

使用分部积分公式,首先是把不定积分$\int f(x)\mathrm{d}x$的被积表达式$f(x)\mathrm{d}x$变成形如$u(x)\mathrm{d}v(x)$的形式,然后利用公式.这样就把求不定积分$\int f(x)\mathrm{d}x = \int u\mathrm{d}v$的问题转化为求不定积分$\int v\mathrm{d}u$的问题.如果$\int v\mathrm{d}u$易于求出,那么分部积分公式就起到了化难为易的作用.

例 1 求$\int x\sin x\mathrm{d}x$.

解 这个积分用换元积分法不易求得结果,现在试用分部积分法来求它.但是怎样选取u和$\mathrm{d}v$呢?如果设$u=x$,$\mathrm{d}v=\sin x\mathrm{d}x$,则$\mathrm{d}u=\mathrm{d}x$,$v=-\cos x$,代入分部积分公式(4－8),得

$$\begin{aligned}\int x\sin x\mathrm{d}x &= \int x d(-\cos x) = x\cos x - \int(-\cos x)\mathrm{d}x \\ &= x\cos x + \int\cos x\mathrm{d}x \\ &= x\cos x + \sin x + C\end{aligned}$$

求这个积分时,如果设$u=\sin x$,$\mathrm{d}v=x\mathrm{d}x$,则$\mathrm{d}u=\cos x\mathrm{d}x$,$v=\frac{x^2}{2}$,于是

$$\int x\sin x\mathrm{d}x = \int\sin x\mathrm{d}\frac{x^2}{2} = \frac{x^2}{2}\sin x - \int\frac{x^2}{2}\mathrm{d}\sin x = \frac{x^2}{2}\sin x - \frac{1}{2}\int x^2\cos x\mathrm{d}x,$$

显然,上式右端的积分$\int x^2\cos x\mathrm{d}x$比原积分$\int x\sin x\mathrm{d}x$更不容易求出.

由此可见,如果u和$\mathrm{d}v$选取不当,就求不出结果,所以应用分部积分法时,恰当选取u和$\mathrm{d}v$是一个关键.一般说来,应用分部积分法选取u和$\mathrm{d}v$要考虑下面两个原则:

(1)v易于求出;(2)$\int v\mathrm{d}u$要比$\int u\mathrm{d}v$容易求出.

例 2 求$\int xe^x\mathrm{d}x$.

解 设$u=x$,$\mathrm{d}v=e^x\mathrm{d}x=\mathrm{d}e^x$,则$\mathrm{d}u=\mathrm{d}x$,$v=e^x$,由分部积分公式,得

$$\int xe^x \mathrm{d}x = \int x\mathrm{d}e^x = xe^x - \int e^x \mathrm{d}x = xe^x - e^x + C = (x-1)e^x + C.$$

例 3 求$\int x^2 \ln x \mathrm{d}x$.

解 设 $u=\ln x, \mathrm{d}v = x^2 \mathrm{d}x = d\left(\frac{1}{3}x^3\right)$，则 $\mathrm{d}u = \frac{1}{x}\mathrm{d}x, v=\frac{1}{3}x^3$，

由分部积分公式，得

$$\int x^2 \ln x \mathrm{d}x = \int \ln x \mathrm{d}\,\frac{1}{3}x^3 = \frac{1}{3}x^3 \ln x - \int \frac{1}{3}x^3 \mathrm{d}\ln x = \frac{1}{3}x^3 \ln x - \frac{1}{3}\int x^2 \mathrm{d}x$$

$$= \frac{1}{3}x^3 \ln x - \frac{1}{9}x^3 + C = \frac{x^3}{3}\left(\ln x - \frac{1}{3}\right) + C.$$

解题熟练以后，u 和 v 可以省略不写，直接利用公式(4-8)计算．

例 4 求$\int \arccos x \mathrm{d}x$.

解
$$\int \arccos x \mathrm{d}x = x\arccos x - \int x d\arccos x$$

$$= x\arccos x + \int \frac{x}{\sqrt{1-x^2}}\mathrm{d}x$$

$$= x\arccos x - \frac{1}{2}\int \frac{1}{\sqrt{1-x^2}}\mathrm{d}(1-x^2)$$

$$= x\arccos x - \sqrt{1-x^2} + C.$$

例 5 求$\int x^2 \cos x \mathrm{d}x$.

解
$$\int x^2 \cos x \mathrm{d}x = \int x^2 \mathrm{d}\sin x = x^2 \sin x - \int \sin x \mathrm{d}x^2$$

$$= x^2 \sin x - 2\int x\sin x \mathrm{d}x = x^2 \sin x + 2\int x\mathrm{d}\cos x$$

$$= x^2 \sin x + 2\left(x\cos x - \int \cos x \mathrm{d}x\right)$$

$$= x^2 \sin x + 2(x\cos x - \sin x) + C$$

$$= x^2 \sin x + 2x\cos x - 2\sin x + C.$$

例 6 求$\int e^x \sin x \mathrm{d}x$.

解
$$\int e^x \sin x \mathrm{d}x = \int e^x \mathrm{d}(-\cos x) = -e^x \cos x + \int \cos x \mathrm{d}e^x$$

$$= -e^x \cos x + \int e^x \cos x \mathrm{d}x$$

$$= -e^x\cos x + \int e^x \mathrm{d}\sin x$$

$$= -e^x\cos x + e^x\sin x - \int e^x \sin x \mathrm{d}x.$$

等式右端出现了原不定积分，于是移项除以 2，便得

$$\int e^x \sin x \mathrm{d}x = \frac{e^x}{2}(\sin x - \cos x) + C.$$

通过上面例题可以看出，分部积分法适用于两种不同类型函数的乘积的不定积分．当被积函数是幂函数 x^n（n 为正整数）与正（余）弦函数的乘积，或幂函数 x^n（n 为正整数）与指数函数 e^{kx} 的乘积时，设 u 为幂函数 x^n，则每用一次分部积分公式，幂函数 x^n 的幂次就降低一次．所以，若 $n > 1$，就需要连续使用分部积分法才能求出不定积分．

当被积函数是幂函数与反三角函数或幂函数与对数函数的乘积时，设 u 为反三角函数或对数函数．下面给出常见的几类被积函数中 u，$\mathrm{d}v$ 的选择：

① $\int x^n e^{kx} \mathrm{d}x$，设 $u = x^n$，$\mathrm{d}v = e^{kx}\mathrm{d}x$；

② $\int x^n \sin(ax+b)\mathrm{d}x$，设 $u = x^n$，$\mathrm{d}v = \sin(ax+b)\mathrm{d}x$；

③ $\int x^n \cos(ax+b)\mathrm{d}x$，设 $u = x^n$，$\mathrm{d}v = \cos(ax+b)\mathrm{d}x$；

④ $\int x^n \ln x \mathrm{d}x$，设 $u = \ln x$，$\mathrm{d}v = x^n \mathrm{d}x$；

⑤ $\int x^n \arcsin(ax+b)\mathrm{d}x$，设 $u = \arcsin(ax+b)$，$\mathrm{d}v = x^n\mathrm{d}x$；

⑥ $\int x^n \arctan(ax+b)\mathrm{d}x$，设 $u = \arctan(ax+b)$，$\mathrm{d}v = x^n\mathrm{d}x$；

⑦ $\int e^{kx}\sin(ax+b)\mathrm{d}x$ 和 $\int e^{kx}\cos(ax+b)\mathrm{d}x$，$u$，$\mathrm{d}v$ 可随意选择．

在积分的过程中往往要兼用换元法与分部积分法，下面举一个例子．

例 7 求 $\int e^{\sqrt{x}}\mathrm{d}x$.

解 先用换元法．设 $\sqrt{x} = t$，则 $x = t^2$，$\mathrm{d}x = 2t\mathrm{d}t$. 于是

$$\int e^{\sqrt{x}}\mathrm{d}x = 2\int te^t \mathrm{d}t.$$

再用分部积分法，由例 2 可知

$$\int e^{\sqrt{x}}\mathrm{d}x = 2\int te^t\mathrm{d}t = 2e^t(t-1) + C = 2e^{\sqrt{x}}(\sqrt{x}-1) + C.$$

分部积分法并不仅仅局限于求两种不同类型函数乘积的不定积分．分部积分法还可以用于求抽象函数的不定积分，建立某些不定积分的递推公式．

例 8　设 $f(x)$ 的原函数为$\frac{\sin x}{x}$，求$\int xf'(2x)\mathrm{d}x$.

解　$\int xf'(2x)\mathrm{d}x=\frac{1}{2}\int x\mathrm{d}f(2x)=\frac{1}{2}xf(2x)-\frac{1}{2}\int f(2x)\mathrm{d}x$

$$=\frac{1}{2}xf(2x)-\frac{1}{4}\int f(2x)\mathrm{d}(2x).$$

因为$\frac{\sin x}{x}$为 $f(x)$ 的原函数，所以 $f(x)=\left(\frac{\sin x}{x}\right)'=\frac{x\cos x-\sin x}{x^2}$，故

$$f(2x)=\frac{2x\cos(2x)-\sin(2x)}{4x^2}.$$

于是

$$\int xf'(2x)\mathrm{d}x=\frac{2x\cos(2x)-\sin(2x)}{8x}-\frac{1}{4}\cdot\frac{\sin(2x)}{2x}+C$$

$$=\frac{1}{4}\cos(2x)-\frac{1}{4x}\sin(2x)+C.$$

例 9　建立不定积分 $I_n=\int\tan^n x\,\mathrm{d}x$（其中 n 为正整数，$n>1$）的递推公式．

解　$I_n=\int\tan^{n-2}x\tan^2 x\mathrm{d}x=\int\tan^{n-2}x(\sec^2 x-1)\mathrm{d}x$

$$=\int\tan^{n-2}x\sec^2 x\mathrm{d}x-\int\tan^{n-2}x\mathrm{d}x$$

$$=\int\tan^{n-2}x\mathrm{d}(\tan x)-I_{n-2}$$

$$=\frac{\tan^{n-1}x}{n-1}-I_{n-2}.$$

4.5　有理函数的积分

前面已介绍了求不定积分的两个基本方法——换元积分法和分部积分法，下面简要地介绍有理函数的积分以及可化为有理函数的积分．

4.5.1　有理函数的不定积分

1. 化有理函数为简单函数

两个多项式的商所表示的函数 $R(x)$ 称为**有理函数**或**有理分式**，即形如

$$R(x)=\frac{P(x)}{Q(x)}=\frac{a_0x^n+a_1x^{n-1}+a_2x^{n-2}+\cdots+a_{n-1}x+a_n}{b_0x^m+b_1x^{m-1}+b_2x^{m-2}+\cdots+b_{m-1}x+b_m}\tag{4-10}$$

其中m和n都是非负整数，$a_0,a_1,a_2,\cdots,a_n$及$b_0,b_1,b_2,\cdots,b_m$都是实数，并且$a_0\neq0,b_0\neq0$.

在今后的讨论中，我们对有理分式，总是假定它的分子 $P(x)$ 与分母 $Q(x)$ 之间是没有公因式的，这种有理分式称为**既约分式**. 当有理分式的分子多项式次数 n 小于其分母多项式的次数 m，即 $n < m$ 时，称有理式为**真分式**；反之，当 $n \geqslant m$ 时，称有理式为**假分式**.

任何一个假分式，总可以利用多项式的除法，将它化为一个多项式和一个真分式之和的形式. 例如

$$\frac{x^4+x+1}{x^2+1}=(x^2-1)+\frac{x+2}{x^2+1}.$$

多项式的积分容易求得，于是只需讨论真分式的积分.

由代数学知识可知，真分式的分母 $Q(x)$ 在实数范围内，总可以分解成一次因式和二次质因式[①]的乘积形式. 真分式按其分母 $Q(x)$ 因式分解的不同情况，可化为若干个**简单分式**（也称为**部分分式**）之代数和，再对各部分分式逐项积分，便可以解决真分式的积分问题.

设有理函数(4-10)式中 $n < m$，多项式 $Q(x)$ 在实数范围内分解成一次因式和二次质因式的乘积：

$$Q(x)=b_0(x-a)^{\alpha}\cdots(x-b)^{\beta}(x^2+px+q)^{\lambda}\cdots(x^2+rx+s)^{\mu}.$$

其中 $b_0,a,\cdots,b,p,q,\cdots,r,s$ 为实数；$p^2-4q<0,\cdots,r^2-4s<0$；$\alpha,\cdots,\beta,\lambda,\cdots,\mu$ 为正整数，那么根据代数理论可知，真分式 $\dfrac{P(x)}{Q(x)}$ 总可以分解成如下部分分式之和，即

$$\begin{aligned}\frac{P(x)}{Q(x)}=&\frac{A_1}{(x-a)^{\alpha}}+\frac{A_2}{(x-a)^{\alpha-1}}+\cdots+\frac{A_{\alpha}}{x-a}+\cdots+\frac{B_1}{(x-b)^{\beta}}\\&+\frac{B_2}{(x-b)^{\beta-1}}+\cdots+\frac{B_{\beta}}{x-b}+\frac{M_1x+N_1}{(x^2+px+q)^{\lambda}}\\&+\frac{M_2x+N_2}{(x^2+px+q)^{\lambda-1}}+\cdots+\frac{M_{\lambda}x+N_{\lambda}}{x^2+px+q}+\cdots+\frac{R_1x+S_1}{(x^2+rx+s)^{\mu}}\\&+\frac{R_2x+S_2}{(x^2+rx+s)^{\mu-1}}+\cdots+\frac{R_{\mu}x+S_{\mu}}{x^2+rx+s}.\end{aligned}\tag{4-11}$$

其中 $A_i,\cdots,B_i,M_i,N_i,\cdots,R_i,S_i$ 都是待定常数，且这样分解时这些常数是唯一的.

可见在实数范围内，任何有理真分式都可以分解成下面四类简单分式之和：

(1) $\dfrac{A}{x-a}$,

(2) $\dfrac{A}{(x-a)^k}$ （k 是正整数，$k \geqslant 2$），

(3) $\dfrac{Ax+B}{x^2+px+q}$ $(p^2-4q<0)$，

① 二次质因式是指，在实数范围内不能再分解因式的二次三项式，例如，$x^2+px+q(p^2-4q<0)$ 就是二次质因式.

(4) $\dfrac{Ax+B}{(x^2+px+q)^k}$ (k 是正整数,$k \geqslant 2$,$p^2-4q<0$).

2. 有理函数的不定积分

求有理函数的不定积分归结为求四类简单分式的积分. 下面讨论这四类简单分式的积分.

(1) $\displaystyle\int \frac{A}{x-a}\mathrm{d}x = A\int \frac{1}{x-a}\mathrm{d}(x-a) = A\ln|x-a|+C$,

(2) $\displaystyle\int \frac{A}{(x-a)^k}\mathrm{d}x = A\int (x-a)^{-k}\mathrm{d}(x-a) = \frac{-A}{k-1}\cdot\frac{1}{(x-a)^{k-1}}+C$,

(3) $\displaystyle\int \frac{Ax+B}{x^2+px+q}\mathrm{d}x \quad (p^2-4q<0)$.

将分母配方得 $x^2+px+q=\left(x+\dfrac{p}{2}\right)^2+\left(q-\dfrac{p^2}{4}\right)$,作变量代换 $u=x+\dfrac{p}{2}$,则 $x=u-\dfrac{p}{2}$,$\mathrm{d}x=\mathrm{d}u$;由于 $p^2-4q<0$,$q-\dfrac{p^2}{4}>0$,记 $q-\dfrac{p^2}{4}=a^2$,于是

$$\begin{aligned}\int\frac{Ax+B}{x^2+px+q}\mathrm{d}x &= \int\frac{Ax+B}{\left(x+\dfrac{p}{2}\right)^2+\left(q-\dfrac{p^2}{4}\right)}\mathrm{d}x = \int\frac{A\left(u-\dfrac{p}{2}\right)+B}{u^2+a^2}\mathrm{d}u \\ &= \int\frac{Au}{u^2+a^2}\mathrm{d}u + \int\frac{B-\dfrac{Ap}{2}}{u^2+a^2}\mathrm{d}u \\ &= \frac{A}{2}\ln(u^2+a^2) + \frac{B-\dfrac{Ap}{2}}{a}\arctan\frac{u}{a}+C \\ &= \frac{A}{2}\ln(x^2+px+q) + \frac{2B-Ap}{\sqrt{4q-p^2}}\arctan\frac{2x+p}{\sqrt{4q-p^2}}+C.\end{aligned}$$

(4) $\displaystyle\int \frac{Ax+B}{(x^2+px+q)^k}\mathrm{d}x \quad (k\geqslant 2, p^2-4q<0)$.

作变量代换 $u=x+\dfrac{p}{2}$,并记 $q-\dfrac{p^2}{4}=a^2$,于是

$$\int\frac{Ax+B}{(x^2+px+q)^k}\mathrm{d}x = \int\frac{Au}{(u^2+a^2)^k}\mathrm{d}u + \int\frac{B-\dfrac{Ap}{2}}{(u^2+a^2)^k}\mathrm{d}u.$$

其中,第一个积分

$$\int\frac{Au}{(u^2+a^2)^k}\mathrm{d}u = \frac{A}{2}\int(u^2+a^2)^{-k}\mathrm{d}(u^2+a^2) = \frac{-A}{2(k-1)}\cdot\frac{1}{(u^2+a^2)^{k-1}}+C.$$

第二个积分可通过建立递推公式求得. 记

$$I_k = \int\frac{\mathrm{d}u}{(u^2+a^2)^k}$$

利用分部积分法有

$$I_k=\int\frac{\mathrm{d}u}{(u^2+a^2)^k}=\frac{u}{(u^2+a^2)^k}+2k\int\frac{u^2\mathrm{d}u}{(u^2+a^2)^{k+1}}$$

$$=\frac{u}{(u^2+a^2)^k}+2k\int\frac{(u^2+a^2)-a^2}{(u^2+a^2)^{k+1}}\mathrm{d}u$$

$$=\frac{u}{(u^2+a^2)^k}+2kI_k-2a^2kI_{k+1}.$$

整理得

$$I_{k+1}=\frac{1}{2a^2k}\cdot\frac{u}{(u^2+a^2)^k}+\frac{2k-1}{2a^2k}I_k.$$

于是可得递推公式

$$I_k=\frac{1}{a^2}\left[\frac{1}{2(k-1)}\cdot\frac{u}{(u^2+a^2)^{k-1}}+\frac{2k-3}{2k-2}I_{k-1}\right].\tag{4-12}$$

利用式(4-12),逐步递推,最后可归结为不定积分.

$$I_1=\int\frac{\mathrm{d}u}{u^2+a^2}=\frac{1}{a}\arctan\frac{u}{a}+C.$$

最后,由 $u=x+\frac{p}{2}$ 全部换回原积分变量,即可求出不定积分 $\int\frac{Ax+B}{(x^2+px+q)^k}\mathrm{d}x$.

例 1 求 $\int\frac{x-1}{(x^2+2x+3)^2}\mathrm{d}x$.

解 $$\int\frac{x-1}{(x^2+2x+3)^2}\mathrm{d}x=\int\frac{x+1-2}{[(x+1)^2+2]^2}\mathrm{d}x$$

$$\xlongequal{u=x+1}\int\frac{u}{(u^2+2)^2}\mathrm{d}u-2\int\frac{\mathrm{d}u}{(u^2+2)^2}$$

$$=-\frac{1}{2(u^2+2)}-2\times\frac{1}{2}\left[\frac{1}{2\times1}\cdot\frac{u}{u^2+2}+\frac{1}{2}\int\frac{\mathrm{d}u}{u^2+2}\right]$$

$$=-\frac{u+1}{2(u^2+2)}-\frac{1}{2\sqrt{2}}\arctan\frac{u}{\sqrt{2}}+C$$

$$=-\frac{x+2}{2(x^2+2x+3)}-\frac{1}{2\sqrt{2}}\arctan\frac{x+1}{\sqrt{2}}+C.$$

例 2 求 $\int\frac{1}{x(x-1)^2}\mathrm{d}x$.

解 因为 $\frac{1}{x(x-1)^2}$ 可分解为

$$\frac{1}{x(x-1)^2}=\frac{A}{x}+\frac{B}{(x-1)^2}+\frac{C}{x-1}.$$

其中 A,B,C 为待定系数．可以用两种方法求出待定系数．

第一种方法：两端去掉分母后，得

$$1=A(x-1)^2+Bx+Cx(x-1) \tag{4-13}$$

即

$$1=(A+C)x^2+(B-2A-C)x+A.$$

由于式(4-13)是恒等式，等式两端 x^2 和 x 的系数及常数项必须分别相等，于是

$$\begin{cases}A+C=0\\B-2A-C=0,\\A=1\end{cases}$$

从而解得 $A=1,B=1,C=-1$. 像第一种方法中，所用的确定待定系数的方法，称为**比较系数法**．

第二种方法：在恒等式(4-13)中，代入特殊的 x 值，从而求出待定系数．如令 $x=0$，得 $A=1$；令 $x=1$，得 $B=1$；把 A,B 的值代入式(4-13)，并令 $x=2$，得 $1=1+2+2C$，即 $C=-1$. 于是

$$\begin{aligned}\int\frac{1}{x(x-1)^2}dx&=\int\left[\frac{1}{x}+\frac{1}{(x-1)^2}-\frac{1}{x-1}\right]dx\\&=\int\frac{1}{x}dx+\int\frac{1}{(x-1)^2}dx-\int\frac{1}{x-1}dx\\&=\ln|x|-\frac{1}{x-1}-\ln|x-1|+C.\end{aligned}$$

像第二种方法中，用于确定待定系数的方法，也称为**赋值法**．通常把比较系数法和赋值法，统称为**待定系数法**．

例 3　求 $\int\frac{2x+2}{(x-1)(x^2+1)^2}dx$.

解　因为 $\frac{2x+2}{(x-1)(x^2+1)^2}=\frac{A}{x-1}+\frac{Bx+C}{(x^2+1)^2}+\frac{Dx+E}{x^2+1}$,

两端去分母得

$$\begin{aligned}2x+2&=A(x^2+1)^2+(Bx+C)(x-1)+(Dx+E)(x-1)(x^2+1)\\&=(A+D)x^4+(E-D)x^3+(2A+D-E+B)x^2\\&\quad+(-D+E-B+C)x+(A-E-C).\end{aligned}$$

两端比较系数得

$$\begin{cases}A+D=0\\E-D=0\\2A+D-E+B=0\\-D+E-B+C=2\\A-E-C=2\end{cases},$$

解方程组得 $A=1,B=-2,C=0,D=-1,E=-1$,故

$$\begin{aligned}\int\frac{2x+2}{(x-1)(x^2+1)^2}\mathrm{d}x&=\int\left(\frac{1}{x-1}-\frac{2x}{(x^2+1)^2}-\frac{x+1}{x^2+1}\right)\mathrm{d}x\\&=\int\frac{1}{x-1}\mathrm{d}x-\int\frac{2x}{(x^2+1)^2}\mathrm{d}x-\int\frac{x+1}{x^2+1}\mathrm{d}x\\&=\ln|x-1|+\frac{1}{x^2+1}-\frac{1}{2}\ln(x^2+1)-\arctan x+C\\&=\ln\frac{|x-1|}{\sqrt{x^2+1}}+\frac{1}{x^2+1}-\arctan x+C.\end{aligned}$$

例 4 求$\int\frac{x+3}{x^2-5x+6}\mathrm{d}x$.

解 因为$\frac{x+3}{x^2-5x+6}=\frac{x+3}{(x-2)(x-3)}=\frac{A}{x-2}+\frac{B}{x-3}$,

两端去分母得

$$x+3=A(x-3)+B(x-2).$$

令 $x=2$,得 $A=-5$;令 $x=3$,得 $B=6$. 于是

$$\begin{aligned}\int\frac{x+3}{x^2-5x+6}\mathrm{d}x&=\int\left(\frac{6}{x-3}-\frac{5}{x-2}\right)\mathrm{d}x=6\ln|x-3|-5\ln|x-2|+C\\&=\ln\left|\frac{(x-3)^6}{(x-2)^5}\right|+C.\end{aligned}$$

从上面几个例子可以看出,求有理真分式的积分步骤是:① 将有理真分式分解成部分分式之和;② 对各个部分分式逐项积分,其中第 ① 步是关键,应当指出,上面所介绍的只是求有理真分式积分的一般方法.

但同时也应该注意到,在具体使用此方法时会遇到困难. 首先,用待定系数法求待定系数时,计算比较烦琐;其次,当分母的次数比较高时,因式分解相当困难. 因此,当真分式比较复杂、分解成部分分式及逐项积分的计算都较麻烦时,可以不拘一格地灵活选用其他方法,以迅速简便地求得积分结果.

例 5　求$\int \frac{x^2+x+2}{x^3+x^2+x+1}\mathrm{d}x$.

解　$$\int \frac{x^2+x+2}{x^3+x^2+x+1}\mathrm{d}x=\int \frac{(x^2+1)+(x+1)}{(x^2+1)(x+1)}\mathrm{d}x=\int \frac{1}{x+1}\mathrm{d}x+\int \frac{1}{x^2+1}\mathrm{d}x$$

$$=\ln|x+1|+\arctan x+C.$$

例 6　求$\int \frac{1}{(x^2-4x+4)(x^2-4x+5)}\mathrm{d}x$.

解　$$\int \frac{1}{(x^2-4x+4)(x^2-4x+5)}\mathrm{d}x=\int \frac{(x^2-4x+5)-(x^2-4x+4)}{(x^2-4x+4)(x^2-4x+5)}\mathrm{d}x$$

$$=\int \frac{1}{x^2-4x+4}\mathrm{d}x-\int \frac{1}{x^2-4x+5}\mathrm{d}x$$

$$=\int \frac{1}{(x-2)^2}\mathrm{d}(x-2)-\int \frac{1}{(x-2)^2+1}\mathrm{d}(x-2)$$

$$=-\frac{1}{x-2}-\arctan(x-2)+C.$$

例 7　求$\int \frac{1}{x^4+1}\mathrm{d}x$.

解　$$\int \frac{1}{x^4+1}\mathrm{d}x=\frac{1}{2}\int \frac{x^2+1}{x^4+1}\mathrm{d}x-\frac{1}{2}\int \frac{x^2-1}{x^4+1}\mathrm{d}x$$

$$=\frac{1}{2}\int \frac{1+\frac{1}{x^2}}{x^2+\frac{1}{x^2}}\mathrm{d}x-\frac{1}{2}\int \frac{1-\frac{1}{x^2}}{x^2+\frac{1}{x^2}}\mathrm{d}x$$

$$=\frac{1}{2}\int \frac{1}{\left(x-\frac{1}{x}\right)^2+2}\mathrm{d}\left(x-\frac{1}{x}\right)-\frac{1}{2}\int \frac{1}{\left(x+\frac{1}{x}\right)^2-2}\mathrm{d}\left(x+\frac{1}{x}\right)$$

$$=\frac{1}{2\sqrt{2}}\arctan\frac{x^2-1}{\sqrt{2}x}-\frac{1}{4\sqrt{2}}\ln\left|\frac{x^2-x\sqrt{2}+1}{x^2+x\sqrt{2}+1}\right|+C.$$

例 8　求$\int \frac{x^2}{(x-1)^{10}}\mathrm{d}x$.

解　本例若用一般方法求解，应先将真分式$\frac{x^2}{(x-1)^{10}}$化为部分分式之和．应设

$$\frac{x^2}{(x-1)^{10}}=\frac{A_1}{x-1}+\frac{A_2}{(x-1)^2}+\cdots+\frac{A_{10}}{(x-1)^{10}},$$

要确定待定系数$A_1,A_2,\cdots,A_{10}$，这显然是比较麻烦的．

若令$x-1=t$，则$x=t+1$，$\mathrm{d}x=\mathrm{d}t$．于是

$$\int \frac{x^2}{(x-1)^{10}}\mathrm{d}x = \int \frac{(t+1)^2}{t^{10}}\mathrm{d}t = \int \frac{t^2+2t+1}{t^{10}}\mathrm{d}t$$

$$= \int (t^{-8}+2t^{-9}+t^{-10})\,\mathrm{d}t = -\frac{1}{7}t^{-7} - \frac{1}{4}t^{-8} - \frac{1}{9}t^{-9} + C$$

$$\underline{\underline{t=x-1}} - \frac{1}{7(x-1)^7} - \frac{1}{4(x-1)^8} - \frac{1}{9(x-1)^9} + C$$

4.5.2 三角函数有理式的积分

由三角函数和常数经过有限次四则运算所构成的函数称为**三角函数有理式**. 因为所有三角函数都可以表示为 $\sin x$ 和 $\cos x$ 的有理函数,所以下面只讨论 $R(\sin x, \cos x)$ 型函数的不定积分.

由三角学知道,$\sin x$ 和 $\cos x$ 都可以用 $\tan \frac{x}{2}$ 的有理式表示,因此,作变量代换 $u = \tan \frac{x}{2}$,则

$$\sin x = 2\sin\frac{x}{2}\cos\frac{x}{2} = \frac{2\tan\frac{x}{2}}{\sec^2\frac{x}{2}} = \frac{2\tan\frac{x}{2}}{1+\tan^2\frac{x}{2}} = \frac{2u}{1+u^2},$$

$$\cos x = \cos^2\frac{x}{2} - \sin^2\frac{x}{2} = \frac{1-\tan^2\frac{x}{2}}{\sec^2\frac{x}{2}} = \frac{1-\tan^2\frac{x}{2}}{1+\tan^2\frac{x}{2}} = \frac{1-u^2}{1+u^2}.$$

又由于 $x = 2\arctan u$,得 $\mathrm{d}x = \frac{2}{1+u^2}\mathrm{d}u$,于是

$$\int R(\sin x, \cos x)\mathrm{d}x = \int R\left(\frac{2u}{1+u^2}, \frac{1-u^2}{1+u^2}\right)\frac{2}{1+u^2}\mathrm{d}u.$$

由此可见,在任何情况下,变换 $u = \tan\frac{x}{2}$ 都可以把三角函数有理式的积分 $\int R(\sin x, \cos x)\mathrm{d}x$ 有理化,即化为有理函数的积分. 所以通常把变量代换 $u=\tan\frac{x}{2}$ 称为三角函数有理式积分的**"万能代换"**.

例 9 求 $\int \frac{1}{1+\sin x+\cos x}\mathrm{d}x$.

解 设 $u=\tan\frac{x}{2}$,则

$$\int \frac{1}{1+\sin x+\cos x}\mathrm{d}x = \int \frac{1}{1+\frac{2u}{1+u^2}+\frac{1-u^2}{1+u^2}} \cdot \frac{2}{1+u^2}\mathrm{d}u = \int \frac{1}{1+u}\mathrm{d}u$$

$$=\ln|1+u|+C=\ln\left|1+\tan\frac{x}{2}\right|+C.$$

例 10 求$\int\frac{1+\sin x}{1-\cos x}dx$.

解 设$u=\tan\frac{x}{2}$,则

$$\int\frac{1+\sin x}{1-\cos x}dx=\int\frac{1+\frac{2u}{1+u^2}}{1-\frac{1-u^2}{1+u^2}}\cdot\frac{2}{1+u^2}du=\int\frac{(1+u^2)+2u}{u^2(1+u^2)}du$$

$$=\int\frac{1}{u^2}du+\int\frac{2}{u(1+u^2)}du=\int\frac{1}{u^2}du+2\int\frac{(1+u^2)-u^2}{u(1+u^2)}du$$

$$=\int\frac{1}{u^2}du+2\int\frac{1}{u}du-\int\frac{2u}{1+u^2}du=-\frac{1}{u}+2\ln|u|-\ln(1+u^2)+C$$

$$=2\ln\left|\tan\frac{x}{2}\right|-\cot\frac{x}{2}-\ln\left(\sec^2\frac{x}{2}\right)+C.$$

虽然利用“万能代换”$u=\tan\frac{x}{2}$可以把三角函数有理式的积分化为有理函数的积分,但是经代换后得出的有理函数积分一般比较烦琐.因此,这种代换不一定是最简捷的代换.对于某些特殊的三角函数有理式的积分,常常需要采用其他形式的代换,以便能更简便而迅速地得出结果.

例 11 求$\int\frac{\sin x}{1+\sin x}dx$.

解 $$\int\frac{\sin x}{1+\sin x}dx=\int\frac{\sin x(1-\sin x)}{1-\sin^2 x}dx=\int\frac{\sin x-\sin^2 x}{\cos^2 x}dx$$

$$=\int\frac{\sin x}{\cos^2 x}dx-\int\frac{1-\cos^2 x}{\cos^2 x}dx$$

$$=-\int\frac{1}{\cos^2 x}d\cos x-\int\frac{1}{\cos^2 x}dx+\int dx$$

$$=\frac{1}{\cos x}-\tan x+x+C.$$

例 12 求$\int\frac{1}{1+3\cos^2 x}dx$.

解 $$\int\frac{1}{1+3\cos^2 x}dx=\int\frac{\sec^2 x}{\sec^2 x+3}dx=\int\frac{1}{\tan^2 x+4}d\tan x$$

$$=\frac{1}{2}\arctan\left(\frac{\tan x}{2}\right)+C.$$

4.5.3 简单无理函数的积分

1. $R(x,\sqrt[n]{ax+b})$ 型函数的积分

$R(x,u)$ 表示 x 和 u 两个变量的有理式．其中 a,b 为常数．对于这种类型函数的积分，作变量代换 $\sqrt[n]{ax+b}=u$，则 $x=\frac{u^n-b}{a}$，$\mathrm{d}x=\frac{nu^{n-1}}{a}\mathrm{d}u$，于是

$$\int R(x,\sqrt[n]{ax+b})\mathrm{d}x=\int R\left(\frac{u^n-b}{a},u\right)\cdot\frac{nu^{n-1}}{a}\mathrm{d}u. \tag{4-14}$$

式(4-14)右端是一个有理函数的积分．

例 13 求 $\int\frac{1}{1+\sqrt[3]{x+2}}\mathrm{d}x$.

解 令 $\sqrt[3]{x+2}=u$，则 $x=u^3-2$，$\mathrm{d}x=3u^2\mathrm{d}u$，于是

$$\begin{aligned}\int\frac{1}{1+\sqrt[3]{x+2}}\mathrm{d}x&=\int\frac{3u^2}{1+u}\mathrm{d}u=3\int\frac{u^2-1+1}{1+u}\mathrm{d}u\\&=3\int\left(u-1+\frac{1}{1+u}\right)\mathrm{d}u=3\left(\frac{u^2}{2}-u+\ln|1+u|\right)+C\\&=\frac{3}{2}\sqrt[3]{(x+2)^2}-3\sqrt[3]{x+2}+3\ln\left|1+\sqrt[3]{x+2}\right|+C.\end{aligned}$$

例 14 求 $\int\frac{\sqrt{x}}{1+\sqrt[3]{x}}\mathrm{d}x$.

解 为了同时去掉被积函数中的两个根式，可取 3 和 2 的最小公倍数 6，并作变量代换 $\sqrt[6]{x}=u$，则 $x=u^6$，$\mathrm{d}x=6u^5\mathrm{d}u$，$\sqrt[3]{x}=u^2$，$\sqrt{x}=u^3$，于是

$$\begin{aligned}\int\frac{\sqrt{x}}{1+\sqrt[3]{x}}\mathrm{d}x&=\int\frac{6u^8}{u^2+1}\mathrm{d}u=6\int\frac{u^8}{u^2+1}\mathrm{d}u\\&=6\int\left(u^6-u^4+u^2-1+\frac{1}{1+u^2}\right)\mathrm{d}u\\&=\frac{6u^7}{7}-\frac{6u^5}{5}+2u^3-6u+6\arctan u+C\\&=\frac{6x\sqrt[6]{x}}{7}-\frac{6\sqrt[6]{x^5}}{5}+2\sqrt{x}-6\sqrt[6]{x}+6\arctan\sqrt[6]{x}+C.\end{aligned}$$

2. $R\left(x,\sqrt[n]{\frac{ax+b}{cx+d}}\right)$ 型函数的积分

这里 $R(x,u)$ 仍然表示 x 和 u 两个变量的有理式．其中 a,b,c,d 为常数．对于这种类型函数的不定积分，作变量代换 $\sqrt[n]{\frac{ax+b}{cx+d}}=u$，则 $x=\frac{du^n-b}{a-cu^n}$，$\mathrm{d}x=\frac{nu^{n-1}(ad-bc)}{(a-cu^n)^2}\mathrm{d}u$，于是

$$\int R\left(x,\sqrt[n]{\frac{ax+b}{cx+d}}\right)\mathrm{d}x=\int R\left(\frac{\mathrm{d}u^n-b}{a-cu^n},u\right)\cdot\frac{nu^{n-1}(ad-bc)}{(a-cu^n)^2}\mathrm{d}u. \tag{4-15}$$

式(4-15)右端是一个有理函数的积分．

例 15　求$\int\frac{1}{x}\sqrt{\frac{1+x}{x}}\mathrm{d}x$.

解　令$\sqrt{\frac{1+x}{x}}=u$,则 $x=\frac{1}{u^2-1}$,$\mathrm{d}x=-\frac{2u}{(u^2-1)^2}\mathrm{d}u$,于是

$$\int\frac{1}{x}\sqrt{\frac{1+x}{x}}\mathrm{d}x=\int(u^2-1)u\cdot\frac{-2u}{(u^2-1)^2}\mathrm{d}u=-2\int\frac{u^2}{u^2-1}\mathrm{d}u=-2\int\frac{u^2-1+1}{u^2-1}\mathrm{d}u$$

$$=-2\int\left(1+\frac{1}{u^2-1}\right)\mathrm{d}u=-2u-\ln\left|\frac{u-1}{u+1}\right|+C$$

$$=-2u+2\ln(u+1)-\ln|u^2-1|+C$$

$$=-2\sqrt{\frac{1+x}{x}}+2\ln\left(\sqrt{\frac{1+x}{x}}+1\right)+\ln|x|+C.$$

例 16　求$\int\frac{1}{\sqrt[3]{(x+1)^2(x-1)^4}}\mathrm{d}x$.

解　$\int\frac{1}{\sqrt[3]{(x+1)^2(x-1)^4}}\mathrm{d}x=\int\frac{1}{(x+1)(x-1)\sqrt[3]{\frac{x-1}{x+1}}}\mathrm{d}x$,令$\sqrt[3]{\frac{x-1}{x+1}}=u$,则

$$\frac{x-1}{x+1}=u^3,x=\frac{u^3+1}{1-u^3},\mathrm{d}x=\frac{6u^2}{(1-u^3)^2}\mathrm{d}u,$$

于是

$$\int\frac{1}{\sqrt[3]{(x+1)^2(x-1)^4}}\mathrm{d}x=\int\frac{1}{(x^2-1)\sqrt[3]{\frac{x-1}{x+1}}}\mathrm{d}x=\frac{3}{2}\int\frac{1}{u^2}\mathrm{d}u$$

$$=-\frac{3}{2u}+C=-\frac{3}{2}\sqrt[3]{\frac{x+1}{x-1}}+C$$

以上四个例子表明,如果被积函数中含有简单根式$\sqrt[n]{ax+b}$或$\sqrt[n]{\frac{ax+b}{cx+d}}$,可以令这个简单根式为 u. 由于这样的变换具有反函数,且反函数是 u 的有理函数,因此原积分即可化为有理函数的积分．

最后,再对不定积分的问题作些补充说明．

在 4.1 节中曾提到过,如果函数 $f(x)$ 在某区间上连续,则在该区间上它的原函数一定

存在．由于初等函数在其有定义的区间上都是连续的，因此，对于初等函数来说，在其有定义的区间上原函数一定存在．

尽管初等函数在其有定义的区间上原函数一定存在，然而原函数存在是一回事，原函数能否用初等函数来表示却是另一回事．正如对有理函数的积分，如果只限制在有理函数的范围内，则对于某些简单的积分，如

$$\int \frac{1}{x}\mathrm{d}x, \int \frac{1}{1+x^2}\mathrm{d}x$$

等，它们的结果就已经不能再用有理函数来表示了．同样地，初等函数的原函数也不一定都能用初等函数来表示．例如，函数

$$e^{x^2}, \quad \frac{\sin x}{x}, \quad \frac{1}{\ln x}, \quad \sin x^2, \quad \frac{1}{\sqrt{1+x^4}}$$

等，就没有一个初等函数能以这些函数为其导数，因为这些函数的原函数不是初等函数，也就是说，这些函数的不定积分

$$\int e^{x^2}\mathrm{d}x, \quad \int \frac{\sin x}{x}\mathrm{d}x, \quad \int \frac{1}{\ln x}\mathrm{d}x, \quad \int \sin x^2\mathrm{d}x, \quad \int \frac{1}{\sqrt{1+x^4}}\mathrm{d}x$$

等都不能用初等函数来表示．在这种意义下，说这类积分是“积不出”的．在概率论、数论、光学、傅里叶分析等领域有重要应用的积分都属于“积不出”的范围．

通过前面的讨论可以看出，积分的计算要比导数的计算来得灵活、复杂．为了实用的方便，往往把常用的积分公式汇集成表，这种表叫做**积分表**．积分表是按照被积函数的类型来排列的．求积分时，可根据被积函数的类型直接地或经过简单的变形后，在表内查得所需的结果．

一般说来，查积分表可以节省计算积分的时间，但是只有掌握了前面学过的基本积分方法才能灵活地使用积分表，而且对一些比较简单的积分，应用基本积分方法来计算比查表更快些．所以求积分时究竟是直接计算，还是查表，或是两者结合使用，应该作具体分析，不能一概而论．

复习题 4

1．选择题．

(1) 若$\int f(x)\mathrm{d}x = x^2 + C$，则$\int xf(1-x^2)\mathrm{d}x$ 等于（　　）．

A. $2(1-x^2)^2 + C$　　B. $-2(1-x^2)^2 + C$

C. $\frac{1}{2}(1-x^2)^2 + C$　　D. $-\frac{1}{2}(1-x^2)^2 + C$

(2) 若 e^{-x} 是 $f(x)$ 的原函数，则$\int xf(x)\mathrm{d}x=$(　　).

A. $e^{-x}(1-x)+C$　　B. $e^{-x}(x+1)+C$

C. $e^{-x}(x-1)+C$　　D. $-e^{-x}(x+1)+C$

(3) 如果$\int \mathrm{d}f(x)=\int \mathrm{d}g(x)$，则必有(　　).

A. $f(x)=g(x)$　　B. $f'(x)=g'(x)$

C. $\int f(x)\mathrm{d}x=\int g(x)\mathrm{d}x$　　D. $(\int f(x)\mathrm{d}x)'=(\int g(x)\mathrm{d}x)'$

(4) 设 $f(x)$ 是可导函数，则$(\int f(x)\mathrm{d}x)'$ 为(　　).

A. $f(x)$　　B. $f(x)+C$

C. $f'(x)$　　D. $f'(x)+C$

(5)$\int\left(\frac{1}{1+x^2}\right)'\mathrm{d}x=$(　　).

A. $\frac{1}{1+x^2}$　　B. $\frac{1}{1+x^2}+C$

C. $\arctan x$　　D. $\arctan x+C$

(6) 若 $f'(x)=g'(x)$，则下列式子一定成立的是(　　).

A. $f(x)=g(x)$　　B. $\int \mathrm{d}f(x)=\int \mathrm{d}g(x)$

C. $(\int f(x)\mathrm{d}x)'=(\int g(x)\mathrm{d}x)'$　　D. $f(x)=g(x)+1$

(7)$7\int[f(x)+xf'(x)]\mathrm{d}x=$(　　).

A. $f(x)+C$　　B. $f'(x)+C$

C. $xf(x)+C$　　D. $f^2(x)+C$

2. 填空题

(1) 若函数 $f(x)$ 具有一阶连续导数，则$\int f'(x)\sin f(x)\mathrm{d}x=$________.

(2) 设$\int f(x)\mathrm{d}x=F(x)+C$. 若积分曲线通过原点，则常数 $C=$________.

(3) 设函数 $f(x)$ 可导，$F(x)$ 是 $f(x)$ 的一个原函数，则$\int xf'(x)\mathrm{d}x=$________.

(4) 设 x^3 为 $f(x)$ 的一个原函数，则 $\mathrm{d}f(x)=$________.

(5)$\int f'(2x)\mathrm{d}x=$________.

(6) 已知$\int f(x)\mathrm{d}x=\sin^2 x+C$，则 $f(x)=$________.

(7) 设 $f(x)$ 有一原函数$\frac{\sin x}{x}$，则$\int xf'(x)\mathrm{d}x=$________.

(8) $\int x\sin 3x\,\mathrm{d}x =$ ________.

(9) $\int \sin^3 x\,\mathrm{d}x =$ ________.

(10) $\int \dfrac{1-\sin x}{x+\cos x}\mathrm{d}x =$ ________.

3. 求下列不定积分.

(1) $\int \dfrac{x}{1+\sqrt{x+1}}\mathrm{d}x$;

(2) $\int \dfrac{4x^2-1}{1+x^2}\mathrm{d}x$;

(3) $\int \dfrac{1+\sin 2x}{\cos x+\sin x}\mathrm{d}x$;

(4) $\int (x^2+1)\sin(x^3+3x)\mathrm{d}x$;

(5) $\int \cos\sqrt{x+1}\,\mathrm{d}x$;

(6) $\int \dfrac{x^4}{1+x^2}\mathrm{d}x$;

(7) $\int x^3\sqrt{1+x^2}\,\mathrm{d}x$;

(8) $\int \dfrac{xe^x}{\sqrt{1+e^x}}\mathrm{d}x$;

(9) $\int \left(\dfrac{1}{x}+4^x\right)\mathrm{d}x$;

(10) $\int \dfrac{1}{e^x-e^{-x}}\mathrm{d}x$;

(11) $\int \dfrac{x}{(1-x)^3}\mathrm{d}x$;

(12) $\int \dfrac{2x^2+3}{x^2+1}\mathrm{d}x$;

(13) $\int x\sqrt{x^2+3}\,\mathrm{d}x$;

(14) $\int \dfrac{e^x}{2-3e^x}\mathrm{d}x$;

(15) $\int \dfrac{1}{\sqrt{4-9x^2}}\mathrm{d}x$;

(16) $\int \dfrac{x}{\sqrt{x+2}}\mathrm{d}x$.

4. 已知 $f'(e^x)=1+x$，求 $f(x)$.

5. 已知 $f(x)$ 的原函数为 $\ln^2 x$，求 $\int xf'(x)\mathrm{d}x$.

阅读材料

一、微积分发展简史(二)

微积分的发展大致可分为三个阶段：古希腊数学的准备阶段、17 世纪的创立阶段和 19 世纪的完成阶段．纵观历史，在微积分创立的过程中，最早出现的不是微分法而是积分法，且它们的思想基础是极限．

从数学自身的发展历史来说，积分的概念和方法由来已久，最早可以追溯到古希腊．阿基米德使用包含极限思想的“穷竭法”求由圆周和抛物线围成的图像的面积，后来荷兰数学家斯蒂文(Stevin，1548 —1620)用一种类似于积分计算的方法确定水对垂直坝体的压力．不过应用积分思想对求面积、体积和曲线长度进行系统全面研究的是德国著名天文学家开普勒(Kepler，1571—1630)．他提出行星运动的三大定律，为以后牛顿发现万有引力定律奠定了基础．牛顿曾说过，“如果说我比别人看得远些的话，是因为我站在巨人的肩上”，开普勒无疑是他所指的巨人之一．开普勒在研究行星运动时使用了类似微积分的计算方法．

1665 年 5 月 20 日，牛顿第一次提出了“流数术”，1665 年 11 月发明了“正流数术”(积分法)．他的流数术理论的主要代表作有《运用无限多项方程的分析学》、《流数术与无穷级数》及《曲线求积分》，这些著作给出了求瞬时变化率的一般方法，并证明了面积可由变化率的逆过程求得，阐明了微分与积分之间的联系，即微积分基本定理，这标志着微积分的诞生．而微积分的另一位创始人莱布尼茨发明了一套有效的微积分符号，明确了求和与求差互为逆运算的思想，建立了微积分基本公式，并讨论了微分在求切线、法线和极值方面的应用．他在微积分创立过程中的代表作有《数学笔记》及论文《一种求极大极小值和切线的新方法》．

令人遗憾的是两人在各自创立了微积分后，历史上发生过优先权的争论，从而使数学家分裂成两派，这被认为是“科学史上最不幸的一章”．欧洲大陆的数学家，尤其是瑞士数学家雅各布·伯努利和约翰·伯努利兄弟支持莱布尼茨，而英国数学家捍卫牛顿．两派激烈争吵，甚至尖锐地互相敌对、嘲笑，英国数学在一个时期里闭关锁国，囿于民族偏见，过于拘泥在牛顿的“流数术”中停步不前，因而数学发展整整落后了 100 年．因为牛顿的《自然哲学的数学原理》一书使用的是几何方法，英国人差不多 100 年中照旧以几何为主要工具，而欧洲大陆的数学家继续用莱布尼茨的分析法，并且使微积分更加完善．在这 100 年中，英国人甚至连欧洲大陆通用的微积分符号都不认识．

微积分创立后，由于应用于实际问题非常有效，以至于科学家们来不及解决它的一些其本概念、逻辑困难等问题．例如，当函数概念基本上与分析表达式联系在一起，对于许多不能用公式表达的函数无论对实际应用还是微积分本身都很重要，因此应进一步严格概念；还有无穷小无穷大、导数、积分等概念都需要进一步严格化．1755 年，欧拉给出了函数新定义；法国数学家拉克鲁瓦给出了分段函数的形式，冲破了函数用解析式表达的模式；而德国数学家黎曼给出的函数新定义与现在的定义非常相似，我们可以看到函数概念在逐渐精确化．同时极限理论也在不断地严格化．第一个明确极限是微积分重要基础的是捷克数学家波尔查诺，但最终给出极限严格定义的是柯西，他还用极限概念定义了无穷小，并通过极限定义了导数，通过导数定义了微分，通过极限定义了函数的连续，并用和式极限定义了积分．19 世纪 70 年代，魏尔斯特拉斯、戴德金和康托尔分别创立了实数理论，并在此基础上建立了极限理论的基本定理，此后，又建立了微积分的基本理论，使微积分严格化，克服了数学史上的第二次数学危机．

牛顿(1643—1727)

微积分的定型不会是数学的终结，它只是使常量数学阶段跃升为变量数学阶段，并朝着现代数学阶段迈进，数学的发展将永无止境．

二、数学家牛顿

艾萨克·牛顿(Isaac Newton，1643—1727)是

英国伟大的数学家、物理学家、天文学家和自然哲学家，其研究领域包括数学、物理学、天文学、神学、自然哲学和炼金术等．1661年6月，牛顿考入剑桥大学三一学院．三一学院的巴罗教授是当时改革教育方式主持自然科学新讲座（卢卡斯讲座）的第一任教授，被称为“欧洲最优秀的学者”，对牛顿特别垂青，引导他读了许多前人的优秀著作．1664年，牛顿经考试被选为巴罗的助手，1665年大学毕业．同年，刚好23岁的牛顿发现了二项式定理，这对于微积分的发展是必不可少的一步．1669年，巴罗推荐27岁的牛顿继任卢卡斯讲座的教授．1672年，牛顿成为皇家学会会员．1703年，成为皇家学会终身会长．1704年，牛顿发表了《三次曲线枚举》.1707年，牛顿的代数讲义经整理后出版，定名为《普通算术》．该书主要讨论了代数基础及其（通过解方程）在解决各类问题中的应用．牛顿对解析几何与综合几何都有贡献．他在1736年出版的《解析几何》中引人了曲率中心，给出密切线圆（或称曲线圆）的概念，提出用曲率公式计算曲线的曲率方法．此外，他的数学工作还涉及数值分析、概率论和初等数论等众多领域．牛顿是经典力学理论的开创者，他发现了万有引力定律，设计并实际制造了第一架反射式望远镜等．牛顿的研究领域非常广泛，他在每个所涉足的科学领域中都作出了重要的贡献．他研究过计温学，观测水沸腾或凝固时的固定温度，研究热物体的冷却率，以及其他一些只有与他自己的主要成就相比较时才显得逊色的课题．牛顿是17世纪最伟大的科学巨匠，他所取得的科学成就是无与伦比的，他被公认为人类历史上最伟大、最有影响力的科学家．同时，他又十分谦虚，在临终时这样评论自己：“我不知道世界上的人对我怎样评价．我却这样认为：我好像是站在海滩上玩耍的孩子，时而拾到几块莹洁的石子，时而拾到几片美丽的贝壳并为之欢欣．而那浩瀚的真理的海洋仍然在我的前面未被发现．”“如果我所见的比笛卡儿要远一点，那是因为我站在巨人们的肩上．”牛顿的这种谦虚精神永远值得后人敬仰与学习．

第5章　定积分及其应用

本章讨论积分学的第二个基本问题——定积分．自然科学与生产实践中的许多问题，如平面图像的面积、曲线的弧长、水压力、变力沿直线所做的功等都可以归结为定积分问题．下面将从几何学和物理学中两个实际问题，引出定积分概念，然后讨论定积分的性质及计算方法，最后介绍定积分的应用．

5.1　定积分的概念与性质

5.1.1　定积分问题举例

1. 曲边梯形的面积

设 $y=f(x)$ 是区间 $[a,b]$ 上的连续函数，且 $f(x)\geqslant 0$. 由直线 $x=a$，$x=b$，$y=0$ 及曲线 $y=f(x)$ 所围成的图像称为**曲边梯形**（图 5-1）．其中曲线弧称为**曲边**，x 轴上对应区间 $[a,b]$ 的线段称为**底边**．

由于矩形的高是不变的，其面积可按公式

$$矩形面积=底\times高$$

来定义和计算．而曲边梯形在底边上各点处的高 $f(x)$ 在 $[a,b]$ 上是变化的，故它的面积不能直接按矩形的面积公式来定义和计算．为了解决变高与等高之间的矛盾，基本想法是：把区间 $[a,b]$ 划分为许多小区间，相应地，曲边梯形分割成许多窄曲边梯形，由于高 $f(x)$ 在区间 $[a,b]$ 上是连续变化的，因此在一个很小的区间上它的变化很小，可近似地看成不变，于是用每个小区间上某点处的高近似代替同一个小区间上的变高，即用窄矩形来近似代替相应的窄曲边梯形．这样，所有窄矩形面积之和就是曲边梯形面积的近似值，显然分割得越细，窄矩形面积之和就越接近曲边梯形的面积．如果无限细分下去，使每个小区间的长度都趋于零，这时所有窄矩形面积之和的极限就可定义为曲边梯形的面积．这同时也给出了计算曲边梯形面积的方法．

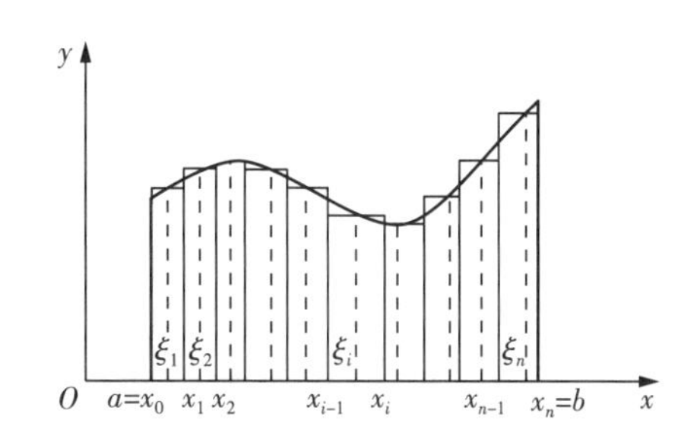

图 5-1　曲边梯形

根据以上分析，计算曲边梯形面积可具体归纳为以下四步：

(1) **分割**．在区间 $[a,b]$ 中任意插入若干分点，

$$a=x_0<x_1<x_2<\cdots<x_{n-1}<x_n=b,$$

把$[a,b]$分成n个小区间，

$$[x_0,x_1],[x_1,x_2],\cdots,[x_{n-1},x_n].$$

它们的长度分别为

$$\Delta x_1=x_1-x_0,\Delta x_2=x_2-x_1,\cdots,\Delta x_n=x_n-x_{n-1}.$$

过每个分点x_i，作平行于y轴的直线段，把曲边梯形分为n个小曲边梯形(图 5-1).

(2) **取近似**. 在小区间$[x_{i-1},x_i]$上任取一点ξ_i，用以$[x_{i-1},x_i]$为底，$f(\xi_i)$为高的小矩形近似代替第i个小曲边梯形的面积ΔA_i，则

$$\Delta A_i\approx f(\xi_i)\Delta x_i\quad(i=1,2,\cdots,n).$$

(3) **求和**. 所有n个小矩形面积之和就是所求曲边梯形面积A的近似值，即

$$A\approx f(\xi_1)\Delta x_1+f(\xi_2)\Delta x_2+\cdots+f(\xi_n)\Delta x_n=\sum_{i=1}^{n}f(\xi_i)\Delta x_i.$$

(4) **取极限**. 为了保证所有小区间的长度都趋于零，要使小区间长度中的最大值趋于零. 若记

$$\lambda=\max\{\Delta x_1,\Delta x_2,\cdots,\Delta x_n\},$$

则上述条件可表示为$\lambda\to0$. 因此，当$\lambda\to0$时(这时小区间的个数n无限增多，即$n\to\infty$)，取上述和式的极限，便得到曲边梯形的面积

$$A=\lim_{\lambda\to0}\sum_{i=1}^{n}f(\xi_i)\Delta x_i.$$

2. 变速直线运动的路程

等速直线运动的路程的计算公式为

$$\text{路程}=\text{速度}\times\text{时间}.$$

设某物体作直线运动，已知速度$v=v(t)$是时间间隔$[T_1,T_2]$上关于t的连续函数，且$v(t)\geqslant0$，如何计算物体在这段时间内所经过的路程s呢?

在这个问题中，速度随时间t而变化，因此，所求路程不能直接按等速直线运动的公式来计算. 然而，由于$v(t)$是连续变化的，在很短的一段时间内，其速度的变化也很小，可近似地看成等速运动. 因此，若把时间间隔划分为许多小时间段，在每个小时间段内，以等速度运动代替变速运动，则可以计算在每个小时间段内路程的近似值；再求和，则得整个路程的近似值；最后，利用求极限的方法计算路程的精确值.

根据以上分析，具体步骤归纳为以下四步：

(1) **分割**. 在时间间隔$[T_1,T_2]$内任意插入$n-1$个分点，使得

$$T_1=t_0<t_1<t_2<\cdots<t_{n-1}<t_n=T_2,$$

把$[T_1,T_2]$分成n个小时间段，

$$[t_0,t_1],[t_1,t_2],\cdots,[t_{n-1},t_n],$$

各小时间段的长度分别为

$$\Delta t_1=t_1-t_0,\cdots,\Delta t_i=t_i-t_{i-1},\cdots,\Delta t_n=t_n-t_{n-1},$$

而各小时间段内物体经过的路程依次为 $\Delta s_1,\Delta s_2,\cdots,\Delta s_n$.

(2) **取近似**. 在每个小时间段上任取一点 τ_i, 以时刻 τ_i 的速度 $v(\tau_i)$ 近似代替 $[t_{i-1},t_i]$ 上各时刻的速度,得到小时间段 $[t_{i-1},t_i]$ 内物体经过的路程 Δs_i 的近似值,即

$$\Delta s_i\approx v(\tau_i)\Delta t_i,\quad i=1,2,\cdots,n.$$

(3) **求和**. 将这样得到的 n 个小时间段上路程的近似值之和作为所求变速直线运动路程 s 的近似值,即

$$\begin{aligned}s&=\Delta s_1+\Delta s_2+\cdots+\Delta s_n\approx v(\tau_1)\Delta t_1+v(\tau_2)\Delta t_2+\cdots+v(\tau_n)\Delta t_n\\&=\sum_{i=1}^{n}v(\tau_i)\Delta t_i.\end{aligned}$$

(4) **取极限**. 记 $\lambda=\max\{\Delta t_1,\Delta t_2,\cdots,\Delta t_n\}$,当 $\lambda\to 0$ 时,取上述和式的极限,便得到变速直线运动路程的精确值

$$s=\lim_{\lambda\to 0}\sum_{i=1}^{n}v(\tau_i)\Delta t_i.$$

5.1.2 定积分的定义

上面讨论的两个问题,尽管它们的实际意义不同,但所要计算的量,都取决于一个函数及其自变量的变化区间. 从处理方法看,都是通过"分割、取近似、求和、取极限"四个步骤完成的. 从所得结果的数学结构看,它们都是具有相同结构的一种特定式的极限.

抛开这些问题的具体意义,抓住它们在数量关系上共同的本质与特性加以概括,就可以抽象出定积分的定义.

定义 设函数 $f(x)$ 在区间 $[a,b]$ 上有界,在 $[a,b]$ 内任意插入 $n-1$ 个分点,

$$a=x_0<x_1<x_2<\cdots<x_{n-1}<x_n=b,$$

把 $[a,b]$ 分成 n 个小区间,

$$\Delta x_1=x_1-x_0,\Delta x_2=x_2-x_1,\cdots,\Delta x_n=x_n-x_{n-1}.$$

各个小区间的长度依次为

$$\Delta x_1=x_1-x_0,\Delta x_2=x_2-x_1,\cdots,\Delta x_n=x_n-x_{n-1}.$$

对任意 $\xi_i\in[x_{i-1},x_i]$,作乘积 $f(\xi_i)\Delta x_i(i=1,2,\cdots,n)$,并作和 $S=\sum\limits_{i=1}^{n}f(\xi_i)\Delta x_i$. 记 $\lambda=\max\{\Delta x_1,\Delta x_2,\cdots,\Delta x_n\}$,如果不论对 $[a,b]$ 怎样分法,也不论在小区间 $[x_{i-1},x_i]$ 上点 ξ_i 怎样取法,只要当 $\lambda\to 0$ 时,和 S 总趋于确定的极限 I,这时就称极限 I 是函数 $f(x)$ 在区间

$[a,b]$ 上的**定积分**,简称**积分**,记为$\int_a^b f(x)\mathrm{d}x$,即

$$\int_a^b f(x)\mathrm{d}x = I = \lim_{\lambda \to 0} \sum_{i=1}^{n} f(\xi_i)\Delta x_i \tag{5-1}$$

其中,$f(x)$ 称为**被积函数**,$f(x)\mathrm{d}x$ 称为**被积表达式**,x 称为**积分变量**,a 称为**积分下限**,b 称为**积分上限**,$[a,b]$ 称为**积分区间**.

关于定积分的定义再做以下几点说明:

(1) 定义中对区间 $[a,b]$ 的分法和对点 ξ_i 的取法是任意的.

(2) 定积分表示的是一种和式的极限,是一个确定的数,当和式的极限存在时,就说 $f(x)$ 在 $[a,b]$ 上定积分存在,也称 $f(x)$ 在 $[a,b]$ 上可积,否则,称为不可积.

(3) 如果不改变被积函数,也不改变积分区间,而只把积分变量 x 改成其他字母,如 t 或 u,那么,这时和的极限 I 不变,也就是定积分的值不变,即

$$\int_a^b f(x)\mathrm{d}x = \int_a^b f(t)\mathrm{d}t = \int_a^b f(u)\mathrm{d}u.$$

也就是说,定积分的值只与被积函数和积分区间有关,而与积分变量的记号无关.

根据定积分的定义和 5.1.1 节讨论的两个引例可以表示如下:

(1) 由连续曲线 $y=f(x)(f(x)\geqslant 0)$,直线 $x=a$,$x=b$ 及 x 轴所围成的曲边梯形的面积 A 等于曲边函数 $f(x)$ 在区间 $[a,b]$ 上的定积分. 即

$$A = \int_a^b f(x)\mathrm{d}x.$$

(2) 以变速 $v=v(t)(v(t)\geqslant 0)$ 做直线运动的物体,从时刻 $t=T_1$ 到时刻 $t=T_2$ 所经过的路程 s 等于速度函数在区间 $[T_1,T_2]$ 上的定积分,即

$$s = \int_{T_1}^{T_2} v(t)\mathrm{d}t.$$

对于定积分,函数 $f(x)$ 满足怎样的条件,才能肯定 $f(x)$ 在 $[a,b]$ 上一定可积? 对于这个问题,这里不做深入讨论,而只给出以下两个充分条件.

定理 1 设 $f(x)$ 在区间 $[a,b]$ 上连续,则 $f(x)$ 在 $[a,b]$ 上可积.

定理 2 设 $f(x)$ 在区间 $[a,b]$ 上有界,且只有有限个间断点,则 $f(x)$ 在 $[a,b]$ 上可积.

下面讨论定积分的几何意义.

在区间 $[a,b]$ 上,$f(x)\geqslant 0$ 时,定积分在几何上表示曲边梯形的面积,即$\int_a^b f(x)\mathrm{d}x = A$;如果在 $[a,b]$ 上 $f(x)\leqslant 0$,曲边梯形在 x 轴的下方,此时定积分的值为负,它在几何上表示这个曲边梯形面积的负值,即$\int_a^b f(x)\mathrm{d}x = -A$. 一般地,如果函数 $y=f(x)$ 在 $[a,b]$ 上的取值有正有负,此时定积分表示在 x 轴上方的图像面积减去在 x 轴下方的图像面积(图 5-2).

由定积分的几何意义，容易得出下列结果（请读者自己画图验证）.

$$\int_{-\pi}^{\pi}\sin x\,\mathrm{d}x=0,$$

$$\int_{-a}^{a}\sqrt{a^2-x^2}\,\mathrm{d}x=\frac{1}{2}\pi a^2.$$

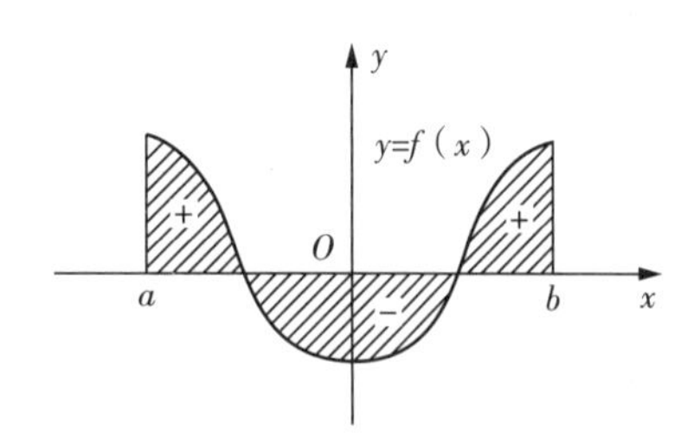

图 5-2 定积分几何意义

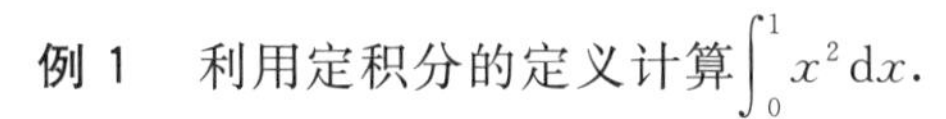

例 1 利用定积分的定义计算$\int_0^1 x^2\mathrm{d}x$.

解 因为被积函数 $f(x)=x^2$ 在区间[0,1]上连续，而连续函数是可积的，所以定积分的值与区间[0,1]的分法及点 ξ_i 的取法无关．为使问题简化，不妨把区间[0,1]分成 n 等份，分点为 $x_i=\frac{i}{n}$，$i=1,2,\cdots,n-1$，$\Delta x_i=\frac{1}{n}$，取每个小区间的右端点 $\xi_i=x_i$. 于是得到积分和

$$\begin{aligned}\sum_{i=1}^{n}f(\xi_i)\Delta x_i&=\sum_{i=1}^{n}\xi_i^{\,2}\Delta x_i=\sum_{i=1}^{n}x_i^{\,2}\Delta x_i=\sum_{i=1}^{n}\left(\frac{i}{n}\right)^2\cdot\frac{1}{n}\\&=\frac{1}{n^3}\sum_{i=1}^{n}i^2=\frac{1}{n^3}(1^2+2^2+\cdots+n^2)\\&=\frac{n(n+1)(2n+1)}{6n^3}=\frac{1}{6}\left(1+\frac{1}{n}\right)\left(2+\frac{1}{n}\right).\end{aligned}$$

当 $\lambda\to 0$，即 $n\to\infty$ 时，得

$$\int_0^1 x^2\mathrm{d}x=\lim_{\lambda\to 0}\sum_{i=1}^{n}f(\xi_i)\Delta x_i=\lim_{n\to\infty}\frac{1}{6}\left(1+\frac{1}{n}\right)\left(2+\frac{1}{n}\right)=\frac{1}{3}.$$

5.1.3 定积分的性质

为了进一步讨论定积分的理论与计算，下面介绍定积分的一些性质．为计算和应用方便起见，先对定积分做两点补充规定：

(1) 当 $a=b$ 时，$\int_a^b f(x)\mathrm{d}x=0$；

(2) 当 $a>b$ 时，$\int_a^b f(x)\mathrm{d}x=-\int_b^a f(x)\mathrm{d}x$.

根据上述规定，交换积分的上、下限，其绝对值不变而符号相反．因此，在下面的讨论中如无特别指出，对积分上、下限的大小不加限制，且被积函数都是可积的．

性质 1 $\int_a^b[f(x)\pm g(x)]\mathrm{d}x=\int_a^b f(x)\mathrm{d}x\pm\int_a^b g(x)\mathrm{d}x$.

证

$$\begin{aligned}\int_a^b[f(x)\pm g(x)]\mathrm{d}x&=\lim_{\lambda\to 0}\sum_{i=1}^{n}[f(\xi_i)\pm g(\xi_i)]\Delta x_i\\&=\lim_{\lambda\to 0}\sum_{i=1}^{n}f(\xi_i)\Delta x_i\pm\lim_{\lambda\to 0}\sum_{i=1}^{n}g(\xi_i)\Delta x_i\end{aligned}$$

$$= \int_a^b f(x)\mathrm{d}x \pm \int_a^b g(x)\mathrm{d}x.$$

性质 1 可以推广到有限多个函数的情形．类似地，可以证明：

性质 2 $\int_a^b kf(x)\mathrm{d}x = k\int_a^b f(x)\mathrm{d}x$（$k$ 为常数）．

性质 3 设 $a < c < b$，则$\int_b^a f(x)\mathrm{d}x = \int_b^c f(x)\mathrm{d}x + \int_c^a f(x)\mathrm{d}x$.

性质 3 表明，定积分对于积分区间具有可加性．此性质可用于求分段函数的定积分．

根据定积分的补充规定，可以证得，不论分点 c 与点 a 及点 b 的位置关系如何，总有等式

$$\int_b^a f(x)\mathrm{d}x = \int_b^c f(x)\mathrm{d}x + \int_c^a f(x)\mathrm{d}x$$

成立．

性质 4 如果在区间 $[a,b]$ 上 $f(x) \equiv 1$，则$\int_a^b 1\mathrm{d}x = \int_a^b \mathrm{d}x = b - a$.

性质 5 若在区间 $[a,b]$ 上有 $f(x) \geqslant 0$，则$\int_a^b f(x)\mathrm{d}x \geqslant 0$.

推论 1 如果在区间 $[a,b]$ 上，$f(x) \leqslant g(x)$，则

$$\int_a^b f(x)\mathrm{d}x \leqslant \int_a^b g(x)\mathrm{d}x \quad (a < b).$$

推论 2 $\left|\int_a^b f(x)\mathrm{d}x\right| \leqslant \int_a^b |f(x)|\mathrm{d}x\ (a < b)$.

性质 6（估值定理） 设 M 与 m 分别是函数 $f(x)$ 在区间 $[a,b]$ 上的最大值与最小值，则

$$m(b-a) \leqslant \int_a^b f(x)\mathrm{d}x \leqslant M(b-a).$$

利用性质 4 与性质 5，容易证得性质 6.

性质 6 有明显的几何意义，即以 $[a,b]$ 为底，$y = f(x) \geqslant 0$ 为曲边的曲边梯形的面积$\int_a^b f(x)\mathrm{d}x$ 介于同一底边而高分别为 m 与 M 的矩形面积 $m(b-a)$ 与 $M(b-a)$ 之间（图 5-3）.

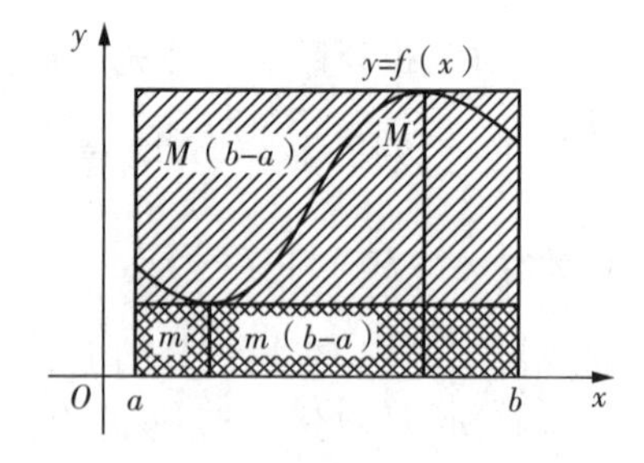

图 5-3　估值定理的几何意义

例 2 估计积分$\int_{\frac{1}{\sqrt{3}}}^{\sqrt{3}} x\arctan x\mathrm{d}x$ 的值．

解 设 $f(x) = x\arctan x, x \in \left[\frac{1}{\sqrt{3}}, \sqrt{3}\right]$，由 $f'(x) = \arctan x + \frac{x}{1+x^2} > 0$，知 $f(x)$ 在$\left[\frac{1}{\sqrt{3}}, \sqrt{3}\right]$上单调增加，故

最大值 $M = f(\sqrt{3}) = \frac{\sqrt{3}}{3}\pi$，

最小值 $m=f\left(\frac{1}{\sqrt{3}}\right)=\frac{\sqrt{3}}{18}\pi$，

所以

$$\frac{\sqrt{3}}{18}\pi\left(\sqrt{3}-\frac{1}{\sqrt{3}}\right)\leqslant\int_{\frac{1}{\sqrt{3}}}^{\sqrt{3}}x\arctan x\,\mathrm{d}x\leqslant\frac{\sqrt{3}}{3}\pi\left(\sqrt{3}-\frac{1}{\sqrt{3}}\right),$$

即

$$\frac{\pi}{9}\leqslant\int_{\frac{1}{\sqrt{3}}}^{\sqrt{3}}x\arctan x\,\mathrm{d}x\leqslant\frac{2\pi}{3}.$$

性质7(积分中值定理)　如果函数 $f(x)$ 在闭区间 $[a,b]$ 上连续，则在 $[a,b]$ 上至少存在一点 ξ，使得

$$\int_a^b f(x)\mathrm{d}x=f(\xi)(b-a)\ (a\leqslant\xi\leqslant b)$$

成立，这个公式称为**积分中值公式**.

证　将性质6中的不等式除以区间长度 $b-a$，得

$$m\leqslant\frac{1}{b-a}\int_a^b f(x)\mathrm{d}x\leqslant M.$$

这表明，数值 $\frac{1}{b-a}\int_a^b f(x)\mathrm{d}x$ 介于函数 $f(x)$ 的最小值与最大值之间，由闭区间上连续函数的介值定理知，在区间 $[a,b]$ 上至少存在一点 ξ，使得

$$\frac{1}{b-a}\int_a^b f(x)\mathrm{d}x=f(\xi),$$

即

$$\int_a^b f(x)\mathrm{d}x=f(\xi)(b-a)\ (a\leqslant\xi\leqslant b).$$

积分中值定理在几何上表示在 $[a,b]$ 上至少存在一点 ξ，使得以 $[a,b]$ 为底，$y=f(x)\geqslant0$ 为曲边的曲边梯形面积 $\int_a^b f(x)\mathrm{d}x$ 等于同一底边而高为 $f(\xi)$ 的矩形的面积 $f(\xi)(b-a)$（图5-4）.

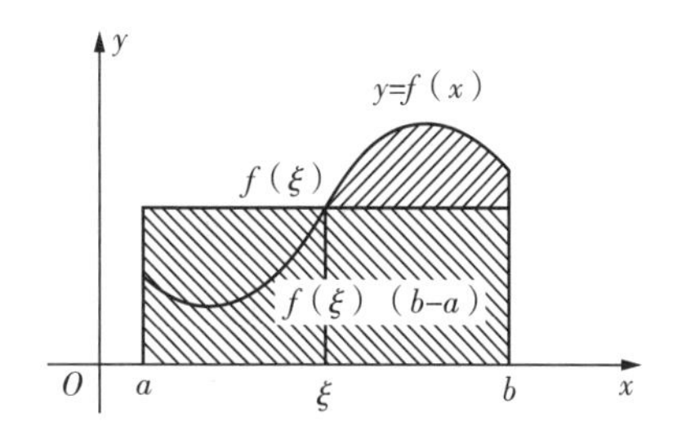

图5-4　积分中值定理几何意义

根据上述几何解释，数值 $\frac{1}{b-a}\int_a^b f(x)\mathrm{d}x$ 表示连续曲线 $f(x)$ 在区间 $[a,b]$ 上的平均高度，称它是函数 $f(x)$ 在区间 $[a,b]$ 上的**平均值**. 这一概念是对有限个数的平均值概念的拓展. 例如，

$$v(\xi)=\frac{1}{T_2-T_1}\int_{T_1}^{T_2}v(t)\mathrm{d}t,\quad T_1\leqslant T_2$$

表示变速直线运动在$[T_1,T_2]$这段时间内的平均速度．

5.2 微积分基本公式

积分学中要解决两个问题：一是原函数的求法，在第 4 章中已经对它做了讨论；二是定积分的计算．如果要按定积分的定义来计算定积分将十分困难．因此，寻求一种计算定积分的有效方法便成为积分学发展的关键．虽然不定积分作为原函数的概念与定积分作为积分和的极限的概念是完全不相干的两个概念，但是牛顿和莱布尼茨不仅发现而且找到了这两个概念之间存在的深刻的内在联系，并由此巧妙地开辟了求定积分的基本公式 —— 牛顿-莱布尼茨公式．牛顿和莱布尼茨也因此作为微积分学的创立人而载入史册．

5.2.1 位置函数与速度函数的联系

设一物体在直线上运动．在这一直线上取定原点、正向及单位长度，使其成为一数轴．设 t 时刻物体所在位置为$s(t)$，速度为 $v(t)\geqslant 0$，由 5.1 节知，物体在时间间隔$[T_1,T_2]$内经过的路程为

$$s=\int_{T_1}^{T_2}v(t)\mathrm{d}t.$$

另外，这段路程又可以表示为位置函数 $s(t)$ 在区间$[T_1,T_2]$上的增量

$$s(T_2)-s(T_1).$$

由此可见，位置函数 $s(t)$ 与速度函数 $v(t)$ 之间有如下关系：

$$\int_{T_1}^{T_2}v(t)\mathrm{d}t=s(T_2)-s(T_1) \tag{5-2}$$

因为 $s'(t)=v(t)$，即位置函数 $s(t)$ 是速度函数 $v(t)$ 的原函数，所以求物体在时间间隔$[T_1,T_2]$内所经过的路程就转化为求 $v(t)$ 的原函数 $s(t)$ 在区间$[T_1,T_2]$上的增量．

这个结论是否具有普遍性呢？在一定条件下，回答是肯定的．一般地，函数 $f(x)$ 在区间$[a,b]$上的定积分$\int_a^b f(x)\mathrm{d}x$ 等于 $f(x)$ 的原函数 $F(x)$ 在区间$[a,b]$上的增量 $F(b)-F(a)$．下面将逐步展开讨论．

5.2.2 积分上限的函数及其导数

设函数 $f(x)$ 在区间$[a,b]$上连续，x 是$[a,b]$上的一点，则函数

$$\Phi(x)=\int_a^x f(x)\mathrm{d}x \tag{5-3}$$

称为**积分上限的函数(或变上限的定积分)**.

式(5-3)中积分变量和积分上限都是用字母 x 表示的，但要注意它们的含义并不相同．

为了加以区别，通常将积分变量改用 t 来表示(因为定积分与积分变量的记法无关)，即

$$\Phi(x)=\int_a^x f(x)\mathrm{d}x=\int_a^x f(t)\mathrm{d}t.$$

$\Phi(x)$ 的几何意义是右侧直线可移动的曲边梯形的面积(图 5－5)．曲边梯形的面积 $\Phi(x)$ 随 x 的位置的变动而改变，当 x 给定后，面积 $\Phi(x)$ 就随之而定．

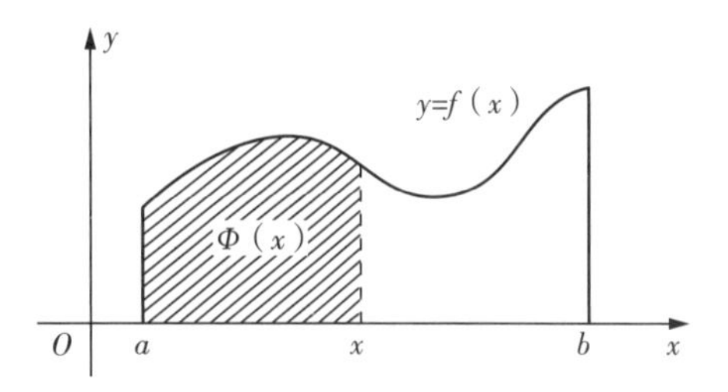

图 5－5　积分上限函数 $\Phi(x)$ 的几何意义

下面定理1给出了积分上限的函数 $\Phi(x)$ 的一个重要性质．

定理 1　如果函数 $f(x)$ 在区间 $[a,b]$ 上连续，则积分上限的函数

$$\Phi(x)=\int_a^x f(t)\mathrm{d}t$$

在 $[a,b]$ 上可导，且

$$\Phi'(x)=\frac{\mathrm{d}}{\mathrm{d}x}\int_a^x f(t)\mathrm{d}t=f(x)\quad(a\leqslant x\leqslant b)\tag{5-4}$$

证　设 $x\in[a,b]$，$\Delta x\neq 0$ 且 $x+\Delta x\in[a,b]$，此时注意 x 取左端点 $x=a$，则 $\Delta x>0$；取 $x=b$，则 $\Delta x<0$．由于

$$\Delta\Phi=\Phi(x+\Delta x)-\Phi(x)=\int_a^{x+\Delta x} f(t)\mathrm{d}t-\int_a^x f(t)\mathrm{d}t$$

$$=\int_a^x f(t)\mathrm{d}t+\int_x^{x+\Delta x} f(t)\mathrm{d}t-\int_a^x f(t)\mathrm{d}t=\int_x^{x+\Delta x} f(t)\mathrm{d}t,$$

用积分中值定理，得 $\Delta\Phi=f(\xi)\Delta x$，$\xi$ 在 x 与 $x+\Delta x$ 之间．

由于 $f(x)$ 在点 x 处连续，且 $\Delta x\to 0$ 时，$\xi\to x$，所以

$$\Phi'(x)=\lim_{\Delta x\to 0}\frac{\Delta\Phi}{\Delta x}=\lim_{\xi\to x}f(\xi)=f(x),$$

即

$$\frac{\mathrm{d}}{\mathrm{d}x}\int_a^x f(t)\mathrm{d}t=f(x)\quad(a\leqslant x\leqslant b).$$

定理1揭示了微分(或导数)与定积分这两个看上去不相干的概念之间的内在联系．它表明，连续函数 $f(x)$ 取变上限为 x 的定积分然后求导，其结果还原为 $f(x)$ 本身．联想到原函数的定义，知 $\Phi(x)$ 是 $f(x)$ 的一个原函数．因此定理1也证明了“连续函数必有原函数”这一基本结论．

定理 2　如果函数 $f(x)$ 在区间 $[a,b]$ 上连续，则函数

$$\Phi(x)=\int_a^x f(t)\mathrm{d}t$$

就是 $f(x)$ 在 $[a,b]$ 上的一个原函数.

这个定理的重要性在于:一方面肯定了连续函数的原函数是存在的,这就回答了第4章提出的什么函数一定具有原函数的问题;另一方面初步揭示了定积分与被积函数的原函数之间的联系,从而有可能通过被积函数的原函数来计算定积分.

利用复合函数的求导法则,可以进一步得到下列公式:

$$\frac{\mathrm{d}}{\mathrm{d}x}\int_a^{\varphi(x)} f(t)\mathrm{d}t=f[\varphi(x)]\varphi'(x) \tag{5-5}$$

$$\frac{\mathrm{d}}{\mathrm{d}x}\int_{a(x)}^{b(x)} f(t)\mathrm{d}t=f[b(x)]b'(x)-f[a(x)]a'(x) \tag{5-6}$$

例 1 设 $y=\int_0^x \cos^2 t\mathrm{d}t$,求 $y'\left(\frac{\pi}{4}\right)$.

解 $y'=\frac{\mathrm{d}}{\mathrm{d}x}\int_0^x \cos^2 t\mathrm{d}t=\cos^2 x$,故

$$y'\left(\frac{\pi}{4}\right)=\cos^2\left(\frac{\pi}{4}\right)=\frac{1}{2}.$$

例 2 求 $\frac{\mathrm{d}}{\mathrm{d}x}\int_1^{x^3} e^{t^2}\mathrm{d}t$.

解 这里 $\int_1^{x^3} e^{t^2}\mathrm{d}t$ 是 x^3 的函数,因而是复合函数.令 $x^3=u$,则

$$\Phi(u)=\int_1^u e^{t^2}\mathrm{d}t,$$

根据复合函数求导法则,有

$$\frac{\mathrm{d}}{\mathrm{d}x}\int_1^{x^3} e^{t^2}\mathrm{d}t=\frac{\mathrm{d}}{\mathrm{d}u}\int_1^u e^{t^2}\mathrm{d}t\,\frac{\mathrm{d}u}{\mathrm{d}x}=e^{u^2}3x^2=3x^2e^{x^6}.$$

例 3 求 $\lim\limits_{x\to 0}\frac{\int_{\cos x}^1 e^{-t^2}\mathrm{d}t}{x^2}$.

解 极限形式是"$\frac{0}{0}$"型未定式,应用洛必达法则计算.由于

$$\frac{\mathrm{d}}{\mathrm{d}x}\int_{\cos x}^1 e^{-t^2}\mathrm{d}t=-\frac{\mathrm{d}}{\mathrm{d}x}\int_1^{\cos x} e^{-t^2}\mathrm{d}t=-e^{-\cos^2 x}(\cos x)'=\sin x e^{-\cos^2 x},$$

所以

$$\lim_{x\to 0}\frac{\int_{\cos x}^1 e^{-t^2}\mathrm{d}t}{x^2}=\lim_{x\to 0}\frac{\sin x e^{-\cos^2 x}}{2x}=\frac{1}{2e}.$$

5.2.3　牛顿-莱布尼茨公式

下面根据定理 2 来证明一个重要定理，它给出了通过原函数来计算定积分的公式．

定理 3　如果函数 $F(x)$ 是连续函数 $f(x)$ 在区间 $[a,b]$ 上的一个原函数，则

$$\int_a^b f(x)\mathrm{d}x = F(b) - F(a) \tag{5-7}$$

式(5－7) 称**牛顿-莱布尼茨公式**，简称 N－L 公式．

证　已知函数 $F(x)$ 是 $f(x)$ 的一个原函数，又根据定理 2 知

$$\Phi(x) = \int_a^x f(t)\mathrm{d}t$$

也是 $f(x)$ 的一个原函数，所以

$$F(x) - \Phi(x) = C, x \in [a,b].$$

上式中令 $x=a$，得 $F(a)-\Phi(a)=C$，而

$$\Phi(a) = \int_a^a f(t)\mathrm{d}t = 0,$$

所以 $F(a)=C$，故

$$\int_a^x f(t)\mathrm{d}t = F(x) - F(a).$$

在上式中，令 $x=b$，则得式(5－7)．式(5－7) 也常记为

$$\int_a^b f(x)\mathrm{d}x = [F(x)]_a^b \quad \text{或} \quad \int_a^b f(x)\mathrm{d}x = F(x)\big|_a^b.$$

由于 $f(x)$ 的原函数 $F(x)$ 一般可通过求不定积分得到，因此牛顿-莱布尼茨公式把定积分的计算问题与不定积分联系起来，转化为求被积函数的一个原函数在 $[a,b]$ 上的增量问题.

牛顿-莱布尼茨公式也称为**微积分基本公式**．

例 4　计算下列定积分．

(1) $\int_0^{\ln a} a^x \mathrm{d}x\ (a>0, a\neq 1)$；　　(2) $\int_{-4}^{-2} \frac{1}{x}\mathrm{d}x$.

解　(1) 因为 $\frac{a^x}{\ln a}$ 是 a^x 的一个原函数，所以

$$\int_0^{\ln a} a^x \mathrm{d}x = \left[\frac{a^x}{\ln a}\right]_0^{\ln a} = \frac{1}{\ln a}(a^{\ln a} - 1).$$

(2) 因为 $x<0$ 时，$\frac{1}{x}$ 的一个原函数是 $\ln|x|$，所以

$$\int_{-4}^{-2} \frac{1}{x}\mathrm{d}x = [\ln|x|]_{-4}^{-2} = \ln 2 - \ln 4 = -\ln 2.$$

例 5 计算$\int_{-\frac{\pi}{2}}^{\frac{\pi}{2}} f(x)\mathrm{d}x$,其中 $f(x)=\begin{cases}\cos x, x \geqslant 0 \\ x, x<0\end{cases}$.

解 $$\int_{-\frac{\pi}{2}}^{\frac{\pi}{2}} f(x)\mathrm{d}x=\int_{-\frac{\pi}{2}}^{0} x\mathrm{d}x+\int_{0}^{\frac{\pi}{2}} \cos x\mathrm{d}x=\left.\frac{x^2}{2}\right|_{-\frac{\pi}{2}}^{0}+\left.\sin x\right|_{0}^{\frac{\pi}{2}}=1-\frac{\pi^2}{8}.$$

例 6 计算$\int_{-\frac{\pi}{2}}^{\frac{\pi}{3}} \sqrt{1-\cos^2 x}\,\mathrm{d}x$.

解 $$\begin{aligned}\int_{-\frac{\pi}{2}}^{\frac{\pi}{3}} \sqrt{1-\cos^2 x}\,\mathrm{d}x&=\int_{-\frac{\pi}{2}}^{\frac{\pi}{3}} \sqrt{\sin^2 x}\,\mathrm{d}x=\int_{-\frac{\pi}{2}}^{\frac{\pi}{3}} |\sin x|\,\mathrm{d}x \\ &=-\int_{-\frac{\pi}{2}}^{0} \sin x\mathrm{d}x+\int_{0}^{\frac{\pi}{3}} \sin x\mathrm{d}x \\ &=\left.\cos x\right|_{-\frac{\pi}{2}}^{0}-\left.\cos x\right|_{0}^{\frac{\pi}{3}}=\frac{3}{2}.\end{aligned}$$

5.3 定积分的换元法与分部积分法

由牛顿-莱布尼茨公式知道,计算定积分的简便方法是把它转化为求原函数的增量. 在第 4 章中,可以用换元积分法和分部积分法求出一些函数的原函数. 因此,在一定条件下,也可以用换元积分法和分部积分法来计算定积分.

5.3.1 定积分的换元法

为了说明如何用换元法来计算定积分,先证明下面的定理.

定理 1 如果函数 $f(x)$ 在区间$[a,b]$上连续,函数 $x=\varphi(t)$ 满足以下两个条件:

(1)$\varphi(\alpha)=a,\varphi(\beta)=b$;

(2)$\varphi(t)$ 在区间$[\alpha,\beta]$(或$[\beta,\alpha]$)上具有连续导数,且 $a \leqslant \varphi(t) \leqslant b$,则有定积分换元公式

$$\int_a^b f(x)\mathrm{d}x=\int_\alpha^\beta f[\varphi(t)]\varphi'(t)\mathrm{d}t \tag{5-8}$$

证 由于式(5-8)两边的被积函数都是连续函数,因此它们的原函数都存在. 设 $F(x)$ 是 $f(x)$ 在$[a,b]$上的一个原函数,$F[\varphi(t)]$是由 $F(x)$ 和 $x=\varphi(t)$ 复合而成的函数. 由复合函数微分法,得

$$\frac{\mathrm{d}}{\mathrm{d}t}F[\varphi(t)]=F'[\varphi(t)]\varphi'(t)=f[\varphi(t)]\varphi'(t)\mathrm{d}t,$$

可见,$F[\varphi(t)]$是 $f[\varphi(t)]\varphi'(t)$ 的一个原函数. 根据牛顿-莱布尼茨公式,证得

$$\int_\alpha^\beta f[\varphi(t)]\varphi'(t)\mathrm{d}t=F[\varphi(\beta)]-F[\varphi(\alpha)]=F(b)-F(a)=\int_a^b f(x)\mathrm{d}x.$$

从以上证明看到，用换元法计算定积分时，一旦得到用新变量表示的原函数，不必作变量还原，而只要用新的积分限代入并求其差值即可，这就是定积分换元法与不定积分换元法的区别．这一区别的成因在于，不定积分所求的是被积函数的原函数，理应保留与原来相同的自变量，而定积分的计算结果是一个确定的数，如果式(5-8)一边的定积分计算出来，那么另一边的定积分也自然求得．

例 1　计算$\int_0^a \sqrt{a^2-x^2}\,dx\,(a>0)$.

解　令 $x=a\sin t$，则 $dx=a\cos t\,dt$，且当 $x=0$ 时，$t=0$；当 $x=a$ 时，$t=\frac{\pi}{2}$.

所以

$$\int_0^a \sqrt{a^2-x^2}\,dx=\int_0^{\frac{\pi}{2}} a\sqrt{1-\sin t^2}\,a\cos t\,dt=a^2\int_0^{\frac{\pi}{2}}\cos^2 t\,dt$$

$$=\frac{a^2}{2}\int_0^{\frac{\pi}{2}}(1+\cos 2t)\,dt$$

$$=\frac{a^2}{2}\left(t+\frac{1}{2}\sin 2t\right)\Bigg|_0^{\frac{\pi}{2}}=\frac{\pi a^2}{4}.$$

注　如果利用定积分的几何意义，该题在几何上表示圆心在原点，半径为 a 的圆在第一象限部分的面积，因此容易直接得到计算结果．

定积分换元公式(5-8)也可逆向使用，即从右至左使用公式．

例 2　计算$\int_0^{\frac{\pi}{2}}\cos^4 x\sin x\,dx$.

解　令 $t=\cos x$，则 $dt=-\sin x\,dx$，且当 $x=0$ 时，$t=1$；$x=\frac{\pi}{2}$ 时，$t=0$.

所以

$$\int_0^{\frac{\pi}{2}}\cos^4 x\sin x\,dx=-\int_1^0 t^4\,dt=\int_0^1 t^4\,dt=\frac{1}{5}t^5\Bigg|_0^1=\frac{1}{5}.$$

在使用定积分换元法时，也可不写出新变量，而直接用凑微分法，这时定积分的上、下限就不需改变．本例重新计算如下：

$$\int_0^{\frac{\pi}{2}}\cos^4 x\sin x\,dx=-\int_0^{\frac{\pi}{2}}\cos^4 x\,d\cos x=-\frac{1}{5}\cos^5 x\Bigg|_0^{\frac{\pi}{2}}=\frac{1}{5}.$$

例 3　设 $f(x)$ 在 $[-a,a]$ 上连续，证明：

(1) 如果 $f(x)$ 为偶函数，则$\int_{-a}^a f(x)\,dx=2\int_0^a f(x)\,dx$；

(2) 如果 $f(x)$ 为奇函数，则$\int_{-a}^a f(x)\,dx=0$.

从几何图像(图 5-6) 上看,结论是十分明显的.

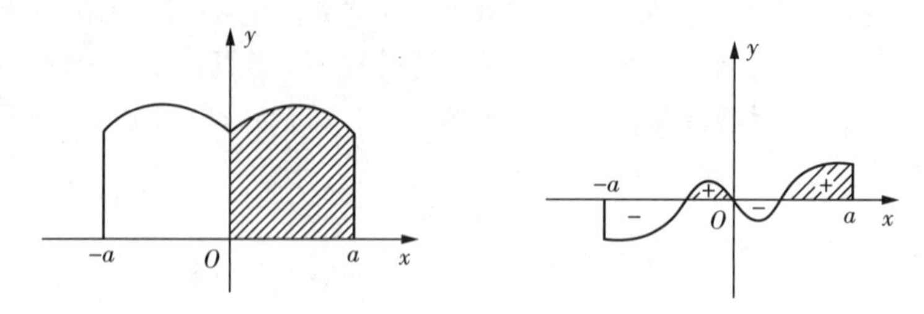

图 5-6 例 3 结论图像化含义

证 因为

$$\int_{-a}^{a} f(x)\mathrm{d}x = \int_{-a}^{0} f(x)\mathrm{d}x + \int_{0}^{a} f(x)\mathrm{d}x,$$

在上式右端第一项中令 $x=-t$,则

$$\int_{-a}^{0} f(x)\mathrm{d}x = -\int_{a}^{0} f(-t)\mathrm{d}t = \int_{0}^{a} f(-t)\mathrm{d}t = \int_{0}^{a} f(-x)\mathrm{d}x.$$

于是

$$\int_{-a}^{a} f(x)\mathrm{d}x = \int_{0}^{a} f(x)\mathrm{d}x + \int_{0}^{a} f(-x)\mathrm{d}x.$$

(1) 若 $f(x)$ 为偶函数,即 $f(-x)=f(x)$,则

$$\int_{-a}^{a} f(x)\mathrm{d}x = 2\int_{0}^{a} f(x)\mathrm{d}x;$$

(2) 若 $f(x)$ 为奇函数,即 $f(-x)=-f(x)$,则

$$\int_{-a}^{a} f(x)\mathrm{d}x = 0.$$

例 4 计算 $\int_{-1}^{1} (|x| + \sin x)x^2 \mathrm{d}x$.

解 因为积分区间关于原点对称,且 $|x| \cdot x^2$ 为偶函数,$\sin x \cdot x^2$ 为奇函数,所以

$$\int_{-1}^{1} (|x| + \sin x)x^2 \mathrm{d}x = \int_{-1}^{1} |x| x^2 \mathrm{d}x = 2\int_{0}^{1} x^3 \mathrm{d}x = \frac{1}{2}.$$

5.3.2 定积分的分部积分法

依据不定积分的分部积分法,可得定积分的分部积分公式.

由于 $\mathrm{d}(uv) = u\mathrm{d}v + v\mathrm{d}u$,移项得

$$u(x)\mathrm{d}v(x) = \mathrm{d}[u(x)v(x)] - v(x)\mathrm{d}u(x),$$

于是

$$\int_{a}^{b} u(x)\mathrm{d}v(x) = \int_{a}^{b} \mathrm{d}[u(x)v(x)] - \int_{a}^{b} v(x)\mathrm{d}u(x)$$

$$=[u(x)v(x)]_a^b-\int_a^b v(x)\mathrm{d}u(x),$$

简记为

$$\int_a^b uv'\mathrm{d}x=[uv]_a^b-\int_a^b vu'\mathrm{d}x \tag{5-9}$$

这就是定积分的分部积分公式．与不定积分分部积分公式不同的是，这里可以将原函数已经积出的部分 uv 先用上、下限代入．

例5 计算$\int_1^e x^2\ln x\mathrm{d}x$.

解 $\int_1^e x^2\ln x\mathrm{d}x=\frac{1}{3}\int_1^e \ln x\mathrm{d}x^3=\frac{1}{3}\left(x^3\ln x\ \Big|_1^e-\int_1^e x^2\mathrm{d}x\right)$

$$=\frac{1}{3}\left(e^3-\frac{1}{3}x^3\ \Big|_1^e\right)=\frac{1}{9}(2e^3+1).$$

例6 计算$\int_0^1 \arctan x\mathrm{d}x$.

解 设 $u=\arctan x$，$\mathrm{d}v=\mathrm{d}x$，则 $\mathrm{d}u=\frac{\mathrm{d}x}{1+x^2}$，$v=x$，代入分部积分公式，得

$$\int_0^1\arctan x\mathrm{d}x=[x\arctan x]_0^1-\int_0^1\frac{x}{1+x^2}\mathrm{d}x$$

$$=\frac{\pi}{4}-\frac{1}{2}[\ln(1+x^2)]_0^1=\frac{\pi}{4}-\frac{1}{2}\ln 2$$

例7 计算$\int_1^4 e^{\sqrt{x}}\mathrm{d}x$.

解 先换元，再用分部积分法．令$\sqrt{x}=t$，则 $x=t^2$，$\mathrm{d}x=2t\mathrm{d}t$. 当 $x=1$ 时，$t=1$；当 $x=4$ 时，$t=2$. 于是

$$\int_1^4 e^{\sqrt{x}}\mathrm{d}x=2\int_1^2 te^t\mathrm{d}t=2\int_1^2 t\mathrm{d}e^t=2[te^t]_1^2-2\int_1^2 e^t\mathrm{d}t$$

$$=2(2e^2-e)-2[e^t]_1^2=4e^2-2e-2e^2+2e=2e^2.$$

利用定积分的分部积分公式(5-9)，可以证得下列公式成立(证明从略).

$$I_n=\int_0^{\frac{\pi}{2}}\sin^n x\mathrm{d}x=\int_0^{\frac{\pi}{2}}\cos^n x\mathrm{d}x$$

$$=\begin{cases}\dfrac{n-1}{n}\cdot\dfrac{n-3}{n-2}\cdot\cdots\cdot\dfrac{3}{4}\cdot\dfrac{1}{2}\cdot\dfrac{\pi}{2}, & n\text{ 为正偶数},\\[2ex] \dfrac{n-1}{n}\cdot\dfrac{n-3}{n-2}\cdot\cdots\cdot\dfrac{4}{5}\cdot\dfrac{2}{3}, & n\text{ 为大于 1 的奇数}\end{cases} \tag{5-10}$$

例8 计算下列定积分．

(1) $\int_0^{\frac{\pi}{2}}\sin^5 x\mathrm{d}x$； (2) $\int_0^{\frac{\pi}{2}}\cos^6 x\mathrm{d}x$.

解 (1) 因为 $n=5$ 是奇数,由公式(5-10),得

$$\int_0^{\frac{\pi}{2}} \sin^5 x \mathrm{d}x = \frac{4}{5} \times \frac{2}{3} = \frac{8}{15}.$$

(2) 因为 $n=6$ 是偶数,由公式(5-10),得

$$\int_0^{\frac{\pi}{2}} \cos^6 x \mathrm{d}x = \frac{5}{6} \times \frac{3}{4} \times \frac{1}{2} \times \frac{\pi}{2} = \frac{5}{32}\pi.$$

注 如果积分区间不是$\left[0,\frac{\pi}{2}\right]$,就不能直接使用公式(5-10).

5.4 反常积分

在引入定积分概念时,总是假定积分区间$[a,b]$是有限区间,且被积函数在$[a,b]$上是有界函数.但是,在实际工作中常会遇到积分区间为无穷区间,或者被积函数在积分区间上是无界的情形.要解决这类积分的计算问题,就必须把定积分的概念加以推广,即把积分区间推广到无穷区间,或者把被积函数推广到在有限区间上是无界的情形,这就是本节中将要引进的两类反常积分的概念.

5.4.1 无穷区间上的反常积分

定义 1 设函数 $f(x)$ 在区间$[a,+\infty)$上连续,任取 $b>a$,称极限

$$\lim_{b\to+\infty}\int_a^b f(x)\mathrm{d}x$$

称为**函数 $f(x)$ 在无穷区间$[a,+\infty)$上的反常积分**,记作$\int_a^{+\infty} f(x)\mathrm{d}x$,即

$$\int_a^{+\infty} f(x)\mathrm{d}x = \lim_{b\to+\infty}\int_a^b f(x)\mathrm{d}x \tag{5-11}$$

如果上述极限存在,则称反常积分$\int_a^{+\infty} f(x)\mathrm{d}x$ **收敛**;否则,称反常积分$\int_a^{+\infty} f(x)\mathrm{d}x$ **发散**.

定义 2 设函数 $f(x)$ 在区间$(-\infty,b]$上连续,任取 $a<b$,称极限

$$\lim_{a\to-\infty}\int_a^b f(x)\mathrm{d}x$$

称为**函数 $f(x)$ 在无穷区间$(-\infty,b]$上的反常积分**,记作$\int_{-\infty}^b f(x)\mathrm{d}x$,即

$$\int_{-\infty}^b f(x)\mathrm{d}x = \lim_{a\to-\infty}\int_a^b f(x)\mathrm{d}x \tag{5-12}$$

如果上述极限存在,则称反常积分$\int_{-\infty}^b f(x)\mathrm{d}x$ **收敛**;否则,称反常积分$\int_{-\infty}^b f(x)\mathrm{d}x$ **发散**.

定义 3 设函数 $f(x)$ 在区间$(-\infty,+\infty)$上连续,定义**函数 $f(x)$ 在无穷区间**

$(-\infty,+\infty)$ **上的反常积分为**

$$\begin{aligned}\int_{-\infty}^{+\infty} f(x)\mathrm{d}x &= \int_{-\infty}^{0} f(x)\mathrm{d}x + \int_{0}^{+\infty} f(x)\mathrm{d}x \\ &= \lim_{a\to-\infty}\int_{a}^{0} f(x)\mathrm{d}x + \lim_{b\to+\infty}\int_{0}^{b} f(x)\mathrm{d}x\end{aligned} \tag{5-13}$$

如果式(5－13)中两个反常积分$\int_{-\infty}^{0} f(x)\mathrm{d}x$ 与$\int_{0}^{+\infty} f(x)\mathrm{d}x$ 都**收敛**，则称反常积分$\int_{-\infty}^{+\infty} f(x)\mathrm{d}x$ **收敛**，且收敛于它们的和；如果式(5－13)中两个反常积分至少有一个发散，则称反常积分$\int_{-\infty}^{+\infty} f(x)\mathrm{d}x$ **发散**.

注　由于 $f(x)$ 在区间 $[a,b]$ 上连续，所以定积分$\int_{a}^{b} f(x)\mathrm{d}x$ 是有意义的.

上述三种反常积分统称为**无穷区间上的反常积分**.

例 1　讨论下列反常积分的敛散性，当收敛时并指出其值.

(1) $\int_{1}^{+\infty} \frac{\mathrm{d}x}{x^2}$；　　(2) $\int_{-\infty}^{+\infty} \frac{x}{1+x^2}\mathrm{d}x$.

解　根据定义 1，反常积分$\int_{1}^{+\infty} \frac{\mathrm{d}x}{x^2} = \lim\limits_{b\to+\infty}\int_{1}^{b} \frac{\mathrm{d}x}{x^2} = \lim\limits_{b\to+\infty}\left[-\frac{1}{x}\right]_{1}^{b} = \lim\limits_{b\to+\infty}\left(1-\frac{1}{b}\right)=1$，所以$\int_{1}^{+\infty} \frac{\mathrm{d}x}{x^2}$ 收敛，其值为 1.

(2) 根据定义 1，反常积分有

$$\int_{0}^{+\infty} \frac{x}{1+x^2}\mathrm{d}x = \lim_{b\to+\infty}\int_{0}^{b} \frac{x}{1+x^2}\mathrm{d}x = \frac{1}{2}\lim_{b\to+\infty}\left[\ln(1+x^2)\right]_{0}^{b} = \frac{1}{2}\lim_{b\to+\infty}\ln(1+b^2) = +\infty,$$

所以反常积分$\int_{0}^{+\infty} \frac{x}{1+x^2}\mathrm{d}x$ 发散. 由定义 3 知，不论反常积分$\int_{-\infty}^{0} \frac{x}{1+x^2}\mathrm{d}x$ 是否收敛，$\int_{-\infty}^{+\infty} \frac{x}{1+x^2}\mathrm{d}x$ 总是发散的.

例 2　讨论反常积分$\int_{-\infty}^{+\infty} \frac{1}{1+x^2}\mathrm{d}x$ 的敛散性，当收敛时并求其值.

解　分别讨论两个反常积分$\int_{-\infty}^{0} \frac{1}{1+x^2}\mathrm{d}x$ 和$\int_{0}^{+\infty} \frac{1}{1+x^2}\mathrm{d}x$ 的敛散性.

按定义 2，有

$$\int_{-\infty}^{0} \frac{1}{1+x^2}\mathrm{d}x = \lim_{a\to-\infty}\int_{a}^{0} \frac{1}{1+x^2}\mathrm{d}x = \lim_{a\to-\infty}\left[\arctan x\right]_{a}^{0} = \lim_{a\to-\infty}(-\arctan a) = \frac{\pi}{2},$$

所以反常积分$\int_{-\infty}^{0} \frac{1}{1+x^2}\mathrm{d}x$ 收敛，且有$\int_{-\infty}^{0} \frac{1}{1+x^2}\mathrm{d}x = \frac{\pi}{2}$.

同理，按定义 1，有

$$\int_0^{+\infty} \frac{1}{1+x^2}\mathrm{d}x = \lim_{b\to+\infty}\int_0^b \frac{1}{1+x^2}\mathrm{d}x = \lim_{b\to+\infty}\left[\arctan x\right]_0^b = \lim_{b\to+\infty}(\arctan b) = \frac{\pi}{2},$$

所以反常积分$\int_0^{+\infty} \frac{1}{1+x^2}\mathrm{d}x$ 收敛,且有$\int_0^{+\infty} \frac{1}{1+x^2}\mathrm{d}x = \frac{\pi}{2}$.

因此,根据定义 3 知,反常积分$\int_{-\infty}^{+\infty} \frac{1}{1+x^2}\mathrm{d}x$ 收敛,且有

$$\int_{-\infty}^{+\infty} \frac{1}{1+x^2}\mathrm{d}x = \int_{-\infty}^{0} \frac{1}{1+x^2}\mathrm{d}x + \int_0^{+\infty} \frac{1}{1+x^2}\mathrm{d}x = \frac{\pi}{2} + \frac{\pi}{2} = \pi.$$

本例的几何意义表示:曲线 $y=\frac{1}{1+x^2}$ 与 x 轴之间的开口图像面积是存在的,且其值为 π(图 5 - 7).

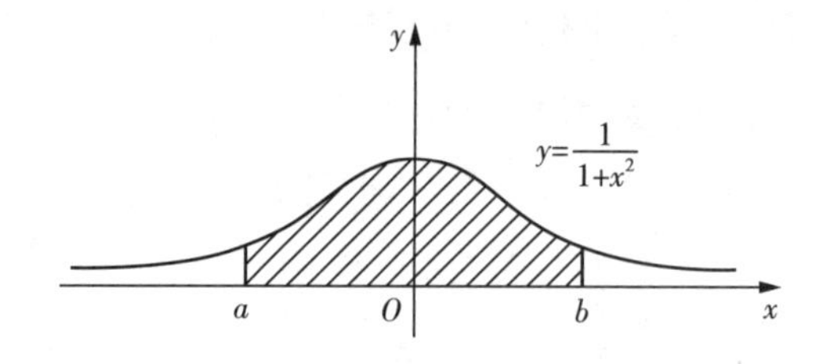

图 5 - 7　例 2 的几何意义

例 3　讨论反常积分$\int_a^{+\infty} \frac{\mathrm{d}x}{x^p}(a>0)$的敛散性,其中,$p$ 为任意实数.

解　当 $p=1$ 时,

$$\int_a^{+\infty} \frac{\mathrm{d}x}{x^p} = \lim_{b\to+\infty}\int_a^b \frac{\mathrm{d}x}{x^p} = \lim_{b\to+\infty}\int_a^b \frac{1}{x}\mathrm{d}x = \lim_{b\to+\infty}\left[\ln x\right]_a^b$$
$$= \lim_{b\to+\infty}(\ln b - \ln a) = +\infty,$$

所以反常积分发散.

当 $p\neq 1$ 时,

$$\int_a^{+\infty} \frac{\mathrm{d}x}{x^p} = \lim_{b\to+\infty}\int_a^b \frac{\mathrm{d}x}{x^p} = \lim_{b\to+\infty}\left[\frac{x^{1-p}}{1-p}\right]_a^b = \lim_{b\to+\infty}\left(\frac{b^{1-p}}{1-p} - \frac{a^{1-p}}{1-p}\right)$$
$$= \begin{cases} +\infty, p<1, \\ \frac{a^{1-p}}{p-1}, p>1. \end{cases}$$

所以,当 $p<1$ 时,反常积分发散;当 $p>1$ 时,反常积分收敛,且

$$\int_a^{+\infty} \frac{\mathrm{d}x}{x^p} = \frac{a^{1-p}}{p-1}, p>1.$$

综上可知,当 $p\leqslant 1$ 时,反常积分$\int_a^{+\infty} \frac{\mathrm{d}x}{x^p}$ 发散;当 $p>1$ 时,反常积分$\int_a^{+\infty} \frac{\mathrm{d}x}{x^p}$ 收敛,且其

值为$\dfrac{a^{1-p}}{p-1}$.

5.4.2　无界函数的反常积分

定义 4　设函数 $f(x)$ 在$(a,b]$上连续，且$\lim\limits_{x\to a^+}f(x)=\infty$. 任取 $\varepsilon>0$，极限

$$\lim_{\varepsilon\to 0^+}\int_{a+\varepsilon}^{b}f(x)\mathrm{d}x$$

称为**函数 $f(x)$ 在$(a,b]$上的反常积分**，仍记作$\int_a^b f(x)\mathrm{d}x$，即

$$\int_a^b f(x)\mathrm{d}x=\lim_{\varepsilon\to 0^+}\int_{a+\varepsilon}^{b}f(x)\mathrm{d}x \tag{5-14}$$

如果上述极限存在，则称反常积分$\int_a^b f(x)\mathrm{d}x$ **收敛**；否则，就称反常积分$\int_a^b f(x)\mathrm{d}x$ **发散**.

定义 5　设函数 $f(x)$ 在$[a,b)$上连续，且$\lim\limits_{x\to b^-}f(x)=\infty$. 任取 $\eta>0$，极限

$$\lim_{\eta\to 0^+}\int_{a}^{b-\eta}f(x)\mathrm{d}x$$

称为**函数 $f(x)$ 在$[a,b)$上的反常积分**，仍记作$\int_a^b f(x)\mathrm{d}x$，即

$$\int_a^b f(x)\mathrm{d}x=\lim_{\eta\to 0^+}\int_{a}^{b-\eta}f(x)\mathrm{d}x \tag{5-15}$$

如果上述极限存在，则称反常积分$\int_a^b f(x)\mathrm{d}x$ **收敛**；否则，就称反常积分$\int_a^b f(x)\mathrm{d}x$ **发散**.

定义 6　设函数 $f(x)$ 在$[a,b]$上除点 $c(a<c<b)$ 外都连续，且$\lim\limits_{x\to c}f(x)=\infty$，即 $x=c$ 是 $f(x)$ 的无穷间断点. 定义函数 $f(x)$ 在$[a,b]$上的反常积分为

$$\begin{aligned}\int_a^b f(x)\mathrm{d}x&=\int_a^c f(x)\mathrm{d}x+\int_c^b f(x)\mathrm{d}x\\&=\lim_{\eta\to 0^+}\int_a^{c-\eta}f(x)\mathrm{d}x+\lim_{\varepsilon\to 0^+}\int_{c+\varepsilon}^{b}f(x)\mathrm{d}x\end{aligned} \tag{5-16}$$

这里，ε 与 η 是相互独立、取正值而趋于零的变量. 如果式(5-16)中两个反常积分$\int_a^c f(x)\mathrm{d}x$ $\int_c^b f(x)\mathrm{d}x$ 都收敛，则称反常积分$\int_a^b f(x)\mathrm{d}x$ **收敛**，且收敛于它们的和；如果式(5-16)中两个反常积分至少有一个发散，则称反常积分$\int_a^b f(x)\mathrm{d}x$ **发散**.

上述三种反常积分统称为**无界函数的反常积分**.

例 4 讨论反常积分$\int_0^1 \frac{\mathrm{d}x}{\sqrt{1-x^2}}$的敛散性，若收敛，求其值．

解 因为$\lim\limits_{x\to1^-} f(x)=\lim\limits_{x\to1^-}\frac{\mathrm{d}x}{\sqrt{1-x^2}}=+\infty$，所以，$x=1$是被积函数$f(x)=\frac{1}{\sqrt{1-x^2}}$的无穷间断点，即$f(x)=\frac{1}{\sqrt{1-x^2}}$在$x=1$处无界．

按定义 5，有

$$\int_0^1 \frac{\mathrm{d}x}{\sqrt{1-x^2}}=\lim_{\eta\to0^+}\int_0^{1-\eta}\frac{\mathrm{d}x}{\sqrt{1-x^2}}=\lim_{\eta\to0^+}\left[\arcsin x\right]_0^{1-\eta}$$

$$=\lim_{\eta\to0^+}\arcsin(1-\eta)=\arcsin 1=\frac{\pi}{2}.$$

这个反常积分的值，在几何上表示位于曲线$y=\frac{1}{\sqrt{1-x^2}}$之下方、x轴之上方，介于y轴和$x=1$之间的图像面积(图5－8).

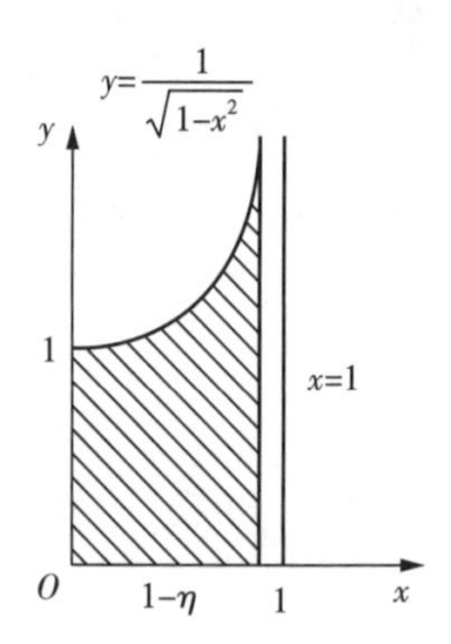

图 5－8 例 4 反常积分的几何意义

例 5 讨论反常积分$\int_{-2}^2 \frac{1}{x^2}\mathrm{d}x$的敛散性．

解 被积函数$f(x)=\frac{1}{x^2}$在积分区间$[-2,2]$上除点$x=0$外都连续，且$\lim\limits_{x\to0}\frac{1}{x^2}=\infty$，即$f(x)$在$x=0$处无界．于是，应考虑两个反常积分$\int_{-2}^0\frac{\mathrm{d}x}{x^2}$与$\int_0^2\frac{\mathrm{d}x}{x^2}$的敛散性．

先考虑反常积分$\int_0^2\frac{\mathrm{d}x}{x^2}$. 按定义 4，有

$$\int_0^2\frac{\mathrm{d}x}{x^2}=\lim_{\varepsilon\to0^+}\int_\varepsilon^2\frac{\mathrm{d}x}{x^2}=\lim_{\varepsilon\to0^+}\left[-\frac{1}{x}\right]_\varepsilon^2=\lim_{\varepsilon\to0^+}\left(\frac{1}{\varepsilon}-\frac{1}{2}\right)=+\infty.$$

所以，反常积分$\int_0^2\frac{\mathrm{d}x}{x^2}$发散．根据定义 6 可知，不论反常积分$\int_{-2}^0\frac{\mathrm{d}x}{x^2}$是否收敛，反常积分$\int_{-2}^2\frac{\mathrm{d}x}{x^2}$总是发散的．

注 如果忽略了$x=0$是被积函数的无穷间断点，就会把这个无界函数的反常积分误认为定积分，从而得到以下错误结果：

$$\int_{-2}^2\frac{\mathrm{d}x}{x^2}=\left[-\frac{1}{x}\right]_{-2}^2=-\frac{1}{2}+\left(-\frac{1}{2}\right)=-1.$$

例 6 证明反常积分$\int_0^1\frac{\mathrm{d}x}{x^q}$，当$q<1$时收敛；当$q\geqslant1$时发散．

证 当$q=1$时，$\int_0^1\frac{\mathrm{d}x}{x^q}=\int_0^1\frac{\mathrm{d}x}{x}$.

因为

$$\int_0^1 \frac{\mathrm{d}x}{x} = \lim_{\varepsilon \to 0^+} \int_\varepsilon^1 \frac{\mathrm{d}x}{x} = \lim_{\varepsilon \to 0^+} [\ln x]_\varepsilon^1 = -\lim_{\varepsilon \to 0^+} \ln\varepsilon = +\infty,$$

所以反常积分发散．

当 $q \neq 1$ 时，

$$\int_0^1 \frac{\mathrm{d}x}{x^q} = \lim_{\varepsilon \to 0^+} \int_\varepsilon^1 \frac{\mathrm{d}x}{x^q} = \lim_{\varepsilon \to 0^+} \left[\frac{x^{1-q}}{1-q}\right]_\varepsilon^1 = -\lim_{\varepsilon \to 0^+} \left(\frac{1}{1-q} - \frac{\varepsilon^{1-q}}{1-q}\right)$$

$$= \begin{cases} \dfrac{1}{1-q}, q < 1, \\ +\infty, q > 1. \end{cases}$$

综上可知，当 $q < 1$ 时，反常积分 $\int_0^1 \frac{\mathrm{d}x}{x^q}$ 收敛，且其值为 $\frac{1}{1-q}$；当 $q \geqslant 1$ 时，反常积分 $\int_0^1 \frac{\mathrm{d}x}{x^q}$ 发散．

5.5　定积分在几何中的应用

由于定积分的产生有其深刻的实际背景，因此定积分的应用也是非常广泛的．利用定积分解决实际问题的关键是，如何把实际问题抽象为定积分并建立其表达式．本节先来简单地介绍一种常用的方法——元素法，然后直接利用元素法来讨论定积分在几何中的一些应用．

5.5.1　元素法

由定积分的定义及几何意义可知，能用定积分表示的量 Q，都具有以下共同的特征：

(1) Q 的值与某个变量（如 x）的变化区间 $[a,b]$ 及定义在该区间上的函数（如 $f(x)$）有关；

(2) Q 对于区间具有可加性，即对于区间 $[a,b]$ 的总量 Q 等于把 $[a,b]$ 分割为若干个小区间后，对应于各个小区间的部分量之和；

(3) 相应于小区间 $[x_{i-1}, x_i]$ 上的部分量 ΔQ_i，可近似地表示为 $f(\xi_i)\Delta x_i$，即

$$\Delta Q_i \approx f(\xi_i)\Delta x_i \quad i = 1,2,\cdots,n.$$

其中，$\Delta x_i = x_i - x_{i-1}$，$\xi_i$ 是小区间 $[x_{i-1}, x_i]$ 上任意一点，且 ΔQ_i 与 $f(\xi_i)\Delta x_i$ 之间只相差一个比 Δx_i 高阶的无穷小．于是有

$$Q = \sum_{i-1}^n \Delta Q_i \approx \sum_{i-1}^n f(\xi_i)\Delta x_i,$$

而

$$Q = \lim_{\lambda \to 0} \sum_{i-1}^n f(\xi_i)\Delta x_i = \int_b^a f(x)\mathrm{d}x.$$

其中，$\lambda=\max\{\Delta x_1,\Delta x_2,\cdots,\Delta x_n\}$.

当所求量可考虑用定积分表达时，通常可省略下标 i，用区间 $[x,x+\mathrm{d}x]$ 来代替任一小区间 $[x_{i-1},x_i]$，并取 ξ_i 为小区间的左端点 x，这样，确定所求量 Q 的定积分表达式的步骤可化简如下：

(1) 根据实际问题的具体情况，选取某个变量，例如 x 为积分变量，并确定它的变化区间 $[a,b]$.

(2) 在区间 $[a,b]$ 上任取一个代表性小区间，并记作 $[x,x+\mathrm{d}x]$，求出相应于这个小区间的部分变量 ΔQ 的近似值，即如果 ΔQ 可近似地表示为 $f(x)\mathrm{d}x$，并求出它与 ΔQ 只相差一个比 $\mathrm{d}x$ 高阶的无穷小，则称 $f(x)\mathrm{d}x$ 为所求量 Q 的**元素**（或**微元**），记作 $\mathrm{d}Q=f(x)\mathrm{d}x$.

(3) 以 $\mathrm{d}Q=f(x)\mathrm{d}x$ 为被积表达式，在闭区间 $[a,b]$ 上作定积分，便得所求量 Q 的定积分表达式 $Q=\int_a^b f(x)\mathrm{d}x$.

上述方法称为定积分的**元素法**（或**微元法**）.

一般地说，当 $f(x)$ 在区间 $[a,b]$ 上是连续函数时，它总能满足这个要求（证明从略）.

5.5.2 平面图像的面积

1. 直角坐标情形

利用定积分，除了可以计算曲边梯形的面积，还可以计算一些比较复杂的平面图像的面积.

例如，设在区间 $[a,b]$ 上，$f(x)$ 和 $g(x)$ 均为单值连续函数，且 $f(x)\geqslant g(x)$，求由曲线 $y=f(x)$，$y=g(x)$ 与直线 $x=a$，$x=b(a<b)$ 所围成的图像（图 5-9）的面积.

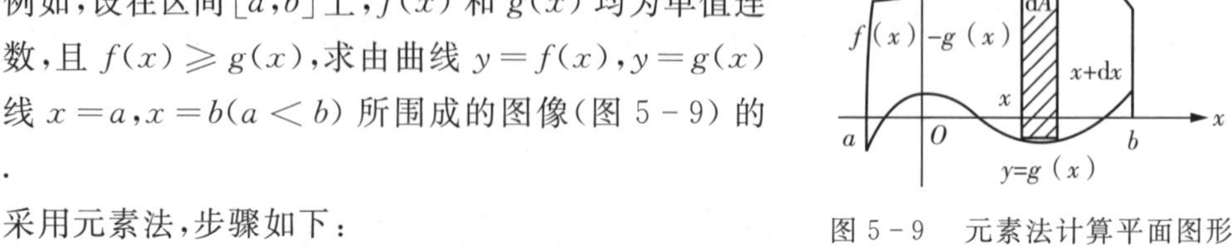

图 5-9 元素法计算平面图形面积示意图

采用元素法，步骤如下：

(1) 选取横坐标 x 为积分变量，其变化区间为 $[a,b]$；

(2) 在区间 $[a,b]$ 上任取一代表性小区间 $[x,x+\mathrm{d}x]$，相应于这个小区间上的面积为 ΔA，它可以用高为 $f(x)-g(x)$，底为 $\mathrm{d}x$ 的窄矩形面积来近似代替，即

$$\Delta A\approx[f(x)-g(x)]\mathrm{d}x.$$

因此，面积元素为

$$\mathrm{d}A=[f(x)-g(x)]\mathrm{d}x.$$

(3) 以面积元素 $\mathrm{d}A=[f(x)-g(x)]\mathrm{d}x$ 为被积表达式，在区间 $[a,b]$ 上作定积分，便得所求的面积为

$$A=\int_b^a[f(x)-g(x)]\mathrm{d}x. \tag{5-17}$$

类似地，若在区间 $[c,d]$ 上，$\varphi(y)$ 和 $\psi(y)$ 均为单值连续函数，且 $\varphi(y)\leqslant\psi(y)$，则由曲

线 $x=\varphi(y)$，$x=\psi(y)$ 与直线 $y=c$，$y=d(c<d)$ 所围成的平面图像(图 5-10) 的面积为

$$A=\int_{c}^{d}[\psi(y)-\varphi(y)]\,\mathrm{d}y. \tag{5-18}$$

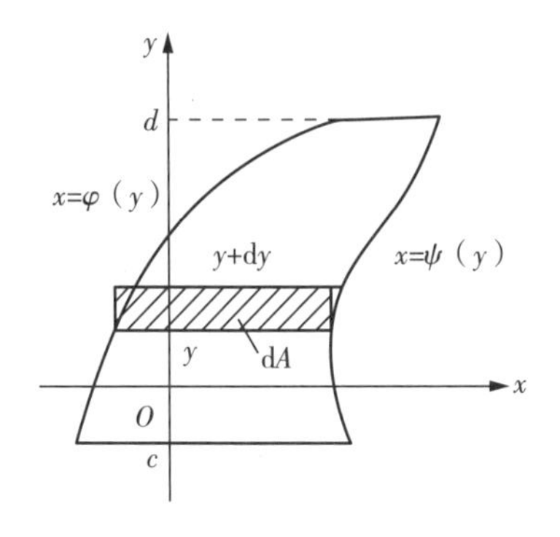

图 5-10　元素法计算平面图形面积示意图

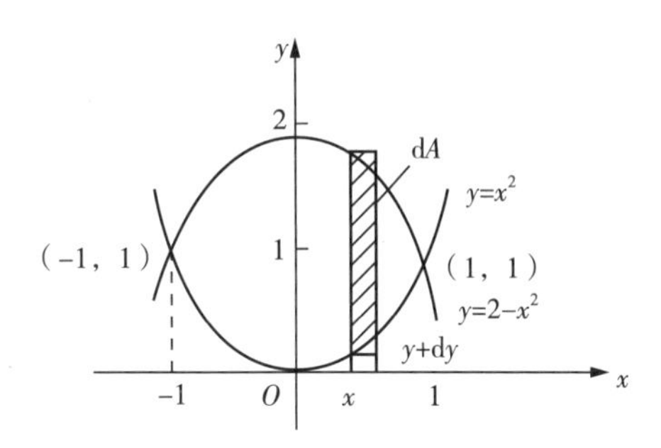

图 5-11　元素法计算例 1 所示图形面积

例 1　求由抛物线 $y=x^2$ 与 $y=2-x^2$ 所围成的图像的面积．

解　如图 5-11 所示，为了具体定出图像的所在范围，先求出这两条抛物线的交点．为此，解方程组

$$\begin{cases}y=x^2,\\ y=2-x^2,\end{cases}$$

得到两组解 $x=-1$，$y=1$ 及 $x=1$，$y=1$，即两条抛物线的交点为$(-1,1)$ 及$(1,1)$．从而知道图像在直线 $x=-1$ 与 $x=1$ 之间．

取 x 为积分变量，其变化区间为$[-1,1]$．在$[-1,1]$上任取一小区$[x,x+\mathrm{d}x]$，与它相应的窄条形的面积近似于高为$[(2-x^2)-x^2]$，底为 $\mathrm{d}x$ 的窄矩形的面积．从而得到面积元素为

$$\mathrm{d}A=[(2-x^2)-x^2]\,\mathrm{d}x=2(1-x^2)\,\mathrm{d}x.$$

以 $\mathrm{d}A=[(2-x^2)-x^2]\,\mathrm{d}x$ 为被积表达式，在闭区间$[-1,1]$上作定积分，便得所求的面积为

$$A=\int_{-1}^{1}2(1-x^2)\,\mathrm{d}x=4\int_{0}^{1}(1-x^2)\,\mathrm{d}x=4\left[x-\frac{x^3}{3}\right]_0^1=\frac{8}{3}.$$

例 2　求由抛物线 $y^2=x$ 与直线 $y=x-2$ 所围成的图像的面积．

解　如图 5-12 所示．由方程组

$$\begin{cases}y^2=x,\\ y=x-2,\end{cases}$$

解得抛物线与直线的交点为$(1,-1)$ 及$(4,2)$．

取纵坐标 y 为积分变量，它的变化区间为 $[-1,2]$. 在 $[-1,2]$ 上任取一小区间 $[y,y+\mathrm{d}x]$，相应于这个小区间的窄条形面积近似于高为 $\mathrm{d}y$，底为 $[(y+2)-y^2]$ 的窄矩形的面积(图 5-12)，从而得面积元素为

$$\mathrm{d}A=[(y+2)-y^2]\mathrm{d}y.$$

以 $\mathrm{d}A=[(y+2)-y^2]\mathrm{d}y$ 为被积表达式，在闭区间 $[-1,2]$ 上作定积分，得所求的面积为

$$A=\int_{-1}^{2}[(y+2)-y^2]\mathrm{d}y=\left[\frac{1}{2}y^2+2y-\frac{1}{3}y^3\right]_{-1}^{2}=\frac{9}{2}.$$

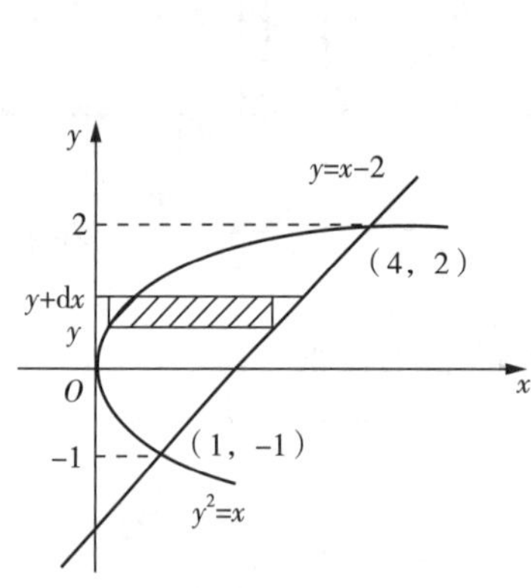

图 5-12 元素法计算例 2 所示图形面积

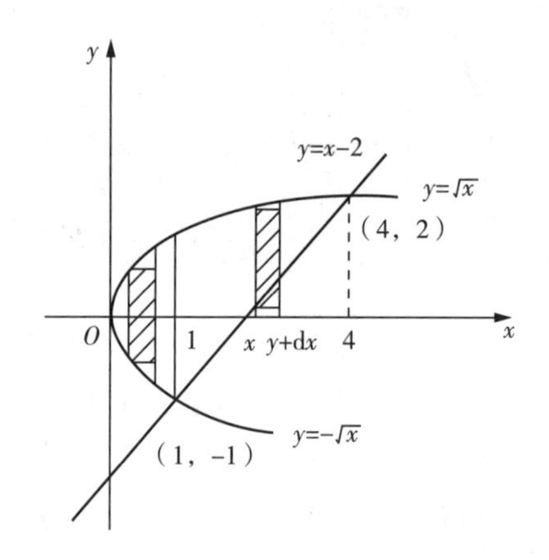

图 5-13 元素法计算例 2 所示图形面积

注 适当选取积分变量，与计算的繁易很有关系．本例中若选取 x 为积分变量(图 5-13)，则计算就要复杂得多，读者不妨试一试．

例 3 求椭圆曲线 $\frac{x^2}{a^2}+\frac{y^2}{b^2}=1(a>0,b>0)$ 所围成的平面图像的面积．

解 椭圆关于两坐标轴都对称(图 5-14)，所以椭圆的面积为

$$A=4A_1,$$

其中，A_1 为该椭圆在第一象限部分的面积．因此

$$A=4A_1=4\int_0^a y\mathrm{d}x.$$

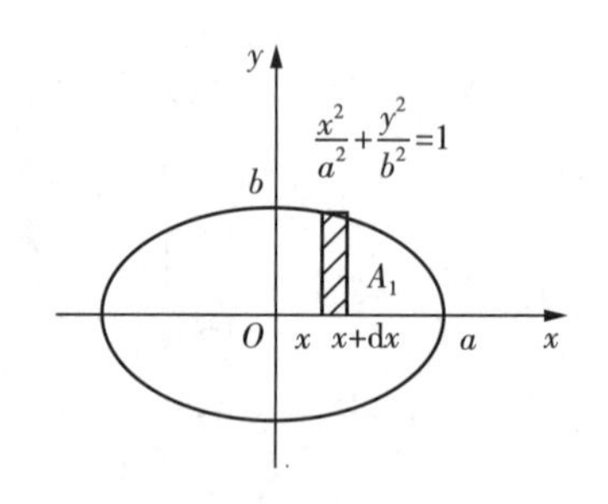

图 5-14 元素法计算例 3 所示图形面积

利用椭圆的参数方程

$$\begin{cases}x=a\cos t,\\ y=b\sin t\end{cases}\left(0\leqslant t\leqslant\frac{\pi}{2}\right),$$

及定积分的换元法，令 $x=a\cos t$，则 $y=b\sin t$，$\mathrm{d}x=-a\sin t\mathrm{d}t$. 当 $x=0$ 时，$t=\frac{\pi}{2}$；当 $x=a$ 时，

$t=0$. 于是

$$A=4\int_0^a y\mathrm{d}x=4\int_{\frac{\pi}{2}}^0 b\sin t(-a\sin t)\mathrm{d}t=4ab\int_0^{\frac{\pi}{2}}\sin^2 t\mathrm{d}t=4ab\times\frac{1}{2}\times\frac{\pi}{2}=\pi ab.$$

注　这里计算定积分$\int_0^{\frac{\pi}{2}}\sin^2 t\mathrm{d}t$时,直接利用了公式(5-10). 显然,当$a=b$时,就得到半径为$a$的圆面积公式$A=\pi a^2$.

2. 极坐标情形

某些平面图像的面积,利用极坐标计算比较方便.

设曲线的极坐标方程为$r=r(\theta)$,其中$r(\theta)$为连续函数,$\alpha\leqslant\theta\leqslant\beta$. 现在要计算由此曲线与两条射线$\theta=\alpha$及$\theta=\beta$所围成的曲边扇形(图5-15)的面积.

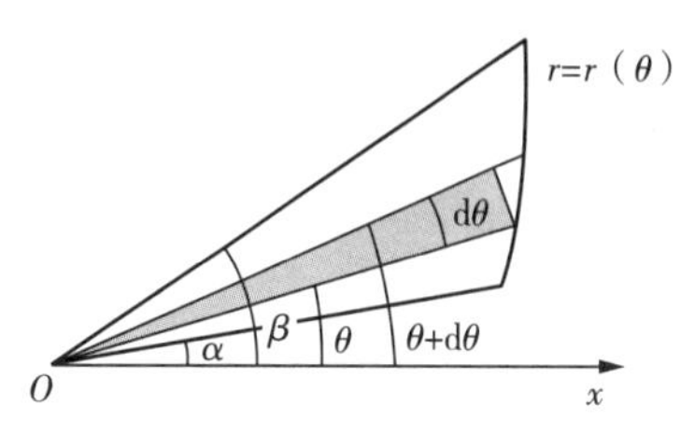

图5-15　利用极坐标计算平面图形面积

利用元素法,步骤如下:

(1) 选取θ为积分变量,它的变化区间为$[\alpha,\beta]$;

(2) 在$[\alpha,\beta]$上任取一代表性的小区间$[\theta,\theta+\mathrm{d}\theta]$,相应于这个小区间上的小曲边扇形面积近似代替,因此曲边扇形的面积元素为

$$\mathrm{d}A=\frac{1}{2}r^2(\theta)\mathrm{d}\theta;$$

(3) 以$\mathrm{d}A=\frac{1}{2}r^2(\theta)\mathrm{d}\theta$为被积表达式,在闭区间$[\alpha,\beta]$上作定积分,便得所求面积为

$$A=\frac{1}{2}\int_\alpha^\beta r^2(\theta)\mathrm{d}\theta \tag{5-19}$$

例4　求由心形线$r=a(1+\cos\theta)(a>0)$所围成的图像的面积.

解　画出心形所围成的图像(图5-16). 这个图像对称于极轴,因此所求图像的面积A是极轴上方部分图像面积A_1的2倍.

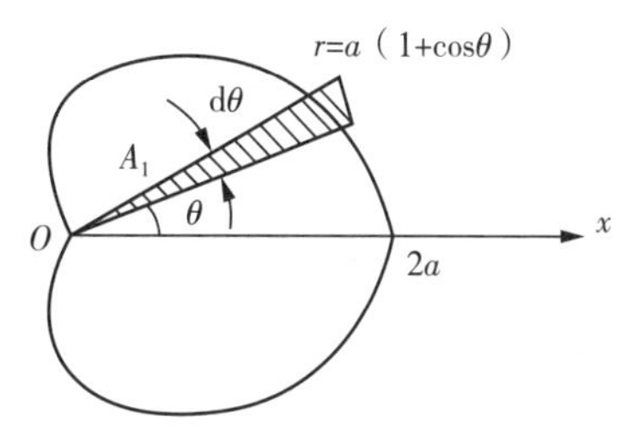

图5-16　利用极坐标计算例4所示图形面积

为了计算A_1,取θ为积分变量,它的变化区间为$[0,\pi]$(当$\theta=0$时,$r=2a$;当$\theta=\pi$时,$r=0$). 由公式(5-19)可得

$$A_1=\int_0^\pi\frac{1}{2}a^2(1+\cos\theta)^2\mathrm{d}\theta$$

$$=\frac{a^2}{2}\int_0^\pi(1+2\cos\theta+\cos^2\theta)\mathrm{d}\theta$$

$$=\frac{a^2}{2}\int_0^{\pi}\left(\frac{3}{2}+2\cos\theta+\frac{1}{2}\cos2\theta\right)\mathrm{d}\theta$$

$$=\frac{a^2}{2}\left[\frac{3}{2}\theta+2\sin\theta+\frac{1}{4}\sin2\theta\right]_0^{\pi}=\frac{3}{4}\pi a^2.$$

于是所求面积为 $A=2A_1=\frac{3}{2}\pi a^2$.

例 5 求由双纽线 $r^2=a^2\cos2\theta$ 围成的图像的面积.

解 画出双纽线所围成的图像(图 5-17),这个图像对称于极轴,也对称于极点.因此,所求图像的面积 A 是第一象限内极轴上方部分图像面积 A_1 的 4 倍.

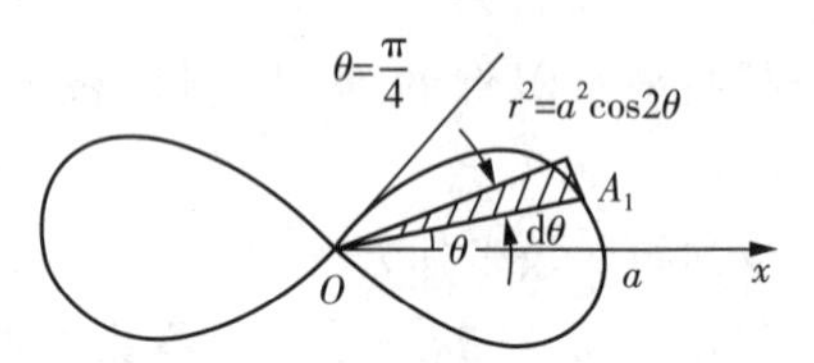

图 5-17 利用极坐标计算例 5 所示图形面积

为了计算 A_1,取 θ 的积分变量,它的变化区间为 $\left[0,\frac{\pi}{4}\right]$.

(因为令 $r=0$,由 $a^2\cos2\theta=0$ 得 $\cos2\theta=0,2\theta=\frac{\pi}{2},\theta=\frac{\pi}{4}$). 由公式(5-19)可得

$$A_1=\int_0^{\frac{\pi}{4}}\frac{1}{2}a^2\cos2\theta\mathrm{d}\theta=\frac{a^2}{2}\int_0^{\frac{\pi}{4}}\cos2\theta\mathrm{d}\theta=\frac{a^2}{4}\left[\sin2\theta\right]_0^{\frac{\pi}{4}}=\frac{a^2}{4}.$$

于是所求面积为

$$A=4A_1=a^2.$$

5.5.3 特殊立体的体积

1. 平行截面面积为已知的立体的体积

设有一空间立体 Ω,介于过 x 轴上 $a,b(a<b)$ 两点且垂直于 x 轴的两平面之间(图 5-18).

若过 x 轴上任一点 $x(a\leqslant x\leqslant b)$ 作垂直于 $x(a\leqslant x\leqslant b)$ 轴的平面,截立体 Ω 所得截面的面积为 A,则 A 是 x 的函数,记作 $A(x)$,其定义域为 $[a,b]$.

设空间立体 Ω 的截面面积函数 $A(x)$ 为已知的连续函数,则也可用元素法求得立体 Ω 的体积 V.

(1) 取 x 为积分变量,它的变化区间为 $[a,b]$.

(2) 在区间为 $[a,b]$ 上任取一代表小区间 $[x,x+\mathrm{d}x]$(图 5-19). 相应于这个小区间上的小立方体的体积,可以用一个以 $A(x)$ 为底面积,高为 $\mathrm{d}x$ 的柱体的体积来近似代替,即得体积元素

$$\mathrm{d}V=A(x)\mathrm{d}x;$$

(3) 以 $\mathrm{d}V=A(x)\mathrm{d}x$ 为被积表达式,在区间 $[a,b]$ 上作定积分,便得所求立体 Ω 的体积为

$$V=\int_a^b A(x)\mathrm{d}x \tag{5-20}$$

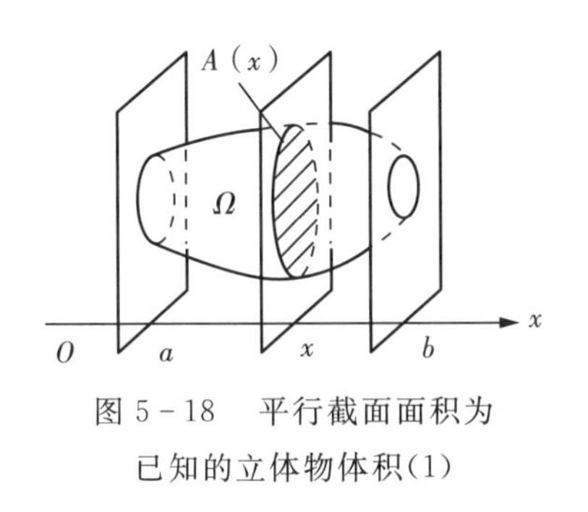

图 5-18　平行截面面积为已知的立体物体积(1)

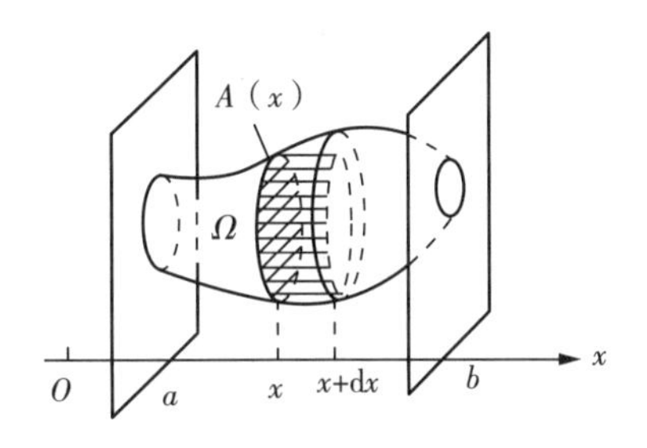

图 5-19　平行截面面积为已知的立体物体积(2)

例 6　设有一底圆半径为 R 的圆柱体被一平面所截,平面过圆柱底圆的直径且与底面交成角 α(图 5-20). 求这平面截圆柱体所得立体(楔形体)的体积.

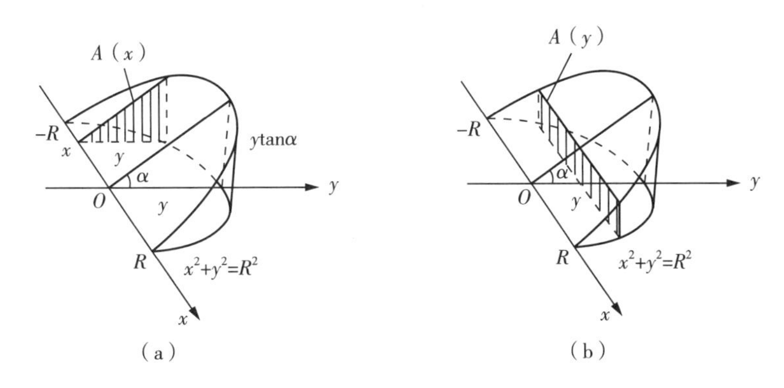

图 5-20　例 6 所示立体图形

解法 1　取平面与圆柱底面的交线为 x 轴,底面上过圆心且垂直于 x 轴的直线为 y 轴,那么,底圆的方程为

$$x^2+y^2=R^2.$$

如果用一组垂直于 x 轴的平行平面截该立体,则所得的平行截面都是直角三角形,从而可以计算出它们的面积 A. 因此,选取 x 为积分变量,其变化区间为 $[-R,R]$. 在 $[-R,R]$ 上任取一点 x,过点 x 且垂直于 x 轴的截面是一个直角三角形(图 5-20(a) 中有影线的部分),两条直角边的长度分别为 y 及 $y\tan\alpha$,而 $y=\sqrt{R^2-x^2}$,所以它的面积为

$$A(x)=\frac{1}{2}y^2\tan\alpha=\frac{1}{2}(R^2-x^2)\tan\alpha,$$

利用公式(5-20),在闭区间 $[-R,R]$ 上作定积分,得所求立体的体积为

$$V=\int_{-R}^{R}A(x)\mathrm{d}x=\int_{-R}^{R}\frac{1}{2}(R^2-x^2)\tan\alpha\mathrm{d}x=\frac{2}{3}R^3\tan\alpha.$$

解法 2　如果用垂直于 y 轴的平行平面截该立体,则所得平行截面都是矩形,从而也可以算出它们的面积 A,因此,也可以选取 y 为积分变量,它的变化区间为 $[0,R]$,在 $[0,R]$ 上任取一点 y,过点 y 且垂直于 y 轴的截面是一个矩形(图 5-20(b) 中有影线的部分),这个矩

形的底为 $2x$，高为 $y\tan\alpha$，而 $x=\sqrt{R^2-y^2}$，所以它的面积为

$$A(y)=2xy\tan\alpha=2y\sqrt{R^2-y^2}\tan\alpha,$$

利用公式(5-20)把积分变量 x 换成 y，在闭区间$[0,R]$上作定积分，得所求的体积为

$$V=\int_0^R A(y)\mathrm{d}y=\int_0^R 2y\sqrt{R^2-y^2}\tan\alpha\mathrm{d}y=-\tan\alpha\int_0^R(R^2-y^2)^{\frac{1}{2}}d(R^2-y^2)$$

$$=-\frac{2}{3}\tan\alpha\left[(R^2-y^2)^{\frac{3}{2}}\right]_0^R=\frac{2}{3}R^3\tan\alpha.$$

2. 旋转体的体积

旋转体是指由平面图像绕该平面上某直线旋转一周而成的立体，该直线称为**旋转轴**．例如，圆锥可以看成是由直角三角形绕它的一条直角边旋转一周而成的旋转体；球体可以看成是由半圆绕它的直径旋转一周而成的旋转体．一般地说，旋转体总可以看作是由平面上的曲边梯形绕某个坐标轴旋转一周而得到的立体．

现在运用定积分计算由连续曲线 $y=f(x)$，直线 $x=a,x=b(a<b)$ 及 x 轴所围成的曲边梯形绕 x 轴旋转一周而成的立体(图 5-21) 的体积．

取 x 为积分变量，其变化区间为$[a,b]$. 在$[a,b]$上任取一点 x 处垂直于 x 轴的截面是半径等于 $y=f(x)$ 的圆，因而此截面面积为

$$A(x)=\pi y^2=\pi\left[f(x)\right]^2.$$

由已知平行截面面积求体积的公式(5-20)，得曲边梯形绕 x 轴旋转一周所成的立体的体积，记作

$$V_x=\int_a^b \pi y^2\mathrm{d}x=\int_a^b \pi\left[f(x)\right]^2\mathrm{d}x \tag{5-21}$$

类似地，可以得到由连续曲线 $x=\varphi(y)$，直线 $y=c,y=d(c<d)$ 及 y 轴所围成的曲边梯形绕 y 轴旋转一周而成的立体(图 5-22) 的体积，记作

$$V_y=\int_c^d \pi x^2\mathrm{d}y=\int_c^d \pi\left[\varphi(y)\right]^2\mathrm{d}y. \tag{5-22}$$

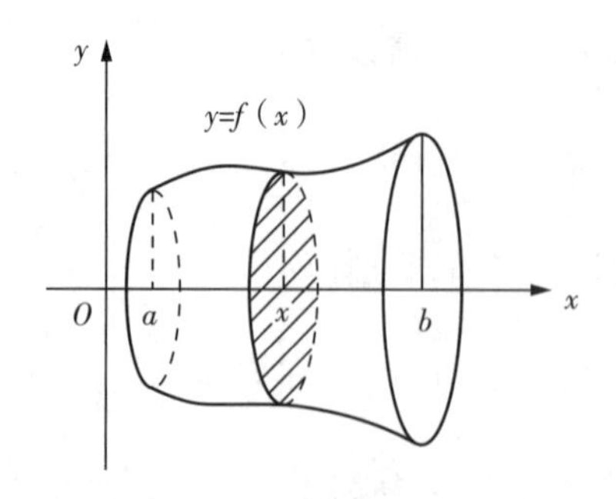

图 5-21　曲边梯形绕 x 轴旋转一周所成立体的体积

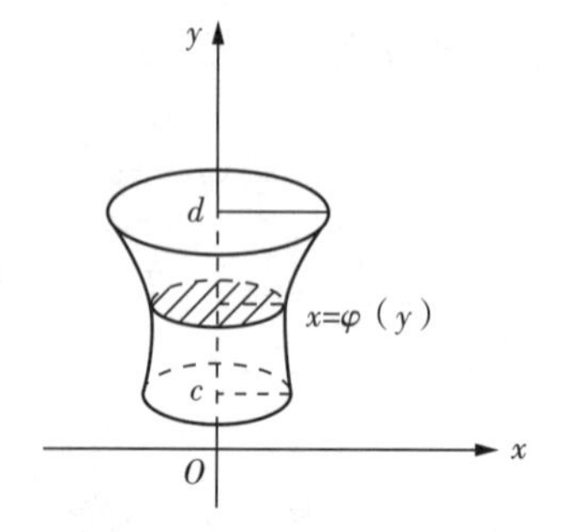

图 5-22　曲边梯形绕 y 轴旋转一周所成立体的体积

例 7　求底圆半径为 r,高为 h 的圆锥体的体积.

解　取圆锥体的顶点为原点,圆锥的轴为 x 轴,则直线 OP 的方程为 $y=\frac{r}{h}x$,而圆锥体可看作由直线 $y=\frac{r}{h}x$,$x=0$,$x=h$ 及 x 轴所围成的直角三角形绕 x 轴旋转而成的(图5-23).

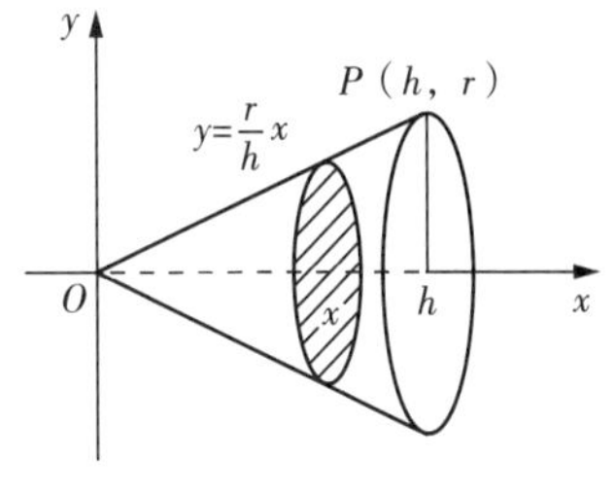

图 5-23　例 7 立体的图形

于是,由旋转体体积的计算公式(5-21),得此圆锥体的体积为

$$V=\int_0^h \pi y^2 \mathrm{d}x=\pi\int_0^h\left(\frac{r}{h}x\right)^2\mathrm{d}x=\frac{\pi r^2}{h^2}\int_0^h x^2\mathrm{d}x$$

$$=\frac{\pi r^2}{3h^2}\left[x^3\right]_0^h=\frac{1}{3}\pi r^2 h.$$

例 8　求由椭圆$\frac{x^2}{a^2}+\frac{y^2}{b^2}=1(a>b>0)$所围成的图像,分别绕 x 轴及 y 轴旋转一周所成立体(旋转椭球体)的体积.

解　(1)绕 x 轴旋转记所得体积为 V_x. 它可看作是由上半椭圆 $y=\frac{b}{a}\sqrt{a^2-x^2}$ 及 x 轴所围成的图像绕 x 轴旋转而成的(图 5-24). 按公式(5-21)得

$$V_x=\int_{-a}^a \pi y^2\mathrm{d}x=\pi\int_{-a}^a\left(\frac{b}{a}\sqrt{a^2-x^2}\right)^2\mathrm{d}x=\pi\frac{b^2}{a^2}\int_{-a}^a(a^2-x^2)\mathrm{d}x\text{(被积函数是偶函数)}$$

$$=2\pi\frac{b^2}{a^2}\int_0^a(a^2-x^2)\mathrm{d}x=2\pi\frac{b^2}{a^2}\left[a^2x-\frac{x^3}{3}\right]_0^a=\frac{4}{3}\pi ab^2.$$

(2)绕 y 轴旋转,记所得体积为 V_y. 它可看作是由右半椭圆 $y=\frac{b}{a}\sqrt{a^2-x^2}$ 及 y 轴所围成的图像绕 y 轴旋转而成的(图 5-25). 由公式(5-22)得

$$V_y=\int_{-b}^b \pi x^2\mathrm{d}y=\pi\int_{-b}^b\left(\frac{a}{b}\sqrt{b^2-y^2}\right)^2\mathrm{d}y=\pi\frac{a^2}{b^2}y\int_{-b}^b(b^2-y^2)\mathrm{d}y$$

$$=2\pi\frac{a^2}{b^2}\int_0^b(b^2-y^2)\mathrm{d}y=2\pi\frac{a^2}{b^2}\left[b^2y-\frac{y^3}{3}\right]_0^b=\frac{4}{3}\pi ba^2.$$

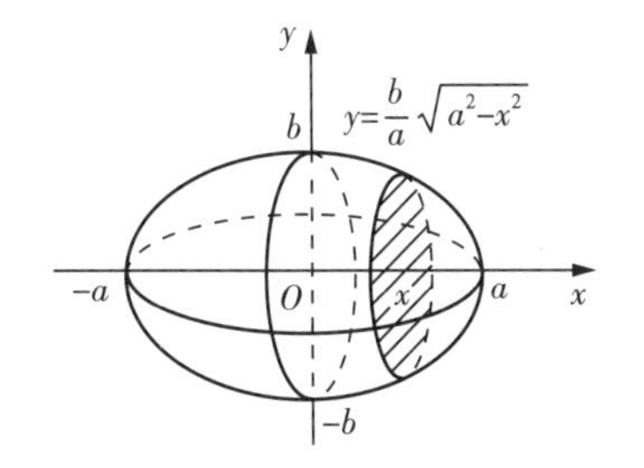

图 5-24　旋转椭球体图形(1)

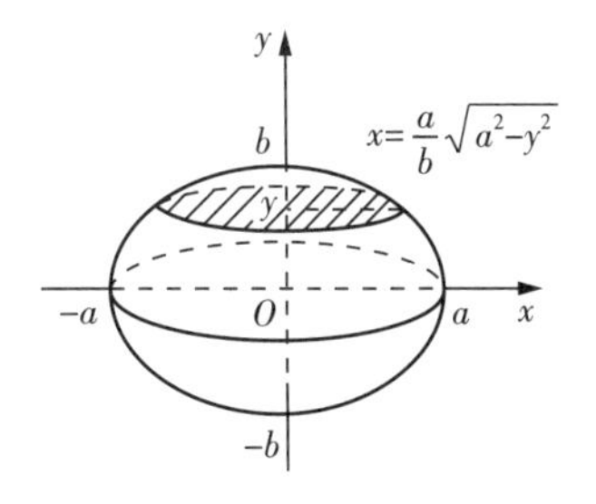

图 5-25　旋转椭球体图形(2)

从上面的两种结果都可以看出，当 $a=b$ 时，旋转椭球体就成为半径为 a 的球体，它的体积为 $\frac{4}{3}\pi a^3$.

例 9 求圆心在 $(b,0)$，半径为 $a(b>a)$ 的圆绕 y 轴旋转而成(如汽车轮胎)的环状体的体积.

解 圆的方程为

$$(x-b)^2+y^2=a^2.$$

显然，环状体的体积可以看作是由右半圆周 $x_2=b+\sqrt{a^2-y^2}$ 和左半圆周 $x_1=b-\sqrt{a^2-y^2}$，分别与直线 $y=-a$，$y=a$ 及 y 轴所围成的曲边梯形，绕 y 轴旋转所产生的旋转体的体积之差(图 5－26).

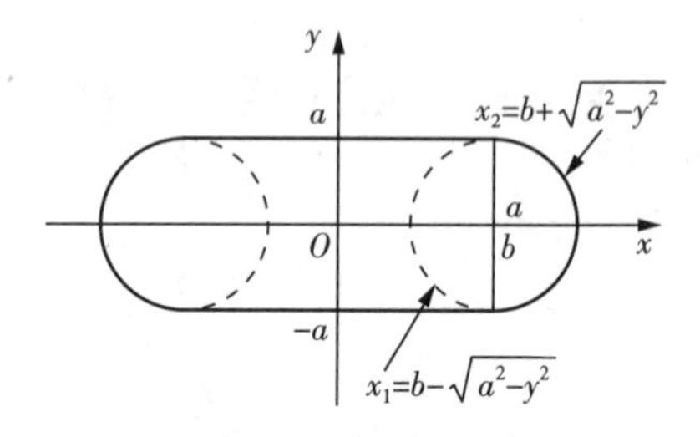

图 5－26　例 9 旋转体图形示意图

利用旋转体体积的计算公式(5－22)，得所求环状体的体积为

$$\begin{aligned}V_y&=\int_{-a}^{a}\pi x_2^2\mathrm{d}y-\int_{-a}^{a}\pi x_1^2\mathrm{d}y=\int_{-a}^{a}\pi(x_2^2-x_1^2)\mathrm{d}y\\&=2\pi\int_0^a[(b+\sqrt{a^2-y^2})^2-(b-\sqrt{a^2-y^2})^2]\mathrm{d}y\\&=2\pi\int_0^a 4b\sqrt{a^2-y^2}\,\mathrm{d}y=8\pi b\left[\frac{y}{2}\sqrt{a^2-y^2}+\frac{a^2}{2}\arcsin\frac{y}{a}\right]_0^a\\&=2\pi^2a^2b.\end{aligned}$$

5.5.4 平面曲线的弧长

1. 直角坐标情形

设曲线弧 $\overset{\frown}{AB}$ 的直角坐标方程为

$$y=f(x)(a\leqslant x\leqslant b),$$

其中，$f(x)$ 在 $[a,b]$ 上具有一阶连续导数，现在来计算这曲线弧(图 5－27)的弧长．采用元素法，步骤如下：

(1) 取横坐标 x 为积分变量，它的变化区间为 $[a,b]$；

(2) 在 $[a,b]$ 上任取一小区间 $[x,x+\mathrm{d}x]$，相应于曲线上的弧段 $\overset{\frown}{PQ}$ 的弧长 Δs，可以用相应的切线段长度 $|PT|$ 来近似代替，即

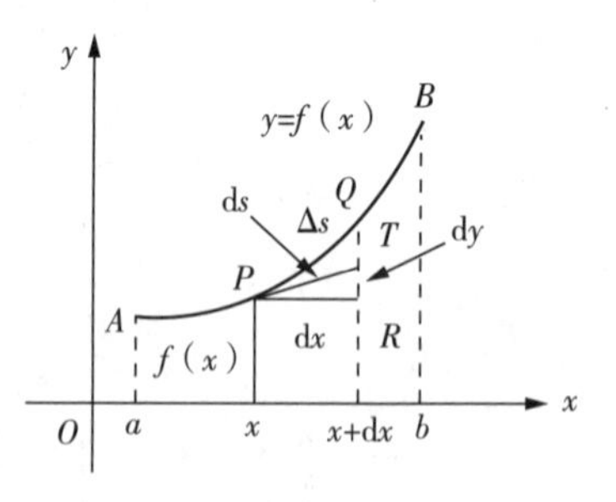

图 5－27　直角坐标系下的弧长

$$\Delta s\approx|PT|=\sqrt{(\mathrm{d}x)^2+(\mathrm{d}y)^2}=\sqrt{1+y'^2}\,\mathrm{d}x,$$

即得弧长元素(弧微分)为

$$ds = \sqrt{1+y'^2}\,dx;$$

（3）以 $ds=\sqrt{1+y'^2}\,dx$ 为被积表达式，在闭区间$[a,b]$上作定积分，便得所求的弧长为

$$s=\int_a^b \sqrt{1+y'^2}\,dx. \qquad (5-23)$$

这里下限 a 必须小于上限 b.

例 10　求半立方抛物线 $y=x^{\frac{3}{2}}$ 在 x 从 0 到 4 之间的一段弧（图 5－28）的长度.

解　取 x 为积分变量，它的变化区间为$[0,4]$. 由于

$$y'=(x^{\frac{3}{2}})'=\frac{3}{2}x^{\frac{1}{2}},$$

于是，由公式（5－23）得所求弧长为

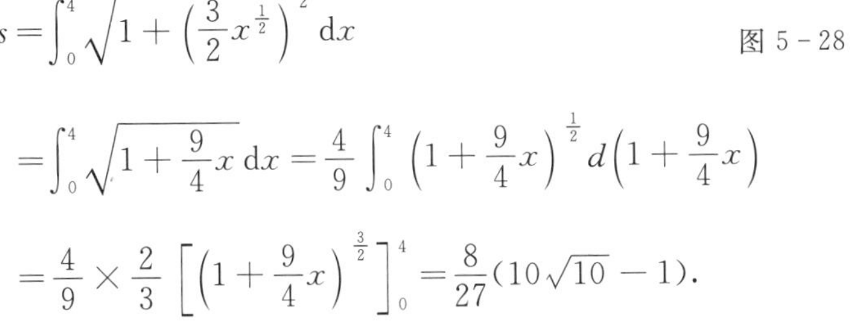

$$s=\int_0^4\sqrt{1+\left(\frac{3}{2}x^{\frac{1}{2}}\right)^2}\,dx$$

$$=\int_0^4\sqrt{1+\frac{9}{4}x}\,dx=\frac{4}{9}\int_0^4\left(1+\frac{9}{4}x\right)^{\frac{1}{2}}d\left(1+\frac{9}{4}x\right)$$

$$=\frac{4}{9}\times\frac{2}{3}\left[\left(1+\frac{9}{4}x\right)^{\frac{3}{2}}\right]_0^4=\frac{8}{27}(10\sqrt{10}-1).$$

图 5－28　例 10 抛物线图形

2. 参数方程情形

设曲线弧 $\widehat{AB}$ 的参数方程为

$$\begin{cases}x=\varphi(t),\\ y=\psi(t)\end{cases}(\alpha\leqslant t\leqslant\beta),$$

其中，$\varphi(t)$，$\psi(t)$ 在$[\alpha,\beta]$上具有一阶连续导数，当参数 t 由 α 变到 $\beta(\alpha<\beta)$ 时，曲线上的点由 A 变到 $B(\alpha<\beta)$. 现在来计算这曲线弧的弧长. 采用元素法，步骤如下：

（1）取参数 t 为积分变量，它的变化区间为$[\alpha,\beta]$；

（2）在$[\alpha,\beta]$上任取一代表性小区间$[t,t+dt]$，相应于这个小区间上的小弧段的弧长，可以用曲线上点$(\varphi(t),\psi(t))$处的切线上相应的切线段长度来近似代替，即得弧长元素（弧微分）为

$$ds=\sqrt{(dx)^2+(dy)^2}=\sqrt{[\varphi'(t)dt]^2+[\psi'(t)dt]^2}=\sqrt{\varphi'^2(t)+\psi'^2(t)}\,dt;$$

（3）以 $ds=\sqrt{\varphi'^2(t)+\psi'^2(t)}\,dt$ 为被积表达式，在闭区间$[\alpha,\beta]$上作定积分，便得所求的弧长为

$$s=\int_\alpha^\beta\sqrt{\varphi'^2(t)+\psi'^2(t)}\,dt \qquad (5-24)$$

这里下限必须小于上限.

例 11 求星形线

$$\begin{cases}x=a\cos^3 t,\\ y=a\sin^3 t\end{cases}(a>0),$$

的周长(图 5-29).

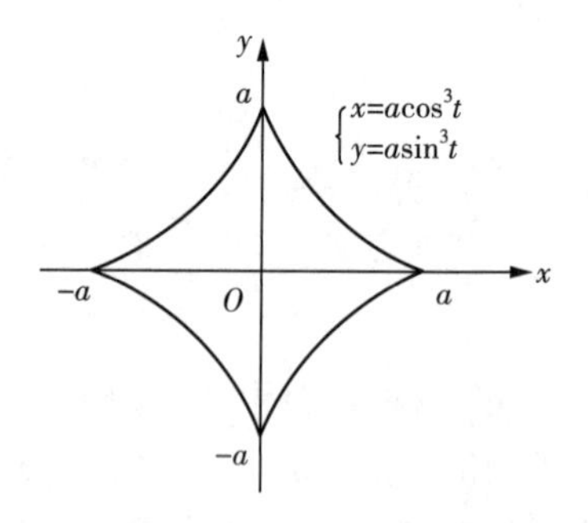

图 5-29 星形线示意图

解 由于对称性,所求的周长等于第一象限内弧长的4倍.在第一象限内,取参数t为积分变量,其变化区间为$\left[0,\frac{\pi}{2}\right]$.

(由 $x=a\cos^3 t$ 可知,当 $x=a$ 时,$\cos t=1,t=0$;当 $x=0$ 时,$\cos t=0,t=\frac{\pi}{2}$).

由于

$$x'(t)=3a\cos^2 t(-\sin t)=-3a\cos^2 t\sin t,$$

$$y'(t)=3a\sin^2 t(\cos t)=3a\sin^2 t\cos t,$$

$$\sqrt{x'^2(t)+y'^2(t)}=\sqrt{(-3a\cos^2 t\sin t)^2+(3a\sin^2 t\cos t)^2}$$

$$=3a\sqrt{\cos^2 t\sin^2 t}=3a\mid\cos t\sin t\mid=3a\sin t\cos t$$

(这里因为 $0\leqslant t\leqslant\frac{\pi}{2}$,$\cos t\geqslant 0,\sin t\geqslant 0$,所以 $\mid\cos t\sin t\mid=\cos t\sin t$).

利用公式(5-24),可得第一象限内的弧长为

$$s_1=\int_0^{\frac{\pi}{2}}3a\sin t\cos t\mathrm{d}t=3a\int_0^{\frac{\pi}{2}}\sin t d(\sin t)=\frac{3}{2}a\left[\sin^2 t\right]_0^{\frac{\pi}{2}}=\frac{3}{2}a.$$

于是,所求星形线的周长为

$$s=4s_1=4\times\frac{3}{2}a=6a.$$

3. 极坐标情形

设曲线弧$\widehat{AB}$的极坐标方程为

$$r=r(\theta),\quad \alpha\leqslant\theta\leqslant\beta,$$

其中,$r(\theta)$ 在$[\alpha,\beta]$上具有一阶连续导数.现在来计算这曲线弧的弧长.

由直角坐标与极坐标的关系,可得曲线弧$\widehat{AB}$的参数方程为

$$\begin{cases}x=r(\theta)\cos\theta,\\ y=r(\theta)\sin\theta\end{cases}(\alpha\leqslant\theta\leqslant\beta),$$

其中,参数 θ 表示极角. 由于

$$x'(\theta)=r'(\theta)\cos\theta-r(\theta)\sin\theta, y'(\theta)=r'(\theta)\sin\theta+r(\theta)\cos\theta,$$

$$\sqrt{x'^2(\theta)+y'^2(\theta)}=\sqrt{[r'(\theta)\cos\theta-r(\theta)\sin\theta]^2+[r'(\theta)\sin\theta+r(\theta)\cos\theta]^2}$$
$$=\sqrt{r^2(\theta)+r'^2(\theta)},$$

得弧长元素为

$$ds=\sqrt{x'^2(\theta)+y'^2(\theta)}\,d\theta=\sqrt{r^2(\theta)+r'^2(\theta)}\,d\theta.$$

于是,所求弧长为

$$s=\int_{\alpha}^{\beta}\sqrt{r^2(\theta)+r'^2(\theta)}\,d\theta \tag{5-25}$$

这里下限 α 小于上限 β.

例 12　求心形线 $r=a(1+\cos\theta)(a>0)$ 的周长.

解　根据图像的对称性(图 5-30),所求心形线的周长等于极轴上方的弧长的 2 倍.

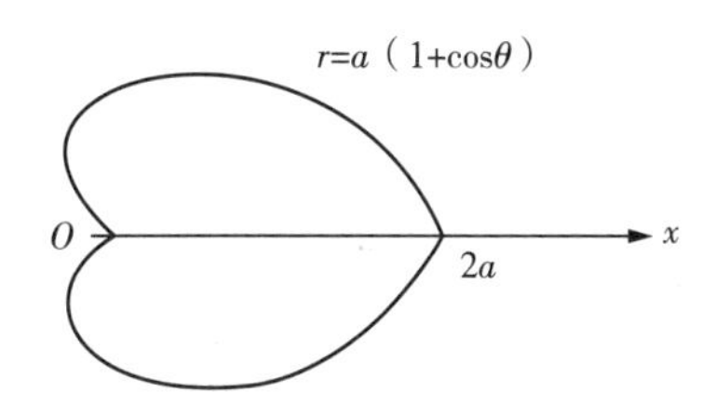

图 5-30　心形线示意图

在极轴上方部分,取 θ 为积分变量,它的变化区间为$[0,\pi]$.(由 $r=a(1+\cos\theta)$ 可知,当 $r=2a$ 时,$\cos\theta=1,\theta=0$;当 $r=0$ 时,$\cos\theta=-1,\theta=\pi$). 现在

$$r(\theta)=a(1+\cos\theta), r'(\theta)=-a\sin\theta,$$

$$\sqrt{r^2(\theta)+r'^2(\theta)}=\sqrt{a^2(1+\cos\theta)^2+(-a\sin\theta)^2}$$
$$=\sqrt{2a^2(1+\cos\theta)}=2a\sqrt{\cos^2\frac{\theta}{2}}=2a\left|\cos\frac{\theta}{2}\right|=2a\cos\frac{\theta}{2}.$$

(这里,因为 $0\leqslant\theta\leqslant\pi,0\leqslant\frac{\theta}{2}\leqslant\frac{\pi}{2},\cos\frac{\theta}{2}\geqslant 0$,所以,$\left|\cos\frac{\theta}{2}\right|=\cos\frac{\theta}{2}$.)

于是,根据公式(5-25)及图像的对称性,可得所求心形线的周长为

$$s=2\int_0^{\pi}2a\cos\frac{\theta}{2}d\theta=4a\int_0^{\pi}\cos\frac{\theta}{2}d\theta=8a\left[\sin\frac{\theta}{2}\right]_0^{\pi}=8a.$$

复习题 5

1. 选择题.

(1) $\int_0^x f(t)dt=\frac{x^2}{4}$,则$\int_0^4\frac{1}{\sqrt{x}}f(\sqrt{x})dx=($　　$)$.

A. 16　　B. 8　　C. 4　　D. 2

(2) $\int_{-1}^{2}\frac{1}{x^2}dx=$(　　).

A. -1.5　　B. 0.5　　C. -0.5　　D. 不存在

(3) $\int_{1}^{\infty}\frac{1}{x\sqrt{x^2-1}}dx=$(　　).

A. 0　　B. $\frac{\pi}{2}$　　C. $\frac{\pi}{4}$　　D. 发散

2. 填空题.

(1) $\int_{0}^{\frac{\pi}{2}}\sin^8 x dx=$________, $\int_{0}^{\frac{\pi}{2}}\cos^7 x dx=$________.

(2) $\lim\limits_{x\to 0}\frac{\int_{0}^{x}t\sin t dt}{\ln(1+x)}=$________.

(3) $\int_{-1}^{2}|x^2-2x|dx=$________.

(4) $\int_{-\pi}^{0}\sqrt{1+\cos 2x}\,dx=$________.

(5) 设 $f(x)$ 是连续函数,且 $f(x)=\sin x+\int_{0}^{\pi}f(x)dx$,则 $f(x)=$________.

(6) $\int_{-1}^{1}x(1+x^{2005})(e^x-e^{-x})dx=$________.

(7) $\lim\limits_{x\to+\infty}\frac{1}{\sqrt{x}}\int_{1}^{x}\ln\left(1-\frac{1}{\sqrt{t}}\right)dt=$________.

3. 计算题.

(1) $\int_{0}^{1}\frac{x+2}{x^2-x-2}dx$;

(2) $\int_{0}^{1}\ln(1-x)dx$;

(3) $\int_{-2}^{2}(x^2\sqrt{4-x^2}+x\cos^5 x)dx$;

(4) $\int_{1}^{+\infty}\frac{\arctan x}{x^2}dx$;

(5) $\int_{\frac{1}{2}}^{\frac{3}{2}}\frac{dx}{\sqrt{|x-x^2|}}$.

4. 求极限 $\lim\limits_{x\to 0}\left[\frac{\int_{0}^{x}\sqrt{1+t^2}\,dt}{x}+\frac{\int_{0}^{x}\sin t dt}{x^2}\right]$.

5. 用定积分定义计算极限 $\lim\limits_{n\to\infty}\left(\frac{n}{n^2+1}+\frac{n}{n^2+2^2}+\cdots+\frac{n}{n^2+n^2}\right)$.

6. 设隐函数 $y=y(x)$ 由方程 $x^3-\int_{0}^{x}e^{-t^2}dt+y^3+\ln 4=0$ 所确定,求 $\frac{dy}{dx}$.

阅读材料

1665 年夏天，因为英国爆发鼠疫，剑桥大学暂时关闭．刚刚获得学士学位，准备留校任教的牛顿被迫离校到他母亲的农场住了一年多．这一年多被称为“奇迹年”，牛顿对三大运动定律、万有引力定律和光学的研究都开始于这个时期．在研究这些问题过程中他发现了他称为“流数术”的微积分．他在 1666 年写下了一篇关于流数术的短文，之后又写了几篇有关文章．但是这些文章当时都没有公开发表，只是在一些英国科学家中流传．

首次发表有关微积分研究论文的是德国哲学家莱布尼茨．莱布尼茨在 1675 年已发现了微积分，但是也不急于发表，只是在手稿和通信中提及这些发现．1684 年，莱布尼茨正式发表他对微分的发现．两年后，他又发表了有关积分的研究．在瑞士人伯努利兄弟的大力推动下，莱布尼茨的方法很快传遍了欧洲．到 1696 年时，已有微积分的教科书出版．

起初没有人来争夺微积分的发现权．1699 年，移居英国的一名瑞士人一方面为了讨好英国人，另一方面由于与莱布尼茨的个人恩怨，指责莱布尼茨的微积分是剽窃自牛顿的流数术，但此人并无威望，遭到莱布尼茨的驳斥后，就没了下文．1704 年，在其光学著作的附录中，牛顿首次完整地发表了其流数术．当年出现了一篇匿名评论，反过来指责牛顿的流数术是剽窃自莱布尼茨的微积分．

于是究竟是谁首先发现了微积分，就成了一个需要解决的问题．1711 年，苏格兰科学家、英国王家学会会员约翰·凯尔在致王家学会书记的信中，指责莱布尼茨剽窃了牛顿的成果，只不过用不同的符号表示法改头换面．同样身为王家学会会员的莱布尼茨提出抗议，要求王家学会禁止凯尔的诽谤．王家学会组成一个委员会调查此事，在次年发布的调查报告中认定牛顿首先发现了微积分，并谴责莱布尼茨有意隐瞒他知道牛顿的研究工作．此时牛顿是王家学会的会长，虽然在公开的场合假装与这个事件无关，但是这篇调查报告其实是牛顿本人起草的．他还匿名写了一篇攻击莱布尼茨的长篇文章．

当然，争论并未因为这个偏向性极为明显的调查报告的出笼而平息．事实上，这场争论一直延续到了现在．没有人，包括莱布尼茨本人，否认牛顿首先发现了微积分．问题是，莱布尼茨是否独立地发现了微积分？莱布尼茨是否剽窃了牛顿的发现？

1673 年，在莱布尼茨创建微积分的前夕，他曾访问伦敦．虽然他没有见过牛顿，但是与一些英国数学家见面讨论过数学问题．其中有的数学家的研究与微积分有关，甚至有可能给莱布尼茨看过牛顿的有关手稿．莱布尼茨在临死前承认他看过牛顿的一些手稿，但是又说这些手稿对他没有价值．

此外，莱布尼茨长期与英国王家学会书记、图书馆员通信，从中了解到英国数学研究的进展．1676 年，莱布尼茨甚至收到过牛顿的两封信，信中概述了牛顿对无穷级数的研究．虽然这些通信后来被牛顿的支持者用来反对莱布尼茨，但是它们并不含有创建微积分所需要的详细信息．莱布尼茨在创建微积分的过程中究竟受到了英国数学家多大的影响，恐怕没人能说得清．

后人在莱布尼茨的手稿中发现他曾经抄录牛顿关于流数术的论文的段落，并将其内容改用他发明的微积分符号表示．这个发现似乎对莱布尼茨不利．但是，我们无法确定的是，莱布尼茨是什么时候抄录的？如果是在他创建微积分之前，从某位英国数学家那里看到牛顿的手稿时抄录的，那当然可以作为莱布尼茨剽窃的铁证．但是他也可能是在牛顿在1704年发表该论文时才抄录的，此时他本人的有关论文早已发表多年了．

后人通过研究莱布尼茨的手稿还发现，莱布尼茨和牛顿是从不同的思路创建微积分的：牛顿是为解决运动问题，先有导数概念，后有积分概念；莱布尼茨则反过来，受其哲学思想的影响，先有积分概念，后有导数概念．牛顿仅仅是把微积分当做物理研究的数学工具，而莱布尼茨则意识到了微积分将会给数学带来一场革命．这些似乎又表明莱布尼茨像他一再声称的那样，是自己独立地创建微积分的．

即使莱布尼茨不是独立地创建微积分，他也对微积分的发展作出了重大贡献．莱布尼茨对微积分表述得更清楚，采用的符号系统比牛顿的更直观、合理，被普遍采纳沿用至今．因此现在的教科书一般把牛顿和莱布尼茨共同列为微积分的创建者．

实际上，如果这个事件发生在现在的话，莱布尼茨会毫无争议地被视为微积分的创建者，因为现在的学术界遵循的是谁先发表谁就拥有发现权的原则，反对长期对科学发现秘而不宣．至于两人之间私下的恩怨，谁说得清呢？尤其是在有国家荣耀、民族情绪参与其中时，更难以达成共识．牛顿与莱布尼茨之争，演变成了英国科学界与德国科学界，乃至与整个欧洲大陆科学界的对抗．英国数学家此后在很长一段时间内不愿接受欧洲大陆数学家的研究成果．他们坚持教授、使用牛顿那套落后的微积分符号和过时的数学观念，使得英国的数学研究停滞了一个多世纪，直到1820年才愿意承认其他国家的数学成果，重新加入国际主流．

牛顿与莱布尼茨之争无损于莱布尼茨的名声，对英国的科学事业却是一场灾难．虽然说“科学没有国界，但是科学家有祖国”，但是让民族主义干扰了科学研究，就很容易变成科学也有国界，被排斥于国际科学界之外，反而妨碍了本国的科学发展．

第6章　常微分方程

常微分方程是高等数学的一个重要组成部分，利用它可以解决许多的实际问题．本章主要介绍微分方程的一些基本概念和几种常见的微分方程及其解法，并通过举例介绍微分方程在几何、物理等实际问题中的一些简单应用．

6.1　微分方程的基本概念

下面通过几个具体的例题来说明微分方程的基本概念．

例1　一平面曲线通过点(1,2)，且在该曲线上任意一点$M(x,y)$处的切线斜率为$2x$，求该曲线的方程．

解　设所求的曲线方程为$y=f(x)$，则由题意及导数的几何意义知

$$\frac{\mathrm{d}y}{\mathrm{d}x}=2x \text{ 或 } \mathrm{d}y=2x\mathrm{d}x \tag{6-1}$$

对式(6-1)两端同时积分，得

$$y=\int 2x\mathrm{d}x=x^2+C,$$

又因为曲线过点(1,2)，即所求曲线方程满足条件$y|_{x=1}=2$，代入上式，得

$$1^2+C=2,\text{即 } C=1.$$

所以所求曲线的方程为

$$y=x^2+1.$$

例2　一个质量为m的质点在重力的作用下从高h处下落，试求其运动方程．

解　设定坐标原点在水平地面，y轴垂直向上的坐标系中，t时刻质点的位置是$y(t)$．由于质点只受重力mg作用，且力的方向与y轴正向相反，故由牛顿第二定律得质点满足的方程为

$$m\frac{\mathrm{d}^2y}{\mathrm{d}t^2}=-mg \text{ 或 } \frac{\mathrm{d}^2y}{\mathrm{d}t^2}=-g, \tag{6-2}$$

式(6-2)两端积分，得

$$\frac{\mathrm{d}y}{\mathrm{d}t}=-gt+C_1,$$

再对上式积分,得

$$y=-\frac{1}{2}gt^2+C_1t+C_2, \tag{6-3}$$

其中 C_1,C_2 是两个独立的任意常数.

把条件 $y\big|_{t=0}=h,\left.\frac{dy}{dt}\right|_{t=0}=0$ 分别代入上面的两式得 $C_1=0,C_2=h$. 因此所求的运动方程为

$$y=-\frac{1}{2}gt^2+h \tag{6-4}$$

在上面的两个例子中,都无法直接找出问题中两个变量之间的函数关系,而是通过题设条件,利用导数的几何或物理意义等,先建立了含有未知函数的导数的方程(6-1)和(6-2),然后通过积分等手段求出满足该方程的未知函数.这类问题及解决问题的过程具有普遍意义,下面从数学上加以抽象,引进有关微分方程的一般概念.

定义1 含有自变量、未知函数及未知函数导数(或微分)的方程称为**微分方程**.未知函数是一元函数的微分方程称为**常微分方程**;未知函数是多元函数的微分方程称为**偏微分方程**.本书只讨论常微分方程,简称为微分方程或方程.

微分方程中所含未知函数的导数(或微分)的最高阶数叫做微分方程的**阶**.例如方程 $yy'+\sin x=1$, $y'''+\ln xy=x\cos x$ 分别是一阶、三阶微分方程.

一般地,n 阶微分方程的形式是

$$F(x,y,y',\cdots,y^{(n)})=0 \tag{6-5}$$

其中 F 是含 $n+1$ 个变量的函数.这里须指出,$y^{(n)}$ 是必须要出现的.

由前面的例子看到,在研究某些实际问题时,首先要建立微分方程,然后找出满足微分方程的函数,也就是说,找出这样的函数,把该函数代入微分方程能使该方程成为恒等式,则称这个函数为该微分方程的**解**.确切地说,设函数 $y=\varphi(x)$ 在区间 I 上有 n 阶连续导数,如果在区间 I 上

$$F(x,\varphi(x),\varphi'(x),\cdots,\varphi^{(n)}(x))\equiv 0,$$

那么,函数 $y=\varphi(x)$ 就叫做微分方程(6-5)在区间 I 上的**解**.

定义2 满足微分方程的函数叫做微分方程的**解**;求微分方程解的过程叫做**解微分方程**;如果微分方程的解中所含独立的任意常数的个数等于微分方程的阶数,则该解称为微分方程的**通解**(或**一般解**);不含任意常数的解称为微分方程的**特解**.

例如,式(6-3)和式(6-4)所表示的函数都是方程(6-2)的解,其中式(6-3)是微分方程(6-2)的通解,式(6-4)是微分方程(6-2)的特解.

显然,微分方程的通解给出了解的一般形式,若用未知函数及其各阶导数在某个特定点的值将通解中的任意常数确定下来,就得到微分方程的特解.

确定通解中任意常数的条件称为**初始条件**,求微分方程满足初始条件的解的问题称为

初值问题.

例如,例 2 中$y|_{t=0}=h,\left.\frac{\mathrm{d}y}{\mathrm{d}t}\right|_{t=0}=0$是初始条件.

微分方程的解对应的图像称为**积分曲线**,通解通常表示一簇积分曲线,特解只是其中的某一条曲线.

例如,例 1 通解对应一簇抛物线 $y=x^2+C$,而特解则表示过点(1,2)的抛物线 $y=x^2+1$.

例 3 验证函数 $y=C_1e^{3x}+C_2e^{-3x}$(C_1,C_2 为任意常数)是二阶微分方程

$$y''-9y=0 \tag{6-6}$$

的通解,并求此微分方程满足初始条件

$$y|_{x=0}=0,y'|_{x=0}=1 \tag{6-7}$$

的特解.

解 要验证一个函数是否是一个微分方程的通解,只需将该函数及其导数代入微分方程中,看是否能使方程成为恒等式,再看通解中所含独立的任意常数的个数是否与方程的阶数相同.

分别求函数 $y=C_1e^{3x}+C_2e^{-3x}$ 一阶及二阶导数,得

$$y'=3C_1e^{3x}-3C_2e^{-3x},y''=9C_1e^{3x}+9C_2e^{-3x},$$

将它们代入微分方程(6-6)的左端,得

$$y''-9y=9C_1e^{3x}+9C_2e^{-3x}-9C_1e^{3x}-9C_2e^{-3x}=0.$$

所以函数 $y=C_1e^{3x}+C_2e^{-3x}$ 是所给二阶微分方程(6-6)的解.又因该解中含有两个独立的任意常数,任意常数的个数与微分方程(6-6)的阶数相同,所以它是该方程的通解.

要求微分方程满足所给初始条件的特解,只要把初始条件代入通解中,求出通解中的任意常数后,便可得到所求的特解.

把式(6-7)中的条件$y|_{x=0}=0,y'|_{x=0}=1$分别代入

$$y=C_1e^{3x}+C_2e^{-3x} \text{ 及 } y'=3C_1e^{3x}-3C_2e^{-3x},$$

得

$$C_1+C_2=0,3C_1-3C_2=1,$$

得

$$C_1=\frac{1}{6},C_2=-\frac{1}{6}.$$

于是所求微分方程满足所给初始条件的特解为

$$y=\frac{1}{6}(e^{3x}-e^{-3x}).$$

6.2 变量可分离的微分方程及齐次方程

一阶微分方程的一般形式为

$$F(x,y,y')=0 \text{ 或 } F\left(x,y,\frac{\mathrm{d}y}{\mathrm{d}x}\right)=0.$$

如果能从这个方程解出未知函数的导数 $y'=\frac{\mathrm{d}y}{\mathrm{d}x}$,那么就可得到如下的形式：

$$y'=f(x,y) \text{ 或 } \frac{\mathrm{d}y}{\mathrm{d}x}=f(x,y).$$

下面介绍几种常用的一阶微分方程．

6.2.1 变量可分离的微分方程

定义 1 如果一个一阶微分方程 $F(x,y,y')=0$ 可以写成

$$g(y)\mathrm{d}y=f(x)\mathrm{d}x \tag{6-8}$$

的形式,那么该方程就称为**变量可分离的微分方程**．该方程的特点是方程一端只含变量 y 的函数与 $\mathrm{d}y$,另一端只含变量 x 的函数与 $\mathrm{d}x$. 把原一阶微分方程变形为形如方程(6-8)的过程,称为**分离变量**．

方程(6-8)中的函数 $f(x)$ 和 $g(x)$ 都是连续函数,将方程(6-8)两端同时积分,得到微分方程(6-8)的通解：

$$\int g(y)\mathrm{d}y=\int f(x)\mathrm{d}x+C,$$

其中 C 为任意常数．应当注意的是,这里$\int f(x)\mathrm{d}x$ 仅表示 $f(x)$ 的某个确定的原函数．

例 1 求微分方程$\frac{\mathrm{d}y}{\mathrm{d}x}=2xy$ 的通解．

解 当 $y\neq 0$ 时,将方程化为形如方程(6-8)的形式

$$\frac{\mathrm{d}y}{y}=2x\mathrm{d}x,$$

两端同时积分得

$$\int\frac{\mathrm{d}y}{y}=\int 2x\mathrm{d}x+C_1,$$

积分后,得

$$\ln|y|=x^2+C_1,\text{即 } y=\pm e^{x^2+C_1}=\pm e^{C_1}e^{x^2}.$$

当 $y=0$ 时,$y=0$ 是原微分方程的解．于是,微分方程的通解可写成

$$y=Ce^{x^2}\quad (C\text{为任意常数,下同}).$$

例2　求微分方程 $x(1+y^2)\mathrm{d}x-(1+x^2)y\mathrm{d}y=0$ 的通解．

解　移项得 $x(1+y^2)\mathrm{d}x=(1+x^2)y\mathrm{d}y$，这是变量可分离的方程，两端同时除以 $(1+x^2)(1+y^2)$，得

$$\frac{y}{1+y^2}\mathrm{d}y=\frac{x}{1+x^2}\mathrm{d}x,$$

两端同时积分，得

$$\int\frac{y}{1+y^2}\mathrm{d}y=\int\frac{x}{1+x^2}\mathrm{d}x+C_1,$$

积分后，得

$$\frac{1}{2}\ln(1+y^2)=\frac{1}{2}\ln(1+x^2)+\frac{1}{2}\ln C,$$

其中 $C_1=\frac{1}{2}\ln C$，整理化简得

$$1+y^2=C(1+x^2).$$

这就是所求微分方程的通解．

例3　求微分方程 $2x\sin y\mathrm{d}x+(x^2+1)\cos y\mathrm{d}y=0$ 满足初始条件 $y|_{x=1}=\frac{\pi}{6}$ 的特解．

解　先求所给微分方程的通解．移项并两端同除以 $(x^2+1)\sin y(\sin y\neq 0)$，即可分离变量得

$$\frac{\cos y}{\sin y}\mathrm{d}y=-\frac{2x}{x^2+1}\mathrm{d}x,$$

两端同时积分，得

$$\int\frac{\cos y}{\sin y}\mathrm{d}y=\int-\frac{2x}{x^2+1}\mathrm{d}x+C_1,$$

积分后得

$$\ln|\sin y|=-\ln(x^2+1)+\ln C(C>0,C_1=\ln C),$$

化简后便得所给方程的通解为

$$(x^2+1)|\sin y|=C.$$

这是由隐函数形式给出的通解．

再求满足初始条件的特解．把初始条件 $y|_{x=1}=\frac{\pi}{6}$ 代入通解中，得

$$(1^2+1)\sin\frac{\pi}{6}=C,\text{即 }C=1,$$

于是,所求方程满足初始条件的特解为

$$(x^2+1)|\sin y|=1.$$

在以上各例中,遇到的微分方程都是变量可分离方程．需要指出的是,有时给出的一阶微分方程,虽然不是变量可分离方程,但是可以根据方程的特点,对未知函数做适当的变量代换,将所给方程化为变量可分离的方程．

6.2.2 齐次方程

定义 2 如果一阶微分方程 $F(x,y,y')=0$ 可化为

$$\frac{\mathrm{d}y}{\mathrm{d}x}=\varphi\left(\frac{y}{x}\right) \tag{6-9}$$

的形式,则称该微分方程为**齐次微分方程**,简称**齐次方程**．

例如,方程 $y'=e^{\frac{y}{x}}+\frac{y}{x}$ 是齐次方程;又如,方程 $(xy-y^2)\mathrm{d}x-(x^2-2xy)\mathrm{d}y=0$,可化为

$$\frac{\mathrm{d}y}{\mathrm{d}x}=\frac{xy-y^2}{x^2-2xy}=\frac{\frac{y}{x}-\left(\frac{y}{x}\right)^2}{1-2\frac{y}{x}}=\varphi\left(\frac{y}{x}\right),$$

也是齐次方程．

求解齐次方程(6-9)的一般步骤如下:

(1) 在齐次方程(6-9)中引进新的未知函数作代换:令 $u=\frac{y}{x}$,则得

$$y=ux,\frac{\mathrm{d}y}{\mathrm{d}x}=u+x\frac{\mathrm{d}u}{\mathrm{d}x};$$

(2) 将上面的式子代入齐次方程(6-9),得

$$u+x\frac{\mathrm{d}u}{\mathrm{d}x}=\varphi(u),\text{即 } x\frac{\mathrm{d}u}{\mathrm{d}x}=\varphi(u)-u,$$

这是变量可分离的方程,分离变量,得

$$\frac{\mathrm{d}u}{\varphi(u)-u}=\frac{\mathrm{d}x}{x}(\varphi(u)-u\neq 0\text{ 时});$$

(3) 两端积分,得

$$\int\frac{\mathrm{d}u}{\varphi(u)-u}=\int\frac{\mathrm{d}x}{x}+C.$$

求出积分后,再将 $u=\frac{y}{x}$ 代回,即得原齐次方程的通解．

例4　求微分方程$\frac{dy}{dx}=2\sqrt{\frac{y}{x}}+\frac{y}{x}(x\neq 0)$的通解.

解　令$u=\frac{y}{x}$,则$y=ux$,$\frac{dy}{dx}=u+x\frac{du}{dx}$,代入原方程得

$$u+x\frac{du}{dx}=2\sqrt{u}+u,\text{即 } x\frac{du}{dx}=2\sqrt{u},$$

这是变量可分离的方程,分离变量,得

$$\frac{du}{2\sqrt{u}}=\frac{dx}{x}\quad(u\neq 0,x\neq 0).$$

两端积分,有

$$\int\frac{du}{2\sqrt{u}}=\int\frac{dx}{x}+C_1,$$

积分后,得

$$\sqrt{u}=\ln|x|+\ln C\quad(C_1=\ln C),$$

即

$$u=[\ln(C|x|)]^2.$$

将$u=\frac{y}{x}$代入,得原方程的通解为

$$y=x[\ln(C|x|)]^2.$$

例5　求微分方程$x\mathrm{d}y=\left(2x\tan\frac{y}{x}+y\right)\mathrm{d}x$满足初始条件$y|_{x=2}=\pi$的特解.

解　将所给方程改写成

$$\frac{dy}{dx}=2\tan\frac{y}{x}+\frac{y}{x}.$$

令$u=\frac{y}{x}$,则$y=ux$,$\frac{dy}{dx}=u+x\frac{du}{dx}$. 代入原方程,得

$$u+x\frac{du}{dx}=2\tan u+u,$$

即

$$x\frac{du}{dx}=2\tan u.$$

分离变量,得

$$\cot u\,du=\frac{2}{x}dx,$$

两边积分,得

$$\ln|\sin u|=2\ln|x|+\ln C, \text{即} |\sin u|=Cx^2.$$

将 $u=\dfrac{y}{x}$ 代入,得原方程的通解为

$$\left|\sin\frac{y}{x}\right|=Cx^2.$$

再将初始条件 $y|_{x=2}=\pi$ 代入上式,得 $\sin\dfrac{\pi}{2}=4C, C=\dfrac{1}{4}$. 所求的特解为

$$\left|\sin\frac{y}{x}\right|=\frac{1}{4}x^2,$$

即

$$y=\pm x\arcsin\frac{x^2}{4}.$$

6.3 一阶线性微分方程

定义 如果一阶微分方程可化为形如

$$\frac{dy}{dx}+P(x)y=Q(x) \tag{6-10}$$

的方程,则称此方程为**一阶线性微分方程**,其中 $P(x)$,$Q(x)$ 是已知的连续函数.

这类方程的特点是,方程中出现未知函数及未知函数的导数都是一次的,即方程对未知函数及未知函数的导数而言都是线性的,故称该方程为一阶线性微分方程.

如果 $Q(x)\equiv 0$,则方程(6-10)变为

$$\frac{dy}{dx}+P(x)y=0 \tag{6-11}$$

则称方程(6-11)为**一阶线性齐次微分方程**;如果 $Q(x)\neq 0$,则方程(6-10)为**一阶线性非齐次微分方程**.

6.3.1 一阶线性齐次微分方程解的结构

显然,一阶线性齐次微分方程(6-11)是可分离变量的微分方程,$y\neq 0$ 时分离变量并两边积分,得

$$\int\frac{dy}{y}=-\int P(x)dx, \ln|y|=-\int P(x)dx+\ln C_1.$$

于是,一阶线性齐次微分方程(6-11)的通解为

$$y=Ce^{-\int P(x)dx}\ (C\text{为任意常数}).$$

6.3.2 一阶线性非齐次微分方程解的结构

由于方程(6-10)与方程(6-11)的左端相同,只是右端不同,如果猜想方程(6-10)的通解也具有方程(6-11)通解的形式,那么,其中C不可能是常数,而必定是一个关于x的函数,记作$C(x)$. 于是,可设

$$y=C(x)e^{-\int P(x)\mathrm{d}x} \tag{6-12}$$

是一阶线性非齐次微分方程(6-10)的解,其中,$C(x)$是待定函数.

下面设法求出待定函数$C(x)$. 为此,把式(6-12)对x求导,得

$$\frac{\mathrm{d}y}{\mathrm{d}x}=C'(x)e^{-\int P(x)\mathrm{d}x}-P(x)C(x)e^{-\int P(x)\mathrm{d}x},$$

代入方程(6-10),得

$$C'(x)e^{-\int P(x)\mathrm{d}x}-P(x)C(x)e^{-\int P(x)\mathrm{d}x}+P(x)C(x)e^{-\int P(x)\mathrm{d}x}=Q(x),$$

化简后,得

$$C'(x)=Q(x)e^{\int P(x)\mathrm{d}x},$$

将上式积分,得

$$C(x)=\int Q(x)e^{\int P(x)\mathrm{d}x}\mathrm{d}x+C(C\text{为任意常数}).$$

把上式代入式(6-12)中,即得一阶线性非齐次微分方程(6-10)的通解为

$$y=e^{-\int P(x)\mathrm{d}x}\left[\int Q(x)e^{\int P(x)\mathrm{d}x}\mathrm{d}x+C\right] \tag{6-13}$$

这就是一阶线性非齐次微分方程(6-10)的通解公式.

通过把对应的线性齐次方程通解中的任意常数变为待定函数,然后求出线性非齐次方程的通解,这种方法称为**常数变易法**.

通解公式(6-13)也可改写为

$$y=Ce^{-\int P(x)\mathrm{d}x}+e^{-\int P(x)\mathrm{d}x}\int Q(x)e^{\int P(x)\mathrm{d}x}\mathrm{d}x.$$

容易看出,通解中的第一项就是对应的线性齐次方程(6-11)所对应的通解,第二项就是非线性齐次方程(6-10)的一个特解(它可在通解公式(6-13)中取$C=0$得到). 由此可知,一阶线性非齐次方程的通解是由对应的齐次方程的通解与非齐次方程的一个特解相加构成的. 这个结论对于高阶线性非齐次微分方程也是成立的.

例1 求微分方程$x^2\frac{\mathrm{d}y}{\mathrm{d}x}+xy=1(x>0)$的通解.

解 先将方程变形为

$$\frac{\mathrm{d}y}{\mathrm{d}x}+\frac{1}{x}y=\frac{1}{x^2}.$$

这是一阶线性非齐次微分方程．利用公式(6-13)，其中$P(x)=\frac{1}{x}$，$Q(x)=\frac{1}{x^2}$，所以原方程的通解为

$$y=e^{-\int\frac{1}{x}dx}\left[\int\frac{1}{x^2}e^{\int\frac{1}{x}dx}dx+C\right]=e^{-\ln x}\left[\int\frac{1}{x^2}e^{\ln x}dx+C\right]=\frac{1}{x}(\ln x+C).$$

例 2 求一阶微分方程$y dx+(x-y^3)dy=0(y>0)$的通解．

解 将原方程化为

$$\frac{dy}{dx}+\frac{y}{x-y^3}=0.$$

该方程既不是可分离变量方程也不是齐次方程，又不是一阶线性微分方程．但如果将原方程改写为

$$\frac{dx}{dy}+\frac{x-y^3}{y}=0,$$

即

$$\frac{dx}{dy}+\frac{1}{y}x=y^2,$$

将x看做关于y的函数，这是一阶线性非齐次微分方程．

直接利用公式(6-13)得原方程的通解为

$$x=e^{-\int P(y)dy}\left[\int Q(y)e^{\int P(y)dx}dy+C\right]=e^{-\int\frac{1}{y}dy}\left[\int y^2e^{\int\frac{1}{y}dy}dy+C\right]$$

$$=e^{-\ln y}\left[\int y^2e^{\ln y}dy+C\right]=\frac{1}{y}\left(C+\frac{1}{4}y^4\right),$$

即

$$4xy=y^4+4C.$$

例 3 求方程$x(1+x^2)dy-(1+x^2)^2dx=2x^2y dx$满足初始条件$y|_{x=1}=2$的特解．

解 将原方程化为

$$\frac{dy}{dx}-\frac{2x}{1+x^2}y=\frac{1+x^2}{x}.$$

这是一个一阶线性非齐次方程．对应的齐次方程$\frac{dy}{dx}-\frac{2x}{1+x^2}y=0$的通解为

$$y=C(1+x^2).$$

用常数变易法，把上式中的C换成$C(x)$，即令$y=C(x)(1+x^2)$为原方程的解代入方程$\frac{dy}{dx}-\frac{2x}{1+x^2}y=\frac{1+x^2}{x}$中，化简得$C'(x)=\frac{1}{x}$，不妨$x>0$从而得到$C(x)=\ln x+C$. 所以原

方程的通解为

$$y=(C+\ln x)(1+x^2).$$

将初始条件$y|_{x=1}=2$代入上式,得 $C=1$. 所以原方程的特解为

$$y=(1+\ln x)(1+x^2).$$

例 4 求方程 $y'-\frac{1}{x}y=xy^2$ 的通解($y\neq 0$).

解 方程两端同时除以 y^2,得

$$y^{-2}y'-\frac{1}{x}y^{-1}=x.$$

令 $z=y^{-1}$,则有 $z'=-\frac{1}{y^2}y'$,代入上式化简,得

$$z'+\frac{1}{x}z=-x.$$

这是一个一阶线性非齐次方程. 可求得方程的通解为

$$z=\frac{1}{x}\left(-\frac{1}{3}x^3+C\right).$$

将 $z=y^{-1}$ 回代,得原方程的通解为

$$y=\frac{x}{-\frac{1}{3}x^3+C}.$$

上例的解法具有普遍性. 方程$\frac{\mathrm{d}y}{\mathrm{d}x}+P(x)y=Q(x)y^n$ $(n\neq 0,1)$ 称为**伯努利(Bernoulli)方程**. 显然,当 $n=0,1$ 时方程为一阶线性微分方程. 此类方程的解法是方程两端先同时除以 y^n,然后令 $z=y^{1-n}$,则原方程可化为$\frac{1}{1-n}\frac{\mathrm{d}z}{\mathrm{d}x}+P(x)z=Q(x)$,这是一个关于 z 的一阶线性微分方程,用常数变易法可以求解. 求出这个方程的通解后,则 y^{1-n} 代换 z 便得到伯努利方程的通解.

6.4 可降阶的高阶微分方程

二阶及二阶以上的微分方程统称为**高阶微分方程**. 本节将介绍三种类型的高阶微分方程的解法,这些解法的基本思路是把高阶微分方程通过某些变换降为较低阶的微分方程来求解.

6.4.1 $y^{(n)}=f(x)$ 型微分方程

微分方程 $y^{(n)}=f(x)$ 的右端仅含有自变量 x,因此,只要连续积分 n 次,便可得到通

解,即

$$y^{(n-1)}=\int f(x)\mathrm{d}x+C_1,$$

$$y^{(n-2)}=\int\left[\int f(x)\mathrm{d}x+C_1\right]\mathrm{d}x+C_2,$$

$$\cdots$$

依次进行 n 次积分即可得到原方程的通解.

例 1 求微分方程 $y'''=2e^{2x}+\sin x$ 的通解.

解 $y''=\int(2e^{2x}+\sin x)\mathrm{d}x+C_1=e^{2x}-\cos x+C_1$

$$y'=\int(e^{2x}-\cos x+C_1)\mathrm{d}x+C_2=\frac{1}{2}e^{2x}-\sin x+C_1x+C_2$$

$$y=\int\left(\frac{1}{2}e^{2x}-\sin x+C_1x+C_2\right)\mathrm{d}x+C_3$$

$$=\frac{1}{4}e^{2x}+\cos x+\frac{1}{2}C_1x^2+C_2x+C_3.$$

即所给微分方程的通解为

$$y=\frac{1}{4}e^{2x}+\cos x+\frac{1}{2}C_1x^2+C_2x+C_3.$$

6.4.2 $y''=f(x,y')$ 型微分方程

微分方程 $y''=f(x,y')$ 方程的特点是不显含未知函数 y. 求解时只需令 $y'=p(x)$,则 $y''=p'(x)$,代入方程使方程降为一阶微分方程 $p'=f(x,p)$. 求出该一阶微分方程的通解,两端再积分,即可得到原方程的通解.

例 2 求微分方程$(1+x^2)y''+2xy'=1$ 的通解.

解 所求微分方程属于 $y''=f(x,y')$ 型.

令 $y'=p(x)$,则 $y''=p'(x)$,代入原方程,得

$$(1+x^2)p'+2xp=1.$$

这是一阶线性非齐次方程,代入公式,得到该方程的通解为

$$p=e^{-\int\frac{2x}{1+x^2}\mathrm{d}x}\left[\int\frac{1}{1+x^2}e^{\int\frac{2x}{1+x^2}\mathrm{d}x}\mathrm{d}x+C_1\right]=\frac{1}{1+x^2}(x+C_1),$$

即

$$y'=\frac{1}{1+x^2}(x+C_1).$$

两端再积分，得原方程的通解为

$$y=\frac{1}{2}\ln(1+x^{2})+C_{1}\arctan x+C_{2}.$$

6.4.3 $y''=f(y,y')$ 型微分方程

微分方程 $y''=f(y,y')$ 的特点是不显含自变量 x.

解 这类方程可令 $y'=p(y)$，则

$$y''=\frac{\mathrm{d}p}{\mathrm{d}x}=\frac{\mathrm{d}p}{\mathrm{d}y}\cdot\frac{\mathrm{d}y}{\mathrm{d}x}=p\frac{\mathrm{d}p}{\mathrm{d}y}.$$

把 y',y'' 代入原方程，原方程可化为

$$p\frac{\mathrm{d}p}{\mathrm{d}y}=f(y,p).$$

这是一阶微分方程，可假设该方程的通解为 $p=\varphi(y,C_{1})$，即 $y'=\varphi(y,C_{1})$. 对 $y'=\varphi(y,C_{1})$ 分离变量并积分，得原方程的通解为

$$\int\frac{\mathrm{d}y}{\varphi(y,C_{1})}=x+C_{2}.$$

例 3 求微分方程 $2yy''-y'^{2}=1$ 的通解.

解 方程属于 $y''=f(y,y')$. 令 $y'=p(y)$，则 $y''=p\frac{\mathrm{d}p}{\mathrm{d}y}$，代入原方程得

$$2yp\frac{\mathrm{d}p}{\mathrm{d}y}-p^{2}=1,$$

分离变量，两端积分，得

$$\frac{2p}{1+p^{2}}\mathrm{d}p=\frac{1}{y}\mathrm{d}y,\quad \ln(1+p^{2})=\ln|y|+\ln C,$$

即

$$p=y'=\pm\sqrt{C_{1}y-1}\quad(C_{1}=\pm C).$$

再对上式分离变量并两端积分，得

$$\int\pm\frac{1}{\sqrt{C_{1}y-1}}\mathrm{d}y=\int\mathrm{d}x,\ \pm\frac{2}{C_{1}}\sqrt{C_{1}y-1}=x+C_{2},$$

化简得原方程的通解为

$$y=\frac{1}{C_{1}}\left[\frac{C_{1}^{2}}{4}(x+C_{2})^{2}+1\right].$$

6.5 二阶常系数线性齐次微分方程

定义 1 形如

$$y''+py'+qy=f(x)(p,q\text{ 为常数}) \qquad (6-14)$$

的方程称为**二阶常系数线性微分方程**，其中，$f(x)$ 为**自由项**.

当 $f(x)\equiv 0$ 时，方程(6-14)变为

$$y''+py'+qy=0,$$

该方程称为**二阶常系数线性齐次微分方程**；当 $f(x)\not\equiv 0$ 时，方程(6-14)称为**二阶常系数线性非齐次微分方程**.

本节将讨论二阶常系数线性齐次微分方程的求解问题.

6.5.1 二阶常系数线性齐次微分方程解的性质与通解的结构

定理 1 设 $y_1(x),y_2(x)$ 是二阶常系数线性齐次微分方程的两个解，则 $y=C_1y_1(x)+C_2y_2(x)$ 也是二阶常系数线性齐次微分方程的解，其中 C_1,C_2 为任意常数.

定义 2 设 $y_1(x),y_2(x)$ 是定义在某个区间内的两个函数，若存在两个不全为零的常数 k_1,k_2，使得

$$k_1y_1(x)+k_2y_2(x)\equiv 0,$$

则称函数 $y_1(x),y_2(x)$ 在该区间内**线性相关**；若上式当且仅当 $k_1=k_2=0$ 时才能成立，则称函数 $y_1(x),y_2(x)$ **线性无关**.

由此可知，若函数 $y_1(x),y_2(x)$ 线性相关，则由 $k_1y_1(x)+k_2y_2(x)\equiv 0$ 可知，两个函数之比 $\dfrac{y_1(x)}{y_2(x)}=-\dfrac{k_2}{k_1}$；反之，若两个函数之比不为常数，则它们必线性无关.

例 1 对于二阶常系数线性齐次微分方程

$$y''-2y'+y=0,$$

容易验证，$y_1(x)=e^x,y_2(x)=2e^x,y_3(x)=xe^x$ 都是齐次微分方程的解. 由定理 1 知

$$y_4=C_1y_1(x)+C_2y_2(x)=C_1e^x+2C_2e^x=(C_1+2C_2)e^x=Ce^x,$$

$$y_5=C_1y_1(x)+C_3y_3(x)=C_1e^x+C_3xe^x=(C_1+C_3x)e^x,$$

都是二阶常系数线性齐次微分方程的解. 显然，y_4 是 y_5 的一种特殊情况(当 $C_3=0$ 时 $y_4=y_5$). 其中，$y_1(x)$ 与 $y_2(x)$ 线性相关，$y_1(x)$ 与 $y_3(x)$ 线性无关.

定理 2 若 $y_1(x),y_2(x)$ 是二阶常系数线性齐次微分方程的两个线性无关的解，则

$$y=C_1y_1(x)+C_2y_2(x)$$

是二阶常系数线性齐次微分方程的通解，其中 C_1,C_2 为任意常数.

定理 2 表明，求线性齐次微分方程的通解，归结为求它的两个线性无关的特解.

6.5.2　二阶常系数线性齐次微分方程的解法

由定理 2 可知,求解二阶常系数线性齐次微分方程的关键在于找到它的两个线性无关特解,要寻求二阶常系数线性齐次微分方程的特解．首先观察二阶常系数线性齐次微分方程的特点,该方程的特点是 y,y',y'' 乘以常数因子后相加为零．如果能找到一个函数 $y(x)$,它和它的导数彼此仅有常数因子的差异,那么,这个函数就有可能成为二阶常系数线性齐次微分方程的特解．

对于指数函数 e^{rx},它的一、二阶导数分别为 re^{rx} 和 r^2e^{rx},它们与 e^{rx} 只差常数因子 r,r^2,因而只要适当选取 r 就有可能使之成为二阶常系数线性齐次微分方程的特解．

设 $y=e^{rx}$ 为二阶常系数线性齐次微分方程的特解,则 $y'=re^{rx}$,$y''=r^2e^{rx}$．将它们代入二阶常系数线性齐次微分方程,得

$$r^2e^{rx}+pre^{rx}+qe^{rx}=e^{rx}(r^2+pr+q)=0.$$

由于 $e^{rx}\neq 0$,故必有

$$r^2+pr+q=0 \tag{6-15}$$

这表明,只要常数 r 满足方程(6-15),函数 $y=e^{rx}$ 就是二阶常系数线性齐次微分方程的特解．称一元二次方程(6-15)为二阶常系数线性齐次微分方程的**特征方程**,特征方程(6-15)两个特征根可以表示为

$$r_{1,2}=\frac{-p\pm\sqrt{p^2-4q}}{2}.$$

下面按照特征根的三种不同情况,分别讨论二阶常系数线性齐次微分方程的通解．

(1) 当 $p^2-4q>0$ 时,特征方程有两个相异的实根 r_1,r_2,这时 $y_1=e^{r_1x}$ 和 $y_2=e^{r_2x}$ 是二阶常系数线性齐次微分方程两个线性无关的特解,因此二阶常系数线性齐次微分方程的通解为

$$y=C_1e^{r_1x}+C_2e^{r_2x}.$$

(2) 当 $p^2-4q=0$ 时,特征方程有两个相等的实根 $r_1=r_2=-\dfrac{p}{2}=r$,这时仅得到二阶常系数线性齐次微分方程的一个特解 $y_1=e^{r_1x}$．可以验证 $y_2=xe^{r_1x}$ 也是二阶常系数线性齐次微分方程的一个特解,且 y_1 与 y_2 线性无关,因此二阶常系数线性齐次微分方程的通解为

$$y=C_1e^{r_1x}+C_2xe^{r_1x}=(C_1+C_2x)e^{r_1x}.$$

(3) 当 $p^2-4q<0$ 时,特征方程有一对共轭复根 $r_{1,2}=\alpha+i\beta$(α,β 均为实数,且 $\beta\neq 0$),则 $y_1=e^{(\alpha+i\beta)x}$ 和 $y_2=e^{(\alpha-i\beta)x}$ 是二阶常系数线性齐次微分方程的特解,这是复数形式的解．为求得实数形式的解,利用欧拉公式 $e^{i\theta}=\cos\theta+i\sin\theta$,将 y_1,y_2 改写为

$$y_1=e^{\alpha x}(\cos\beta x+i\sin\beta x),y_2=e^{\alpha x}(\cos\beta x-i\sin\beta x).$$

根据定理 2 可知,$\dfrac{1}{2}(y_1+y_2)=e^{\alpha x}\cos\beta x$ 与 $\dfrac{1}{2i}(y_1-y_2)=e^{\alpha x}\sin\beta x$ 仍为二阶常系数线

性齐次微分方程的解，且$\frac{e^{\alpha x}\cos\beta x}{e^{\alpha x}\sin\beta x}=\cot\beta x\neq$常数，所以二阶常系数线性齐次微分方程实数形式的通解可以表示为

$$y=e^{\alpha x}(C_1\cos\beta x+C_2\sin\beta x).$$

例 1 求齐次方程 $y''-4y=0$ 的通解．

解 微分方程所对应的特征方程是 $r^2-4=0$，特征根是 $r_1=2, r_2=-2$，所以原方程的通解为

$$y=C_1e^{2x}+C_2e^{-2x}.$$

例 2 求微分方程 $4y''+4y'+y=0$ 的通解．

解 该方程的特征方程为 $4r^2+4r+1=0$，特征根为 $r=r_1=r_2=-\frac{1}{2}$，所以原方程的通解为

$$y=(C_1+C_2x)e^{-\frac{x}{2}}.$$

例 3 求微分方程 $4y''+9y=0$ 满足初始条件 $y|_{x=0}=2, y'|_{x=0}=\frac{3}{2}$ 的特解．

解 该方程的特征方程为 $4r^2+9=0$，特征根为 $r_{1,2}=\pm\frac{3}{2}i$，所以原方程的通解为

$$y=C_1\cos\frac{3}{2}x+C_2\sin\frac{3}{2}x.$$

由初始条件 $y|_{x=0}=2, y'|_{x=0}=\frac{3}{2}$，可得，$C_1=2, C_2=1$，因此原方程的特解为

$$y=2\cos\frac{3}{2}x+\sin\frac{3}{2}x.$$

6.6 二阶常系数线性非齐次微分方程

在 6.5 节中已指出，二阶常系数线性非齐次微分方程的一般形式为

$$y''+py'+qy=f(x),$$

其中，$f(x)\neq 0$，p,q 为常数．

6.6.1 二阶常系数线性非齐次微分方程的通解结构

在 6.3 节中已经看到，一阶线性非齐次微分方程的通解等于它所对应的线性齐次微分方程的通解与它的一个特解之和．这个结论对于二阶常系数线性非齐次微分方程也是适用的．

定理 1 设 $y^*(x)$ 是二阶线性非齐次微分方程的一个特解，$Y=C_1y_1(x)+C_2y_2(x)$ 是二阶线性非齐次微分方程所对应的齐次微分方程的通解，则

$$y = Y + y = C_1 y_1(x) + C_2 y_2(x) + y^*(x)$$

是二阶常系数线性非齐次微分方程的通解.

定理2 设 $y_1^*(x)$ 和 $y_2^*(x)$ 分别是二阶常系数线性非齐次微分方程

$$y'' + py' + qy = f_1(x) \text{ 和 } y'' + py' + qy = f_2(x)$$

的特解,则 $y^* = y_1^*(x) + y_2^*(x)$ 是微分方程

$$y'' + py' + qy = f_1(x) + f_2(x)$$

的特解,其中,p,q 为常数. 此为特解的可叠加性.

定理3 设 $y^* = y_1^*(x) + iy_2^*(x)$ 是方程 $y'' + py' + qy = f_1(x) + if_2(x)$ 的特解,则 $y_1^*(x)$ 和 $y_2^*(x)$ 分别是方程

$$y'' + py' + qy = f_1(x) \text{ 和 } y'' + py' + qy = f_2(x)$$

的特解.

6.5.2 二阶常系数线性非齐次微分方程的解法

由定理1可知,二阶常系数线性非齐次微分方程的通解等于它所对应的齐次方程的通解与非齐次方程的一个特解之和. 由于二阶常系数线性齐次微分方程的通解的求法已知,所以这里只需讨论二阶常系数线性非齐次微分方程特解的求法.

显然,非齐次方程的特解与自由项 $f(x)$ 的函数类型有关. 这里仅就 $f(x)$ 为多项式 $P_m(x)$、三角函数($\sin\beta x$, $\cos\beta x$)、指数函数 $e^{\lambda x}$ 及其乘积等几种常见形式进行讨论.

1. $f(x) = P_m(x)e^{\lambda x}$ 型(λ 为常数,$P_m(x)$ 为 m 次多项式)

由于 $f(x)$ 是多项式与指数函数的乘积,而这种乘积的一、二阶导数仍为多项式与指数函数的乘积. 因此假设二阶常系数线性非齐次微分方程有形如

$$y^*(x) = Q(x)e^{\lambda x}$$

的特解,其中 $Q(x)$ 是待定的多项式. 将

$$y^*(x) = Q(x)e^{\lambda x},$$

$$(y^*)' = [Q'(x) + \lambda Q(x)]e^{\lambda x},$$

$$(y^*)'' = [Q''(x) + 2\lambda Q'(x) + \lambda^2 Q(x)]e^{\lambda x}$$

代入自由项为 $f(x) = P_m(x)e^{\lambda x}$ 的二阶常系数线性非齐次微分方程,并约去 $e^{\lambda x}$,合并同类项,得

$$Q''(x) + (2\lambda + p)Q'(x) + (\lambda^2 + p\lambda + q)Q(x) = P_m(x).$$

令 $\varphi(\lambda) = \lambda^2 + p\lambda + q$,$\varphi'(\lambda) = 2\lambda + p$,则上述方程可以改写为

$$Q''(x) + \varphi'(\lambda)Q'(x) + \varphi(\lambda)Q(x) = P_m(x) \tag{6-16}$$

只要找到满足方程(6-16)的多项式 $Q(x)$,就能得到二阶常系数线性非齐次微分方程的特

解 $y^*(x)=Q(x)e^{\lambda x}$.

下面分三种情形来讨论.

(1) 当 $\varphi(\lambda)\neq 0$,即 λ 不是特征根时,$Q(x)$ 是 m 次多项式,即 $Q(x)=Q_m(x)$.

(2) 当 $\varphi(\lambda)=0,\varphi'(\lambda)\neq 0$,即 λ 是特征方程的单根时,$Q'(x)$ 是 m 次多项式,即 $Q'(x)=Q_m(x)$.

(3) 当 $\varphi(\lambda)=\varphi'(\lambda)=0$,即 λ 是特征方程的重根时,$Q''(x)$ 是 m 次多项式,即 $Q''(x)=Q_m(x)$.

例 1 求微分方程 $y''-y'=x^2e^x$ 的一个特解.

解 由于 $\lambda=1,\varphi(r)=r^2-r,\varphi'(r)=2r-1$,则 $\varphi(1)=0,\varphi'(1)=1$. 设原方程的特解为 $y^*(x)=Q(x)e^x$,由公式(6-16)可知 $Q(x)$ 应满足

$$Q''(x)+Q'(x)=x^2.$$

令 $Q'(x)=ax^2+bx+c,Q''(x)=2ax+b$,代入上式得

$$ax^2+bx+c+2ax+b=x^2.$$

比较等式两端 x 同次幂的系数得 $a=1,b=-2,c=2$,即

$$Q'(x)=x^2-2x+2.$$

两端积分,取其最简形式,得

$$Q(x)=\frac{1}{3}x^3-x^2+2x.$$

所以原方程的特解为

$$y^*=\left(\frac{1}{3}x^3-x^2+2x\right)e^x.$$

例 2 求方程 $y''-3y'+2y=3xe^{-x}$ 的通解.

解 特征方程为 $r^2-3r+2=0$,特征根为 $r_1=1,r_2=2$,所以原方程对应的齐次方程的通解为

$$y=C_1e^x+C_2e^{2x}.$$

由于 $\lambda=-1,\varphi(\lambda)=r^2-3r+2,\varphi'(\lambda)=2r-3$,则 $\varphi(-1)=6,\varphi'(-1)=-5$. 设原方程的特解为 $y^*(x)=Q(x)e^{-x}$,

$$Q''(x)-5Q'(x)+6Q(x)=3x.$$

令 $Q(x)=ax+b$,则 $Q'(x)=a,Q''(x)=0$,代入上式得

$$-5a+6ax+6b=3x.$$

比较等式两端 x 同次幂的系数,得 $a=\frac{1}{2},b=\frac{5}{12}$,即

$$Q(x)=\frac{1}{2}x+\frac{5}{12}.$$

所以原方程的特解为

$$y^*=\left(\frac{1}{2}x+\frac{5}{12}\right)e^{-x}.$$

因此原方程的通解为

$$y=C_1e^x+C_2e^{2x}+\left(\frac{1}{2}x+\frac{5}{12}\right)e^{-x}.$$

2. $f(x)=Ae^{\lambda x}$ 型(A 为常数)

这是上述方法中令 $m=0$ 的情形．于是式(6-16)变成

$$Q''(x)+\varphi'(\lambda)Q'(x)+\varphi(\lambda)Q(x)=A.$$

类似的特解也分三种情形．

(1) 当 $\varphi(\lambda)\neq 0$ 时,$Q(x)$ 为常数,即 $Q(x)=Q=\frac{A}{\varphi(\lambda)}$,则特解可设为 $y^*=\frac{A}{\varphi(\lambda)}e^{\lambda x}$.

(2) 当 $\varphi(\lambda)=0,\varphi'(\lambda)\neq 0$ 时,$Q'(x)$ 为常数,即 $Q'(x)=\frac{A}{\varphi'(\lambda)}$,$Q(x)=\frac{A}{\varphi'(\lambda)}x$,则特解可设为 $y^*=\frac{Ax}{\varphi'(\lambda)}e^{\lambda x}$.

(3) 当 $\varphi(\lambda)=\varphi'(\lambda)=0$ 时,$Q''(x)=A$,取 $Q'(x)=Ax$,$Q(x)=\frac{A}{2}x^2$,则特解可设为 $y^*=\frac{Ax^2}{2}e^{\lambda x}$.

例 3 求 $y''-3y'+2y=4e^{3x}$ 的一个特解．

解 已知 $A=4,\lambda=3,\varphi(r)=r^2-3r+2,\varphi(3)=2$,所以特解为

$$y^*=\frac{4}{2}e^{3x}=2e^{3x}.$$

3. $f(x)=A\sin\beta x$ 型和 $f(x)=A\cos\beta x$ 型

这种情况下,无论 $f(x)=A\sin\beta x$ 还是 $f(x)=A\cos\beta x$,都可利用上述第二种方法求

$$y''+py+q=A(\cos\beta x+i\sin\beta x)=Ae^{i\beta x}$$

的特解 $\bar{y}^*$,根据定理 3 取实(虚)部为 $y''+py+q=A\cos\beta x\,(A\sin\beta x)$ 的特解．

例 4 求方程 $y''+4y=\cos 2x$ 的一个特解．

解 先求微分方程

$$y''+4y=\cos 2x+i\sin 2x=e^{2ix}$$

的特解．

由 $\varphi(r)=r^2+4$,知 $\varphi(2i)=0,\varphi'(2i)=4i$,所以新方程的特解为

$$\bar{y}^* = \frac{x}{\varphi'(2i)} e^{2ix} = \frac{x}{4i}(\cos 2x + i\sin 2x) = \frac{x}{4}\sin 2x - i\frac{x}{4}\cos 2x,$$

取其实部得原方程的特解为

$$y^* = \frac{x}{4}\sin 2x.$$

例 5 求微分方程 $y'' - 2y' + 5y = e^x \sin x$ 的通解.

解 先求对应的齐次方程的通解.特征方程为 $r^2 - 2r + 5 = 0$,特征根为 $r_{1,2} = 1 \pm 2i$,所以原方程对应的齐次方程的通解为

$$y = e^x(C_1\cos 2x + C_2\sin 2x).$$

再求 $y'' - 2y' + 5y = e^x(\cos x + i\sin x) = e^{(1+i)x}$ 的特解.由于 $\varphi(r) = r^2 - 2r + 5$,$\varphi(1+i) = (1+i)^2 - 2(1+i) + 5 = 3$,

新方程的特解为

$$\bar{y}^* = \frac{1}{\varphi(1+i)} e^{(1+i)x} = \frac{1}{3} e^x(\cos x + i\sin x).$$

取其虚部,可得原方程的特解为

$$y^* = \frac{1}{3} e^x \sin x.$$

于是,原方程的通解为

$$y = e^x(C_1\cos 2x + C_2\sin 2x) + \frac{1}{3} e^x \sin x.$$

复习题 6

1. 选择题.

(1) 一阶线性非齐次微分方程 $y' = P(x)y + Q(x)$ 的通解是( ).

A. $y = e^{-\int P(x)dx}\left[\int Q(x)e^{\int P(x)dx}dx + C\right]$

B. $y = e^{-\int P(x)dx}\int Q(x)e^{\int P(x)dx}dx$

C. $y = e^{\int P(x)dx}\left[\int Q(x)e^{-\int P(x)dx}dx + C\right]$

D. $y = ce^{-\int P(x)dx}$

(2) 方程 $xy' = \sqrt{x^2 + y^2} + y$ 是( ).

A. 齐次方程

B. 一阶线性微分方程

C. 伯努利方程

D. 可分离变量方程

(3) $\frac{dy}{x^2} + \frac{dx}{y^2} = 0, y(1) = 2$ 的特解是( ).

A. $x^2 + y^2 = 2$

B. $x^3 + y^3 = 9$

C. $x^3+y^3=1$　　D. $\frac{x^3}{3}+\frac{y^3}{3}=1$

(4) 方程 $y'''=\sin x$ 的通解是(　　).

A. $y=\cos x+\frac{1}{2}C_1x^2+C_2x+C_3$　　B. $y=\sin x+\frac{1}{2}C_1x^2+C_2x+C_3$

C. $y=\cos x+C_1$　　D. $y=2\sin 2x$

(5) 方程 $y'''+y'=0$ 的通解是(　　).

A. $y=\sin x-\cos x+C_1$　　B. $y=C_1\sin x-C_2\cos x+C_3$

C. $y=\sin x+\cos x+C_1$　　D. $y=\sin x-C_1$

(6) 若 y_1 和 y_2 是二阶齐次线性方程 $y''+p(x)y'+q(x)y=0$ 的两个特解,则 $y=C_1y_1+C_2y_2$(其中 C_1,C_2 为任意常数)(　　).

A. 是该方程的通解　　B. 是该方程的解

C. 是该方程的特解　　D. 不一定是该方程的解

(7) 求方程 $yy''-(y')^2=0$ 的通解时,可令(　　).

A. $y'=P$,则 $y''=P'$　　B. $y'=P$,则 $y''=P\frac{\mathrm{d}P}{\mathrm{d}y}$

C. $y'=P$,则 $y''=P\frac{\mathrm{d}P}{\mathrm{d}x}$　　D. $y'=P$,则 $y''=P'\frac{\mathrm{d}P}{\mathrm{d}y}$

(8) 已知方程 $x^2y''+xy'-y=0$ 的一个特解为 $y=x$,于是方程的通解为(　　).

A. $y=C_1x+C_2x^2$　　B. $y=C_1x+C_2\frac{1}{x}$

C. $y=C_1x+C_2e^x$　　D. $y=C_1x+C_2e^{-x}$

(9) 方程 $y''-3y'+2y=e^x\cos 2x$ 的一个特解形式是(　　).

A. $y=A_1e^x\cos 2x$　　B. $y=A_1xe^x\cos 2x+B_1xe^x\sin 2x$

C. $y=A_1e^x\cos 2x+B_1e^x\sin 2x$　　D. $y=A_1x^2e^x\cos 2x+B_1x^2e^x\sin 2x$

2. 求下列微分方程的通解:

(1) $y'=\frac{y(1-x)}{x}$;　　(2) $xy'+2y=x\ln x$;

(3) $\frac{\mathrm{d}y}{\mathrm{d}x}=\frac{y}{2x}+\frac{x^2}{2y}$;　　(4) $\frac{\mathrm{d}y}{\mathrm{d}x}=(x-y)^2+1$;

(5) $yy''-y'^2-1=0$;　　(6) $y''+y'=x^2$;

(7) $y''-2y'+y=xe^x$.

3. 求下列微分方程的特解:

(1) $y^3\mathrm{d}x+2(x^2-xy^2)\mathrm{d}y=0$,$x=1$ 时,$y=1$;

(2) $y''+2y'+y=\cos x$,$x=0$ 时,$y=0$,$y'=\frac{3}{2}$.

4. 已知某曲线过点(1,1),它的切线在纵轴上的截距等于切点的横坐标,求它的方程.

5. 设可导函数 $\varphi(x)$ 满足 $\varphi(x)\cos x+2\int_0^x\varphi(t)\sin t\mathrm{d}t=x+1$,求 $\varphi(x)$.

阅读材料

常微分方程发展简史

常微分方程是与微积分一起发展起来的,从17世纪末开始,摆的运动、弹性理论及天体力学等实际问题的研究引出了一系列常微分方程,在当时的数学家之间,以挑战的形式提出这些问题,引起激烈的争论.牛顿、莱布尼茨和伯努利兄弟等都曾讨论过低阶常微分方程.到1740年左右,几乎所有的求解一阶方程的初等方法都已经被知道.后来瑞士数学家雅各布·伯努利、欧拉,法国数学家克雷洛、达朗贝尔、拉格朗日等又不断地研究和丰富了微分方程理论.

常微分方程的形成与发展是和力学、天文学、物理学及其他科学技术的发展密切相关的.数学的其他分支的新发展,如复变函数、组合拓扑学等,都对常微分方程的发展产生了深刻的影响,当前计算机的发展更是为常微分方程的应用及理论研究提供了非常有力的工具.

1728年,约翰·伯努利(Johann Bernoulli,1667—1748)向欧拉提出测地线问题,欧拉给出了曲面上测地线微分方程的解,引进了著名的指数代换,将二阶常微分方程化为一阶方程,开始了对二阶常微分方程的系统研究.欧拉在1743年发表的论文中给出了任意阶常系数线性齐次方程的古典解法,最早引入了"通解"和"特解"的名词.1774—1775年,拉格朗日在完成的《关于微分方程特解的研究》中系统地研究了一阶常微分方程的特解与通解间的关系.解出了一般阶变系数非齐次常微分方程,这一工作是18世纪常微分方程求解的最高成就.在18世纪,常微分方程已成为有自己的目标和方向的新数学分支.

对18—19世纪建立起来的众多微分方程,数学家们求显式解的努力往往归于失败,这种情况促使他们转向证明解的存在性,这也是微分方程发展史上的一个重要转折点.最先考虑微分方程解的存在性问题的数学家是柯西,18世纪20年代,他给出了常微分方程解的一个存在性定理.

19世纪后半叶,常微分方程的研究在两个大的方向上开拓了新局面.一个方向是由柯西开创的常微分方程解析理论,另一个方向是由庞加莱创立的定性理论.

牛顿研究天体力学和机械力学的时候,利用了微分方程这个工具,从理论上得到了行星运动规律.后来,法国和英国的天文学家使用微分方程各自计算出那时尚未发现的海王星的位置,这些都使数学家更加深信微分方程在认识自然、改造自然方面的巨大力量.在微分方程的理论逐步完善后,只要列出相应的微分方程,有解方程的方法,利用它就可以精确地表述事物变化所遵循的基本规律.

伯努利家族是瑞士数学家族,祖孙三代出了十余位数学家和物理学家.其中有三人成就最大.

雅各布·伯努利(Jakob,Bernoulli,1654—1705)生于瑞士巴塞尔,1671年获艺术硕士学位,1687年,雅各布在《教师学报》上发表了数学论文《用两相互垂直的直线将三角形的面积四等分的方法》,同年成为巴塞尔大学的数学教授,直到1705年8月16日逝世．雅各布对数学的最重大贡献是在概率论研究方面,他从1685年起发表关于赌博游戏中输赢次数问题的论文,后来写成巨著《猜度术》．主要贡献有:1690年首先使用数学意义下的“积分”一词,同年提出悬链线问题,后又改变条件,解决了更复杂的悬链线问题并应用于设计吊桥;1694年首先给出直角坐标和极坐标下的曲率半径公式,讨论了“伯努利双纽线”的性质;1695年提出“伯努利方程”;1713年出版《猜度术》,给出“伯努利数”、“伯努利大数定律”等结果．他还研究了对数螺线,发现该线经过变换仍为对数螺线的奇妙性质．

约翰·伯努利生于瑞士巴塞尔,1685年获巴塞尔大学艺术硕士学位．他一直跟随雅各布学习数学,并颇有造诣．1695年,28岁的约翰取得了他的第一个学术职位——荷兰格罗宁根大学数学教授．约翰的数学成果比雅各布还要多,如解决悬链线问题(1691年),提出洛必达法则(1694年),解决最速降线(1696年)和测地线问题(1697年),给出求积分的变量替换法(1699年),研究弦振动问题(1727年),出版《积分学教程》(1742年)等．约翰的另一大功绩是培养了一大批出色的数学家,其中包括18世纪最著名的数学家欧拉、法国数学家洛必达及他自己的儿子丹尼尔和侄子尼古拉二世等．

雅各布·伯努利(1654—1705)

丹尼尔·伯努利(Daniel Bernoulli,1700—1782)生于荷兰格罗宁根,瑞士物理学家、数学家、医学家,著名的伯努利家族中最杰出的一位．他在25岁时(1725年)就被聘为圣彼得堡科学院的数学院士,8年后回到瑞士巴塞尔,先任解剖学教授,后任动力学教授,1750年成为物理学教授,他于1724年解决了微分方程中的里卡蒂方程;1728年与欧拉一起研究弹性力学,1738年出版的《流体力学》中给出了“伯努利定理”等流体力学的基础理论．1725—1749年,他曾10次荣获法国科学院的年度奖,能与他媲美的只有大数学家欧拉．

第 7 章　向量代数与空间解析几何

在处理很多数学、物理等问题的时候，需要借助向量及其运算来解决相关问题．同样，空间解析几何是数学、物理类等专业的重要基础课程．不仅数学、物理学等的许多后续课程以此为基础，更重要的是，它的思想方法和几何直观性可为许多抽象的、高维的数学、物理问题提供模型和方法．

本章主要介绍向量的基本概念和运算，并介绍空间平面、空间直线及其方程，一般的空间曲面和空间曲线及其方程．

7.1　向量及其线性运算

7.1.1　向量的基本概念

现实生活中有的量只有大小，如长度、面积、体积、温度等，它们称为**数量**或**标量**．有的量既有大小，又有方向，如力、速度、加速度等，称这类量为**向量**或**矢量**．

在数学上，时常用一条有方向的线段，即有向线段来表示向量．从点 A 出发指向点 B 的有向线段表示的向量，记作 $\overrightarrow{AB}$（图 7-1），也可以用黑体字母来表示，如 $\boldsymbol{a},\boldsymbol{b},\boldsymbol{u},\boldsymbol{r}$ 等．

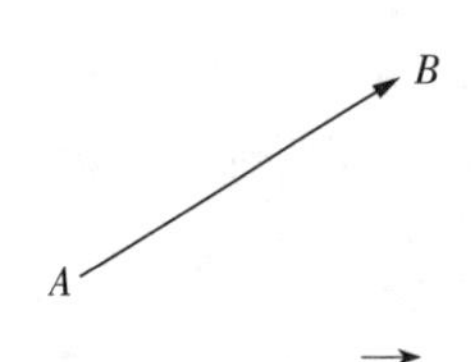

图 7-1　向量 $\overrightarrow{\boldsymbol{AB}}$

由于一切向量的共同特点是它们都有大小和方向，因此在数学上只研究与起点无关的向量，并称这种向量为**自由向量**（以后简称向量），即只考虑向量的大小和方向，而不论它的起点在何处.

本章只研究自由向量，规定如果两个向量 $\boldsymbol{a},\boldsymbol{b}$ 的大小相等，且方向相同，则向量 $\boldsymbol{a},\boldsymbol{b}$ 是相等的，记作 $\boldsymbol{a}=\boldsymbol{b}$. 这就是说，经过平行移动后能完全重合的向量是相等的．

向量的大小叫做**向量的模**．例如，向量 $\boldsymbol{a}$ 的模记作 $|\boldsymbol{a}|$，向量 $\overrightarrow{AB}$ 的模记作 $|\overrightarrow{AB}|$.

模为 0 的向量叫做**零向量**，记作 $\boldsymbol{0}$ 或 $\vec{0}$. 零向量的起点与终点重合，它的方向可以看做是任意的．模等于 1 的向量叫做**单位向量**．与非零向量 $\boldsymbol{a}$ 方向相同的单位向量称为 $\boldsymbol{a}$ 的单位向量，记作 $\boldsymbol{a}^{\circ}=\dfrac{\boldsymbol{a}}{|\boldsymbol{a}|}$.

两个非零向量的方向相同或相反，则称这两个向量**平行**或**共线**．规定零向量与任一向量平行．

7.1.2　向量的线性运算

1. 向量的加法、减法

向量的加法运算有**三角形法则**和**平行四边形法则**.

向量相加的三角形法则：如图7-2所示，假设两个向量$\boldsymbol{a}$与$\boldsymbol{b}$，以A为起点，B为终点作$\overrightarrow{AB}=\boldsymbol{a}$，然后以$B$为起点，作$\overrightarrow{BC}=\boldsymbol{b}$，连接$AC$，则称向量$\overrightarrow{AC}=\boldsymbol{c}$为向量$\boldsymbol{a}$与$\boldsymbol{b}$的和，记作$\boldsymbol{c}=\boldsymbol{a}+\boldsymbol{b}$.

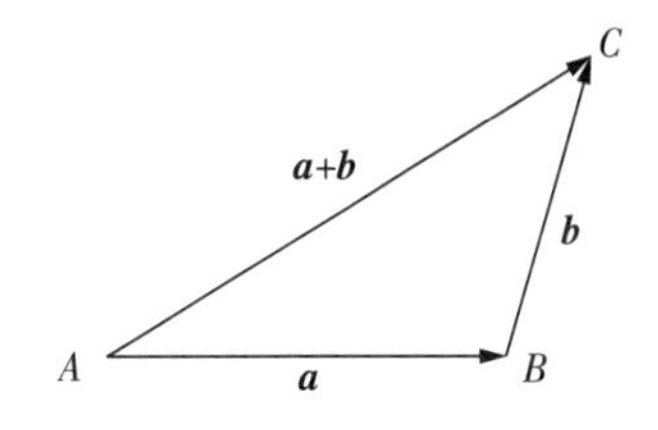

图7-2　向量加法的三角形法则

向量相加的平行四边形法则：如图7-3所示，假设向量$\boldsymbol{a}$与$\boldsymbol{b}$不平行，记$\overrightarrow{AB}=\boldsymbol{a}$，$\overrightarrow{AD}=\boldsymbol{b}$，以$AB$，$AD$为两个相邻边作平行四边形$ABCD$，连接对角线$AC$，显然，向量$\overrightarrow{AC}=\boldsymbol{c}$等于向量$\boldsymbol{a}$与$\boldsymbol{b}$的和$\boldsymbol{a}+\boldsymbol{b}$.

向量的加法具有下列运算规律：

(1) **交换律** $\boldsymbol{a}+\boldsymbol{b}=\boldsymbol{b}+\boldsymbol{a}$；

(2) **结合律** $(\boldsymbol{a}+\boldsymbol{b})+\boldsymbol{c}=\boldsymbol{a}+(\boldsymbol{b}+\boldsymbol{c})$；

(3) $\boldsymbol{a}+\boldsymbol{0}=\boldsymbol{a}$；

(4) $\boldsymbol{a}+(-\boldsymbol{a})=\boldsymbol{0}$.

由图7-3可知，$\boldsymbol{a}+\boldsymbol{b}=\overrightarrow{AB}+\overrightarrow{BC}=\overrightarrow{AC}=\boldsymbol{c}$，$\boldsymbol{b}+\boldsymbol{a}=\overrightarrow{AD}+\overrightarrow{DC}=\overrightarrow{AC}=\boldsymbol{c}$，所以符合交换律.又如图7-4所示，首先作$\boldsymbol{a}+\boldsymbol{b}$，再加上$\boldsymbol{c}$，得和$(\boldsymbol{a}+\boldsymbol{b})+\boldsymbol{c}$，如果用$\boldsymbol{a}$与$\boldsymbol{b}+\boldsymbol{c}$相加，最后向量$\boldsymbol{a}+(\boldsymbol{b}+\boldsymbol{c})$和向量$(\boldsymbol{a}+\boldsymbol{b})+\boldsymbol{c}$一样，所以向量加法满足结合律.

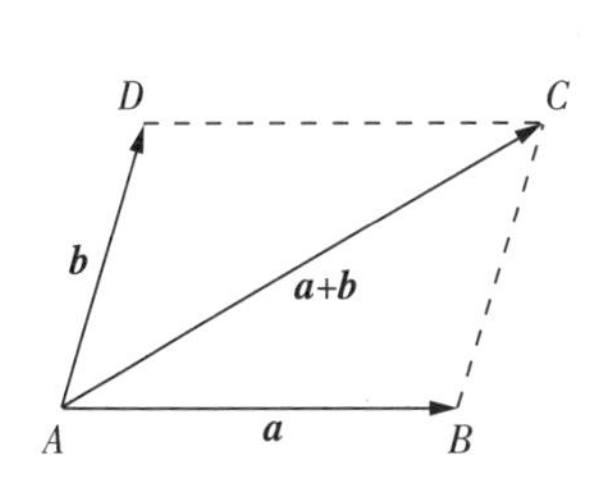

图7-3　向量加法的平行四边形法则

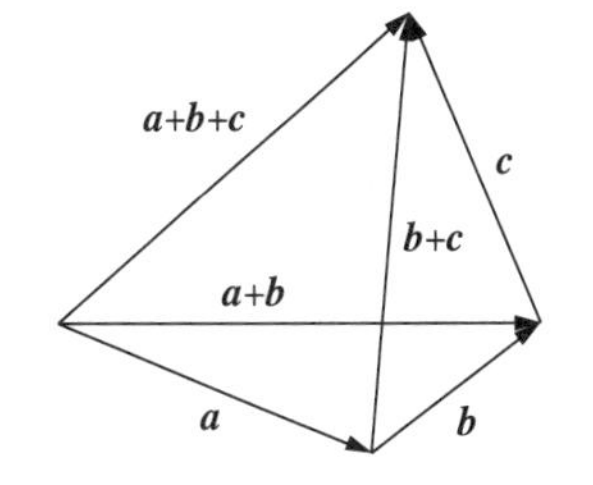

图7-4　向量结合律示意图

向量加法三角形法则可以推广到n个向量相加的法则，例如，将前一向量的终点作为下一个向量的起点，依次作向量$\boldsymbol{a}$，$\boldsymbol{b}$，$\boldsymbol{c}$，$\boldsymbol{d}$，将第一个向量的起点连接最后一个向量的终点作一向量，该向量即为所求的和．如图7-5所示，有$\boldsymbol{e}=\boldsymbol{a}+\boldsymbol{b}+\boldsymbol{c}+\boldsymbol{d}$.

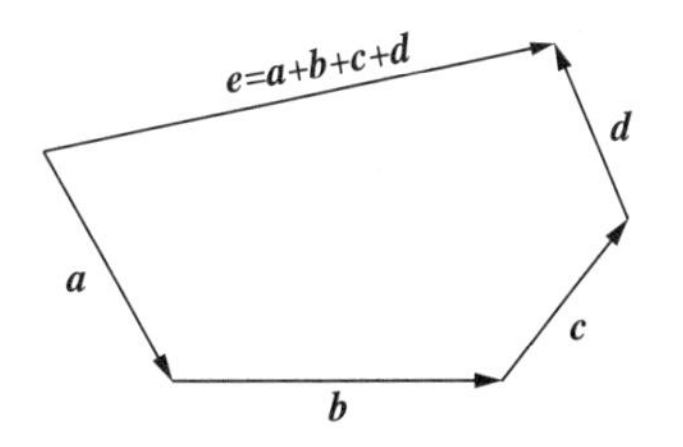

图7-5　向量加法三角形法则推广

与向量$\boldsymbol{a}$模相同而方向相反的向量叫做**$\boldsymbol{a}$的负向量**或**相反向量**，记作$-\boldsymbol{a}$. 所以，规定向量$\boldsymbol{b}$与$\boldsymbol{a}$的差为$\boldsymbol{b}-\boldsymbol{a}=\boldsymbol{b}+(-\boldsymbol{a})$. 如图7-6所示，将向量$-\boldsymbol{a}$加到向量$\boldsymbol{b}$上，就可以得到$\boldsymbol{b}$与$\boldsymbol{a}$的向量差$\boldsymbol{b}-\boldsymbol{a}$.

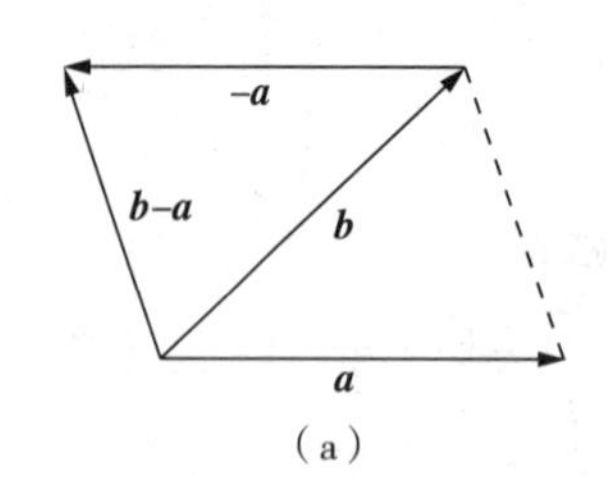

(a)

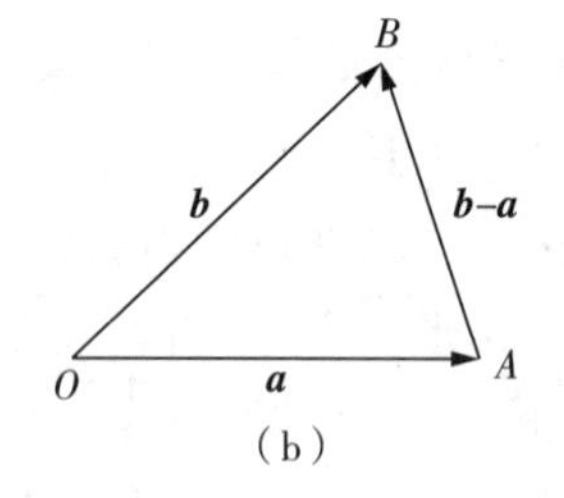

(b)

图 7-6 向量减法

特别地，当 $\boldsymbol{b}=\boldsymbol{a}$ 时，有 $\boldsymbol{a}-\boldsymbol{a}=\boldsymbol{a}+(-\boldsymbol{a})=\boldsymbol{0}$；反之 $\boldsymbol{a}-\boldsymbol{b}=\boldsymbol{0}$，则 $\boldsymbol{b}=\boldsymbol{a}$.

2. 数与向量的乘法

向量 $\boldsymbol{a}$ 与实数 λ 的乘积记作 $\lambda\boldsymbol{a}$，规定 $\lambda\boldsymbol{a}$ 是一个向量，它的模是向量 $\boldsymbol{a}$ 的模的 $|\lambda|$ 倍，即

$$|\lambda\boldsymbol{a}|=|\lambda|\,|\boldsymbol{a}|,$$

它的方向由 λ 的符号决定的：

当 $\lambda>0$ 时，$\lambda\boldsymbol{a}$ 与 $\boldsymbol{a}$ 同向；

当 $\lambda<0$ 时，$\lambda\boldsymbol{a}$ 与 $\boldsymbol{a}$ 反向；

当 $\lambda=0$ 时，$\lambda\boldsymbol{a}=\boldsymbol{0}$，即 $\lambda\boldsymbol{a}$ 为零向量，这时它的方向是任意的.

特别地，当 $\lambda=\pm1$ 时，有 $1\boldsymbol{a}=\boldsymbol{a}$，$(-1)\boldsymbol{a}=-\boldsymbol{a}$.

向量与数的乘积符合下列运算规律：

(1) 结合律　$\lambda(\mu\boldsymbol{a})=\mu(\lambda\boldsymbol{a})=(\lambda\mu)\boldsymbol{a}$　(λ,μ 是数)；

(2) 分配律　$(\lambda+\mu)\boldsymbol{a}=\lambda\boldsymbol{a}+\mu\boldsymbol{a}$　(λ,μ 是数)；

$\lambda(\boldsymbol{a}+\boldsymbol{b})=\lambda\boldsymbol{a}+\lambda\boldsymbol{b}$　(λ,μ 是数).

向量的加法、减法及数与向量的乘法，统称为向量的**线性运算**.

例 1　如图 7-7 所示，下列结论正确的是________.

A. $\overrightarrow{PQ}=\frac{3}{2}\boldsymbol{a}+\frac{3}{2}\boldsymbol{b}$　　B. $\overrightarrow{PT}=\frac{3}{2}\boldsymbol{a}-\boldsymbol{b}$

C. $\overrightarrow{PS}=\frac{3}{2}\boldsymbol{a}-\frac{1}{2}\boldsymbol{b}$　　D. $\overrightarrow{PR}=\frac{3}{2}\boldsymbol{a}+\boldsymbol{b}$

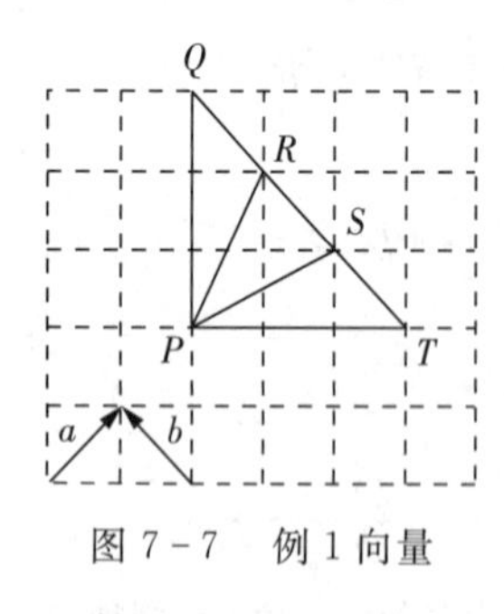

图 7-7　例 1 向量

解　根据向量的加法法则，得 $\overrightarrow{PQ}=\frac{3}{2}\boldsymbol{a}+\frac{3}{2}\boldsymbol{b}$，故 A 正确；根据向量的减法法则，得 $\overrightarrow{PT}=\frac{3}{2}\boldsymbol{a}-\frac{3}{2}\boldsymbol{b}$，故 B 错误；$\overrightarrow{PS}=\overrightarrow{PQ}+\overrightarrow{QS}=\frac{3}{2}\boldsymbol{a}+\frac{3}{2}\boldsymbol{b}-2\boldsymbol{b}=\frac{3}{2}\boldsymbol{a}-\frac{1}{2}\boldsymbol{b}$，故 C 正确；$\overrightarrow{PR}=\overrightarrow{PQ}+\overrightarrow{QR}=\frac{3}{2}\boldsymbol{a}+\frac{3}{2}\boldsymbol{b}-\boldsymbol{b}=\frac{3}{2}\boldsymbol{a}+\frac{1}{2}\boldsymbol{b}$，故 D 错误. 所以正确的是 A 和 C.

定理 1　向量 $\boldsymbol{b}$ 与非零向量 $\boldsymbol{a}$ 平行的充分必要条件是：存在唯一实数 λ，使得

$$\boldsymbol{b}=\lambda\boldsymbol{a}$$

成立．

证 显然充分性是满足的，只需证明条件的必要性．

设 $\boldsymbol{b}//\boldsymbol{a}$. 取 $|\lambda|=\dfrac{|\boldsymbol{a}|}{|\boldsymbol{b}|}$，当 $\boldsymbol{b}$ 与 $\boldsymbol{a}$ 同向时 λ 取正值，当 $\boldsymbol{b}$ 与 $\boldsymbol{a}$ 反向时 λ 取负值，即有 $\boldsymbol{b}=\lambda\boldsymbol{a}$. 这是因为此时 $\boldsymbol{b}$ 与 $\lambda\boldsymbol{a}$ 同向，并且

$$|\lambda\boldsymbol{a}|=|\lambda|\,|\boldsymbol{a}|=\frac{|\boldsymbol{b}|}{|\boldsymbol{a}|}|\boldsymbol{a}|=|\boldsymbol{b}|,$$

所以

$$\boldsymbol{b}=\lambda\boldsymbol{a}.$$

还需证明数 λ 的唯一性，假设 $\boldsymbol{b}=\lambda\boldsymbol{a}$，又设 $\boldsymbol{b}=u\boldsymbol{a}$，两式相减，得

$$(\lambda-u)\boldsymbol{a}=\boldsymbol{0},$$

即 $|\lambda-u|\,|\boldsymbol{a}|=0$，因为 $|\boldsymbol{a}|\neq 0$，所以 $|\lambda-u|=0$，即 $\lambda=u$.

7.1.3 空间直角坐标系

在空间取定一点 O，过点 O 作三条相同长度单位并且相互垂直的数轴，依次记为 x 轴（横轴）、y 轴（纵轴）、z 轴（竖轴），统称**坐标轴**．这样就构成一个空间直角坐标系，称为 $Oxyz$ **坐标系**[图 7－8(a)]．由任意两条坐标轴所确定的平面称为**坐标面**，由 x 轴和 y 轴所确定的坐标面称为 xOy **面**，由 y 轴和 z 轴所确定的坐标面称为 yOz **面**，由 x 轴和 z 轴所确定的坐标面称为 xOz 面．

一般将 x 轴和 y 轴配置在水平面上，而 z 轴则是铅垂线；规定：x 轴、y 轴、z 轴的位置关系符合**右手系规则**，即右手握住 z 轴，当右手的四个手指从正向 x 轴以 $\dfrac{\pi}{2}$ 角度转向正向 y 轴时，大拇指所指的方向就是 z 轴的正向，如图 7－8(b) 所示．

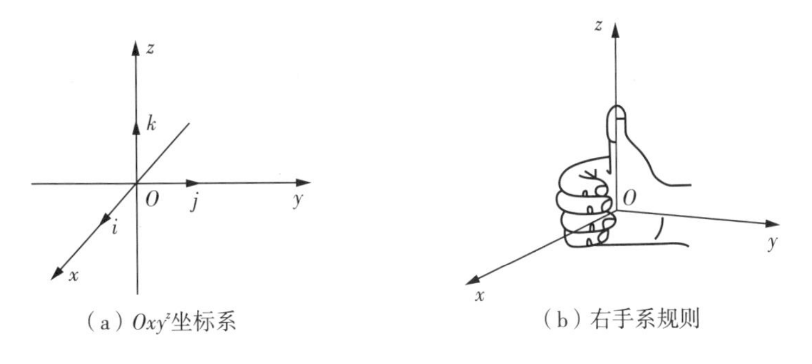

(a) $Oxyz$坐标系　　(b) 右手系规则

图 7－8

三个坐标面将空间分成八个部分，称一个部分叫做一个卦限．其中，在 xOy 面上方且 yOz 面前方、xOz 面右方的卦限叫做第一卦限，其他第二、第三、第四卦限，在 xOy 面的上方按逆时针方向确定．第五至第八卦限，在 xOy 面的下方，由第一卦限之下的第五卦限，按逆时针方向确定，这八个卦限分别用字母 Ⅰ、Ⅱ、Ⅲ、Ⅳ、Ⅴ、Ⅵ、Ⅶ、Ⅷ 表示[图 7－9(a)].

以三条坐标轴为棱作长方体 $RHMK-OPNQ$，取 x 轴、y 轴、z 轴正向上的单位向量分别为 $\boldsymbol{i},\boldsymbol{j},\boldsymbol{k}$. 以 O 为起点，$M(x,y,z)$ 为终点作向量 $\boldsymbol{r}=\overrightarrow{OM}$，如图 7-9(b) 所示，则有

$$\boldsymbol{r}=\overrightarrow{OM}=\overrightarrow{OP}+\overrightarrow{PN}+\overrightarrow{NM}=\overrightarrow{OP}+\overrightarrow{OQ}+\overrightarrow{OR},$$

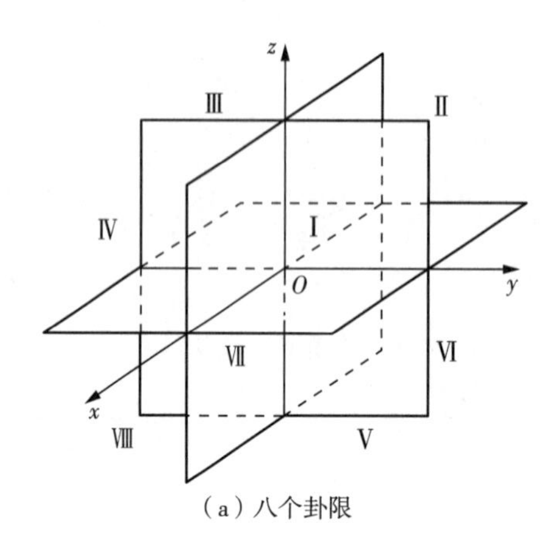

(a) 八个卦限

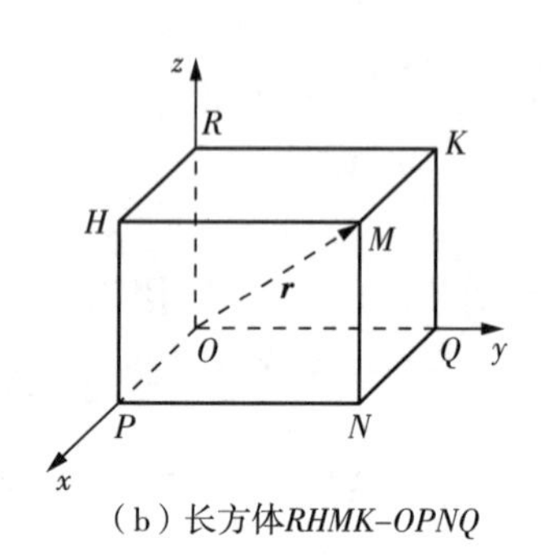

(b) 长方体RHMK-OPNQ

图 7-9

设 $\overrightarrow{OP}=x\boldsymbol{i},\overrightarrow{OQ}=y\boldsymbol{j},\overrightarrow{OR}=z\boldsymbol{k}$，则

$$\boldsymbol{r}=\overrightarrow{OM}=x\boldsymbol{i}+y\boldsymbol{j}+z\boldsymbol{k},$$

上式称为向量 $\boldsymbol{r}$ 的**坐标分解式**；$x\boldsymbol{i},y\boldsymbol{j}$ 和 $z\boldsymbol{k}$ 称为向量 $\boldsymbol{r}$ 沿三个坐标轴方向的**分向量**. 为了表达简洁，不妨将上式简记为

$$\overrightarrow{OM}=\{x,y,z\}.$$

上式称为**向径** $\overrightarrow{OM}$ 的**坐标表达式**. x,y,z 称为向径 $\overrightarrow{OM}$ 的**坐标**.

设空间中有任意两点 $M_1(x_1,y_1,z_1)$，$M_2(x_2,y_2,z_2)$，以 M_1 为起点，M_2 为终点作向量 $\boldsymbol{a}=\overrightarrow{M_1M_2}$，以 M_1P,M_1Q,M_1R 为棱作长方体，如图 7-10 所示.

图 7-10 长方体示意图

由向量线性运算可知

$$\overrightarrow{M_1M_2}=\overrightarrow{M_1P}+\overrightarrow{M_1Q}+\overrightarrow{M_1R},$$

又
$$\overrightarrow{M_1P}=(x_2-x_1)\boldsymbol{i},\overrightarrow{M_1Q}=(y_2-y_1)\boldsymbol{j},\overrightarrow{M_1R}=(z_2-z_1)\boldsymbol{k},$$

于是，有

$$\overrightarrow{M_1M_2}=(x_2-x_1)\boldsymbol{i}+(y_2-y_1)\boldsymbol{j}+(z_2-z_1)\boldsymbol{k},$$

即
$$\boldsymbol{a}=\overrightarrow{M_1M_2}=a_x\boldsymbol{i}+a_y\boldsymbol{j}+a_z\boldsymbol{k} \tag{7-1}$$

简记为
$$\boldsymbol{a}=\{a_x,a_y,a_z\} \tag{7-2}$$

其中，$a_x=x_2-x_1$，$a_y=y_2-y_1$，$a_z=z_2-z_1$，a_x，a_y，a_z 称为向量 $\boldsymbol{a}$ 的**坐标式**，式(7-1)称为向量 $\boldsymbol{a}$ **按基向量的分解式**，式(7-2)称为向量 $\boldsymbol{a}$ 的**坐标表达式**．

显然，任意一个给定的向量 $\boldsymbol{a}$ 与它的三个坐标之间是一一对应的．若 $\boldsymbol{a}=\{a_x,a_y,a_z\}$，$\boldsymbol{b}=\{b_x,b_y,b_z\}$，则向量 $\boldsymbol{a}$ 与向量 $\boldsymbol{b}$ 相等的充分必要条件是

$$a_x=b_x,a_y=b_y,a_z=b_z.$$

7.1.4　利用坐标作向量的线性运算

利用向量的坐标，可得向量的加法、减法以及向量与数的乘法的线性运算如下：

设 $\boldsymbol{a}=\{a_x,a_y,a_z\}$，$\boldsymbol{b}=\{b_x,b_y,b_z\}$，即

$$\boldsymbol{a}=a_x\boldsymbol{i}+a_y\boldsymbol{j}+a_z\boldsymbol{k},$$

$$\boldsymbol{b}=b_x\boldsymbol{i}+b_y\boldsymbol{j}+b_z\boldsymbol{k},$$

根据向量加法的交换律与结合律，有

$$\boldsymbol{a}+\boldsymbol{b}=(a_x+b_x)\boldsymbol{i}+(a_y+b_y)\boldsymbol{j}+(a_z+b_z)\boldsymbol{k},$$

$$\boldsymbol{a}-\boldsymbol{b}=(a_x-b_x)\boldsymbol{i}+(a_y-b_y)\boldsymbol{j}+(a_z-b_z)\boldsymbol{k},$$

或表示为

$$\boldsymbol{a}\pm\boldsymbol{b}=\{a_x\pm b_x,a_y\pm b_y,a_z\pm b_z\}.$$

根据向量与数的乘法的结合律与分配律，有

$$\lambda\boldsymbol{a}=\lambda a_x\boldsymbol{i}+\lambda a_y\boldsymbol{j}+\lambda a_z\boldsymbol{k}(\lambda\text{ 为数量}),$$

或表示为

$$\lambda\boldsymbol{a}=\{\lambda a_x,\lambda a_y,\lambda a_z\}(\lambda\text{ 为数量}).$$

显然，向量的加法、减法及向量与数的乘法运算，只需对向量的各个坐标分别进行相应的数量运算即可．

定理2　当向量 $\boldsymbol{a}\neq\boldsymbol{0}$ 时，向量 $\boldsymbol{b}//\boldsymbol{a}$ 的充分必要条件是 $\boldsymbol{b}=\lambda\boldsymbol{a}$，坐标表示式为

$$\{a_x,a_y,a_z\}=\lambda\{b_x,b_y,b_z\}$$

向量 $\boldsymbol{a}$ 与 $\boldsymbol{b}$ 对应的坐标成比例

$$\frac{a_x}{b_x}=\frac{a_y}{b_y}=\frac{a_z}{b_z}.$$

例2　已知 $A(-2,4,1)$，$B(3,-1,0)$，$C(-3,-4,1)$．设 $\overrightarrow{AB}=\boldsymbol{a}$，$\overrightarrow{BC}=\boldsymbol{b}$，$\overrightarrow{CA}=\boldsymbol{c}$，且 $\overrightarrow{CM}=3\boldsymbol{c}$，$\overrightarrow{CN}=-2\boldsymbol{b}$，

(1) 求 $3\boldsymbol{a}+\boldsymbol{b}-3\boldsymbol{c}$；

(2) 求 M，N 的坐标及向量 $\overrightarrow{MN}$ 的坐标．

解 由已知得 $\boldsymbol{a}=(5,-5,-1)$,$\boldsymbol{b}=(-6,-3,1)$,$\boldsymbol{c}=(1,8,1)$.

(1)$3\boldsymbol{a}+\boldsymbol{b}-3\boldsymbol{c}=3(5,-5,-1)+(-6,-3,1)-3(1,8,1)=(6,-42,-5)$.

(2) 设 O 为坐标原点,$\overrightarrow{CM}=\overrightarrow{OM}-\overrightarrow{OC}=3\boldsymbol{c}$,

则
$$\begin{aligned}\overrightarrow{OM}&=3\boldsymbol{c}+\overrightarrow{OC}\\&=3(1,8,1)+(-3,-4,1)\\&=(0,20,4),\end{aligned}$$

即 M 的坐标为(0,20,4).

又
$$\overrightarrow{CN}=\overrightarrow{ON}-\overrightarrow{OC}=-2\boldsymbol{b},$$
$$\begin{aligned}\overrightarrow{ON}&=-2\boldsymbol{b}+\overrightarrow{OC}\\&=-2(-6,-3,1)+(-3,-4,1)=(9,2,-1),\end{aligned}$$

即 N 的坐标为(9,2,−1),所以
$$\overrightarrow{MN}=(9,-18,-5).$$

7.1.5 向量的模、方向角

1. 向量的模与两点间的距离公式

设向量 $\boldsymbol{r}=(x,y,z)$,如图 7-9(b) 所示,$\boldsymbol{r}=\overrightarrow{OM}$,有
$$\boldsymbol{r}=\overrightarrow{OM}=\overrightarrow{OP}+\overrightarrow{PN}+\overrightarrow{NM}=\overrightarrow{OP}+\overrightarrow{OQ}+\overrightarrow{OR},$$

由勾股定理可得
$$|\boldsymbol{r}|=|\overrightarrow{OM}|=|\overrightarrow{OP}+\overrightarrow{OQ}+\overrightarrow{OR}|=\sqrt{|\overrightarrow{OP}|^2+|\overrightarrow{OQ}|^2+|\overrightarrow{OR}|^2},$$

由 $\overrightarrow{OP}=x\boldsymbol{i}$,$\overrightarrow{OQ}=y\boldsymbol{j}$,$\overrightarrow{OR}=z\boldsymbol{k}$,有
$$|\overrightarrow{OP}|=|x|,|\overrightarrow{OQ}|=|y|,|\overrightarrow{OR}|=|z|.$$

故向量的模的表达式为
$$|\boldsymbol{r}|=\sqrt{x^2+y^2+z^2}.$$

对于空间中任意给定两点 $M_1(x_1,y_1,z_1)$,$M_2(x_2,y_2,z_2)$,点 M_1 与点 M_2 间的距离就是向量 $|\overrightarrow{M_1M_2}|$ 的模,所以有
$$\begin{aligned}\overrightarrow{M_1M_2}&=(x_2-x_1)\boldsymbol{i}+(y_2-y_1)\boldsymbol{j}+(z_2-z_1)\boldsymbol{k}\\&=\{x_2-x_1,y_2-y_1,z_2-z_1\},\end{aligned}$$

即得 M_1 与 M_2 两点间的距离
$$|M_1M_2|=|\overrightarrow{M_1M_2}|=\sqrt{(x_2-x_1)^2+(y_2-y_1)^2+(z_2-z_1)^2}.$$

例3　已知平面向量 $\boldsymbol{a}=(2,-1,1)$，$\boldsymbol{b}=(1,3,-1)$，计算 $|\boldsymbol{a}+\boldsymbol{b}|$.

解　因为

$$\boldsymbol{a}+\boldsymbol{b}=(2,-1,1)+(1,3,-1)=(3,2,0),$$

所以

$$|\boldsymbol{a}+\boldsymbol{b}|=\sqrt{3^2+2^2+0^2}=\sqrt{13}.$$

2. 向量的方向余弦

非零向量 $\boldsymbol{a}$ 与三条坐标轴正向的夹角 α,β,γ（$0\leqslant\alpha\leqslant\pi,0\leqslant\beta\leqslant\pi,0\leqslant\gamma\leqslant\pi$）称为向量的**方向角**（图7-11）. 它们的余弦 $\cos\alpha,\cos\beta,\cos\gamma$ 称为向量 $\boldsymbol{a}$ 的**方向余弦**. 通常可以用向量的方向余弦来表示向量方向.

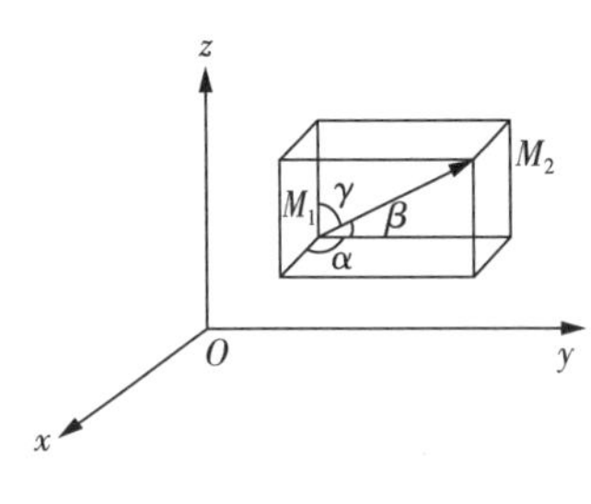

图7-11　方向角

设有一向量

$$\boldsymbol{a}=\overrightarrow{M_1M_2}=\{x_2-x_1,y_2-y_1,z_2-z_1\}=\{a_x,a_y,a_z\},$$

可知

$$|\boldsymbol{a}|=|\overrightarrow{M_1M_2}|=\sqrt{a_x^2+a_y^2+a_z^2}.$$

由图7-11分析可知，向量 $\overrightarrow{M_1M_2}$ 和它对应的方向余弦有以下关系：

当 $|\overrightarrow{M_1M_2}|=\sqrt{a_x^2+a_y^2+a_z^2}\neq 0$ 时，

$$\cos\alpha=\frac{a_x}{|\boldsymbol{a}|}=\frac{a_x}{\sqrt{a_x^2+a_y^2+a_z^2}},$$

$$\cos\beta=\frac{a_y}{|\boldsymbol{a}|}=\frac{a_y}{\sqrt{a_x^2+a_y^2+a_z^2}},$$

$$\cos\gamma=\frac{a_z}{|\boldsymbol{a}|}=\frac{a_z}{\sqrt{a_x^2+a_y^2+a_z^2}},$$

上式即向量 $\boldsymbol{a}$ 的方向余弦的坐标表达式. 将三个等式平方相加，得

$$\cos^2\alpha+\cos^2\beta+\cos^2\gamma=1.$$

特殊的，当 $\boldsymbol{a}$ 为单位向量时，它的方向余弦为

$$\boldsymbol{a}^0=\frac{\boldsymbol{a}}{|\boldsymbol{a}|}=\{\cos\alpha,\cos\beta,\cos\gamma\}.$$

这表明，单位向量的坐标分量分别为向量的三个方向余弦.

例4　已知两点 $M_1(2,2,\sqrt{,2})$ 和 $M_1(1,3,0)$，计算向量 $\overrightarrow{M_1M_2}$ 的模、方向余弦和方向角.

解　$\overrightarrow{M_1M_2}=(1-2,3-2,0-\sqrt{2})=(-1,1,-\sqrt{2})$，

$$|\overrightarrow{M_1M_2}|=\sqrt{(-1)^2+1^2+(-\sqrt{2})^2}=2,$$

$$\cos\alpha = \frac{\boldsymbol{a}_x}{|\boldsymbol{a}|} = \frac{-1}{2}, \quad \cos\beta = \frac{\boldsymbol{a}_y}{|\boldsymbol{a}|} = \frac{1}{2}, \quad \cos\gamma = \frac{\boldsymbol{a}_z}{|\boldsymbol{a}|} = \frac{-\sqrt{2}}{2},$$

$$\alpha = \frac{2}{3}\pi, \beta = \frac{1}{3}\pi, \gamma = \frac{3}{4}\pi.$$

例 5 已知一向径 $\boldsymbol{a} = \overrightarrow{OA}$，它与 x 轴、y 轴的夹角依次为 $\frac{2}{3}\pi$，$\frac{1}{4}\pi$，且 $|\boldsymbol{a}|=6$，求向量 $\boldsymbol{a}$ 的坐标表达式．

解 向量 $\boldsymbol{a}$ 与三条坐标轴正向的夹角 $\alpha,\beta,\gamma(0\leqslant\alpha\leqslant\pi, 0\leqslant\beta\leqslant\pi, 0\leqslant\gamma\leqslant\pi)$，$\alpha = \frac{2}{3}\pi, \beta = \frac{1}{4}\pi$，由等式 $\cos^2\alpha + \cos^2\beta + \cos^2\gamma = 1$，可求得 .

$$\cos^2\gamma = 1 - \left(\frac{1}{2}\right)^2 - \left(\frac{\sqrt{2}}{2}\right)^2 = \frac{1}{4},$$

所以向量 $\boldsymbol{a}$ 与 z 轴的夹角为 $\gamma = \frac{2}{3}\pi$ 或 $\gamma = \frac{1}{3}\pi$.

假设向量 $\boldsymbol{a} = \{a_x, a_y, a_z\}$，

则

$$\boldsymbol{a}_x = |\boldsymbol{a}|\cos\alpha = 6\cos\frac{2\pi}{3} = -3,$$

$$\boldsymbol{a}_y = |\boldsymbol{a}|\cos\beta = 6\cos\frac{\pi}{4} = 3\sqrt{2},$$

$$\boldsymbol{a}_z = |\boldsymbol{a}|\cos\gamma = 6\cos\frac{\pi}{3} = 3,$$

或

$$\boldsymbol{a}_z = |\boldsymbol{a}|\cos\gamma = 6\cos\frac{2\pi}{3} = -3.$$

所以向量 $\boldsymbol{a}$ 的坐标表达式为

$$\boldsymbol{a} = \{-3, 3\sqrt{2}, 3\} \quad \text{或} \ \boldsymbol{a} = \{-3, 3\sqrt{2}, -3\}.$$

7.2 向量的数量积和向量积

7.2.1 两向量的数量积

1. 数量积的定义和运算性质

假设一物体在常力 $\boldsymbol{F}$ 作用下沿直线从点 M_1 移动到点 M_2，该时间段内位移为 $\boldsymbol{s}$. 由物理相关知识知道，力 $\boldsymbol{F}$ 所作的功为

$$W = |\boldsymbol{F}|\,|\boldsymbol{s}|\cos\theta,$$

其中,θ 为常力 $\boldsymbol{F}$ 与位移 $\boldsymbol{s}$ 的夹角,如图 7－12(a) 所示.

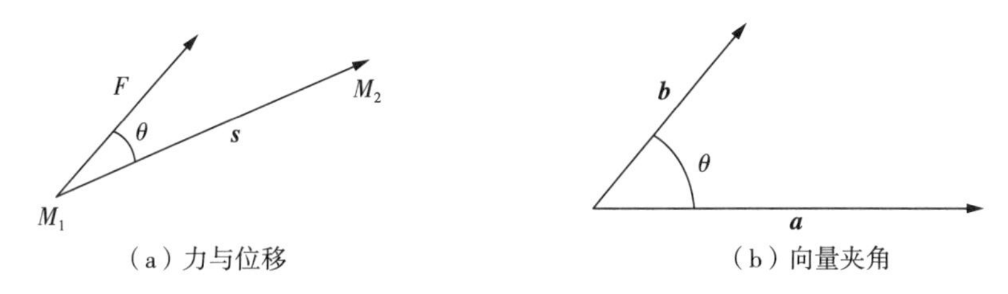

(a) 力与位移　　　　(b) 向量夹角

图 7－12

在很多数学、物理问题中,有时需要对两个向量 $\boldsymbol{a}$ 和 $\boldsymbol{b}$ 作这样的运算,运算的结果是一个数,它等于 $|\boldsymbol{a}|$、$|\boldsymbol{b}|$ 及它们的夹角 θ 的余弦的乘积.

定义1　设给定两向量 $\boldsymbol{a}$ 和 $\boldsymbol{b}$,两向量的模 $|\boldsymbol{a}|$、$|\boldsymbol{b}|$ 及它们的夹角 θ 的余弦的乘积称为向量 $\boldsymbol{a}$ 和 $\boldsymbol{b}$ 的**数量积**,记作 $\boldsymbol{a}\cdot\boldsymbol{b}$,即

$$\boldsymbol{a}\cdot\boldsymbol{b}=|\boldsymbol{a}|\,|\boldsymbol{b}|\cos\theta.$$

由数量积的定义可知,向量数量积具有以下运算性质及运算律:

(1)$\boldsymbol{a}\cdot\boldsymbol{a}=|\boldsymbol{a}|^2$;

(2)$\boldsymbol{a}\cdot\boldsymbol{0}=0$,其中 $\boldsymbol{0}$ 为零向量;

(3) **交换律** $\boldsymbol{a}\cdot\boldsymbol{b}=\boldsymbol{b}\cdot\boldsymbol{a}$;

(4) **分配律**$(\boldsymbol{a}+\boldsymbol{b})\cdot\boldsymbol{c}=\boldsymbol{a}\cdot\boldsymbol{c}+\boldsymbol{b}\cdot\boldsymbol{c}$;

(5) **结合律**$(\lambda\boldsymbol{a})\cdot\boldsymbol{b}=\boldsymbol{a}\cdot(\lambda\boldsymbol{b})=\lambda(\boldsymbol{a}\cdot\boldsymbol{b})$,其中 λ 为数.

例1　已知向量 $\boldsymbol{a}$ 和 $\boldsymbol{b}$ 的夹角为$\frac{\pi}{3}$,且 $\boldsymbol{a}=(-2,-6,0)$,$|\boldsymbol{b}|=\sqrt{10}$,求 $\boldsymbol{a}\cdot\boldsymbol{b}$.

解　因为 $\boldsymbol{a}=(-2,-6,0)$,

所以

$$|\boldsymbol{a}|=\sqrt{|\boldsymbol{a}|^2}=\sqrt{(-2)^2+(-6)^2+0}=2\sqrt{10},$$

又 $|\boldsymbol{b}|=\sqrt{10}$,向量 $\boldsymbol{a}$ 和 $\boldsymbol{b}$ 的夹角为$\frac{\pi}{3}$,

所以

$$\boldsymbol{a}\cdot\boldsymbol{b}=|\boldsymbol{a}|\,|\boldsymbol{b}|\cos\theta=2\sqrt{10}\cdot\sqrt{10}\cdot\cos\frac{\pi}{3}=10.$$

2. 向量积的坐标表示

设 $\boldsymbol{a}=\{a_x,a_y,a_z\}$,$\boldsymbol{b}=\{b_x,b_y,b_z\}$,利用数量积的运算性质,得

$$\begin{aligned}\boldsymbol{a}\cdot\boldsymbol{b}&=(a_x\boldsymbol{i}+a_y\boldsymbol{j}+a_z\boldsymbol{k})\cdot(b_x\boldsymbol{i}+b_y\boldsymbol{j}+b_z\boldsymbol{k})\\&=a_xb_x\boldsymbol{i}\cdot\boldsymbol{i}+a_xb_y\boldsymbol{i}\cdot\boldsymbol{j}+a_xb_z\boldsymbol{i}\cdot\boldsymbol{k}+\\&\quad a_yb_x\boldsymbol{j}\cdot\boldsymbol{i}+a_yb_y\boldsymbol{j}\cdot\boldsymbol{j}+a_yb_z\boldsymbol{j}\cdot\boldsymbol{k}+\end{aligned}$$

$$a_zb_x\boldsymbol{k}\cdot\boldsymbol{i}+a_zb_y\boldsymbol{k}\cdot\boldsymbol{j}+a_zb_z\boldsymbol{k}\cdot\boldsymbol{k}.$$

因为向量 $\boldsymbol{i}$、$\boldsymbol{j}$ 和 $\boldsymbol{k}$ 互相垂直，所以 $\boldsymbol{i}\cdot\boldsymbol{j}=\boldsymbol{j}\cdot\boldsymbol{k}=\boldsymbol{k}\cdot\boldsymbol{i}=0$，$\boldsymbol{j}\cdot\boldsymbol{i}=\boldsymbol{k}\cdot\boldsymbol{j}=\boldsymbol{i}\cdot\boldsymbol{k}=0$. 又因为 $\boldsymbol{i}$、$\boldsymbol{j}$ 和 $\boldsymbol{k}$ 的模均为 1，所以 $\boldsymbol{i}\cdot\boldsymbol{i}=\boldsymbol{j}\cdot\boldsymbol{j}=\boldsymbol{k}\cdot\boldsymbol{k}=1$. 因而得

$$\boldsymbol{a}\cdot\boldsymbol{b}=a_xb_x+a_yb_y+a_zb_z.$$

这就是两个向量的数量积的坐标表示式.

因为 $\boldsymbol{a}\cdot\boldsymbol{b}=|\boldsymbol{a}||\boldsymbol{b}|\cos\theta$，所以当 $\boldsymbol{a}$ 和 $\boldsymbol{b}$ 都不是零向量时，有

$$\cos\theta=\frac{\boldsymbol{a}\cdot\boldsymbol{b}}{|\boldsymbol{a}||\boldsymbol{b}|}.$$

将数量积的坐标表示式及向量的模的坐标表示式代入上式，得

$$\cos\theta=\frac{a_xb_x+a_yb_y+a_zb_z}{\sqrt{a_x^2+a_y^2+a_z^2}\cdot\sqrt{b_x^2+b_y^2+b_z^2}}$$

就是两向量夹角余弦的坐标表示式.

两个非零向量 $\boldsymbol{a}=\{a_x,a_y,a_z\}$，$\boldsymbol{b}=\{b_x,b_y,b_z\}$，垂直的充分必要条件是它们的乘积等于零，即 $\boldsymbol{a}\cdot\boldsymbol{b}=a_xb_x+a_yb_y+a_zb_z=0$.

例 2 已知向量 $\overrightarrow{BA}=\left(\frac{1}{2},\frac{\sqrt{3}}{2},1\right)$，$\overrightarrow{BC}=\left(\frac{\sqrt{3}}{2},\frac{1}{2},0\right)$，求 $\angle ABC$.

解 因为 $\overrightarrow{BA}=\left(\frac{1}{2},\frac{\sqrt{3}}{2},1\right)$，$\overrightarrow{BC}=\left(\frac{\sqrt{3}}{2},\frac{1}{2},0\right)$，

所以

$$\overrightarrow{BA}\cdot\overrightarrow{BC}=\frac{\sqrt{3}}{4}+\frac{\sqrt{3}}{4}=\frac{\sqrt{3}}{2}.$$

又因为

$$\overrightarrow{BA}\cdot\overrightarrow{BC}=|\overrightarrow{BA}||\overrightarrow{BC}|\cos\angle ABC=1\times1\times\cos\angle ABC,$$

所以

$$\cos\angle ABC=\frac{\sqrt{3}}{2}.$$

又 $0\leqslant\angle ABC\leqslant\pi$，

所以

$$\angle ABC=\frac{\pi}{6}.$$

例 3 已知向量 $\boldsymbol{a}=(k,3,3)$，$\boldsymbol{b}=(1,4,2)$，$\boldsymbol{c}=(2,1,0)$，且 $(2\boldsymbol{a}-3\boldsymbol{b})\perp\boldsymbol{c}$，求实数 k.

解 由向量 $(2\boldsymbol{a}-3\boldsymbol{b})\perp\boldsymbol{c}$，所以 $(2\boldsymbol{a}-3\boldsymbol{b})\cdot\boldsymbol{c}=0$，

又

$$\boldsymbol{a}=(k,3,3),\boldsymbol{b}=(1,4,2),\boldsymbol{c}=(2,1,0),$$

所以

$$2\boldsymbol{a}-3\boldsymbol{b}=(2k-3,-6,0).$$

$$(2\boldsymbol{a}-3\boldsymbol{b})\cdot\boldsymbol{c}=(2k-3,-6,0)\cdot(2,1,0)=0,$$

即

$$2(2k-3)-6=0,$$

得

$$k=3.$$

7.2.2　两向量的向量积

1. 向量积的定义和运算性质

研究物体转动问题时，不但要考虑这物体所受的力，还要分析这些力所产生的力矩．下面就举一个简单的例子来说明表达力矩的方法．

设O为一根杠杆L的支点．有一个力$\boldsymbol{F}$作用于这杠杆上P点处．$\boldsymbol{F}$与$\overrightarrow{OP}$的夹角为θ[图7-13(a)]．由力学规定，力$\boldsymbol{F}$对支点O的力矩是向量$\boldsymbol{M}$，它的模

$$|\boldsymbol{M}|=|\overrightarrow{OQ}||\boldsymbol{F}|=|\overrightarrow{OP}||\boldsymbol{F}|\sin\theta.$$

而力矩$\boldsymbol{M}$的方向垂直于$\overrightarrow{OP}$与$\boldsymbol{F}$所确定的平面，$\boldsymbol{M}$的指向是按右手规则从$\overrightarrow{OP}$以不超过π的角度转向$\boldsymbol{F}$来确定的，即当右手的四个手指从$\overrightarrow{OP}$以不超过π的角度转向$\boldsymbol{F}$握拳时，大拇指所指的方向就是$\boldsymbol{M}$的指向[图7-13(b)]．

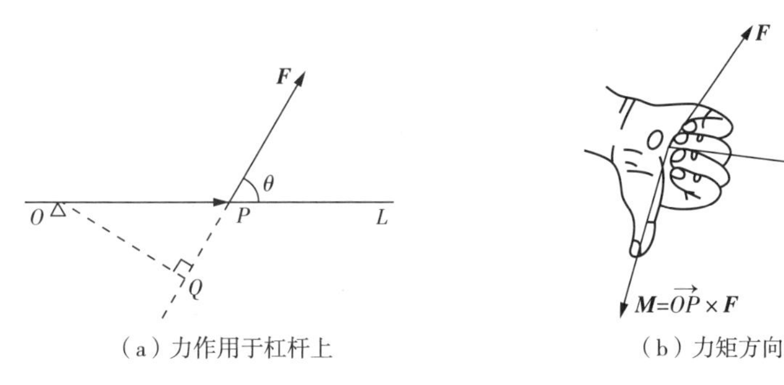

(a) 力作用于杠杆上　　(b) 力矩方向

图7-13

这种由两个已知向量按上面的规则来确定另一个向量的情况，在其他力学和物理问题中也会遇到．于是从中抽象出两个向量的向量积概念．

定义2　设向量$\boldsymbol{c}$由两个向量$\boldsymbol{a}$与$\boldsymbol{b}$按下列方式确定：

(1)$|\boldsymbol{c}|=|\boldsymbol{a}||\boldsymbol{b}|\sin\theta$($\theta$为向量$\boldsymbol{a}$,$\boldsymbol{b}$的夹角)；

(2)$\boldsymbol{c}\perp\boldsymbol{a}$,$\boldsymbol{c}\perp\boldsymbol{b}$；

(3)$\boldsymbol{a}$,$\boldsymbol{b}$,$\boldsymbol{c}$构成右手系(图7-14)，则称向量$\boldsymbol{c}$是向量$\boldsymbol{a}$与$\boldsymbol{b}$的向量积，记作

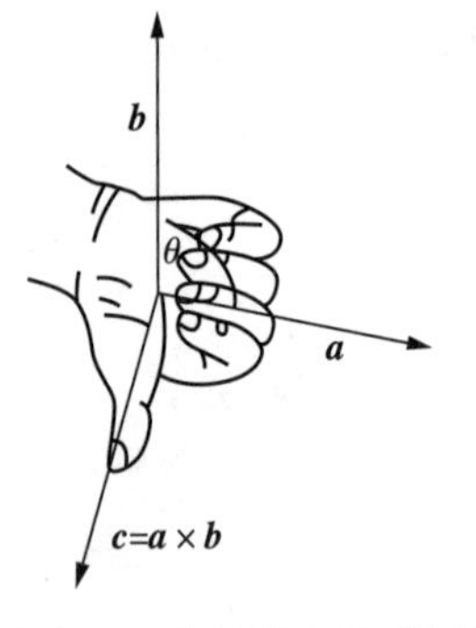

图 7-14　向量积右手系规则

$$\boldsymbol{c}=\boldsymbol{a}\times\boldsymbol{b}.$$

按此定义，上面的力矩 $\boldsymbol{M}$ 可以表示为 $\overrightarrow{OP}$ 与 $\boldsymbol{F}$ 的向量积，即

$$\boldsymbol{M}=\overrightarrow{OP}\times\boldsymbol{F}.$$

由向量积的定义可以推得向量的向量积具有以下运算性质及运算律：

(1) $\boldsymbol{a}\times\boldsymbol{a}=\boldsymbol{0}$.

这是因为夹角 $\theta=0$，所以 $|\boldsymbol{a}\times\boldsymbol{a}|=|\boldsymbol{a}||\boldsymbol{a}|\sin 0=0$.

(2) 对于两个非零向量 $\boldsymbol{a}$ 与 $\boldsymbol{b}$，如果 $\boldsymbol{a}\times\boldsymbol{b}=\boldsymbol{0}$，那么 $\boldsymbol{a}//\boldsymbol{b}$；反之，如果 $\boldsymbol{a}//\boldsymbol{b}$，那么 $\boldsymbol{a}\times\boldsymbol{b}=\boldsymbol{0}$.

这是因为如果 $\boldsymbol{a}\times\boldsymbol{b}=\boldsymbol{0}$，由于 $|\boldsymbol{a}||\boldsymbol{b}|\sin\theta=0$（$\theta$ 为向量 $\boldsymbol{a},\boldsymbol{b}$ 的夹角），那么必有 $\sin\theta=0$，则 θ 为 0 或 π，即 $\boldsymbol{a}//\boldsymbol{b}$；反之，如果 $\boldsymbol{a}//\boldsymbol{b}$，那么 θ 为 0 或 π，于是 $\sin\theta=0$，从而 $|\boldsymbol{a}||\boldsymbol{b}|\sin\theta=0$，即 $\boldsymbol{a}\times\boldsymbol{b}=\boldsymbol{0}$.

规定零向量与任何向量都平行，因此，上述结论可叙述为：向量 $\boldsymbol{a}//\boldsymbol{b}$ 的充分必要条件是 $\boldsymbol{a}\times\boldsymbol{b}=\boldsymbol{0}$.

(3) $\boldsymbol{a}\times\boldsymbol{b}=-\boldsymbol{b}\times\boldsymbol{a}$.

这是因为按右手规则从 $\boldsymbol{a}$ 转向 $\boldsymbol{b}$ 定出的方向恰好与按右手规则从 $\boldsymbol{b}$ 转向 $\boldsymbol{a}$ 定出的方向相反．它表明交换律对向量积不成立．

(4) 分配律．$(\boldsymbol{a}+\boldsymbol{b})\times\boldsymbol{c}=\boldsymbol{a}\times\boldsymbol{c}+\boldsymbol{b}\times\boldsymbol{c}$.

(5) 结合律．$(\lambda\boldsymbol{a})\times\boldsymbol{b}=\boldsymbol{a}\times(\lambda\boldsymbol{b})=\lambda(\boldsymbol{a}\times\boldsymbol{b})$（$\lambda$ 为常数）.

2. 向量积的坐标表示

下面来讨论利用向量坐标表示向量积．

设 $\boldsymbol{a}=\{a_x,a_y,a_z\}$，$\boldsymbol{b}=\{b_x,b_y,b_z\}$，利用向量积的运算性质，得

$$\begin{aligned}\boldsymbol{a}\times\boldsymbol{b}&=(a_x\boldsymbol{i}+a_y\boldsymbol{j}+a_z\boldsymbol{k})\times(b_x\boldsymbol{i}+b_y\boldsymbol{j}+b_z\boldsymbol{k})\\&=a_xb_x\boldsymbol{i}\times\boldsymbol{i}+a_xb_y\boldsymbol{i}\times\boldsymbol{j}+a_xb_z\boldsymbol{i}\times\boldsymbol{k}+\\&\quad a_yb_x\boldsymbol{j}\times\boldsymbol{i}+a_yb_y\boldsymbol{j}\times\boldsymbol{j}+a_yb_z\boldsymbol{j}\times\boldsymbol{k}+\\&\quad a_zb_x\boldsymbol{k}\times\boldsymbol{i}+a_zb_y\boldsymbol{k}\times\boldsymbol{j}+a_zb_z\boldsymbol{k}\times\boldsymbol{k}.\end{aligned}$$

因为，$\boldsymbol{i}\times\boldsymbol{i}=\boldsymbol{j}\times\boldsymbol{j}=\boldsymbol{k}\times\boldsymbol{k}=\boldsymbol{0}$、$\boldsymbol{i}\times\boldsymbol{j}=\boldsymbol{k}$、$\boldsymbol{j}\times\boldsymbol{k}=\boldsymbol{i}$、$\boldsymbol{k}\times\boldsymbol{i}=\boldsymbol{j}$、$\boldsymbol{j}\times\boldsymbol{i}=-\boldsymbol{k}$、$\boldsymbol{k}\times\boldsymbol{j}=-\boldsymbol{i}$、$\boldsymbol{i}\times\boldsymbol{k}=-\boldsymbol{j}$，所以

$$\boldsymbol{a}\times\boldsymbol{b}=(a_yb_z-a_zb_y)\boldsymbol{i}+(a_zb_x-a_xb_z)\boldsymbol{j}+(a_xb_y-a_yb_x)\boldsymbol{k}.$$

为了便于记忆，利用三阶行列式，上式可写成

$$\boldsymbol{a}\times\boldsymbol{b}=\begin{vmatrix}\boldsymbol{i}&\boldsymbol{j}&\boldsymbol{k}\\a_x&a_y&a_z\\b_x&b_y&b_z\end{vmatrix}.$$

例 4　设 $\boldsymbol{a}=(4,-1,0)$，$\boldsymbol{b}=(-1,3,5)$，计算 $\boldsymbol{a}\times\boldsymbol{b}$.

解　由向量积运算公式，可得

$$\boldsymbol{a}\times\boldsymbol{b}=\begin{vmatrix}\boldsymbol{i} & \boldsymbol{j} & \boldsymbol{k}\\ 4 & -1 & 0\\ -1 & 3 & 5\end{vmatrix}=\begin{vmatrix}-1 & 0\\ 3 & 5\end{vmatrix}\boldsymbol{i}-\begin{vmatrix}4 & 0\\ -1 & 5\end{vmatrix}\boldsymbol{j}+\begin{vmatrix}4 & -1\\ -1 & 3\end{vmatrix}\boldsymbol{k}$$

$$=-5\boldsymbol{i}-20\boldsymbol{j}+11\boldsymbol{k}.$$

例 5　已知三角形 ABC 的顶点分别是 $A(1,2,3)$，$B(3,4,5)$ 和 $C(2,4,7)$，求三角形 ABC 的面积.

解　根据向量积的运算公式，可知三角形 ABC 的面积

$$S_{\Delta ABC}=\frac{1}{2}|\overrightarrow{AB}|\cdot|\overrightarrow{AC}|\sin\angle A=\frac{1}{2}|\overrightarrow{AB}\times\overrightarrow{AC}|.$$

由于 $\overrightarrow{AB}=(2,2,2)$，$\overrightarrow{AC}=(1,2,4)$，因此

$$\overrightarrow{AB}\times\overrightarrow{AC}=\begin{vmatrix}\boldsymbol{i} & \boldsymbol{j} & \boldsymbol{k}\\ 2 & 2 & 2\\ 1 & 2 & 4\end{vmatrix}=4\boldsymbol{i}-6\boldsymbol{j}+2\boldsymbol{k},$$

于是

$$S_{\Delta ABC}=\frac{1}{2}|4\boldsymbol{i}-6\boldsymbol{j}+2\boldsymbol{k}|=\frac{1}{2}\times\sqrt{4^2+(-6)^2+2^2}=\sqrt{14}.$$

7.3　空间平面及其方程

7.3.1　平面的点法式方程

在平面解析几何中把平面曲线当作动点的轨迹，同理，在空间解析几何中，任何曲面或者平面均可以看作点的几何轨迹．在这样的意义下，如果平面与三元方程

$$F(x,y,z)=0 \tag{7-3}$$

有下述关系：

(1) 平面上任一点的坐标都满足方程(7－3)；

(2) 不在平面上的点的坐标都不满足方程(7－3)，

那么，方程(7－3)就叫做**平面的方程**，而平面就叫做方程(7－3)的**图像**．

在介绍空间平面方程之前，这里先给出平面法向量概念：如果一非零向量垂直于一平面，这向量就叫做该平面的**法线向量**．显然，平面的法线向量有无穷多个，平面上的任一向量均与该平面的法线向量垂直．

由于过空间一点有且只有一条直线垂直于一平面，所以当已知平面上一点 $M_0(x_0, y_0, z_0)$ 和它的一个法线向量 $\boldsymbol{n}=(A,B,C)$ 时，就可以确定平面 Π 的位置．下面来建立平面 Π 的方程．

设 $M(x,y,z)$ 是平面 Π 上的任意一点（图 7－15），则向量 $\overrightarrow{M_0M}$ 必与平面 Π 的法线向量 $\boldsymbol{n}$ 垂直，即它们的数量积等于零，即

$$\boldsymbol{n}\cdot\overrightarrow{M_0M}=0 \tag{7-4}$$

又 $\boldsymbol{n}=(A,B,C)$，$\overrightarrow{M_0M}=(x-x_0, y-y_0, z-z_0)$，代入式（7－4）中，所以有

$$A(x-x_0)+B(y-y_0)+C(z-z_0)=0 \tag{7-5}$$

这就是平面 Π 上任一点 M 的坐标 x,y,z 所满足的方程．

反之，如果 $M(x,y,z)$ 不在平面 Π 上，那么，向量 $\overrightarrow{M_0M}$ 与法线向量 $\boldsymbol{n}$ 不垂直，从而 $\boldsymbol{n}\cdot\overrightarrow{M_0M}\neq 0$，即不在平面 Π 上的点的坐标 x,y,z 不满足方程（7－5）．

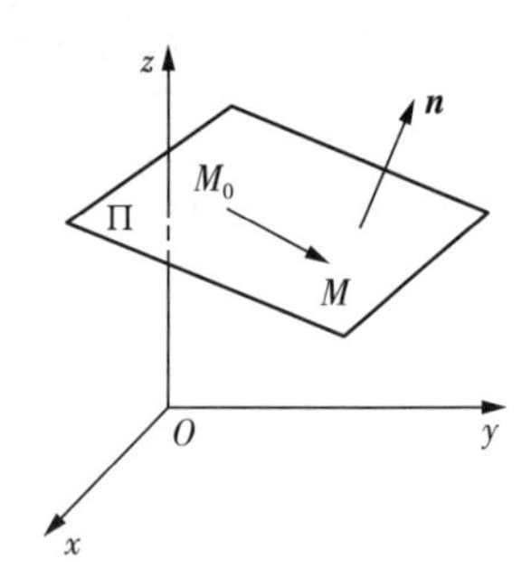

图 7－15　平面法向量

因此，方程（7－5）是由平面 Π 上给定的一点 $M_0(x_0, y_0, z_0)$ 及它的一个法线向量 $\boldsymbol{n}=(A,B,C)$ 确定的，方程（7－5）叫做平面的**点法式方程**．

例 1　求过点 $(1,-2,1)$，且以 $\boldsymbol{n}=(1,-2,3)$ 为法线向量的平面的方程．

解　根据平面的点法式方程（7－5），则所求平面的方程为

$$1(x-1)-2(y+2)+3(z-1)=0,$$

即

$$x-2y+3z-8=0.$$

例 2　求过三点 $M_1(1,-1,-2)$、$M_2(-1,2,0)$ 和 $M_3(1,3,1)$ 的平面的方程．

解　设平面的法线向量为 $\boldsymbol{n}=(A,B,C)$．因为向量 $\boldsymbol{n}$ 与向量 $\overrightarrow{M_1M_2}$ 和 $\overrightarrow{M_1M_3}$ 都垂直，而 $\overrightarrow{M_1M_2}=(-2,3,2)$，$\overrightarrow{M_1M_3}=(0,4,3)$，不妨取它们的向量积为 $\boldsymbol{n}$，即

$$\boldsymbol{n}=\overrightarrow{M_1M_2}\times\overrightarrow{M_1M_3}$$

$$=\begin{vmatrix} \boldsymbol{i} & \boldsymbol{j} & \boldsymbol{k} \\ -2 & 3 & 2 \\ 0 & 4 & 3 \end{vmatrix}=\boldsymbol{i}+6\boldsymbol{j}-8\boldsymbol{k}.$$

根据平面的点法式方程（7－5），得所求平面的方程为

$$1(x-1)+6(y+1)-8(z+2)=0,$$

即

$$x+6y-8z-11=0.$$

7.3.2 平面的一般方程

由上面可知，任意一个平面点法式方程(7-5)是关于 x,y,z 的一次方程

$$A(x-x_0)+B(y-y_0)+C(z-z_0)=0,$$

将上式展开得

$$Ax+By+Cz-Ax_0-By_0-Cz_0=0,$$

令 $D=-Ax_0-By_0-Cz_0$，那么，方程(7-5)可以写成

$$Ax+By+Cz+D=0 \tag{7-6}$$

任取满足该方程的一组数 x_0,y_0,z_0，即

$$Ax_0+By_0+Cz_0+D=0,$$

将等式(7-6)减去上式，得

$$A(x-x_0)+B(y-y_0)+C(z-z_0)=0.$$

则可以知道方程(7-6)是通过点 $M_0(x_0,y_0,z_0)$ 且以 $\boldsymbol{n}=(A,B,C)$ 为法线向量的平面方程．由此可知，方程(7-6)所表示的图像是一个平面．任意一个三元一次方程(7-6)的图像总是一个平面．方程(7-6)称为平面的**一般方程**，其中，x,y,z 的系数就是该平面的一个法向量 $\boldsymbol{n}$ 的坐标，即 $\boldsymbol{n}=(A,B,C)$．例如，方程 $3x+4y+z+2=0$ 表示一个平面，$\boldsymbol{n}=(3,4,1)$ 是该平面的一个法线向量．

接下来讨论一些特殊的三元一次方程，熟悉它们的图像的特点．

(1) 当 $D=0$ 时，方程(7-6)成为 $Ax+By+Cz=0$，它表示一个通过原点的平面．

(2) 当 $A=0$ 时，方程(7-6)成为 $By+Cz+D=0$，法线向量 $\boldsymbol{n}=(0,B,C)$ 垂直 x 轴，方程表示一个平行于(或包含) x 轴的平面．同样，方程 $Ax+Cz+D=0$ 和 $Ax+By+D=0$ 分别表示一个平行于(或包含) y 轴和 z 轴的平面．

(3) 当 $A=B=0$ 时，方程(7-6)成为 $Cz+D=0$ 或 $z=-\dfrac{D}{C}$，法线向量 $\boldsymbol{n}=(0,0,C)$ 同时垂直 x 轴和 y 轴，方程表示一个平行于(或重合于) xOy 的平面．同样，方程 $Ax+D=0$ 和 $By+D=0$ 分别表示一个平行于(或重合于) yOz 面和 zOx 面的平面．

例 3　求通过 x 轴和 $M_0(2,-4,1)$ 的平面的方程．

解　由于平面通过 x 轴，故 $A=0,D=0$．因此可设这平面的方程为

$$By+Cz=0.$$

又已知平面通过点 $M_0=(2,-4,1)$，所以

$$-4B+C=0,\text{即 } C=4B.$$

不妨取 $B=1$，则 $C=4$，所求的平面方程为

$$y+4z=0.$$

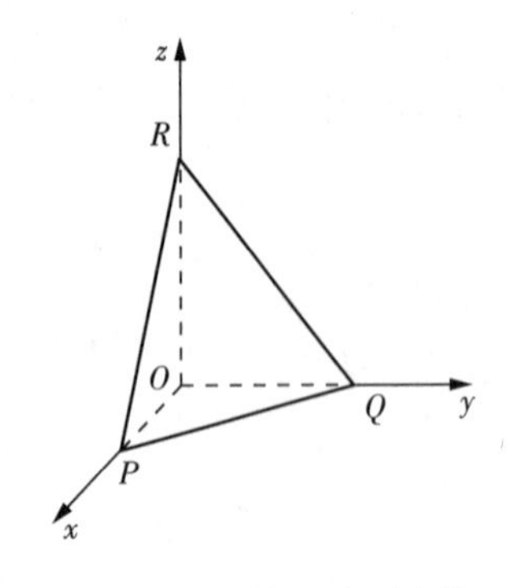

图 7－16　例 4 平面图形

例 4　设一平面与 x，y 和 z 轴的交点依次为 $P(a,0,0)$，$Q(0,b,0)$，$R(0,0,c)$ 三点，如图 7－16 所示，求这平面的方程（其中 $a\neq 0,b\neq 0,c\neq 0$）.

解　设所求平面的方程为 $Ax+By+Cz+D=0$.

已知 $P(a,0,0)$，$Q(0,b,0)$，$R(0,0,c)$ 三点都在这平面上，所以点 P，Q 和 R 的坐标都满足上述方程，代入得

$$\begin{cases} aA+D=0, \\ bB+D=0, \\ cC+D=0, \end{cases}$$

化简可得

$$A=-\frac{D}{a},B=-\frac{D}{b},C=-\frac{D}{c}.$$

将上面三个式子代入平面的一般方程中，得

$$-\frac{D}{a}x-\frac{D}{b}y-\frac{D}{c}z+D=0,$$

方程两边除以 $D(D\neq 0)$，得所求的平面方程为

$$\frac{x}{a}+\frac{y}{b}+\frac{z}{c}=1 \tag{7-7}$$

方程(7－7) 叫做平面的**截距式方程**，而 a，b，c 依次为平面在 x，y，z 轴上的**截距**.

7.3.3　两平面的夹角以及两平面平行或垂直的条件

两平面的法线向量的夹角称为**两平面夹角**，通常规定这个夹角为锐角或直角.

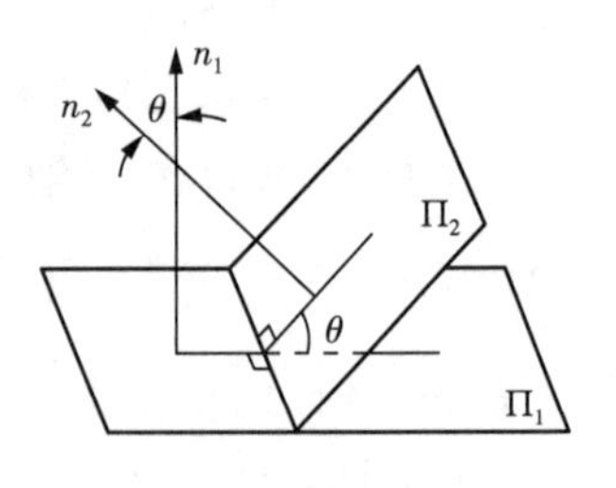

图 7－17　两平面夹角

设平面 Π_1 和 Π_2 的法线向量依次为 $\boldsymbol{n}_1=(A_1,B_1,C_1)$ 和 $\boldsymbol{n}_2=(A_2,B_2,C_2)$，则平面 Π_1 和 Π_2 的夹角 θ（图 7－17）应是 $(\widehat{\boldsymbol{n}_1,\boldsymbol{n}_2})$ 和 $(-\widehat{\boldsymbol{n}_1,\boldsymbol{n}_2})=\pi-(\widehat{\boldsymbol{n}_1,\boldsymbol{n}_2})$ 两者中的锐角或直角，所以 $\cos\theta=|\cos(\widehat{\boldsymbol{n}_1,\boldsymbol{n}_2})|$，由两向量夹角余弦的坐标表示式可知，平面 Π_1 和 Π_2 的夹角 θ 可表示为

$$\cos\theta=\frac{|A_1A_2+B_1B_2+C_1C_2|}{\sqrt{A_1{}^2+B_1{}^2+C_1{}^2}\cdot\sqrt{A_2{}^2+B_2{}^2+C_2{}^2}}. \tag{7-8}$$

下面给出两平面平行或垂直的条件.

两平面平行相当于它们的法向量相互平行,由向量平行的充分必要条件可以得到平面 Π_1 和 Π_2 平行的充分必要条件是

$$\frac{A_1}{A_2}=\frac{B_1}{B_2}=\frac{C_1}{C_2}.$$

两平面垂直相当于它们的法向量相互垂直,由向量垂直的充分必要条件可以得到平面 Π_1 和 Π_2 垂直的充分必要条件是

$$A_1A_2+B_1B_2+C_1C_2=0.$$

例 5 求两平面 $x-y+2z-6=0$ 和 $2x+y+z-5=0$ 的夹角.

解 由公式(7-8)有

$$\cos\theta=\frac{|1\times 2+(-1)\times 1+2\times 1|}{\sqrt{1^2+(-1)^2+2^2}\cdot\sqrt{2^2+1^2+1^2}}=\frac{1}{2},$$

因此,所求夹角 $\theta=\frac{\pi}{3}$.

例 6 已知一平面过两点 $M_1(1,1,1)$ 和 $M_2(0,1,-1)$ 且垂直于平面 $x+y+z=0$,求该平面的方程.

解 设所求平面的一个法线向量为 $\boldsymbol{n}=(A,B,C)$. 显然 $\overrightarrow{M_1M_2}=(-1,0,2)$ 在所求平面内,由法向量性质可知它必与 $\boldsymbol{n}$ 垂直,所以有

$$-A-2C=0.$$

又已知所求的平面垂直于已知平面 $x+y+z=0$,所以平面 $x+y+z=0$ 的法向量垂直于待求平面法向量 $\boldsymbol{n}$,即

$$1\times A+1\times B+1\times C=0.$$

联立上述两式,得

$$A=-2C,B=C.$$

由平面的点法式方程可知,所求平面方程为

$$A(x-1)+B(y-1)+C(z-1)=0.$$

将 $A=-2C,B=C$ 代入上式,并约去 $C(C\neq 0)$,可得

$$-2(x-1)+(y-1)+(z-1)=0,$$

则所求的平面方程为

$$2x-y-z=0.$$

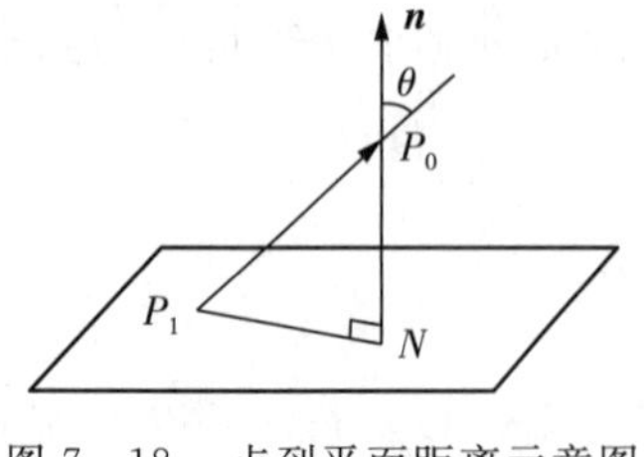

图 7－18　点到平面距离示意图

例 7　设点 $P_0(x_0,y_0,z_0)$ 是平面 $Ax+By+Cz+D=0$ 外一点，求点 P_0 到该平面的距离(图 7－18).

解　在平面上任取一点 $P_1(x_1,y_1,z_1)$，作平面一法线向量 $\boldsymbol{n}$，由图 7－18 可知点 P_0 到该平面的距离为

$$d=|\overrightarrow{P_1P_0}||\cos\theta|=\frac{|\overrightarrow{P_1P_0}\cdot\boldsymbol{n}|}{|\boldsymbol{n}|}.$$

又

$$\boldsymbol{n}=(A,B,C),\overrightarrow{P_1P_0}=(x_0-x_1,y_0-y_1,z_0-z_1),$$

得

$$\frac{\overrightarrow{P_1P_0}\cdot\boldsymbol{n}}{|\boldsymbol{n}|}=\frac{A(x_0-x_1)+B(y_0-y_1)+C(z_0-z_1)}{\sqrt{A^2+B^2+C^2}}$$

$$=\frac{Ax_0+By_0+Cz_0-(Ax_1+By_1+Cz_1)}{\sqrt{A^2+B^2+C^2}}.$$

又因为点 $P_1(x_1,y_1.z_1)$ 在平面上，所以 $Ax_1+By_1+Cz_1+D=0$，所以有

$$\frac{\overrightarrow{P_1P_0}\cdot\boldsymbol{n}}{|\boldsymbol{n}|}=\frac{Ax_0+By_0+Cz_0+D}{\sqrt{A^2+B^2+C^2}}.$$

由此得点 $P_0(x_0,y_0,z_0)$ 到平面 $Ax+By+Cz+D=0$ 的距离公式为

$$d=\frac{|Ax_0+By_0+Cz_0+D|}{\sqrt{A^2+B^2+C^2}} \tag{7-9}$$

例 8　求两个平行平面 $\Pi_1:3x+2y-6z-35=0$ 和 $\Pi_2:3x+2y-6z-56=0$ 之间的距离.

解　由空间解析几何关系可知，在两个平行平面其中一个平面上任取一点到另一个平面的距离即为两平行平面之间的距离.

不妨在平面 $\Pi_1:3x+2y-6z-35=0$ 上取一点 $P_0\left(0,0,-\frac{35}{6}\right)$，利用公式(7－9)得，点 $P_0\left(0,0,-\frac{35}{6}\right)$ 到平面 Π_2 的距离为

$$d=\frac{\left|3\times0+2\times0+(-6)\times\left(-\frac{35}{6}\right)-56\right|}{\sqrt{3^2+2^2+(-6)^2}}=3.$$

所以平面 Π_1 和平面 Π_2 之间的距离为 3.

7.4　空间直线及其方程

7.4.1　空间直线的一般方程

空间任一直线 L 可以看做是两个平面 $\Pi_1: A_1x+B_1y+C_1z+D_1=0$ 和 $\Pi_2: A_2x+B_2y+C_2z+D_2=0$ 的交线(图 7-19). 显然,交线上任一点既在平面 Π_1 上,也在平面 Π_2 上,则直线 L 上的任一点的坐标同时满足这两个平面的方程,即满足方程组

$$\begin{cases} A_1x+B_1y+C_1z+D_1=0 \\ A_2x+B_2y+C_2z+D_2=0 \end{cases} \tag{7-10}$$

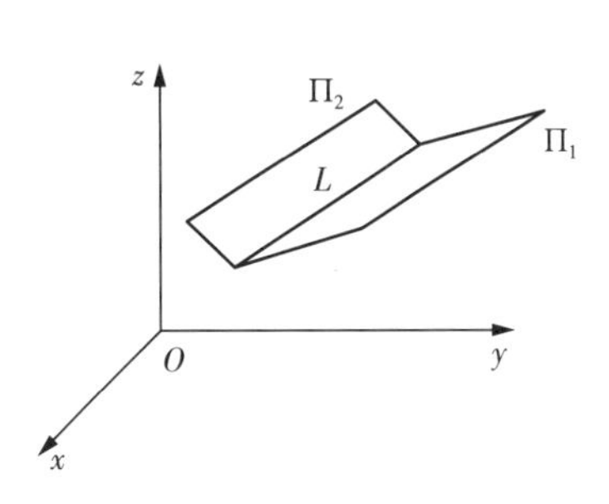

图 7-19　两平面交线

两平行平面没有交点,所以方程组(7-10)中比例式 $\dfrac{A_1}{A_2}=\dfrac{B_1}{B_2}=\dfrac{C_1}{C_2}$ 不成立. 反之,点 $M_1(x_1,y_1,z_1)$ 不在直线 L 上,则它不可能同时在两平面上,即点 $M_1(x_1,y_1,z_1)$ 的坐标不会满足方程组(7-10). 因此,可以用方程组(7-10)来表示空间直线 L,称方程组(7-10)为**空间直线 L 的一般方程**.

7.4.2　空间直线的对称式方程、两点式方程与参数方程

如果一个非零向量平行于一条已知直线,那么这个向量就叫做这条直线的**方向向量**. 显然,一条直线的方向向量不唯一,有无穷多个,它们之间是相互平行的. 任一方向向量的坐标称为直线的**方向数**.

由立体几何知道,过空间一点作一条直线平行于一已知直线是唯一确定的,所以当已知直线 L 上一点 $M_0(x_0,y_0,z_0)$ 和它的一方向向量 $\boldsymbol{s}=(m,n,p)$ 时,直线 L 的位置就完全确定了. 下面来建立这直线方程.

设点 $M(x,y,z)$ 为直线 L 上的任一点,则向量 $\overrightarrow{M_0M}=(x-x_0,y-y_0,z-z_0)$ 与 L 的方向向量 $\boldsymbol{s}$ 平行(图 7-20). 由向量平行有关结论可知两向量的对应坐标成比例,即

$$\frac{x-x_0}{m}=\frac{y-y_0}{n}=\frac{z-z_0}{p} \tag{7-11}$$

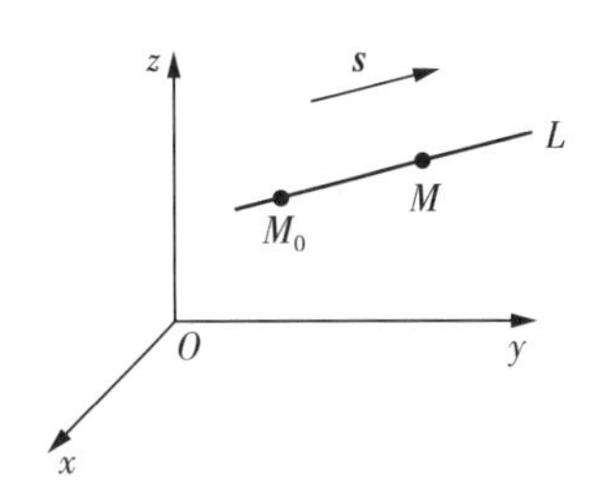

图 7-20　空间直线示意图

式(7-11)是一个含有未知量 x,y,z 的方程组,所以直线 L 上任一点的坐标 x,y,z 都满足方程组(7-11). 反过来,如果点 M 不在直线 L 上,那么,由于 $\overrightarrow{M_0M}$ 与 $\boldsymbol{s}$ 不平行,这两向量的对应坐标就不成比例. 因此方程组(7-11)就是直线 L 的方程,称为空间直线的**对称式方程**或**点向式方程**.

由立体几何知道,过空间内不重合的两点可以唯一确定一条直线. 假设已知空间直线 L 上两点 $M_0(x_0,y_0,z_0)$ 和 $M_1(x_1,y_1,z_1)$,作一向量 $\overrightarrow{M_0M_1}=(x_1-x_0,y_1-y_0,z_1-z_0)$,

则向量$\overrightarrow{M_0M_1}$与直线 L 共线，它可作为直线 L 的一个方向向量，所以取 $\boldsymbol{s}=\overrightarrow{M_0M_1}=(x_1-x_0,y_1-y_0,z_1-z_0)$，带入式(7-11)可得

$$\frac{x-x_0}{x_1-x_0}=\frac{y-y_0}{y_1-y_0}=\frac{z-z_0}{z_1-z_0} \tag{7-12}$$

称式(7-12)为空间直线 L 的**两点式方程**.

如果引入变量 t(t 称为参数)，令

$$\frac{x-x_0}{m}=\frac{y-y_0}{n}=\frac{z-z_0}{p}=t,$$

则可以得到

$$\begin{cases} x=x_0+mt, \\ y=y_0+nt, \\ z=z_0+pt. \end{cases} \tag{7-13}$$

方程组(7-13)称为空间直线 L 的**参数方程**.

例 1 用对称式方程及参数方程表示直线

$$\begin{cases} 2x-4y+z=0, \\ 3x-y-2z+9=0, \end{cases}$$

解 先找出这直线上的一点 $M_0(x_0,y_0,z_0)$. 不妨取 $x_0=0$，代入方程组，得

$$\begin{cases} -4y+z=0, \\ -y-2z+9=0. \end{cases}$$

求这个二元一次方程组，得 $y_0=1,z_0=4$，则点 $M_0(0,1,4)$ 是该直线上的一点.

下面再找出这直线的方向向量 $\boldsymbol{s}$. 因为两平面的交线与这两平面的法线向量 $\boldsymbol{n}_1=(2,-4,1)$，$\boldsymbol{n}_2=(3,-1,-2)$ 都垂直，所以可取两平面的法向量的向量积作为直线的方向向量，即

$$\boldsymbol{s}=\boldsymbol{n}_1\times\boldsymbol{n}_2=\begin{vmatrix} \boldsymbol{i} & \boldsymbol{j} & \boldsymbol{k} \\ 2 & -4 & 1 \\ 3 & -1 & -2 \end{vmatrix}=9\boldsymbol{i}+7\boldsymbol{j}+10\boldsymbol{k}.$$

因此，所给直线的对称式方程为

$$\frac{x}{9}=\frac{y-1}{7}=\frac{z-4}{10}.$$

令$\frac{x}{9}=\frac{y-1}{7}=\frac{z-4}{10}=t$，则所求直线的参数方程为

$$\begin{cases} x=9t, \\ y=1+7t, (t\text{ 为参数}). \\ z=4+10t. \end{cases}$$

7.4.3 两空间直线的夹角

两直线的方向向量的夹角(通常指锐角或直角)叫做**两直线的夹角**.

设直线 L_1 和 L_2 的方向向量依次为 $\boldsymbol{s}_1=(m_1,n_1,p_1)$ 和 $\boldsymbol{s}_2=(m_2,n_2,p_2)$,则直线 L_1 和 L_2 的夹角 θ 应是 $(\widehat{\boldsymbol{s}_1,\boldsymbol{s}_2})$ 和 $(-\widehat{\boldsymbol{s}_1,\boldsymbol{s}_2})=\pi-(\widehat{\boldsymbol{s}_1,\boldsymbol{s}_2})$ 两者中的锐角或直角,所以 $\cos\theta=|\cos(\widehat{\boldsymbol{n}_1,\boldsymbol{n}_2})|$. 由两向量夹角余弦的坐标表示式可知,直线 L_1 和 L_2 的夹角 θ 可表示为

$$\cos\theta=\frac{|m_1m_2+n_1n_2+p_1p_2|}{\sqrt{m_1^{\ 2}+n_1^{\ 2}+p_1^{\ 2}}\cdot\sqrt{m_2^{\ 2}+n_2^{\ 2}+p_2^{\ 2}}} \tag{7-14}$$

下面给出两直线平行或垂直的条件.

两直线平行相当于它们的方向向量相互平行,由向量平行的充分必要条件可以得到直线 L_1 和 L_2 平行的充分必要条件是

$$\frac{m_1}{m_2}=\frac{n_1}{n_2}=\frac{p_1}{p_2}.$$

两直线垂直相当于它们的方向向量相互垂直,由向量垂直的充分必要条件可以得到直线 L_1 和 L_2 垂直的充分必要条件是

$$m_1m_2+n_1n_2+p_1p_2=0.$$

例 2 求直线 $L_1:\dfrac{x-1}{1}=\dfrac{y}{-4}=\dfrac{z+3}{1}$ 和直线 $L_2:\dfrac{x}{2}=\dfrac{y+2}{-2}=\dfrac{z-1}{-1}$ 的夹角.

解 直线 L_1 的方向向量为 $\boldsymbol{s}_1=(1,-4_1,1)$,直线 L_2 的方向向量为 $\boldsymbol{s}_2=(2,-2,-1)$. 设直线 L_1 和 L_2 的夹角为 θ,则由公式(7-14)有

$$\cos\theta=\frac{|1\times2+(-4)\times(-2)+1\times(-1)|}{\sqrt{1^2+(-4)^2+1^2}\cdot\sqrt{2^2+(-2)^2+(-1)^2}}=\frac{\sqrt{2}}{2},$$

直线 L_1 和 L_2 的夹角为 $\theta=\dfrac{\pi}{4}$.

7.4.4 直线与平面的夹角

当直线与平面不垂直时,直线和它在平面上的投影直线的夹角 $\varphi\left(0\leqslant\varphi<\dfrac{\pi}{2}\right)$ 称为**直线与平面的夹角**(图 7-21). 规定,当直线与平面垂直时,直线与平面的夹角为 $\dfrac{\pi}{2}$.

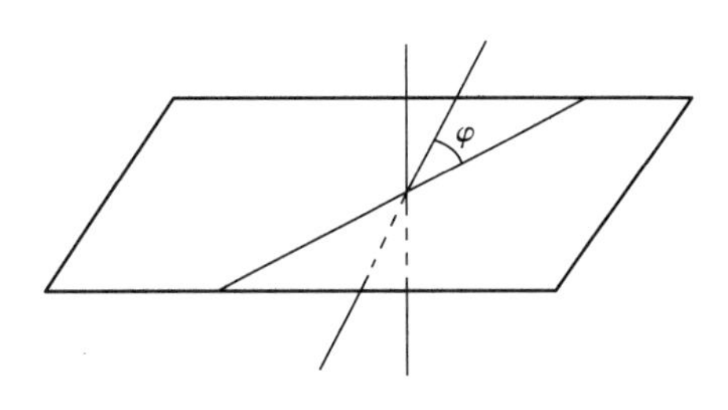

图 7-21 直线与平面夹角

设直线的方向向量为 $\boldsymbol{s}=(m,n,p)$,平面

的法线向量为 $\boldsymbol{n}=(A,B,C)$，直线与平面的夹角为 φ，那么 $\varphi=\left|\frac{\pi}{2}-(\widehat{\boldsymbol{s},\boldsymbol{n}})\right|$，因此 $\sin\varphi=|\cos(\widehat{\boldsymbol{s},\boldsymbol{n}})|$．按两向量夹角余弦的坐标表示式，有

$$\sin\varphi=\frac{|Am+Bn+Cp|}{\sqrt{A^2+B^2+C^2}\cdot\sqrt{m^2+n^2+p^2}}. \tag{7-15}$$

下面给出两直线平行或垂直的条件．

直线与平面平行相当于直线方向向量 $\boldsymbol{s}=(m,n,p)$ 与平面的法向量 $\boldsymbol{n}=(A,B,C)$ 垂直，由向量垂直的充分必要条件可以得到直线 L 和平面 π 平行的充分必要条件是

$$Am+Bn+Cp=0.$$

直线与平面垂直相当于直线方向向量 $\boldsymbol{s}=(m,n,p)$ 与平面的法向量 $\boldsymbol{n}=(A,B,C)$ 平行，由向量平行的充分必要条件可以得到：直线 L 和平面 π 垂直的充分必要条件是

$$\frac{A}{m}=\frac{B}{n}=\frac{C}{p}.$$

例 3　求过点 $M_0(1,-2,4)$ 且与平面 $2x-3y+z-4=0$ 垂直的直线的方程．

解　因为所求直线垂直于已知平面，所以可以取已知平面的法线向量 $\boldsymbol{n}=(2,-3,1)$ 作为所求直线的方向向量．由此可得所求直线的方程为

$$\frac{x-1}{2}=\frac{y+2}{-3}=\frac{z-4}{1}.$$

7.5　空间曲面及其方程

7.5.1　空间曲面研究的基本问题

在平面解析几何中把平面曲线当作动点的轨迹．同理，在空间解析几何中，任何曲面或曲线均可以看作点的几何轨迹．在这样的意义下，如果曲面 S 与三元方程

$$F(x,y,z)=0 \tag{7-16}$$

有下述关系：

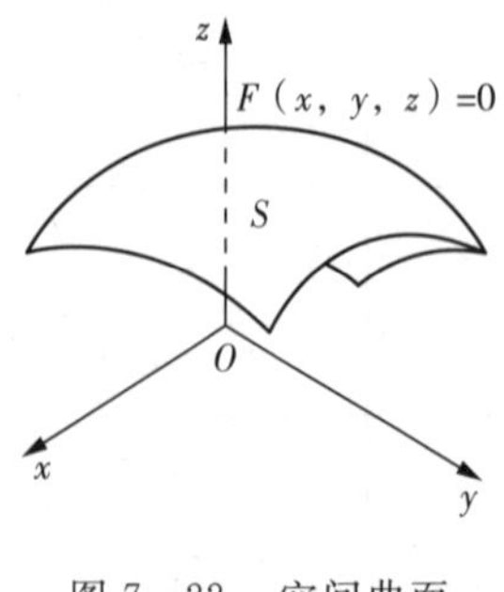

图 7－22　空间曲面

(1) 曲面 S 上任一点的坐标都满足方程(7－16)；

(2) 不在曲面 S 上的点的坐标都不满足方程(7－16).

那么，方程(7－16)就叫做**曲面 S 的方程**，而曲面 S 就叫做方程(7－16)的**图像**(图 7－22).

在空间解析几何中，关于曲面的研究有下列两个基本问题：

(1) 已知一曲面作为点的几何轨迹时，建立这曲面的方程；

(2) 已知坐标 x,y,z 之间的一个方程时,研究这方程所表示的曲面的形状和曲面的一些性质.

例1 求球心在点 $M_0(x_0,y_0,z_0)$,半径为 R 的球面的方程.

解 设 $M(x,y,z)$ 是球面上的任一点,则 $|M_0M|=R$,

即

$$|M_0M|=R.$$

又

$$|M_0M|=\sqrt{(x-x_0)^2+(y-y_0)^2+(z-z_0)^2},$$

所以

$$\sqrt{(x-x_0)^2+(y-y_0)^2+(z-z_0)^2}=R,$$

即

$$(x-x_0)^2+(y-y_0)^2+(z-z_0)^2=R^2 \tag{7-17}$$

容易验证球面上的点的坐标满足球的方程(7-17),而不在球面上的点的坐标都不满足这方程.所以方程(7-17)就是以 $M_0(x_0,y_0,z_0)$ 为球心,R 为半径的球面方程.

特别地,如果球心在原点 $O(0,0,0)$,那么半径为 R 的球面方程为

$$x^2+y^2+z^2=R^2.$$

下面举一个由已知方程研究它所表示的曲面的例子.

例2 方程 $x^2+y^2+z^2-4x+2z=0$ 表示怎样的曲面?

解 通过配方,原方程可以改写成

$$(x-2)^2+y^2+(z+1)^2=5,$$

与式(7-17)比较,原方程表示球心在点$(2,0,-1)$,半径为 $R=\sqrt{5}$ 的球面.

7.5.2 柱面

先分析一个具体的例子.

例3 方程 $x^2+y^2=R^2$ 表示怎样的曲面?

解 方程 $x^2+y^2=R^2$ 在 xOy 面上表示圆心在原点 O、半径为 R 的一个圆;在空间直角坐标系中,这方程不含竖坐标 z,所以不论空间点的竖坐标 z 取多少,只要它的横坐标 x 和纵坐标 y 能满足这方程,则这些点就在这曲面上.这就是说,只有过 xOy 面内圆 $x^2+y^2=R^2$ 上一点 $M(x,y,0)$,且平行于 z 轴的直线 L 都在这曲面上,因此,该曲面可以看做是由平行于 z 轴的直线 L 沿 xOy 面上的圆 $x^2+y^2=R^2$ 移动而形成的.这曲面叫做**圆柱面**(图7-23),xOy 面上的圆 $x^2+y^2=R^2$ 叫做它的准线,平行于 z 轴的直线 L 叫做它的母线.

一般地,直线 L 沿定曲线 C 平行移动形成的轨迹叫做**柱面**,定曲线 C 叫做柱面的**准线**,动直线 L 叫做柱面的**母线**.

在空间直角坐标系中,只含 x,y 的方程 $F(x,y)=0$ 表示母线平行于 z 轴的柱面,其准线是 xOy 面上的曲线 $C:F(x,y)=0$(图 7-24).

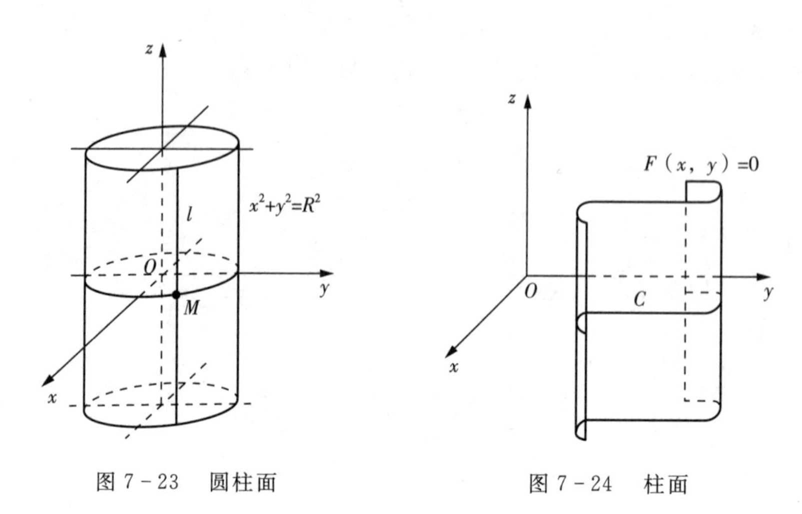

图 7-23　圆柱面

图 7-24　柱面

例如,方程 $y^2=2x$ 表示母线平行于 z 轴的柱面,其准线是 xOy 面上的曲线 $y^2=2x$,该柱面叫做抛物柱面(图 7-25).

又如,方程 $x-y=0$ 表示母线平行于 z 轴的柱面,其准线是 xOy 面上的曲线 $x-y=0$,该柱面是一个过 z 轴的平面(图 7-26).

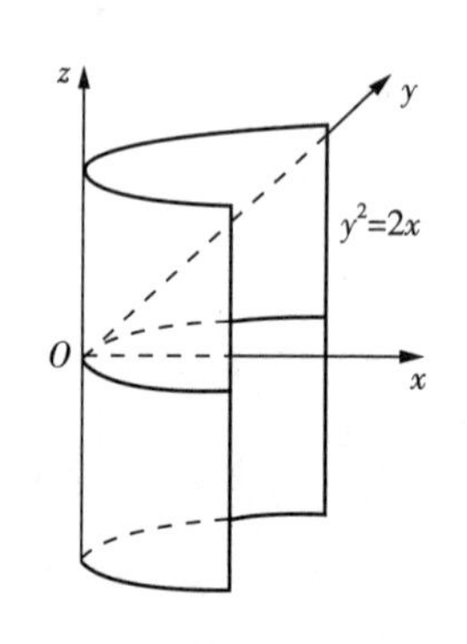

图 7-25　抛物柱面

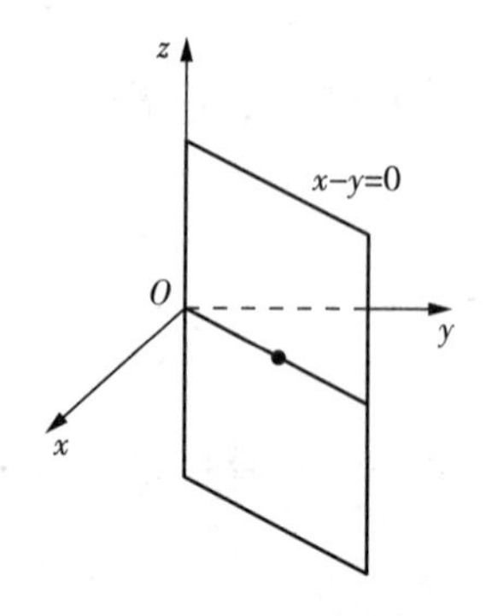

图 7-26　过 z 轴平面

类似地,在空间直角坐标系中,只含 x,z 的方程 $G(x,z)=0$ 表示母线平行于 y 轴的柱面,其准线是 xOz 面上的曲线 $G(x,z)=0$;只含 y,z 的方程 $H(y,z)=0$ 表示母线平行于 x 轴的柱面,其准线是 yOz 面上的曲线 $H(x,z)=0$.

例如,方程 $x-z=0$ 表示母线平行于 y 轴的柱面,其准线是 xOz 面上的直线 $x-z=0$. 所以它是过 y 轴的平面(图 7-27).

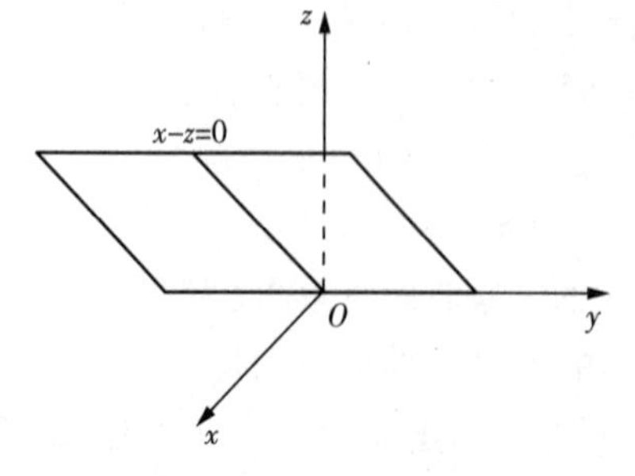

图 7-27　过 y 轴平面

7.5.2　旋转曲面

空间直角坐标系中，一条曲线 C 绕其平面上的一条定直线 l 旋转一周所成的曲面叫做**旋转曲面**，曲线 C 称为旋转曲面的**母线**，定直线 l 称为旋转曲面的**轴**．

本节主要讨论轴是坐标轴，母线是在坐标面内的旋转曲面．

设在 yOz 坐标面上有一已知曲线 C，方程为

$$F(y,z)=0,$$

将该曲线绕 z 轴旋转一周，就得到一个以 z 轴为轴的旋转曲面(图 7－28)．

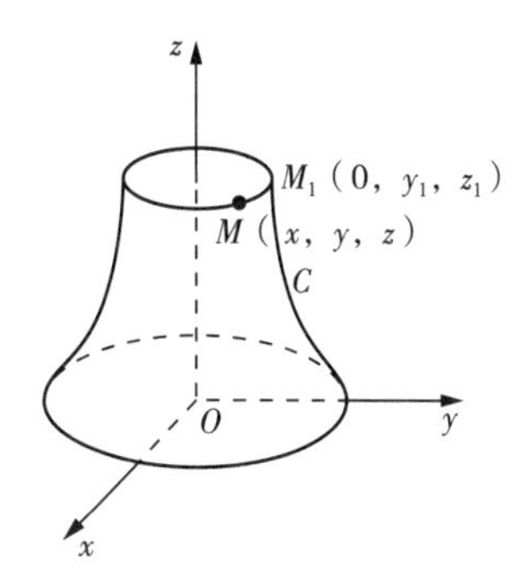

图 7－28　旋转曲面

接下来讨论该旋转曲面方程．

设曲线 C 上的任一点为 $M_1(0,y_1,z_1)$，则有

$$F(y_1,z_1)=0. \qquad (7-18)$$

当曲线 C 绕 z 轴旋转时，点 $M_1(0,y_1,z_1)$ 绕 z 轴转到另一点 $M(x,y,z)$，由图像结构可知两点竖坐标相同，且到 z 轴距离相等，即

$$\begin{cases} d=\sqrt{x^2+y^2}=|y_1|, \\ z=z_1. \end{cases}$$

将上式带入方程(7－18) 得到

$$F(\pm\sqrt{x^2+y^2},z)=0 \qquad (7-19)$$

这就是所求旋转曲面的方程．

类似地，将 yOz 坐标面上一已知曲线 C：$F(y,z)=0$ 绕 y 轴旋转所形成的旋转曲面的方程为

$$F(y,\pm\sqrt{x^2+z^2})=0.$$

由空间直角坐标的对称性可知，把 $F(y,z)=0$ 中的 z 保持不变，将 y 换成 $\pm\sqrt{x^2+y^2}$，就能得到曲线 C 绕 z 轴旋转所形成的旋转曲面的方程；若保持 y 不变，将 z 换成 $\pm\sqrt{x^2+z^2}$ 就能得到曲线 C 绕 y 轴旋转所形成的旋转曲面的方程．

当然，通过上述方法可以得到其他坐标面上曲线绕坐标轴旋转所形成的旋转曲面的方程.

例 4　直线 L 绕另一条与 L 相交的直线旋转一周，所得旋转曲面叫做**圆锥面**．两直线的交点叫做圆锥面的**顶点**，两直线的夹角 $\theta\left(0<\theta<\frac{\pi}{2}\right)$ 叫做圆锥面的**半顶角**．试建立顶点在坐标原点 O，旋转轴为 z 轴，半顶角为 θ 的圆锥面(图 7－29) 的方程．

解　假设直线 L 在 yOz 平面内，且方程为

$$z=y\cot\theta.$$

由于旋转轴为 z 轴，参考公式(7－19) 得到以下圆锥面方程：

$$z=\pm\sqrt{x^2+y^2}\cot\theta.$$

故

$$z^2=\cot^2\theta(x^2+y^2).$$

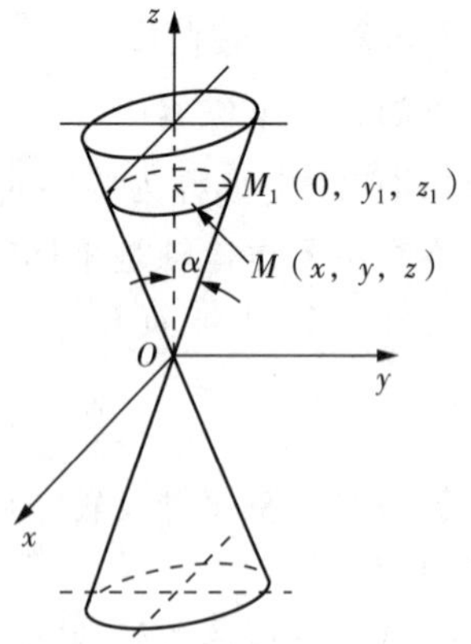

图 7－29　圆锥面

7.5.4　二次曲线

与平面解析几何中规定的二次曲线相类似，三元二次

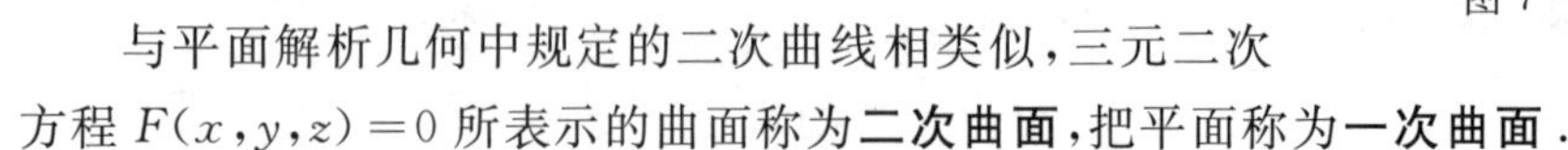

方程 $F(x,y,z)=0$ 所表示的曲面称为**二次曲面**，把平面称为**一次曲面**.

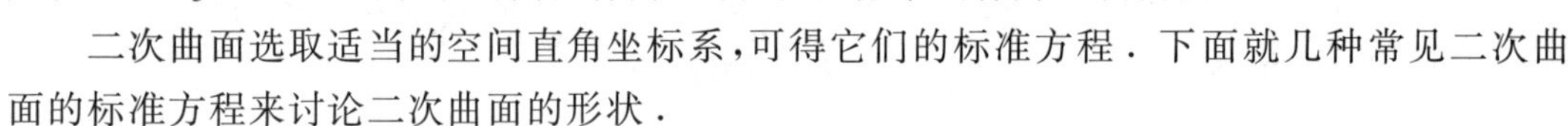

二次曲面选取适当的空间直角坐标系，可得它们的标准方程．下面就几种常见二次曲面的标准方程来讨论二次曲面的形状．

1. 椭圆锥面

$$\frac{x^2}{a^2}+\frac{y^2}{b^2}=z^2.$$

以垂直于 z 轴的平面 $z=c$ 截此曲面，当 $c=0$ 时得一点 $(0,0,0)$；当 $c\neq 0$ 时，得平面 $z=c$ 上的椭圆 $\frac{x^2}{(ca)^2}+\frac{y^2}{(cb)^2}=1$.

当 c 变化时，上式表示一族长短轴比例不变的椭圆，当 $|c|$ 从大到小并变为 0 时，这族椭圆从大到小并缩为一点．综合上述讨论，可得椭圆锥面的形状如图 7－30 所示．

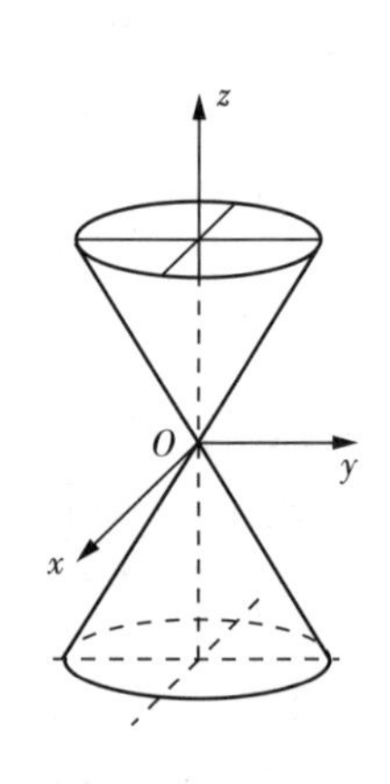

图 7－30　椭圆锥面

平面 $z=c$ 与曲面 $F(x,y,z)=0$ 的交线称为**截痕**．通过综合截痕的变化来了解曲面形状的方法称为**截痕法**．

2. 椭球面

$$\frac{x^2}{a^2}+\frac{y^2}{b^2}+\frac{z^2}{c^2}=1(a,b,c>0).$$

当 $a=b=c$ 时，椭球面变形为 $x^2+y^2+z^2=a^2$，这是球心在原点，半径为 a 的球面．显然，球面是旋转椭球面的特殊情形，旋转椭球面是椭球面的特殊情形．

当 $a=b\neq c$ 时，把 xOz 面上的椭圆 $\frac{x^2}{a^2}+\frac{z^2}{c^2}=1$ 绕 z 轴旋转，所得曲面称为旋转椭球面，其方程为

$$\frac{x^2+y^2}{a^2}+\frac{z^2}{c^2}=1.$$

当 $a\neq b\neq c$ 时，用平行于坐标面 xOy 的平面 $z=h$ 去截椭球面，截痕为该平面上的椭圆

$$\frac{x^2}{a^2}+\frac{y^2}{b^2}=1-\frac{h^2}{c^2} \quad (|h|<c).$$

当 $z=h=0$ 时，截痕为 xOy 面上的椭圆

$$\frac{x^2}{a^2}+\frac{y^2}{b^2}=1 \quad (|h|<c).$$

3. 单叶双曲线

$$\frac{x^2}{a^2}+\frac{y^2}{b^2}-\frac{z^2}{c^2}=1 \quad (a,b,c>0).$$

当 $a=b$ 时，上述方程变形为

$$\frac{x^2+y^2}{a^2}-\frac{z^2}{c^2}=1.$$

它是一个旋转双曲面的方程.

当 $a\neq b$ 时，用平行于坐标面 xOy 的平面 $z=h$ 去截该曲面，截痕为该平面上的椭圆

$$\frac{x^2}{a^2}+\frac{y^2}{b^2}=1+\frac{h^2}{c^2}.$$

4. 双叶双曲线

$$\frac{x^2}{a^2}-\frac{y^2}{b^2}+\frac{z^2}{c^2}=-1 \quad (a,b,c>0).$$

当 $a=c$ 时，上述方程变形为

$$\frac{x^2+z^2}{a^2}-\frac{y^2}{b^2}=-1.$$

它是一个旋转双曲面的方程.

当 $a\neq c$ 时，用平行于坐标面 xOz 的平面 $y=h(|h|>b)$ 去截该曲面，截痕为平面 $y=h(|h|>b)$ 上的椭圆

$$\frac{x^2}{a^2}+\frac{z^2}{c^2}=\frac{h^2}{b^2}-1.$$

5. 双曲抛物面

$$-\frac{x^2}{2p}+\frac{y^2}{2q}=z \quad (p,q\text{ 同号}).$$

用平行于坐标面 xOz 和 yOz 的平面截该曲面，截痕都为抛物线. 而用平行于坐标面 xOy 平面截该曲面，截痕都为双曲线，图像结构像马鞍，由此，又称双曲抛物线为**马鞍面**.

7.6 空间曲线及其方程

7.6.1 空间曲线的一般曲线

空间曲线可以看作两个曲面 S_1, S_2 的交线．设 $F(x,y,z)=0$ 和 $G(x,y,z)=0$ 分别是这两个曲面的方程，它们的交线为 C(图 7－31)．因为曲线 C 上的任何点的坐标应同时满足这两个曲面的方程，所以应满足方程组

$$\begin{cases} F(x,y,z)=0, \\ G(x,y,z)=0. \end{cases} \tag{7-20}$$

反过来，如果点 M 不在曲线 C 上，那么它不可能同时在两个曲面上，所以它的坐标不满足方程组(7－20)．因此，曲线 C 可以用方程组(7－20)来表示．方程组(7－20)就叫做**空间曲线 C 的方程**，而曲线 C 就叫做方程组(7－20)的**图像**．

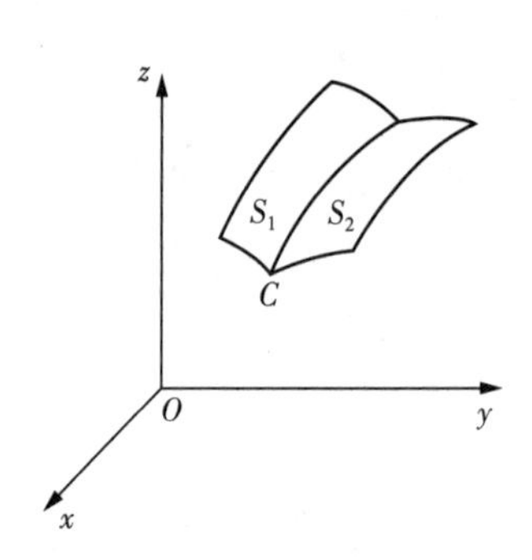

图 7－31 空间曲面交线

这方程组(7－20)也叫做**空间曲线 C 的一般方程**．

例 1 方程组 $\begin{cases} x^2+y^2=1, \\ 3x+3z=6 \end{cases}$ 表示怎样的曲线？

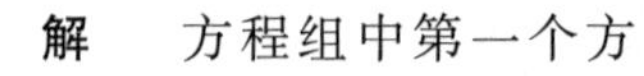

解 方程组中第一个方程 $x^2+y^2=1$ 表示母线平行于 z 轴的圆柱面，其准线是 xOy 面上的圆，圆心在原点 O，半径为 1．方程组中第二个方程 $3x+3z=6$ 表示一个母线平行于 y 轴的柱面，由于它的准线是 xOy 面上的直线，因此它是一个平面．方程组就表示上述平面与圆柱面的交线，如图7－32 所示．

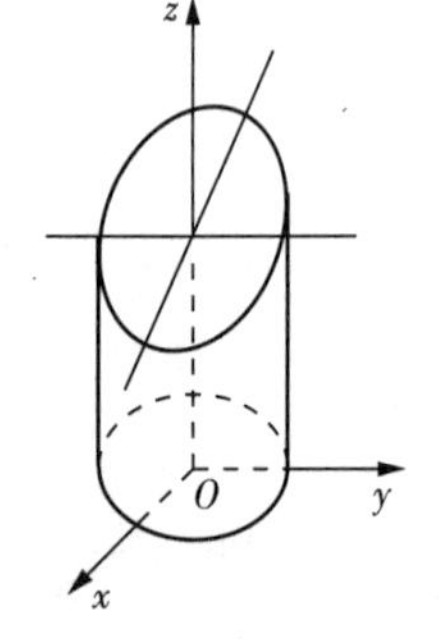

图 7－32 例 1 曲线示意图

例 2 方程组 $\begin{cases} z=\sqrt{a^2-x^2-y^2}, \\ \left(x-\dfrac{a}{2}\right)^2+y^2=\left(\dfrac{a}{2}\right)^2 \end{cases}$ 表示怎样的曲线？

解 方程组中第一个方程 $z=\sqrt{a^2-x^2-y^2}$ 表示球心在坐标原点 O，半径为 a 的上半球面．第二个方程 $\left(x-\dfrac{a}{2}\right)^2+y^2=\left(\dfrac{a}{2}\right)^2$ 表示母线平行于 z 轴的圆柱面，它的准线是设 y 面上的圆，这圆的圆心是点 $\left(\dfrac{a}{2},0\right)$，半径为 $\dfrac{a}{2}$，方程组就表示上述半球面与圆柱面的交线，如图 7－33 所示．

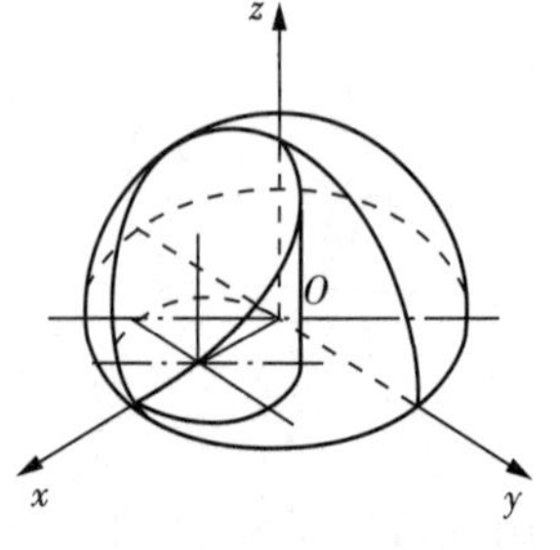

图 7－33 例 2 曲线示意图

7.6.2　空间曲线的参数方程

类似于空间直线可以用参数表示，空间曲线C的方程除了一般方程之外，也可以用参数形式表示，只要将C上动点的坐标x，y和z表示为参数t的函数

$$\begin{cases} x = x(t), \\ y = y(t), \\ z = z(t). \end{cases} \tag{7-21}$$

当参数t在某个区间上变化时，便可得曲线C上的全部点．方程组(7-21)叫做**空间曲线的参数方程**．

例3　如果空间一点M在圆柱面$x^2+y^2=a^2$上以角速度ω绕z轴旋转，同时又以线速度v沿平行于z轴的正方向上升(其中ω和v都是常数)，那么点M构成的图像叫做**螺旋线**．试建立其参数方程．

解　取时间t为参数，设当$t=0$时，动点位于x轴上的一点$A(a,0,0)$处．经过时间t，动点由A运动到$M(x,y,z)$(图7-34)．记M在xOy面上的投影为$M'(x,y,0)$，由于动点在圆柱面上以角速度ω绕z轴旋转，所以经过时间t，$\angle AOM'=\omega t$．由平面解析几何可知

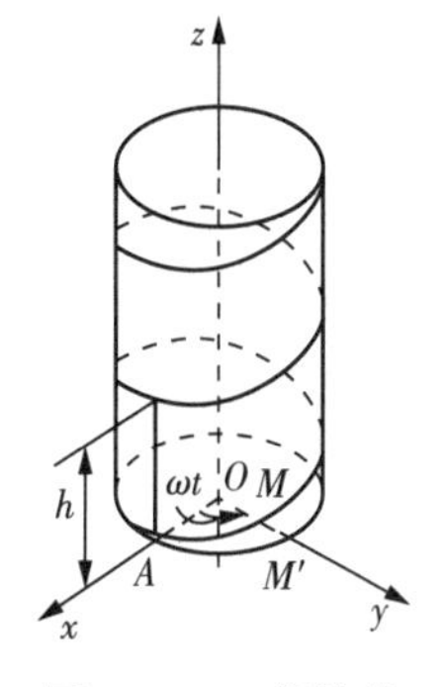

图7-34　螺旋线

$$x=|OM'|\cos\angle AOM'=a\cos(\omega t),$$

$$y=|OM'|\sin\angle AOM'=a\sin(\omega t).$$

由于动点同时以线速度v沿平行于z轴的正方向上升，所以

$$z=|MM'|=vt.$$

因此，螺旋线的参数方程为

$$\begin{cases} x=a\cos(\omega t), \\ y=a\sin(\omega t), \quad (t\text{ 为参数}) \\ z=vt. \end{cases}$$

在实践生产中经常应用到螺旋线，例如，平头螺丝钉的外缘曲线就是螺旋线，当拧紧平头螺丝钉时，它的外缘曲线上的任一点M绕螺丝钉的轴旋转，同时又沿平行于轴线的方向前进，点M的轨迹是一段螺旋线．

7.6.3　空间曲线在坐标面上的投影

设空间曲线C的一般方程为

$$\begin{cases} F(x,y,z)=0, \\ G(x,y,z)=0 \end{cases} \tag{7-22}$$

现在来讨论由该方程组消去变量 z 后(如果可能的话)所得的方程

$$H(x,y)=0 \tag{7-23}$$

由于方程(7-23)是由方程组(7-22)消去 z 后所得的结果,因此当 x,y 和 z 满足方程组(7-22)时,两个数 x,y 必定满足方程(7-23),这说明曲线 C 上的所有点都在由方程(7-23)所表示的曲面上.

由上节可知,方程(7-23)表示一个母线平行于 z 轴的柱面. 以曲线 C 为准线,母线平行于 z 轴(即垂直于 xOy 面). 因此,由方程(7-23)所确定的柱面叫做**曲线 C 关于 xOy 面的投影柱面**,投影柱面与 xOy 面的交线叫做空间曲线 C 在 xOy 面上的**投影曲线**,或简称**投影**,所以方程

$$\begin{cases} H(x,y)=0, \\ z=0 \end{cases}$$

表示的曲线为空间**曲线 C 在面 xOy 上的投影**.

类似地,如果方程组(7-22)消去变量 x,可得到曲线 C 在 yOz 平面的投影柱面方程

$$R(y,z)=0,$$

再与 $x=0$ 联立,就可得到**曲线 C 在 yOz 面的投影**的曲线方程

$$\begin{cases} R(y,z)=0, \\ x=0. \end{cases}$$

如果方程组(7-22)消去变量 y,可得到曲线 C 在 xOz 平面的投影柱面方程

$$P(x,z)=0,$$

再与 $y=0$ 联立,就可得到**曲线 C 在 yOz 面的投影**的曲线方程:

$$\begin{cases} P(x,z)=0, \\ y=0. \end{cases}$$

例 4 已知两球面的方程分别为 $x^2+y^2+z^2=1$ 和 $x^2+(y-1)^2+(z-1)^2=1^2$,求它们的交线 C 在 xOy 面上的投影曲线方程.

解 将两个球面方程联立消去变量 z,可得到曲线 C 在 xOy 平面的投影柱面方程

$$x^2+2y^2-2y=0,$$

再与 $z=0$ 联立,得到曲线 C 在 xOy 面的投影的曲线方程

$$\begin{cases} x^2+2y^2-2y=0, \\ z=0. \end{cases}$$

例 5　求半球面 $z=\sqrt{4-x^2-y^2}$ 和锥面 $z=\sqrt{3(x^2+y^2)}$ 的交线(图 7-35)在 xOy 面上的投影.

解　半球面和锥面的交线为

$$\begin{cases} z=\sqrt{4-x^2-y^2}, \\ z=\sqrt{3(x^2+y^2)}. \end{cases}$$

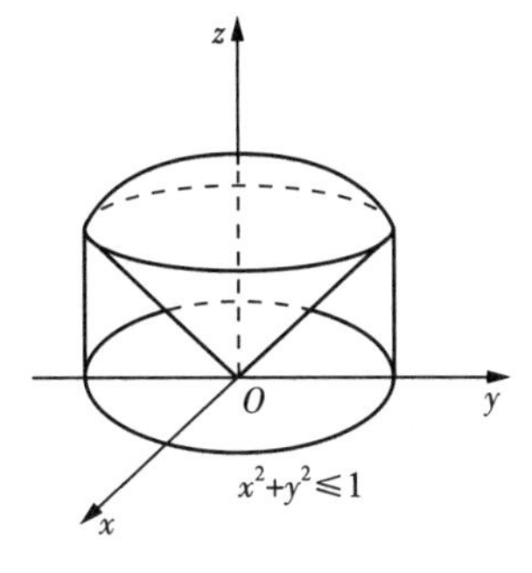

图 7-35　例 5 曲线示意图

消去变量 z,可得到曲线 C 在 xOy 平面的投影柱面方程

$$x^2+y^2=1,$$

再与 $z=0$ 联立,得到曲线 C 在 xOy 平面的投影的曲线方程

$$\begin{cases} x^2+y^2=1, \\ z=0. \end{cases}$$

复习题 7

1. 选择题.

(1) 若 $\boldsymbol{a},\boldsymbol{b}$ 为共线的单位向量,则它们的数量积 $\boldsymbol{a}\cdot\boldsymbol{b}=$(　　).

A. 1　　B. -1　　C. 0　　D. $\cos(\boldsymbol{a},\boldsymbol{b})$

(2) 向量 $\boldsymbol{a}\times\boldsymbol{b}$ 与二向量 $\boldsymbol{a}$ 及 $\boldsymbol{b}$ 的位置关系是(　　).

A. 共面　　B. 共线　　C. 垂直　　D. 斜交

(3) 设向量 $\boldsymbol{Q}$ 与三轴正向的夹角依次为 α,β,γ,当 $\cos\beta=0$ 时,有(　　).

A. $\boldsymbol{Q}//xOy$ 面　　B. $\boldsymbol{Q}//yOz$ 面

C. $\boldsymbol{Q}//xOz$ 面　　D. $\boldsymbol{Q}\perp xOy$ 面

(4) 设向量 $\boldsymbol{Q}$ 与三轴正向的夹角依次为 α,β,γ,当 $\cos\gamma=1$ 时,有(　　).

A. $\boldsymbol{Q}\perp xOy$ 面　　B. $\boldsymbol{Q}\perp yOz$ 面.

C. $\boldsymbol{Q}\perp xOz$ 面　　D. $\boldsymbol{Q}//xOy$ 面

(5) $(\boldsymbol{\alpha}\pm\boldsymbol{\beta})^2=$(　　).

A. $\boldsymbol{\alpha}^2\pm\boldsymbol{\beta}^2$　　B. $\boldsymbol{\alpha}^2\pm2\boldsymbol{\alpha\beta}+\boldsymbol{\beta}^2$

C. $\boldsymbol{\alpha}^2\pm\boldsymbol{\alpha\beta}+\boldsymbol{\beta}^2$　　D. $\boldsymbol{\alpha}^2\pm\boldsymbol{\alpha\beta}+2\boldsymbol{\beta}^2$

(6) 设平面方程为 $Bx+Cz+D=0$,且 $B,C,D\neq0$,则平面(　　).

A. 平行于 x 轴　　B. 平行于 y 轴

C. 经过 y 轴　　D. 垂直于 y 轴

(7) 设直线方程为 $\begin{cases}A_1x+B_1y+C_1z+D_1=0,\\B_2y+D_2=0.\end{cases}$ 且 $A_1,B_1,C_1,D_1,B_2,D_2\neq0$,则直线(　　).

A. 过原点　　B. 平行于 z 轴

C. 垂直于 y 轴　　D. 平行于 x 轴

(8) 曲面 $z^2+xy-yz-5x=0$ 与直线 $\dfrac{x}{-1}=\dfrac{y-5}{3}=\dfrac{z-10}{7}$ 的交点是(　　).

A. $(1,2,3),(2,-1,-4)$　　B. $(1,2,3)$

C. $(2,3,4)$　　D. $(2,-1,-4)$

(9) 下列方程中所示的曲面是双叶旋转双曲面的是(　　).

A. $x^2+y^2+z^2=1$　　B. $x^2+y^2=4z$

C. $x^2-\dfrac{y^2}{4}+z^2=1$　　D. $\dfrac{x^2+y^2}{9}-\dfrac{z^2}{16}=-1$

2. 填空题.

(1) 要使 $|\boldsymbol{a}+\boldsymbol{b}|=|\boldsymbol{a}-\boldsymbol{b}|$ 成立,向量 $\boldsymbol{a},\boldsymbol{b}$ 应满足________.

(2) 已知 $\boldsymbol{a}=(3,5,-1),\boldsymbol{b}=(2,2,2),\boldsymbol{c}=(4,-1,-3)$,则 $2\boldsymbol{a}-3\boldsymbol{b}-4\boldsymbol{c}=$________.

(3) 一向量与 xOy,yOz,zOx 三个坐标面的夹角 α,β,γ 满足 $\cos^2\alpha+\cos^2\beta+\cos^2\gamma=$________.

(4) 设 $\boldsymbol{a}=3\boldsymbol{i}-\boldsymbol{j}-2\boldsymbol{k},\boldsymbol{b}=\boldsymbol{i}+2\boldsymbol{j}-\boldsymbol{k}$,则 $\boldsymbol{a}\cdot\boldsymbol{b}=$________,$\boldsymbol{a}\times\boldsymbol{b}=$________.

(5) 通过点 $(3,0,-1)$ 且与平面 $3x-7y+5z-12=0$ 平行的平面方程是________.

(6) 直线 $\dfrac{x}{3}=\dfrac{y}{-2}=\dfrac{z}{7}$ 与直线 $\dfrac{x+2}{1}=\dfrac{y-2}{-2}=\dfrac{z+3}{-1}$ 的夹角为________.

(7) 过点 $M_1(3,-2,1)$ 和 $M_2(-1,0,2)$ 的直线方程为________.

(8) 球面 $x^2+y^2+z^2-2x+4y-4z-7=0$ 的球心是点________,半径 $R=$________.

(9) 将 yOz 面上的圆 $y^2+z^2=9$ 绕 z 轴旋转一周,所生成的旋转曲面的方程是________.

3. 已知向量 $\boldsymbol{a},\boldsymbol{b}$ 的夹角等于 $\dfrac{\pi}{3}$,且 $|\boldsymbol{a}|=2,|\boldsymbol{b}|=5$,求 $(\boldsymbol{a}-2\boldsymbol{b})\cdot(\boldsymbol{a}+3\boldsymbol{b})$.

4. 设平行四边形二边为向量 $\boldsymbol{a}=(1,-3,1),\boldsymbol{b}=(2,-1,3)$,求其面积.

5. 求通过直线 $\dfrac{x-1}{2}=\dfrac{y+2}{-3}=\dfrac{z-2}{2}$ 且垂直于平面 $3x+2y-z-5=0$ 的平面方程.

6. 求过点 $M(-1,-4,3)$ 并与下面两直线 $L_1:\begin{cases}2x-4y+z=1\\x+3y=-5\end{cases}$, $L_2:\begin{cases}x=2+4t\\y=-1-t\\z=-3+2t\end{cases}$ 都垂直的直线方程.

7. 求通过三平面 $2x+y-z-2=0$, $x-3y+z+1=0$ 和 $x+y+z-3=0$ 的交点，且平行于平面 $x+y+2z=0$ 的平面方程.

阅读材料

数学家笛卡尔

勒内·笛卡尔(René Descartes，1596 年 3 月 31 日至 1650 年 2 月 11 日)，1596 年 3 月 31 日生于法国安德尔-卢瓦尔省的图赖讷(现笛卡尔，因笛卡尔得名)，1650 年 2 月 11 日逝于瑞典斯德哥尔摩，法国哲学家、数学家、物理学家. 他对现代数学的发展作出了重要的贡献，因将几何坐标体系公式化而被认为是解析几何之父. 他还是西方现代哲学思想的奠基人之一，是近代唯物论的开拓者，提出了“普遍怀疑”的主张. 他的哲学思想深深影响了之后的几代欧洲人，并为欧洲的“理性主义”哲学奠定了基础.

笛卡尔对数学最重要的贡献是创立了解析几何. 在笛卡尔时代，代数还是一个比较新的学科，几何学的思维还在数学家的头脑中占有统治地位. 笛卡尔致力于代数和几何联系起来的研究，并成功地将当时完全分开的代数和几何学联系到了一起. 于 1637 年，在创立了坐标系后，成功地创立了解析几何学. 他的这一成就为微积分的创立奠定了基础，而微积分又是现代数学的重要基石. 解析几何直到现在仍是重要的数学方法之一.

笛卡尔(1596—1650)

笛卡尔不仅提出了解析几何学的主要思想方法，还指明了其发展方向. 在他的著作《几何》中，笛卡尔将逻辑、几何、代数方法结合起来，通过讨论作图问题，勾勒出解析几何的新方法，从此，数和形就走到了一起，数轴是数和形的第一次接触. 笛卡尔向世人证明，几何问题可以归结成代数问题，也可以通过代数转换来发现、证明几何性质. 笛卡尔引入了坐标系以及线段的运算概念. 他创新地将几何图像“转译”成代数方程式，从而将几何问题以代数方法求解，这就是今日的“解析几何”或称“坐标几何”.

解析几何的创立是数学史上一次划时代的转折. 而平面直角坐标系的建立正是解析几何得以创立的基础. 直角坐标系的创建，在代数和几何上架起了一座桥梁，它使几何概念可以用代数形式来表示，几何图像也可以用代数形式来表示，于是代数和几何就这样成为一家人.

此外,现在使用的许多数学符号都是笛卡尔最先使用的,这包括已知数 a,b,c 以及未知数 x,y,z 等,还有指数的表示方法. 他还发现了凸多面体边、顶点、面之间的关系,后人称为欧拉-笛卡尔公式. 还有微积分中常见的笛卡尔叶形线也是他发现的.

在哲学上,笛卡尔是一个二元论者以及理性主义者. 他是欧陆"理性主义"的先驱. 关于笛卡尔的哲学思想,最著名的就是他那句"我思故我在". 他的《第一哲学的沉思》(又名《形而上学的沉思》)至今仍然是许多大学哲学系的必读书目之一.

在物理学方面,笛卡尔将其坐标几何学应用到光学研究上,在《屈光学》中第一次对折射定律作出了理论上的推证. 在他的《哲学原理》第二章中以第一和第二自然定律的形式首次比较完整地表述了惯性定律,并首次明确地提出了动量守恒定律. 这些都为后来牛顿等人的研究奠定了一定的基础.

第8章　多元函数微分法及其应用

前面研究了一元函数及其微积分,实际上在自然科学、工程技术和经济生活中的众多领域里,其往往与多种因素有关,反映到数学上,就是一个变量依赖于多个变量的关系,这就提出了多元函数的概念及多元函数的微分和积分问题．本章将在一元函数微分学的基础上,讨论以二元函数为主的多元函数微分法及其应用,这些结果可以很自然地推广到二元函数以上的多元函数中．

8.1　多元函数的基本概念

在讨论一元函数有关概念时,经常要用到区间和邻域的概念．在讨论二元函数的有关概念时,需要用到平面点集与区域的概念．为此首先介绍平面点集与区域的基本知识,并把邻域的概念推广到平面上．

8.1.1　平面点集与 n 维空间

由解析几何知道,平面上建立了直角坐标系 xOy 后,平面上的点 P 与它的坐标 (x,y) 之间随之建立了一一对应的关系,于是可以把平面上的点 P 与它的坐标 (x,y) 同等看待．所谓**平面点集** D 就是平面上满足某种条件 E 的点的集合,记作

$$D=\{(x,y)\mid(x,y)\text{满足条件 }E\}.$$

例如,全平面上的点所组成的点集是 $R^2=\{(x,y)\mid-\infty<x<+\infty,-\infty<y<+\infty\}$;点集 $C=\{(x,y)\mid x^2+y^2\leqslant 1\}$ 表示平面上圆心在原点的单位圆内及圆周上的所有点的集合．

由平面解析几何还知道,平面上的任意两点 $P_1(x_1,y_1)$,$P_2(x_2,y_2)$ 之间的距离公式为

$$|P_1P_2|=\sqrt{(x_1-x_2)^2+(y_1-y_2)^2}.$$

在空间解析几何中,同样建立了空间中的点与有序三元实数组之间的一一对应关系,也可用空间坐标来描述空间点集．

例如,空间中以原点为球心,2为半径的球面上的点构成的点集,可表示为

$$M=\{(x,y,z)\mid x^2+y^2+z^2=4\}.$$

由空间解析几何知道,空间中任意两点 $P_1(x_1,y_1,z_1)$,$P_2(x_2,y_2,z_2)$ 之间的距离公式为

$$|P_1P_2|=\sqrt{(x_1-x_2)^2+(y_1-y_2)^2+(z_1-z_2)^2}.$$

上面把一维空间的点集和距离概念推广到二维空间 R^2(平面点集)和三维空间 R^3(空间点集). 类似地,可以把这个概念推广到 n 元有序数组$(x_1,x_2,\cdots,x_n)$所组成的集合 R^n,称为 n **维空间**,n 维空间中的点 P 与 n 元有序数组$(x_1,x_2,\cdots,x_n)$之间建立了一一对应关系,可用 n 元有序数组$(x_1,x_2,\cdots,x_n)$来表示 n 维空间中的点 P,其中$(x_1,x_2,\cdots,x_n)$称为点 P 的坐标.

n 维空间中的任意两点 $P_1(x_1,x_2,\cdots,x_n)$,$P_2(y_1,y_2,\cdots,y_n)$之间的距离为

$$|P_1P_2|=\sqrt{(x_1-y_1)^2+(x_2-y_2)^2+\cdots+(x_n-y_n)^2}.$$

下面研究的有关内容均建立在二维空间 R^2 的基础上,其结论可推广到 R^n 中去.

8.1.2 邻域和区域的概念

邻域和区域是研究多元函数时经常要用到的两个基本概念,下面主要在平面上引入这两个概念.

1. 邻域的概念

设 $P_0\in R^2$,$\delta>0$,则点集

$$\{(x,y)\,|\,(x-x_0)^2+(y-y_0)^2<\delta^2\} \tag{8-1}$$

称为点 P_0 的 δ **邻域**,简称为**邻域**,记作 $U(P_0,\delta)$.

在几何上,邻域$U(P_0,\delta)$是平面上以点 P_0 为圆心,以 δ 为半径的圆内的点的全体,如果不需要特别强调邻域的半径 δ,就用 $U(P_0)$表示点 P_0 的某一邻域.

从 $U(P_0,\delta)$中去掉点 P_0 后所得的集合$\{(x,y)\,|\,0<(x-x_0)^2+(y-y_0)^2<\delta^2\}$称为 P_0 的**去心 δ 邻域**,简称为**去心邻域**,记作 $\mathring{U}(P_0,\delta)$.

2. 区域的概念

设 D 为R^2 中一点集,点 $P\in D$,若存在点 P 的某个邻域$U(P)$,使得$U(P)\subset D$,则称 P 为D的一个**内点**(图8-1). 若点集D的所有点都是内点,则称 D 为开集. 若点 P 的任一邻域内既有属于 D 的点,也有不属于 D 的点,则称 P 为 D 的一个**边界点**(图 8-2). 至于点 P 本身,它可以属于 D,也可以不属于 D,点集 D 的边界点的全体称为 D 的边界.

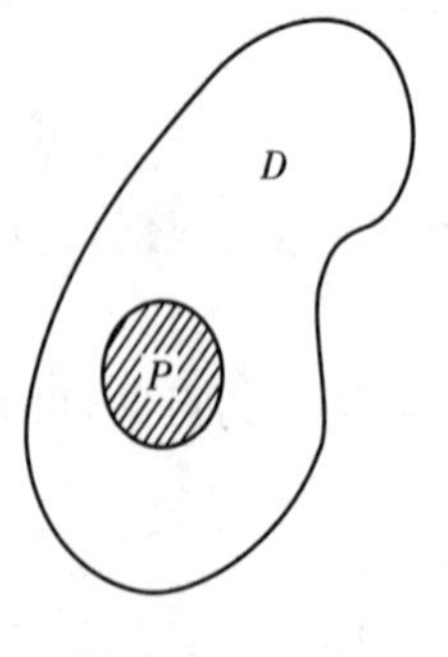

图 8-1 内点

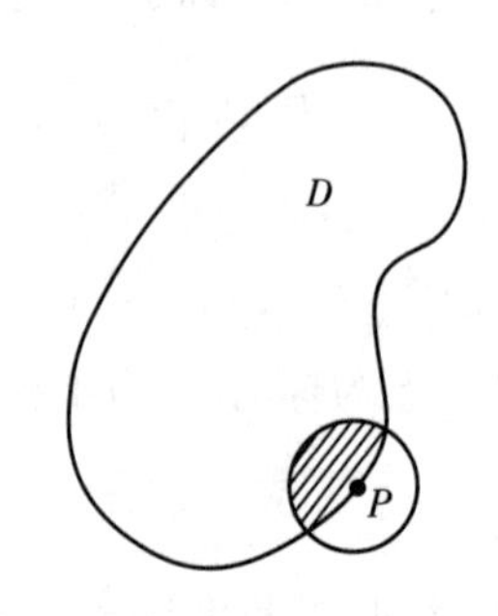

图 8-2 边界点

例如，点集$D_1=\{(x,y)\,|\,1<x^2+y^2<4\}$的每一个点都是内点，因此$D_1$为开集，它的边界为圆周$x^2+y^2=1$和$x^2+y^2=4$.

设D是开集，若对D内的任意两点P_1和P_2都能用全属于D的一条折线将它们连接起来，则称开集D是连通的，连通的开集称为**区域**或**开区域**，开区域连同它的边界一起称为**闭区域**．例如，上面提到的D_1是区域，而$D_2=\{(x,y)\,|\,1\leqslant x^2+y^2\leqslant 4\}$是闭区域．

如果区域D内任意两点之间的距离都不超过某一常数$M(M>0)$，则称D为**有界区域**，否则，称D为**无界区域**，这一定义也适用于闭区域．例如，D_1是有界区域，D_2是有界闭区域，而$D_3=\{(x,y)\,|\,x+y>0\}$则是无界区域．

8.1.3 多元函数的概念

与一元函数一样，多元函数也是从实际问题抽象出来的一个数学概念．下面着重介绍二元函数的概念，三元及三元以上的多元函数的概念，可以作类似的推广．首先来看两个例子.

例1 三角形的面积S和它的底边长a，底边上的高h之间有如下关系：

$$S=\frac{1}{2}ah.$$

其中，S,a,h是三个变量，当变量a,h在一定范围$(a>0,h>0)$内取定一对数值(a_0,h_0)时，根据给定的关系S就有一个确定的值$S_0=\frac{1}{2}a_0h_0$与之对应．

例2 设R是电阻R_1,R_2并联后的总电阻，由电学知识可知，它们之间具有关系

$$R=\frac{R_1R_2}{R_1+R_2}.$$

这里，当R_1,R_2在集合$\{(R_1,R_2)\,|\,R_1>0,R_2>0\}$内取定一对值$(R_1,R_2)$时，$R$的对应值就随之确定．

抛开上述两个例题的具体含义，仅从数量关系来看，它们具有共同的属性，抽出这些共性，概括出二元函数的定义．

定义 设D是非空平面点集，若对D中的每一点$P(x,y)$，按照某对应法则f，都有唯一的实数z与之对应，则称f为定义在D上的**二元函数**，记作

$$z=f(x,y),(x,y)\in D\text{ 或 }z=f(P),P\in D, \tag{8-2}$$

这里，D称为f的**定义域**，z为f在点$P(x,y)$的**函数值**，函数值的全体所成的集合$f(D)=\{z=f(x,y),(x,y)\in D\}$称为$f$的**值域**．$x$、$y$称为**自变量**，$z$称为**因变量**．

对二元函数的定义域需要说明的是：首先，若由某一公式表示的函数$z=f(x,y)$，通常约定定义域是使这个函数表达式有确定z值的(x,y)的全体；其次，在实际问题中，二元函数的定义域是由问题的实际意义确定的．

例3 求函数$z=\ln(x+y)$的定义域．

解 该函数的定义域为$\{(x,y)\,|\,x+y>0\}$，它是一个无界区域．

例 4 求函数 $z=\sqrt{1-(x^2+y^2)}$ 的定义域.

解 该函数的定义域为单位闭圆域 $\{(x,y)\mid x^2+y^2\leqslant 1\}$,它是一个有界闭区域.

设 $z=f(x,y)$ 为定义在 D 上的函数,空间中的点集

$$\{(x,y,z)\mid z=f(x,y),(x,y)\in D\}$$

称为函数 $z=f(x,y)$ 的**图像**,它一般是一个曲面 S(图 8-3).

例如,$z=\sqrt{1-(x^2+y^2)}$ 的图像是球心在原点,半径为 1 的上半球面(图 8-4).

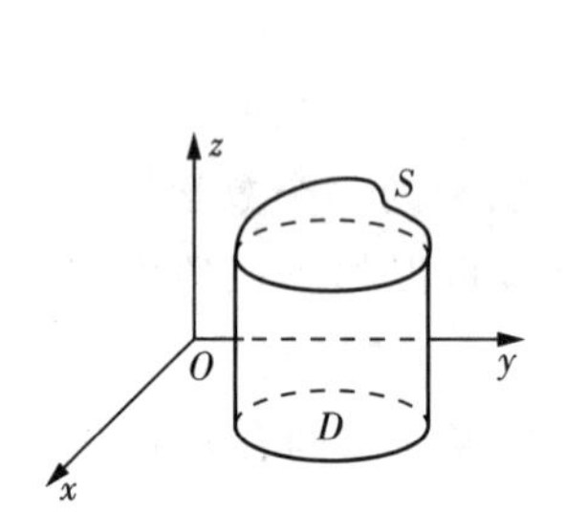

图 8-3　二元函数图形

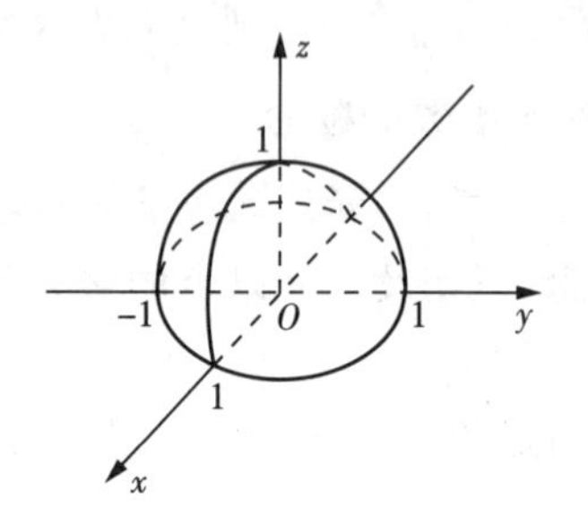

图 8-4　半球面

8.2　二元函数的极限与连续

8.2.1　二元函数的极限

现在讨论二元函数 $z=f(x,y)$ 当自变量 $x\to x_0,y\to y_0$ 时,即点 $P(x,y)\to P_0(x_0,y_0)$ 时的极限. 为了定量描述点 P 接近点 P_0 的程度,可用点 P 与点 P_0 的距离 $|PP_0|$ 来衡量,若记 $\rho=|PP_0|$,则

$$\rho=\sqrt{(x-x_0)^2+(y-y_0)^2},$$

这样 $P(x,y)\to P_0(x_0,y_0)$ 也可用 $\rho\to 0$ 来表示.

下面仿照一元函数极限的定义来描述二元函数的极限.

定义 1 设 $f(x,y)$ 在点 $P_0(x_0,y_0)$ 的某个去心邻域上有定义,A 是一个确定的常数,若对任意给定的 $\varepsilon>0$,存在某个正数 δ,使得任一点 $P(x,y)\in\mathring{U}(P_0,\delta)$,都有

$$|f(x,y)-A|<\varepsilon,$$

则称当 $P\to P_0$ 时,A 为 $f(x,y)$ 的**极限**,记作

$$\lim_{(x,y)\to(x_0,y_0)} f(x,y)=A \tag{8-3}$$

或

$$\lim_{P\to P_0} f(P)=\lim_{\substack{x\to x_0\\ y\to y_0}} f(x,y)=A \text{ 或 } f(x,y)\to A(P\to P_0).$$

二元函数的极限也叫做**二重极限**.

二元函数极限 $\lim\limits_{(x,y)\to(x_0,y_0)} f(x,y)=A$ 的几何意义是：任给的 $\varepsilon>0$，总存在 $\mathring{U}(P_0,\delta)$，在此邻域内曲面 $z=f(x,y)$ 总在平面 $z=A-\varepsilon$ 与 $z=A+\varepsilon$ 之间.

从形式上看，二元函数极限的定义与一元函数极限的定义没什么区别，但实际上二元函数的极限要复杂得多. 因为点 $P\to P_0$ 的方式是任意的，因此，即使当点 $P(x,y)$ 沿着许多特殊的方式趋向于点 $P_0(x_0,y_0)$ 时，二元函数 $z=f(x,y)$ 的对应函数值趋近于同一个常数，还不能断定 $\lim\limits_{P\to P_0} f(P)$ 存在；但是如果当 $P(x,y)$ 沿任何两条不同的曲线趋向于 $P_0(x_0,y_0)$ 时，函数 $z=f(x,y)$ 趋向于不同的值，则可以断定 $\lim\limits_{P\to P_0} f(P)$ 不存在. 下面举例说明.

例 1　证明 $\lim\limits_{(x,y)\to(1,2)}(3x+y)=5$.

证　任给 $\varepsilon>0$，由

$$|(3x+y)-5|=|(3x-3)+(y-2)|\leqslant 3|x-1|+|y-2|,$$

再由

$$|x-1|\leqslant\sqrt{(x-1)^2+(y-2)^2},\ |y-2|\leqslant\sqrt{(x-1)^2+(y-2)^2},$$

当 $0<\sqrt{(x-1)^2+(y-2)^2}<\delta$ 时，有

$$|(3x+y)-5|<3\delta+\delta=4\delta.$$

于是，只要取 $\delta=\frac{\varepsilon}{4}$，当 $0<\sqrt{(x-1)^2+(y-2)^2}<\delta$ 时，就有

$$|(3x+y)-5|<\varepsilon$$

恒成立，因此

$$\lim_{(x,y)\to(1,2)}(3x+y)=5.$$

例 2　讨论函数 $f(x,y)=\frac{xy}{x^2+y^2}$ 当 $P(x,y)\to O(0,0)$ 时是否存在极限.

解　当点 $P(x,y)$ 沿 Ox 轴趋近于 $O(0,0)$ 时，有

$$\lim_{x\to 0} f(x,0)=\lim_{x\to 0} 0=0,$$

又当点 $P(x,y)$ 沿 Oy 轴趋近于 $O(0,0)$ 时，有

$$\lim_{y\to 0} f(0,y)=\lim_{y\to 0} 0=0.$$

虽然点 $P(x,y)$ 以上述两种方式趋近于 $O(0,0)$ 时，函数的极限存在且相等，但是不能据此判定函数的极限存在. 因为当点 $P(x,y)$ 沿直线 $y=kx$ 趋近于 $O(0,0)$ 时，有

$$\lim_{\substack{x\to 0\\ y=kx\to 0}}\frac{xy}{x^2+y^2}=\lim_{x\to 0}\frac{kx^2}{x^2+k^2x^2}=\frac{k}{1+k^2}.$$

当 k 取不同的数值时，上式的值就不相等，即极限值随直线 $y=kx$ 的斜率不同而改变，可见 $\lim\limits_{(x,y)\to(0,0)}\dfrac{xy}{x^2+y^2}$ 不存在.

关于一元函数极限的四则运算法则，极限存在的准则都可以推广到二元函数的极限.

例 3 求极限 $\lim\limits_{(x,y)\to(0,2)}\dfrac{\sin(xy)}{x}$.

解 $\lim\limits_{(x,y)\to(0,2)}\dfrac{\sin(xy)}{x}=\lim\limits_{(x,y)\to(0,2)}\dfrac{\sin(xy)}{xy}\cdot y=\lim\limits_{(x,y)\to(0,2)}\dfrac{\sin(xy)}{xy}\cdot\lim\limits_{(x,y)\to(0,2)}y=2.$

例 4 求极限 $\lim\limits_{(x,y)\to(0,0)}(x^2+y^2)\sin\dfrac{1}{x^2+y^2}$.

解 当 $(x,y)\to(0,0)$ 时，x^2+y^2 为无穷小，而 $\sin\dfrac{1}{x^2+y^2}$ 为有界变量，所以

$$\lim_{(x,y)\to(0,0)}(x^2+y^2)\sin\frac{1}{x^2+y^2}=0.$$

例 5 求极限 $\lim\limits_{(x,y)\to(0,0)}\dfrac{x^2+y^2}{\sqrt{x^2+y^2+1}-1}$.

解 因为 $(x,y)\to(0,0)$ 时，分子、分母的极限均为 0，可将分母有理化，消去零因子，所以

$$\lim_{(x,y)\to(0,0)}\frac{x^2+y^2}{\sqrt{x^2+y^2+1}-1}=\lim_{(x,y)\to(0,0)}\frac{(x^2+y^2)(\sqrt{x^2+y^2+1}+1)}{x^2+y^2}$$

$$=\lim_{(x,y)\to(0,0)}(\sqrt{x^2+y^2+1}+1)=2.$$

8.2.2 二元函数的连续性

类似一元函数连续性的定义，可以得到二元函数连续性的定义.

定义 2 设二元函数 $z=f(x,y)$ 在点 $P_0(x_0,y_0)$ 的某邻域内有定义，若

$$\lim_{(x,y)\to(x_0,y_0)}f(x,y)=f(x_0,y_0) \tag{8-4}$$

则称函数 $z=f(x,y)$ 在点 (x_0,y_0) 处**连续**，并称 (x_0,y_0) 为函数 $f(x,y)$ 的一个**连续点**；否则，称 (x_0,y_0) 为函数 $f(x,y)$ 的**间断点**.

函数在一点处连续的定义，也可以用增量的形式表示. 若在点 (x_0,y_0) 处，自变量 x、y 各取得增量 Δx、Δy，函数随之取得增量 Δz，则

$$\Delta z=f(x_0+\Delta x,y_0+\Delta y)-f(x_0,y_0) \tag{8-5}$$

称为函数 $z=f(x,y)$ 在点 $P_0(x_0,y_0)$ 处的**全增量**. 这样，$z=f(x,y)$ 在点 (x_0,y_0) 处连续就等价于

$$\lim_{\substack{\Delta x\to0\\ \Delta y\to0}}\Delta z=\lim_{\substack{\Delta x\to0\\ \Delta y\to0}}[f(x_0+\Delta x,y_0+\Delta y)-f(x_0,y_0)]=0 \tag{8-6}$$

如果函数 $f(x,y)$ 在开(或闭)区域 D 内每一点连续，就称 $f(x,y)$ 在 D **内(上)连续**，或

称 $f(x,y)$ 是 D 内(上)的连续函数.

一元函数连续性的运算法则和结论都可以推广到二元连续函数(证明从略):

(1) 二元连续函数的和、差、积、商(分母不为零)仍是连续函数;

(2) 二元连续函数的复合函数仍是连续函数;

(3) 二元初等函数在其定义区域内都是连续的,所谓定义区域是指包含在定义域内的区域;

(4) 二元连续函数在连续点的极限等于该点的函数值,即

$$\lim_{(x,y)\to(x_0,y_0)} f(x,y)=f(x_0,y_0).$$

例 6　求 $\displaystyle\lim_{(x,y)\to(1,1)}\frac{xy}{x^2+y^2}$.

解　函数 $f(x,y)=\dfrac{xy}{x^2+y^2}$ 是初等函数,它的定义域是集合 $D=\{(x,y)\mid x^2+y^2\neq 0\}$. 由区域的概念知,$D$ 是一个区域,因为点(1,1)是定义区域 D 内的一点,所以,根据初等函数的连续性知,函数 $f(x,y)$ 在点(1,1)处连续,因此

$$\lim_{(x,y)\to(1,1)}\frac{xy}{x^2+y^2}=\frac{1\times 1}{1^2+1^2}=\frac{1}{2}.$$

上例中,若 $(x,y)\to(0,0)$,由例2知 $\displaystyle\lim_{(x,y)\to(0,0)}\frac{xy}{x^2+y^2}$ 不存在,故点(0,0)是 $f(x,y)$ 的一个间断点.

类似于在闭区间上一元连续函数的性质,在有界闭区域上二元连续函数具有以下性质.

性质1(最大值和最小值定理)　若 $f(x,y)$ 在有界闭区域 D 上连续,则 $f(x,y)$ 在 D 上有界,且在 D 上取得最大值和最小值.

性质2(介值定理)　设 $f(x,y)$ 在有界闭区域 D 上连续,任给的 $P,Q\in D$,若 $f(P)\leqslant c\leqslant f(Q)$,则存在 $M\in D$,使得 $f(M)=c$.

以上关于二元函数 $f(x,y)$ 的极限与连续的讨论完全可以推广到三元以及三元以上的函数.

8.3　偏导数

8.3.1　偏导数的概念

在一元函数微分学中,已经知道函数 $y=f(x)$ 的导数就是函数 y 对自变量 x 的变化率. 对于二元函数 $z=f(x,y)$,同样要研究它对自变量 x,y 的变化率,然而由于自变量多了一个,情况就要复杂得多. 在研究二元函数 $z=f(x,y)$ 时,有时需要研究当一个变量固定不变时,函数关于另一个变量的变化率,此时的二元函数实际上可转化为一元函数. 因此,可利用一元函数的导数概念,得到二元函数 $z=f(x,y)$ 对某一个变量的变化率,即偏导数. 下面

将重点讨论二元函数偏导数的概念和求法．为此，先介绍二元函数的偏增量的概念．

设函数 $z=f(x,y)$ 在点 (x_0,y_0) 的某个邻域内有定义．当 x 在 x_0 取得改变量 $\Delta x(\Delta x\neq 0)$，而 $y=y_0$ 保持不变时，函数 z 得到一个改变量

$$\Delta_x z=f(x_0+\Delta x,y_0)-f(x_0,y_0) \tag{8-7}$$

称之为函数 z **对 x 的偏增量**．

类似地，函数 z **对 y 的偏增量** $\Delta_y z=f(x_0,y_0+\Delta y)-f(x_0,y_0)$．

定义　设函数 $z=f(x,y)$ 在点 (x_0,y_0) 的某一邻域内有定义，若

$$\lim_{\Delta x\to 0}\frac{\Delta_x z}{\Delta x}=\lim_{\Delta x\to 0}\frac{f(x_0+\Delta x,y_0)-f(x_0,y_0)}{\Delta x} \tag{8-8}$$

存在，则称此极限为函数 $z=f(x,y)$ 在点 (x_0,y_0) 处**对 x 的偏导数**，记作

$$\left.\frac{\partial z}{\partial x}\right|_{\substack{x=x_0\\ y=y_0}}\Bigg|,\left.\frac{\partial f}{\partial x}\right|_{\substack{x=x_0\\ y=y_0}},z'_x(x_0,y_0),f'_x(x_0,y_0).$$

类似地，函数 $z=f(x,y)$ 在点 (x_0,y_0) 处**对 y 的偏导数**定义为

$$\lim_{\Delta y\to 0}\frac{\Delta_y z}{\Delta y}=\lim_{\Delta y\to 0}\frac{f(x_0,y_0+\Delta y)-f(x_0,y_0)}{\Delta y} \tag{8-9}$$

记作

$$\left.\frac{\partial z}{\partial y}\right|_{\substack{x=x_0\\ y=y_0}},\left.\frac{\partial f}{\partial y}\right|_{\substack{x=x_0\\ y=y_0}},z'_y(x_0,y_0),f'_y(x_0,y_0).$$

如果 $z=f(x,y)$ 在区域 D 内每一点 (x,y) 处，对自变量 x 的偏导数都存在，那么这个偏导数仍然是 x,y 的二元函数，称为 $z=f(x,y)$ 在 D 内**对 x 的偏导函数**，简称为**偏导数**，记作

$$\frac{\partial z}{\partial x},\frac{\partial f}{\partial x},z'_x,f'_x.$$

类似地，可定义 $z=f(x,y)$ 对自变量 y 的偏导数，记作

$$\frac{\partial z}{\partial y},\frac{\partial f}{\partial y},z'_y,f'_y.$$

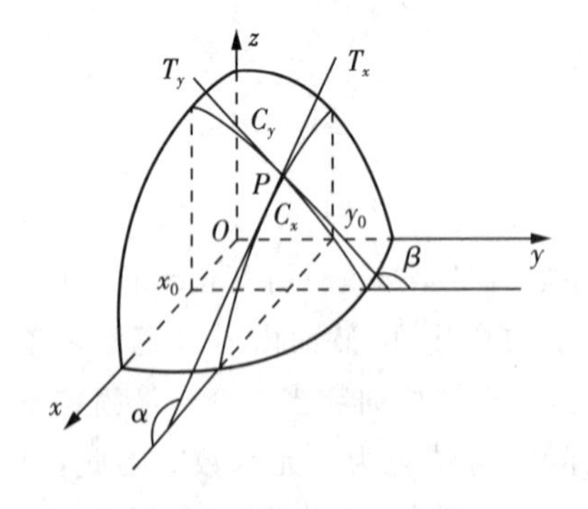

图 8-5　偏导数的几何意义

下面来讨论偏导数的几何意义．

二元函数 $z=f(x,y)$ 表示空间的一张曲面．而函数 $z=f(x,y_0)$ 在平面 $y=y_0$ 上的图像就是此曲面与平面 $y=y_0$ 的交线 C_x（图 8-5）．根据一元函数导数的几何意义，可知 $f'_x(x_0,y_0)$ 就是曲线 C_x 在点 $P(x_0,y_0,f(x_0,y_0))$ 处的切线 T_x 的斜率，即

$$f'_x(x_0,y_0)=\tan\alpha.$$

同理可知，$f'_y(x_0,y_0)$ 是曲面 $z=f(x,y)$ 与平

面 $x=x_0$ 的交线 C_y 在点 P 处的切线 T_y 的斜率,即

$$f_y(x_0,y_0)=\tan\beta.$$

由偏导数的定义可知,函数 $z=f(x,y)$ 对某一个自变量求偏导数时,是先把另一自变量看作常数,从而变成一元函数的求导问题.因此一元函数求导的一些基本法则,对多元函数求偏导数仍然适用.

例1　求 $z=x^2+y^2-xy$ 在点(1,2)处对 x 的偏导数.

解法1　首先将 $y=2$ 代入,得 $z(x,2)=x^2+4-2x$,于是

$$z'_x(1,2)=(x^2+4-2x)'\big|_{x=1}=(2x-2)\big|_{x=1}=0.$$

解法2　首先将 y 看成常数求得

$$z'_x(x,y)=2x-y,$$

然后把 $x=1,y=2$ 代入,得

$$z'_x(1,2)=(2x-y)\Big|_{\substack{x=1\\y=2}}=0.$$

例2　设 $f(x,y)=x\sin y+ye^{xy}$,求$\dfrac{\partial f}{\partial x}$和$\dfrac{\partial f}{\partial y}$.

解　将 y 看成常数,$f(x,y)$ 对 x 求导,得

$$\frac{\partial f}{\partial x}=\sin y+ye^{xy}\cdot y=\sin y+y^2e^{xy},$$

将 x 看成常数,$f(x,y)$ 对 y 求导,得

$$\frac{\partial f}{\partial y}=x\cos y+e^{xy}+ye^{xy}\cdot x=x\cos y+(1+xy)e^{xy}.$$

例3　求 $z=x^y(x>0)$ 的偏导数.

解　将 y 看成常数,z 对 x 求导,得 $z'_x=yx^{y-1}$,
将 x 看成常数,z 对 y 求导,得 $z'_y=x^y\ln x$.

例4　求三元函数 $u=\sin(x+y^2-e^z)$ 的偏导数.

解　将 y、z 看成常数,u 对 x 求导,得 $u'_x=\cos(x+y^2-e^z)$,
同理可得

$$u'_y=2y\cos(x+y^2-e^z),u_z=-e^z\cos(x+y^2-e^z).$$

例5　已知 $f(x,y)=\begin{cases}\dfrac{xy}{x^2+y^2}, x^2+y^2\neq 0,\\ 0,\quad x^2+y^2=0.\end{cases}$,求偏导数 $f'_x(0,0)$,$f'_y(0,0)$.

解　$$f'_x(0,0)=\lim_{\Delta x\to 0}\frac{f(0+\Delta x,0)-f(0,0)}{\Delta x}=\lim_{\Delta x\to 0}\frac{0}{\Delta x}=0,$$

$$f'_y(0,0)=\lim_{\Delta y\to 0}\frac{f(0,0+\Delta y)-f(0,0)}{\Delta y}=\lim_{\Delta y\to 0}\frac{0}{\Delta y}=0.$$

注 一元函数中在某点可导，函数在该点一定连续，但多元函数中在某点偏导数存在，函数未必连续．例 5 中函数在(0,0)处，$f'_x(0,0)=f'_y(0,0)=0$，但函数在该点处并不连续．

例 6 已知理想气体的状态方程为 $pV=RT$(R 为常数)，求证：

$$\frac{\partial p}{\partial V}\cdot\frac{\partial V}{\partial T}\cdot\frac{\partial T}{\partial p}=-1.$$

证 因为

$$p=\frac{RT}{V},\frac{\partial p}{\partial V}=-\frac{RT}{V^2};$$

$$V=\frac{RT}{p},\frac{\partial V}{\partial T}=\frac{R}{p};$$

$$T=\frac{pV}{R},\frac{\partial T}{\partial p}=\frac{V}{R},$$

所以

$$\frac{\partial p}{\partial V}\cdot\frac{\partial V}{\partial T}\cdot\frac{\partial T}{\partial p}=-\frac{RT}{V^2}\cdot\frac{R}{p}\cdot\frac{V}{R}=-\frac{RT}{pV}=-1.$$

这个例子说明，偏导数记号$\frac{\partial p}{\partial V},\frac{\partial V}{\partial T},\frac{\partial T}{\partial p}$都是一个整体记号，不能看成是分子与分母之商，即$\frac{\partial p}{\partial V}$不能看成是 ∂p 与 ∂V 之商(这两个记号都没有实际意义)．这与一元函数的导数$\frac{\mathrm{d}y}{\mathrm{d}x}$可以看成是两个微分 $\mathrm{d}y$ 与 $\mathrm{d}x$ 之商是不同的．

8.3.2 高阶偏导数

设函数 $z=f(x,y)$ 在 D 内存在偏导数 f'_x,f'_y，称它们为函数 f 的一阶偏导数．一般来说，它们仍然是 x,y 的函数，若 f'_x 与 f'_y 又存在偏导数，则称之为 $z=f(x,y)$ 的**二阶偏导数**．

根据对自变量 x,y 的不同求导次序，得到如下四个二阶偏导数：

$$\begin{aligned}&\frac{\partial}{\partial x}\left(\frac{\partial f}{\partial x}\right)=\frac{\partial^2 f}{\partial x^2}=f''_{xx}=z''_{xx},\\&\frac{\partial}{\partial y}\left(\frac{\partial f}{\partial x}\right)=\frac{\partial^2 f}{\partial x\partial y}=f''_{xy}=z''_{xy},\\&\frac{\partial}{\partial x}\left(\frac{\partial f}{\partial y}\right)=\frac{\partial^2 f}{\partial y\partial x}=f''_{yx}=z''_{yx},\\&\frac{\partial}{\partial y}\left(\frac{\partial f}{\partial y}\right)=\frac{\partial^2 f}{\partial y^2}=f''_{yy}=z''_{yy}.\end{aligned}\tag{8-10}$$

其中，f''_{xy} 与 f''_{yx} 称为**二阶混合偏导数**．

类似于二阶偏导数的概念，可以给出二元函数的三阶、四阶 …… 以及 n 阶偏导数的概念．二阶及二阶以上的偏导数都称为**高阶偏导数**．

二元函数的高阶偏导数的概念，可以直接类推到三元以及三元以上的函数．

例7　求 $z=x^2e^y$ 的各二阶偏导数．

解　先求出 z 关于各自变量的一阶偏导数

$$\frac{\partial z}{\partial x}=2xe^y,\frac{\partial z}{\partial y}=x^2e^y,$$

则

$$\frac{\partial^2 z}{\partial x^2}=\frac{\partial}{\partial x}(2xe^y)=2e^y,$$

$$\frac{\partial^2 z}{\partial x\partial y}=\frac{\partial}{\partial y}(2xe^y)=2xe^y,$$

$$\frac{\partial^2 z}{\partial y\partial x}=\frac{\partial}{\partial x}(x^2e^y)=2xe^y$$

$$\frac{\partial^2 z}{\partial y^2}=\frac{\partial}{\partial y}(x^2e^y)=x^2e^y.$$

上例中，两个二阶混合偏导数相等，即$\frac{\partial^2 z}{\partial x\partial y}=\frac{\partial^2 z}{\partial y\partial x}$，这并不是巧合，有如下定理．

定理　如果函数 $z=f(x,y)$ 的两个混合偏导数 f''_{xy}，f''_{yx} 在区域 D 内连续，那么在该区域内有

$$f''_{xy}=f''_{yx}.$$

该定理说明，当二阶混合偏导数在区域 D 内连续时，求导结果与求导次序无关．这个定理也适用于三元及三元以上的函数．

例8　设 $f(x,y)=e^{ny}\cos nx$，n 是常数．试证：$f''_{xx}+f''_{yy}=0$.

证　由 $f'_x=-ne^{ny}\sin nx$，$f'_y=ne^{ny}\cos nx$，可得

$$f''_{xx}=-n^2e^{ny}\cos nx,f''_{yy}=n^2e^{ny}\cos nx,$$

所以

$$f''_{xx}+f''_{yy}=0.$$

例9　证明函数 $u=\frac{1}{r}$ 满足方程

$$\frac{\partial^2 u}{\partial x^2}+\frac{\partial^2 u}{\partial y^2}+\frac{\partial^2 u}{\partial z^2}=0,$$

其中 $r=\sqrt{x^2+y^2+z^2}$.

证

$$\frac{\partial u}{\partial x}=-\frac{1}{r^2}\frac{\partial r}{\partial x}=-\frac{1}{r^2}\cdot\frac{x}{r}=-\frac{x}{r^3},$$

$$\frac{\partial^2 u}{\partial x^2}=-\frac{1}{r^3}+\frac{3x}{r^4}\cdot\frac{\partial r}{\partial x}=-\frac{1}{r^3}+\frac{3x^2}{r^5},$$

由函数关于自变量的对称性,可得

$$\frac{\partial^2 u}{\partial y^2}=-\frac{1}{r^3}+\frac{3y^2}{r^5},\frac{\partial^2 u}{\partial z^2}=-\frac{1}{r^3}+\frac{3z^2}{r^5},$$

所以

$$\frac{\partial^2 u}{\partial x^2}+\frac{\partial^2 u}{\partial y^2}+\frac{\partial^2 u}{\partial z^2}=-\frac{3}{r^3}+\frac{3(x^2+y^2+z^2)}{r^5}=-\frac{3}{r^3}+\frac{3r^2}{r^5}=0.$$

8.4 全微分

前面已经学习了一元函数 $y=f(x)$ 的微分的概念,现在用类似的思想和方法,通过多元函数的全增量,把一元函数微分的概念推广到多元函数.

在研究多元函数的偏导数时,只是某一个自变量变化,而其他的自变量视为常量,但在实际问题中,往往是几个自变量同时在变动,下面来研究多元函数各个自变量同时变化时函数的变化情形. 以二元函数为例,为此,引入二元函数全微分的概念.

8.4.1 全微分的概念

对二元函数 $z=f(x,y)$,仅研究一个自变量变化时的性态是不够的,经常需要研究自变量 x,y 分别有改变量 Δx,Δy 时相应的全增量

$$\Delta z=f(x+\Delta x,y+\Delta y)-f(x,y)$$

的变化规律. 全微分是研究这一问题的重要工具.

定义 设 $z=f(x,y)$ 在点 (x,y) 的某邻域内有定义,若 $z=f(x,y)$ 在点 (x,y) 处的全增量 $\Delta z=f(x+\Delta x,y+\Delta y)-f(x,y)$ 可以表示为

$$\Delta z=A\Delta x+B\Delta y+o(\rho) \tag{8-11}$$

其中,A,B 仅与 x,y 有关,而与 Δx,Δy 无关,$\rho=\sqrt{(\Delta x)^2+(\Delta y)^2}$,$o(\rho)$ 是比 ρ 较高阶的无穷小,则称函数 $z=f(x,y)$ 在点 (x,y) 处**可微分**,而 $A\Delta x+B\Delta y$ 称为函数 $z=f(x,y)$ 在点 (x,y) 的**全微分**,记作 $\mathrm{d}z$,即

$$\mathrm{d}z=A\Delta x+B\Delta y \tag{8-12}$$

如果函数在区域 D 内各点处都可微分,就称这函数**在区域 D 内可微分**.

由全微分的定义可知,它是增量 Δx,Δy 的线性函数,而且由于

$$\lim_{\rho\to 0}\frac{\Delta z-\mathrm{d}z}{\rho}=\lim_{\rho\to 0}\frac{o(\rho)}{\rho}=0,$$

所以,全微分是全增量的线性主部.

在前面的学习中知道了一元函数连续、可导与可微三者之间的关系，那么，对于二元函数连续、可导与可微三者之间的关系又如何呢？在本章知道了函数 $z=f(x,y)$ 在点 (x,y) 处偏导数存在，不能保证函数 $z=f(x,y)$ 在该点处连续，若函数 $z=f(x,y)$ 在点 (x,y) 处可微能否保证函数 $z=f(x,y)$ 在该点处连续且偏导数存在呢？

定理 1　如果函数 $z=f(x,y)$ 在点 (x,y) 处可微，则函数 $z=f(x,y)$ 在点 (x,y) 处连续.

证　由于函数 $z=f(x,y)$ 在点 (x,y) 处可微，可得

$$\Delta z=A\Delta x+B\Delta y+o(\rho),$$

其中，A,B 仅与 x,y 有关，而与 $\Delta x,\Delta y$ 无关，$\rho=\sqrt{(\Delta x)^2+(\Delta y)^2}$，$o(\rho)$ 是比 ρ 较高阶的无穷小．又 $\rho=\sqrt{(\Delta x)^2+(\Delta y)^2}\to 0$ 等价于 $\Delta x\to 0,\Delta y\to 0$，从而有

$$\lim_{\substack{\Delta x\to 0\\ \Delta y\to 0}}\Delta z=A\lim_{\substack{\Delta x\to 0\\ \Delta y\to 0}}\Delta x+B\lim_{\substack{\Delta x\to 0\\ \Delta y\to 0}}\Delta y+\lim_{\rho\to 0}o(\rho)=0.$$

所以函数 $z=f(x,y)$ 在点 (x,y) 处连续．

由此定理可知，函数 $z=f(x,y)$ 在点 (x,y) 处连续是在该点处可微的必要条件，即若不连续，则必定不可微．

定理 2(可微的必要条件)　如果函数 $z=f(x,y)$ 在点 (x,y) 处可微，则函数 $z=f(x,y)$ 在该点处的偏导数 $\frac{\partial z}{\partial x},\frac{\partial z}{\partial y}$ 存在，且 $A=\frac{\partial z}{\partial x},B=\frac{\partial z}{\partial y}$，即全微分

$$dz=\frac{\partial z}{\partial x}\Delta x+\frac{\partial z}{\partial y}\Delta y=\frac{\partial z}{\partial x}dx+\frac{\partial z}{\partial y}dy \tag{8-13}$$

证　因为函数 $z=f(x,y)$ 在点 (x,y) 处可微，由定义可知

$$\Delta z=f(x+\Delta x,y+\Delta y)-f(x,y)=A\Delta x+B\Delta y+o(\rho),$$

其中，A,B 仅与 x,y 有关，而与 $\Delta x,\Delta y$ 无关，$\rho=\sqrt{(\Delta x)^2+(\Delta y)^2}$，$o(\rho)$ 是比 ρ 较高阶的无穷小．根据 Δx 和 Δy 的任意性，若取 $\Delta y=0$，上式也成立．于是有

$$f(x+\Delta x,y)-f(x,y)=A\Delta x+o(\rho).$$

又 $\Delta y=0$ 时，$\rho=\sqrt{(\Delta x)^2}=|\Delta x|$，于是又有

$$f(x+\Delta x,y)-f(x,y)=A\Delta x+o(|\Delta x|),$$

此式的两边同除以 Δx，并求 $\Delta x\to 0$ 时的极限，得

$$\lim_{\Delta x\to 0}\frac{f(x+\Delta x,y)-f(x,y)}{\Delta x}=\lim_{\Delta x\to 0}A+\lim_{\Delta x\to 0}\frac{o(|\Delta x|)}{\Delta x}=A,$$

即 $\frac{\partial z}{\partial x}$ 存在，且

$$\frac{\partial z}{\partial x}=A,$$

同理可证

$$\frac{\partial z}{\partial y}=B.$$

因此

$$\mathrm{d}z=\frac{\partial z}{\partial x}\Delta x+\frac{\partial z}{\partial y}\Delta y.$$

习惯上,将自变量的增量 $\Delta x,\Delta y$ 分别记作 $\mathrm{d}x,\mathrm{d}y$,并分别称它们为自变量的微分,于是,上式又可写成

$$\mathrm{d}z=\frac{\partial z}{\partial x}\mathrm{d}x+\frac{\partial z}{\partial y}\mathrm{d}y.$$

一元函数在某点的导数存在则微分存在.若多元函数的各偏导数存在,全微分一定存在吗?例如,

$$f(x,y)=\begin{cases}\dfrac{xy}{\sqrt{x^2+y^2}}, & x^2+y^2\neq 0,\\ 0, & x^2+y^2=0.\end{cases}$$ 在点 $(0,0)$ 处有 $f'_x(0,0)=f'_y(0,0)=0$.

$$\Delta z-[f'_x(0,0)\cdot\Delta x+f'_y(0,0)\cdot\Delta y]=\frac{\Delta x\cdot\Delta y}{\sqrt{(\Delta x)^2+(\Delta y)^2}},$$

如果考虑点 $P'(\Delta x,\Delta y)$ 沿着直线 $y=x$ 趋近于 $(0,0)$,则

$$\frac{\dfrac{\Delta x\cdot\Delta y}{\sqrt{(\Delta x)^2+(\Delta y)^2}}}{\rho}=\frac{\Delta x\cdot\Delta x}{(\Delta x)^2+(\Delta x)^2}=\frac{1}{2},$$

说明它不能随着 $\rho\to 0$ 而趋于 0,故函数在点 $(0,0)$ 处不可微.

注 多元函数的各偏导数存在并不能保证全微分存在.

定理 3(可微的充分条件) 如果函数 $z=f(x,y)$ 在点 (x,y) 的某邻域内有连续的偏导数 $\dfrac{\partial z}{\partial x},\dfrac{\partial z}{\partial y}$,则函数在点 (x,y) 处可微.

常见的二元函数一般都满足此定理的条件,从而它们都是可微函数.

二元函数全微分的概念可以推广到三元及其以上的函数.

例 1 求 $z=x^2y^2$ 在点 $(2,-1)$ 处的全微分.

解 首先,求得偏导数为

$$\frac{\partial z}{\partial x}=2xy^2,\frac{\partial z}{\partial y}=2x^2y,$$

将点 $(2,-1)$ 代入,得

$$\frac{\partial z}{\partial x}=2\times 2\times(-1)^2=4,\frac{\partial z}{\partial y}=2\times 2^2\times(-1)=-8,$$

于是函数在点(2，−1)处的全微分为

$$dz = 4dx - 8dy.$$

二元以上函数的全微分类似于二元函数的全微分，例如，函数 $u=u(x,y,z)$ 的全微分 $du=\frac{\partial u}{\partial x}dx+\frac{\partial u}{\partial y}dy+\frac{\partial u}{\partial z}dz$.

例 2　设 $u=xe^{xy+2z}$，求 u 的全微分 .

解　首先求出 u 关于各自变量的偏导数，

$$\frac{\partial u}{\partial x}=e^{xy+2z}+xe^{xy+2z}\cdot y=(1+xy)e^{xy+2z},$$

$$\frac{\partial u}{\partial y}=xe^{xy+2z}\cdot x=x^2e^{xy+2z},$$

$$\frac{\partial u}{\partial z}=xe^{xy+2z}\cdot 2=2xe^{xy+2z},$$

于是

$$\begin{aligned}du&=\frac{\partial u}{\partial x}dx+\frac{\partial u}{\partial y}dy+\frac{\partial u}{\partial z}dz\\&=(1+xy)e^{xy+2z}dx+x^2e^{xy+2z}dy+2xe^{xy+2z}dz\\&=e^{xy+2z}[(1+xy)dx+x^2dy+2xdz].\end{aligned}$$

8.4.2　全微分在近似计算中的应用

全微分在近似计算中有着广泛的应用 . 由二元函数全微分的定义及关于全微分存在的充分条件可知，当函数 $z=f(x,y)$ 在点(x,y)处的两个偏导数 $f'_x(x,y)$，$f'_y(x,y)$ 连续，并且 $\Delta x\to 0$ 与 $\Delta y\to 0$ 时，全增量可以用全微分近似代替，即 $\Delta z\approx dz$，也就是

$$f(x+\Delta x,y+\Delta y)-f(x,y)\approx f'_x(x,y)\Delta x+f'_y(x,y)\Delta y \tag{8-14}$$

或

$$f(x+\Delta x,y+\Delta y)\approx f(x,y)+f'_x(x,y)\Delta x+f'_y(x,y)\Delta y \tag{8-15}$$

例 3　有一圆柱体钢锭，受压后发生变形，它的半径由 10 cm 增加到 10.02 cm，高度由 80 cm 减少到 79 cm，求此圆柱体钢锭体积变化的近似值 .

解　设圆柱体的半径为 r，高为 h，体积为 V，则有

$$V=\pi r^2h.$$

取 $r=10$，$\Delta r=0.02$，$h=80$，$\Delta h=-1$. 因为

$$\frac{\partial V}{\partial r}=2\pi rh=1600\pi,$$

$$\frac{\partial V}{\partial h}=\pi r^2=100\pi.$$

于是

$$\Delta V\approx 1600\pi\times 0.02+100\pi\times(-1)=-68\pi,$$

即圆柱体钢锭的体积减少了 $68\pi\text{cm}^3$.

例 4 利用全微分近似计算$(0.98)^{2.03}$.

解 设函数

$$z=f(x,y)=x^y,$$

取

$$x=1,y=2,\Delta x=-0.02,\Delta y=0.03,$$

则要计算的值就是函数 $z=x^y$ 在$x+\Delta x=0.98,y+\Delta y=2.03$处的函数值 $f(0.98,2.03)$.

由公式

$$f(x+\Delta x,y+\Delta y)\approx f(x,y)+f'_x(x,y)\Delta x+f'_y(x,y)\Delta y$$

得

$$\begin{aligned}f(0.98,2.03)&=f(1-0.02,2+0.03)\\&\approx f(1,2)+f'_x(1,2)(-0.02)+f'_y(1,2)(0.03),\end{aligned}$$

而

$$f(1,2)=1,f'_x(x,y)=yx^{y-1},f'_x(1,2)=2,f'_y(x,y)=x^y\ln x,f'_y(1,2)=0,$$

所以

$$(0.98)^{2.03}\approx 1+2\times(-0.02)+0\times 0.03=0.96.$$

8.5 多元复合函数的导数

8.5.1 复合函数的微分法

与一元复合函数求导数的链式法则相似,求二元复合函数偏导数也有其相应的链式法则.

定理 如果函数 $u=u(x,y)$ 及 $v=v(x,y)$ 在点(x,y) 处的各一阶偏导数都存在,且函数 $z=f(u,v)$ 在对应点(u,v) 处可微,则复合函数 $z=f[u(x,y),v(x,y)]$ 在点(x,y) 的两个偏导数存在,且

$$\frac{\partial z}{\partial x}=\frac{\partial z}{\partial u}\cdot\frac{\partial u}{\partial x}+\frac{\partial z}{\partial v}\cdot\frac{\partial v}{\partial x},\quad \frac{\partial z}{\partial y}=\frac{\partial z}{\partial u}\cdot\frac{\partial u}{\partial y}+\frac{\partial z}{\partial v}\cdot\frac{\partial v}{\partial y}\tag{8-16}$$

证 在点(x,y) 处,让 y 保持不变,给 x 以增量 $\Delta x(\Delta x\neq 0)$,则 u,v 分别有偏增量

$\Delta_x u,\Delta_x v$，从而函数 $z=f(u,v)$ 也得到偏增量 $\Delta_x z$. 由于 $f(u,v)$ 可微，所以

$$\Delta_x z=\frac{\partial z}{\partial u}\Delta_x u+\frac{\partial z}{\partial v}\Delta_x v+o(\rho),$$

其中 $\rho=\sqrt{(\Delta_x u)^2+(\Delta_x v)^2}$. 将上式两边同除以 $\Delta x(\Delta x\neq 0)$ 得

$$\frac{\Delta_x z}{\Delta x}=\frac{\partial z}{\partial u}\cdot\frac{\Delta_x u}{\Delta x}+\frac{\partial z}{\partial v}\cdot\frac{\Delta_x v}{\Delta x}+\frac{o(\rho)}{\Delta x} \tag{8-17}$$

因为 $u=u(x,y),v=v(x,y)$ 在点 (x,y) 处的偏导数都存在，所以

$$\lim_{\Delta x\to 0}\frac{\Delta_x u}{\Delta x}=\frac{\partial u}{\partial x},\lim_{\Delta x\to 0}\frac{\Delta_x v}{\Delta x}=\frac{\partial v}{\partial x},$$

并且当 $\Delta x\to 0$ 时，$\rho\to 0$，于是

$$\begin{aligned}\lim_{\Delta x\to 0}\left|\frac{o(\rho)}{\Delta x}\right|&=\lim_{\Delta x\to 0}\left|\frac{o(\rho)}{\rho}\right|\cdot\left|\frac{\rho}{\Delta x}\right|\\&=\lim_{\Delta x\to 0}\left|\frac{o(\rho)}{\rho}\right|\cdot\lim_{\Delta x\to 0}\sqrt{\left(\frac{\Delta_x u}{\Delta x}\right)^2+\left(\frac{\Delta_x v}{\Delta x}\right)^2}\\&=0\cdot\sqrt{\left(\frac{\partial u}{\partial x}\right)^2+\left(\frac{\partial v}{\partial x}\right)^2}=0,\end{aligned}$$

即 $\lim\limits_{\Delta x\to 0}\frac{o(\rho)}{\Delta x}=0$. 于是当 $\Delta x\to 0$ 时，式(8-17) 右边极限存在，则左边极限也存在，并且

$$\frac{\partial z}{\partial x}=\frac{\partial z}{\partial u}\cdot\frac{\partial u}{\partial x}+\frac{\partial z}{\partial v}\cdot\frac{\partial v}{\partial x}.$$

同理可证

$$\frac{\partial z}{\partial y}=\frac{\partial z}{\partial u}\cdot\frac{\partial u}{\partial y}+\frac{\partial z}{\partial v}\cdot\frac{\partial v}{\partial y}.$$

式(8-16) 中两式称为**链式求导公式**.

注　应用链式求导公式时要分清楚哪些是中间变量，哪些是自变量，以及中间变量又是哪些自变量的函数. 为了清楚起见，可画出复合关系图(图 8-6).

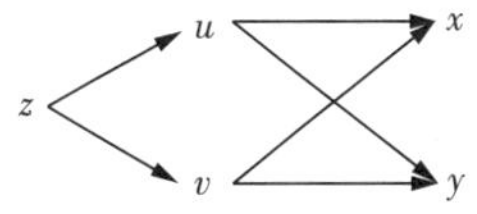

图 8-6　复合关系图

例 1　设 $z=e^u\sin v$，而 $u=xy,v=x+y$，求 $\frac{\partial z}{\partial x}$ 和 $\frac{\partial z}{\partial y}$.

解　$$\begin{aligned}\frac{\partial z}{\partial x}&=\frac{\partial z}{\partial u}\cdot\frac{\partial u}{\partial x}+\frac{\partial z}{\partial v}\cdot\frac{\partial v}{\partial x}\\&=e^u\sin v\cdot y+e^u\cos v\cdot 1\\&=e^{xy}[y\sin(xy)+\cos(x+y)],\end{aligned}$$

$$\frac{\partial z}{\partial y}=\frac{\partial z}{\partial u}\cdot\frac{\partial u}{\partial y}+\frac{\partial z}{\partial v}\cdot\frac{\partial v}{\partial y}$$

$$= e^{xy}\sin v \cdot x + e^u \cos v \cdot 1$$

$$= e^u[x\sin(xy) + \cos(x+y)].$$

对于中间变量或自变量不只是两个的情形，链式求导公式可做如下推广．

(1) 若 $z=f(u,v)$，而 $u=u(x)$，$v=v(x)$，则 z 是 x 的一元函数，这时 z 对 x 的导数称为**全导数**，即

$$\frac{\mathrm{d}z}{\mathrm{d}x}=\frac{\partial z}{\partial u}\cdot\frac{\mathrm{d}u}{\mathrm{d}x}+\frac{\partial z}{\partial v}\cdot\frac{\mathrm{d}v}{\mathrm{d}x} \tag{8-18}$$

(2) 若 $z=f(x,u,v)$，而 $u=u(x)$，$v=v(x)$，则 z 是 x 的一元函数，这时 z 对 x 的导数也称为全导数，即

$$\frac{\mathrm{d}z}{\mathrm{d}x}=\frac{\partial z}{\partial x}+\frac{\partial z}{\partial u}\cdot\frac{\mathrm{d}u}{\mathrm{d}x}+\frac{\partial z}{\partial v}\cdot\frac{\mathrm{d}v}{\mathrm{d}x} \tag{8-19}$$

这里，$\frac{\partial z}{\partial x}$ 与 $\frac{\mathrm{d}z}{\mathrm{d}x}$ 的含义是不同的，$\frac{\partial z}{\partial x}$ 是复合前的函数 $z=f(x,u,v)$ 对 x 的偏导数，$\frac{\mathrm{d}z}{\mathrm{d}x}$ 是复合后的函数 $z=f[x,u(x),v(x)]$ 对 x 的全导数．式(8-19)中右边第一项本应是 $\frac{\partial z}{\partial x}\cdot\frac{\mathrm{d}x}{\mathrm{d}x}$，略写成 $\frac{\partial z}{\partial x}$.

(3) 若 $z=f(u)$，而 $u=u(x,y)$，则复合函数 $z=f[u(x,y)]$ 对 x,y 的偏导数为

$$\frac{\partial z}{\partial x}=\frac{\mathrm{d}z}{\mathrm{d}u}\cdot\frac{\partial u}{\partial x},\quad \frac{\partial z}{\partial y}=\frac{\mathrm{d}z}{\mathrm{d}u}\cdot\frac{\partial u}{\partial y} \tag{8-20}$$

(4) 若 $z=f(u,v,w)$，而 $u=u(x,y)$，$v=v(x,y)$，$w=w(x,y)$，则复合函数 $z=f[u(x,y),v(x,y),w(x,y)]$ 对 x,y 的偏导数为

$$\frac{\partial z}{\partial x}=\frac{\partial f}{\partial u}\cdot\frac{\partial u}{\partial x}+\frac{\partial f}{\partial v}\cdot\frac{\partial v}{\partial x}+\frac{\partial f}{\partial w}\cdot\frac{\partial w}{\partial x} \tag{8-21}$$

$$\frac{\partial z}{\partial y}=\frac{\partial f}{\partial u}\cdot\frac{\partial u}{\partial y}+\frac{\partial f}{\partial v}\cdot\frac{\partial v}{\partial y}+\frac{\partial f}{\partial w}\cdot\frac{\partial w}{\partial y} \tag{8-22}$$

(5) 若 $z=f(u,x,y)$，而 $u=u(x,y)$，则复合函数 $z=f[u(x,y),x,y]$ 对 x,y 的偏导数为

$$\frac{\partial z}{\partial x}=\frac{\partial f}{\partial u}\cdot\frac{\partial u}{\partial x}+\frac{\partial f}{\partial x},\quad \frac{\partial z}{\partial y}=\frac{\partial f}{\partial u}\cdot\frac{\partial u}{\partial y}+\frac{\partial f}{\partial y} \tag{8-23}$$

这里，$\frac{\partial z}{\partial x}$ 与 $\frac{\partial f}{\partial x}$ 是不同的．$\frac{\partial z}{\partial x}$ 是把 $f[u(x,y),x,y]$ 中 y 看做不变，而对 x 求偏导数；$\frac{\partial f}{\partial x}$ 是把 $f(u,x,y)$ 中的 u,y 看做不变，而对 x 求偏导数．$\frac{\partial z}{\partial y}$ 与 $\frac{\partial f}{\partial y}$ 也有类似的区别．为了避免混淆，可以将 $f(u,x,y)$ 的变量加以编号，习惯上将变量从左到右按自然数顺序编号，于是

$$\frac{\partial z}{\partial x}=f_1\frac{\partial u}{\partial x}+f_2,\frac{\partial z}{\partial y}=f_1\frac{\partial u}{\partial y}+f_3 \tag{8-24}$$

其中 $f_1=\frac{\partial f}{\partial u},f_2=\frac{\partial f}{\partial x},f_3=\frac{\partial f}{\partial y}$. 这样可以把求导式子简化.

上面(1),(2),(3),(4),(5) 的复合关系图分别如图 8-7 所示.

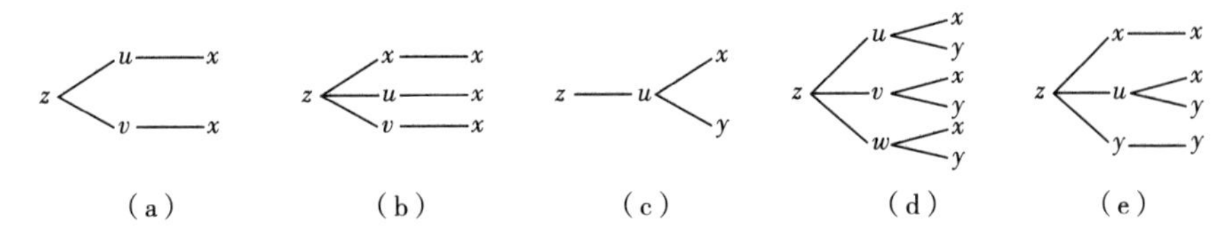

图 8-7　复合关系图

例 2　设 $z=u^2-v^2,u=\sin x,v=\cos x$,求全导数$\frac{\mathrm{d}z}{\mathrm{d}x}$.

解　$\frac{\mathrm{d}z}{\mathrm{d}x}=\frac{\partial z}{\partial u}\cdot\frac{\mathrm{d}u}{\mathrm{d}x}+\frac{\partial z}{\partial v}\cdot\frac{\mathrm{d}v}{\mathrm{d}x}=2u\cos x-2v(-\sin x)$

$=2\sin x\cos x+2\cos x\sin x=2\sin 2x.$

例 3　设 $z=uv+\sin x$,而 $u=e^x,v=\cos x$,求$\frac{\mathrm{d}z}{\mathrm{d}x}$.

解　$\frac{\mathrm{d}z}{\mathrm{d}x}=\frac{\partial z}{\partial u}\cdot\frac{\mathrm{d}u}{\mathrm{d}x}+\frac{\partial z}{\partial v}\cdot\frac{\mathrm{d}v}{\mathrm{d}x}+\frac{\partial z}{\partial x}=ve^x-u\sin x+\cos x=e^x(\cos x-\sin x)+\cos x.$

例 4　设 $w=f(x+y+z,xyz)$,f 具有二阶连续偏导数,求$\frac{\partial w}{\partial x}$和$\frac{\partial^2 w}{\partial x\partial z}$.

解　令 $u=x+y+z,v=xyz$,

记

$$f'_1=\frac{\partial f(u,v)}{\partial u},f''_{12}=\frac{\partial^2 f(u,v)}{\partial u\partial v},$$

同理有 f'_2,f''_{11},f''_{22},则

$$\frac{\partial w}{\partial x}=\frac{\partial f}{\partial u}\cdot\frac{\partial u}{\partial x}+\frac{\partial f}{\partial v}\cdot\frac{\partial v}{\partial x}=f'_1+yzf'_2,$$

$$\begin{aligned}\frac{\partial^2 w}{\partial x\partial z}&=\frac{\partial}{\partial z}(f'_1+yzf'_2)=\frac{\partial f'_1}{\partial z}+yf'_2+yz\frac{\partial f'_2}{\partial z}\\&=\frac{\partial f'_1}{\partial u}\cdot\frac{\partial u}{\partial z}+\frac{\partial f'_1}{\partial v}\cdot\frac{\partial v}{\partial z}+yf'_2+yz\left(\frac{\partial f'_2}{\partial u}\cdot\frac{\partial u}{\partial z}+\frac{\partial f'_2}{\partial v}\cdot\frac{\partial v}{\partial z}\right)\\&=f''_{11}+xyf''_{12}+yf'_2+yz(f''_{21}+xyf''_{22})\\&=f''_{11}+y(x+z)f''_{12}+xy^2zf''_{22}+yf'_2.\end{aligned}$$

8.5.2 全微分形式不变性

设函数 $z=f(u,v)$ 具有连续的一阶偏导数，则有全微分 $\mathrm{d}z=\frac{\partial z}{\partial u}\mathrm{d}u+\frac{\partial z}{\partial v}\mathrm{d}v$.

设 $u=u(x,y)$，$v=v(x,y)$，且 u,v 在点(x,y)处偏导数连续，则复合函数 $z=f[u(x,y),v(x,y)]$ 在点(x,y)处可微，且有

$$\begin{aligned}\mathrm{d}z&=\frac{\partial z}{\partial x}\mathrm{d}x+\frac{\partial z}{\partial y}\mathrm{d}y\\&=\left(\frac{\partial z}{\partial u}\cdot\frac{\partial u}{\partial x}+\frac{\partial z}{\partial v}\cdot\frac{\partial v}{\partial x}\right)\mathrm{d}x+\left(\frac{\partial z}{\partial u}\cdot\frac{\partial u}{\partial y}+\frac{\partial z}{\partial v}\cdot\frac{\partial v}{\partial y}\right)\mathrm{d}y\\&=\frac{\partial z}{\partial u}\left(\frac{\partial u}{\partial x}\mathrm{d}x+\frac{\partial u}{\partial y}\mathrm{d}y\right)+\frac{\partial z}{\partial v}\left(\frac{\partial v}{\partial x}\mathrm{d}x+\frac{\partial v}{\partial y}\mathrm{d}y\right),\end{aligned}$$

由于 u,v 在点(x,y)处偏导数连续，于是有

$$\mathrm{d}u=\frac{\partial u}{\partial x}\mathrm{d}x+\frac{\partial u}{\partial y}\mathrm{d}y,\quad \mathrm{d}v=\frac{\partial v}{\partial x}\mathrm{d}x+\frac{\partial v}{\partial y}\mathrm{d}y,$$

所以

$$\mathrm{d}z=\frac{\partial z}{\partial x}\mathrm{d}x+\frac{\partial z}{\partial y}\mathrm{d}y=\frac{\partial z}{\partial u}\mathrm{d}u+\frac{\partial z}{\partial v}\mathrm{d}v \tag{8-25}$$

这说明，无论 u,v 是自变量还是中间变量，函数 $z=f(u,v)$ 的全微分形式都是一样的．这个性质称为**全微分形式不变性**．

类似地，可以证明三元及三元以上的多元函数的一阶全微分也具有这个性质．

利用多元函数全微分形式不变性求微分运算及偏导数将会更方便．

设 u,v 是可微的多元函数，应用全微分形式不变性，可以证明全微分运算性质：

(1) $\mathrm{d}(u\pm v)=\mathrm{d}u\pm\mathrm{d}v$;

(2) $\mathrm{d}(uv)=v\mathrm{d}u+u\mathrm{d}v$;

(3) $\mathrm{d}\left(\frac{u}{v}\right)=\frac{v\mathrm{d}u-u\mathrm{d}v}{v^2}(v\neq 0)$.

例 5 已知 $e^{-xy}-2z+e^z=0$，求$\frac{\partial z}{\partial x}$和$\frac{\partial z}{\partial y}$.

解 对原等式两边同时求微分，得

$$\mathrm{d}(e^{-xy}-2z+e^z)=0,$$

即

$$e^{-xy}\mathrm{d}(-xy)-2\mathrm{d}z+e^z\mathrm{d}z=0,$$

亦即

$$(e^z-2)\mathrm{d}z=e^{-xy}(x\mathrm{d}y+y\mathrm{d}x),$$

于是

$$dz=\frac{ye^{-xy}}{e^z-2}dx+\frac{xe^{-xy}}{e^z-2}dy,$$

所以

$$\frac{\partial z}{\partial x}=\frac{ye^{-xy}}{e^z-2},\quad \frac{\partial z}{\partial y}=\frac{xe^{-xy}}{e^z-2}.$$

8.6 隐函数的求导公式

8.6.1 一元隐函数的求导公式

前面学习了一元函数中隐函数的求导法，但对于隐函数的存在性及可导性，当时未曾论及．现在，学习了多元函数的概念、偏导数的概念及多元复合函数的求导法则后，就能给出一元隐函数 $y=f(x)$ 的存在性及可导的条件，并给出其一般求导公式．

一元隐函数存在定理 设函数 $F(x,y)$ 在点(x_0,y_0)的某一邻域内具有连续的偏导数且 $F(x_0,y_0)=0$ 及 $F_y(x_0,y_0)\neq 0$，则在点(x_0,y_0)的某一邻域内存在唯一单值、连续且有连续导数的函数 $y=f(x)$，它满足 $y_0=f(x_0)$，并满足方程 $F(x,y)=0$，即对该邻域内的任一 x，有 $F(x,f(x))\equiv 0$.

下面仅推导由方程 $F(x,y)=0$ 所确定的一元隐函数 $y=f(x)$ 的求导公式．

将函数 $y=f(x)$ 代入方程 $F(x,y)=0$ 中，得恒等式

$$F(x,f(x))\equiv 0.$$

两端同时对 x 求导，得

$$\frac{\partial F}{\partial x}+\frac{\partial F}{\partial y}\cdot\frac{dy}{dx}=0.$$

若$\frac{\partial F}{\partial y}\neq 0$，则

$$\frac{dy}{dx}=-\frac{\frac{\partial F}{\partial x}}{\frac{\partial F}{\partial y}},$$

即

$$\frac{dy}{dx}=-\frac{F'_x}{F'_y}\quad (F'_y\neq 0).\tag{8-26}$$

这就是一元隐函数的求导公式．

例1 设函数 $y=f(x)$ 由方程 $\sin y+e^x-xy^2=1$ 确定，求$\frac{dy}{dx}$.

解 设 $F(x,y)=\sin y+e^x-xy^2-1$，$F'_x=e^x-y^2$，$F'_y=\cos y-2xy$，则有

$$\frac{\mathrm{d}y}{\mathrm{d}x}=-\frac{F'_x}{F'_y}=-\frac{e^x-y^2}{\cos y-2xy}.$$

在利用隐函数求导公式求导时，只要求出两个偏导数即可，由于求偏导数时其余的自变量视为常量，这就避开了隐函数．这是隐函数求导的一种新方法，该方法还可以推广到二元隐函数 $z=f(x,y)$ 和多元隐函数的求导问题中，该方法不仅回避了求导时的难点，而且使得求导过程简洁有效，提高了计算的正确率．

8.6.2 二元隐函数的求导公式

设三元方程 $F(x,y,z)=0$ 确定了二元隐函数 $z=f(x,y)$，与一元隐函数一样，二元隐函数的存在也是要满足一定条件的．现在叙述如下：

二元隐函数存在定理 设函数 $F(x,y,z)$ 在点 (x_0,y_0,z_0) 的某一邻域具有连续的偏导数，且 $F(x_0,y_0,z_0)=0$ 及 $F'_z(x_0,y_0,z_0)\neq 0$，则在点 (x_0,y_0,z_0) 的某一邻域内存在唯一单值、连续且有连续偏导数的函数 $z=f(x,y)$，它满足 $z_0=f(x_0,y_0)$，并满足方程 $F(x,y,z)=0$，即对该邻域内的任一 x 及 y，有

$$F(x,y,f(x,y))\equiv 0.$$

下面仅推导由方程 $F(x,y,z)=0$ 所确定的二元隐函数 $z=f(x,y)$ 的求偏导数公式．

将 $z=f(x,y)$ 代入方程 $F(x,y,z)=0$，得恒等式

$$F(x,y,f(x,y))\equiv 0.$$

两端分别对 x,y 求偏导数，得

$$\frac{\partial F}{\partial x}+\frac{\partial F}{\partial z}\cdot\frac{\partial z}{\partial x}=0,\frac{\partial F}{\partial y}+\frac{\partial F}{\partial z}\cdot\frac{\partial z}{\partial y}=0,$$

因为 $\frac{\partial F}{\partial z}\neq 0$，解方程得

$$\frac{\partial z}{\partial x}=-\frac{\frac{\partial F}{\partial x}}{\frac{\partial F}{\partial z}}=-\frac{F'_x}{F'_z},\quad \frac{\partial z}{\partial y}=-\frac{\frac{\partial F}{\partial y}}{\frac{\partial F}{\partial z}}=-\frac{F'_y}{F'_z}\quad (F'_z\neq 0)\qquad (8-27)$$

这就是二元隐函数的求导公式．

例 2 求由方程 $x^2+2y^2+3z^2-4=0$ 所确定的关于 x 和 y 的二元隐函数 $z=f(x,y)$ 的一阶偏导数．

解 设 $F(x,y,z)=x^2+2y^2+3z^2-4$，

则 $F'_x=2x$，$F'_y=4y$，$F'_z=6z$，可得

$$\frac{\partial z}{\partial x}=-\frac{x}{3z},\quad \frac{\partial z}{\partial y}=-\frac{2y}{3z}.$$

例 3 设 $x^2+y^2+z^2-4z=0$，求$\frac{\partial^2 z}{\partial x^2}$.

解 令 $F(x,y,z)=x^2+y^2+z^2-4z$，
则 $F'_x=2x, F'_z=2z-4$，可得

$$\frac{\partial z}{\partial x}=-\frac{F'_x}{F'_z}=\frac{x}{2-z},$$

$$\frac{\partial^2 z}{\partial x^2}=\frac{(2-z)+x\frac{\partial z}{\partial x}}{(2-z)^2}=\frac{(2-z)+x\cdot\frac{x}{2-z}}{(2-z)^2}=\frac{(2-z)^2+x^2}{(2-z)^3}.$$

8.6.3 由方程组确定的隐函数的求导法

下面将隐函数存在定理作另一方面的推广．不仅增加方程中变量的个数，而且增加方程的个数．例如，考虑方程组

$$\begin{cases}F(x,y,u,v)=0,\\ G(x,y,u,v)=0.\end{cases}$$

这时，在四个变量中，一般只能有两个变量独立变化，因此该方程组就有可能确定两个二元隐函数．在这种情况下，可以由函数 F、G 的性质来判定由上述方程组所确定的两个二元隐函数的存在性以及它们的性质．类似于前面所介绍的两种情形，它也有相应的隐函数存在定理(本书从略).

下面举例说明如何求由方程组所确定的隐函数的偏导数(或导数).

例 4 求由方程组

$$\begin{cases}xu-yv=0,\\ yu+xv=1.\end{cases}$$

所确定的隐函数 $u=u(x,y)$，$v=v(x,y)$ 对 x 和对 y 的偏导数．

解 在方程组中，每一个方程两边对 x 求偏导数，得

$$\begin{cases}u+x\frac{\partial u}{\partial x}-y\frac{\partial v}{\partial x}=0,\\ y\frac{\partial u}{\partial x}+v+x\frac{\partial v}{\partial x}=0.\end{cases}$$

将不含$\frac{\partial u}{\partial x}$和$\frac{\partial v}{\partial x}$的项移至等式的右边，又得

$$\begin{cases}x\frac{\partial u}{\partial x}-y\frac{\partial v}{\partial x}=-u,\\ y\frac{\partial u}{\partial x}+x\frac{\partial v}{\partial x}=-v.\end{cases}$$

把$\frac{\partial u}{\partial x}$和$\frac{\partial v}{\partial x}$看成未知量，在$x^2+y^2\neq 0$的条件下解此方程组，可得

$$\frac{\partial u}{\partial x}=\frac{-ux-vy}{x^2+y^2},\frac{\partial v}{\partial x}=\frac{-xv+uy}{x^2+y^2}.$$

类似地，在方程组中，将每一个方程两边对y求偏导数，得

$$\begin{cases}x\frac{\partial u}{\partial y}-v-y\frac{\partial v}{\partial y}=0,\\ u+y\frac{\partial u}{\partial y}+x\frac{\partial v}{\partial y}=0.\end{cases}$$

将不含$\frac{\partial u}{\partial y}$和$\frac{\partial v}{\partial y}$的项移至等式的右边，又得

$$\begin{cases}x\frac{\partial u}{\partial y}-y\frac{\partial v}{\partial y}=v,\\ y\frac{\partial u}{\partial y}+x\frac{\partial v}{\partial y}=-u.\end{cases}$$

把$\frac{\partial u}{\partial y}$和$\frac{\partial v}{\partial y}$看成未知量，在$x^2+y^2\neq 0$的条件下解此方程组，可得

$$\frac{\partial u}{\partial y}=\frac{xv-yu}{x^2+y^2},\quad \frac{\partial v}{\partial y}=\frac{-xu-yv}{x^2+y^2}.$$

8.7 多元函数的极值

8.7.1 多元函数的极值与最值

多元函数的极值是多元函数微分学的重要内容，它在生产实际和科学研究中有着广泛的应用．与一元函数类似，多元函数的最大值、最小值与极大值、极小值有密切的关系．下面以二元函数为例，讨论多元函数的极值问题．

定义 设函数$z=f(x,y)$在点(x_0,y_0)的某邻域内有定义，对于点(x_0,y_0)的去心邻域内任意点(x,y)：若满足不等式$f(x,y)<f(x_0,y_0)$，则称函数在点(x_0,y_0)处有**极大值**$f(x_0,y_0)$；若满足不等式$f(x,y)>f(x_0,y_0)$，则称函数在点(x_0,y_0)处有**极小值**$f(x_0,y_0)$．极大值、极小值统称为**极值**．使函数取得极值的点称为**极值点**．

例 1 函数$z=3x^2+4y^2$在$(0,0)$处有极小值．因为函数在该点的值等于0，而在其附近任何一点$(x,y)\neq(0,0)$处的函数值均大于0．

例 2 函数$z=-\sqrt{x^2+y^2}$在$(0,0)$处有极大值．

例 3 函数$z=xy$在$(0,0)$处没有极值．因为在点$(0,0)$的任何邻域内总有函数值为正的点，也有函数值为负的点．

定理 1(极值的必要条件) 设函数$z=f(x,y)$在点(x_0,y_0)处具有偏导数，且在点

(x_0,y_0) 处有极值,则它在该点的偏导数必然为零,即

$$f'_x(x_0,y_0)=0,\quad f'_y(x_0,y_0)=0.$$

证　不妨设 $z=f(x,y)$ 在点 (x_0,y_0) 处有极大值.由极大值定义,在点 (x_0,y_0) 的某邻域内异于 (x_0,y_0) 的点 (x,y) 都满足

$$f(x,y)<f(x_0,y_0),$$

在该邻域内取 $y=y_0,x\neq x_0$ 的点,显然有

$$f(x,y_0)<f(x_0,y_0),$$

这说明一元函数 $f(x,y_0)$ 在 $x=x_0$ 处有极大值,于是有

$$f'_x(x_0,y_0)=0.$$

类似地,可以证明 $f'_y(x_0,y_0)=0$.

使 $f'_x(x_0,y_0)=0,f'_y(x_0,y_0)=0$ 同时成立的点 (x,y) 称为函数的**驻点**.

极值存在的必要条件提供了找极值点的途径.首先,对于偏导数存在的函数,如果它有极值点,则极值点一定是驻点.但上面的条件并不充分,即函数的驻点不一定是极值点.

例如,点 $(0,0)$ 是函数 $z=xy$ 的驻点,但不是极值点.另外,极值点也可能在偏导数不存在的点达到.如例2中函数在点 $(0,0)$ 处的两个偏导数值不存在,但是 $(0,0)$ 是极大值点.

怎样判定一个驻点是否为极值点呢?下面的定理回答了这个问题.

定理2(极值的充分条件)　设函数 $z=f(x,y)$ 在点 (x_0,y_0) 的某邻域内连续,且具有一阶及二阶连续偏导数,又 $f'_x(x_0,y_0)=0,f'_y(x_0,y_0)=0$,令 $f''_{xx}(x_0,y_0)=A,f''_{xy}(x_0,y_0)=B$,$f''_{yy}(x_0,y_0)=C$,则

(1) 当 $B^2-AC<0$ 时,函数 $f(x,y)$ 在点 (x_0,y_0) 处取得极值,且当 $A<0$(或 $C<0$)时取极大值,当 $A>0$(或 $C>0$)时取极小值;

(2) 当 $B^2-AC>0$ 时,函数 $f(x,y)$ 在点 (x_0,y_0) 处无极值;

(3) 当 $B^2-AC=0$ 时,函数 $f(x,y)$ 在点 (x_0,y_0) 处可能有极值,也可能没有极值,还需根据具体问题另作讨论.

例4　求函数 $f(x,y)=x^3-4x^2+2xy-y^2$ 的极值.

解　求偏导数得

$$f'_x(x,y)=3x^2-8x+2y,f'_y(x,y)=2x-2y,$$

$$f''_{xx}(x,y)=6x-8,f''_{xy}(x,y)=2,f''_{yy}(x,y)=-2,$$

解下面方程组

$$\begin{cases}3x^2-8x+2y=0,\\2x-2y=0.\end{cases}$$

得函数的驻点分别为 $(0,0),(2,2)$.

在驻点 $(0,0)$ 处,

$$A=f''_{xx}(0,0)=-8, B=f''_{xy}(0,0)=2, C=f''_{yy}(0,0)=-2,$$

$$B^2-AC=-12<0, A=-8<0,$$

所以有极大值

$$f(0,0)=0.$$

在驻点(2,2)处,

$$A=f''_{xx}(2,2)=4, B=f''_{xy}(2,2)=2, C=f''_{yy}(2,2)=-2,$$

$$B^2-AC=12>0,$$

所以点(2,2)不是极值点.

与一元函数类似,可以通过求二元函数 $f(x,y)$ 的极值来求它的最大值和最小值. 若 $f(x,y)$ 在有界闭区域 D 上连续,则 $f(x,y)$ 在 D 上必定能取得最大值和最小值. 这种使函数取得最大值和最小值的点既可能在 D 的内部,也可能在 D 的边界上. 若这样的点位于区域 D 的内部,则这个最大值点(或最小值点)也必定是函数的驻点或偏导数不存在的点. 因此求函数最大值和最小值的一般方法如下:

(1) 求 $f(x,y)$ 在 D 内的所有的极值;

(2) 求 $f(x,y)$ 在 D 的边界上的最大值和最小值;

(3) 比较 $f(x,y)$ 的极值和它在 D 的边界上的最大(小)值,其中最大者即为所求的最大值,最小者即为所求的最小值.

这种方法通常在计算中较为复杂. 如果能根据问题的特性确定 $f(x,y)$ 的最大值(或最小值)必在 D 的内部取得,而函数在 D 内有唯一一个极值点,则可断定 $f(x,y)$ 在该极值点处取得最大值(或最小值).

例 5 求二元函数 $f(x,y)=x^2y(4-x-y)$ 在直线 $x+y=6$, x 轴和 y 轴所围成的闭区域 D 上的最大值与最小值.

解 先求函数在 D 内的驻点,解方程组

$$\begin{cases} f'_x(x,y)=2xy(4-x-y)-x^2y=0, \\ f'_y(x,y)=x^2(4-x-y)-x^2y=0. \end{cases}$$

得区域 D 内唯一驻点(2,1),且

$$f(2,1)=4.$$

再求 $f(x,y)$ 在 D 边界上的最值,在边界 $x=0$ 和 $y=0$ 上

$$f(x,y)=0,$$

在边界 $x+y=6$ 上,即 $y=6-x$,函数

$$f(x,y)=x^2(6-x)(-2)(0\leqslant x\leqslant 6),$$

由

$$f'_x=4x(x-6)+2x^2=0,$$

得
$$x_1=0, x_2=4,$$

在区间(0,6)内的驻点为 $x=4$,这时
$$y=6-x\mid_{x=4}=2.$$
从而 $f(x,y)$ 在区域边界上有一驻点(4,2).

比较可知 $f(2,1)=4$ 为最大值,$f(4,2)=-64$ 为最小值.

8.7.2 条件极值

上面讨论的极值问题,仅要求自变量在定义域内,并无其他约束条件,这样一类极值称为**无条件极值**.但在许多实际问题中,会遇到对自变量附加某种约束条件的极值问题,这类有约束条件的极值称为**条件极值**.

例如,要求表面积为 a^2,而体积最大的长方体,若用 x,y,z 分别表示长方体的长、宽、高,V 表示其体积,则它实际上就是在约束条件 $2xy+2yz+2zx=a^2$ 的限制下,求函数 $V=xyz$ 的极大值.为此,下面介绍求条件极值的拉格朗日乘数法.

用拉格朗日乘数法求目标函数 $z=f(x,y)$ 在约束条件 $\varphi(x,y)=0$ 下的极值的一般步骤:

(1) 构造拉格朗日函数 $F(x,y)=f(x,y)+\lambda\varphi(x,y)$,$\lambda$ 称为拉格朗日乘数;

(2) 求出拉格朗日函数 F 对 x,y,λ 的一阶偏导数,并令其为零,得联立方程组
$$\begin{cases}F'_x=f'_x(x,y)+\lambda\varphi'_x(x,y)=0,\\ F'_y=f'_y(x,y)+\lambda\varphi'_y(x,y)=0,\\ F'_\lambda=\varphi(x,y)=0;\end{cases}$$

(3) 求解上述方程组,得出可能的极值点(x,y);

(4) 根据实际问题的性质,判断点(x,y)是否为极值点.

拉格朗日乘数法可推广到自变量多于两个、约束条件有两个的情况:例如,求函数 $u=f(x,y,z,t)$ 在条件 $\varphi(x,y,z,t)=0$,$\psi(x,y,z,t)=0$ 下的极值.先构造函数
$$F(x,y,z,t)=f(x,y,z,t)+\lambda_1\varphi(x,y,z,t)+\lambda_2\psi(x,y,z,t),$$
其中,λ_1,λ_2 均为常数,可由偏导数为零及条件解出 x,y,z,t,即得极值点的坐标.

例 6 将正数 12 分成三个正数 x,y,z 之和,使得 $u=x^3y^2z$ 为最大.

解 令 $F(x,y,z)=x^3y^2z+\lambda(x+y+z-12)$,
则
$$\begin{cases}F'_x=3x^2y^2z+\lambda=0,\\ F'_y=2x^3yz+\lambda=0,\\ F'_z=x^3y^2+\lambda=0,\\ F'_\lambda=x+y+z=12.\end{cases}$$

解得唯一驻点(6,4,2),故最大值为

$$u_{\max}=6^3\cdot 4^2\cdot 2=6912.$$

例 7 求内接于椭球面$\frac{x^2}{a^2}+\frac{y^2}{b^2}+\frac{z^2}{c^2}=1$的最大长方体的体积.

解 设长方体与椭球面在第一卦限的内接点坐标为(x,y,z),则内接长方体的体积为

$$V=8xyz,$$

于是问题化为求函数

$$f(x,y,z)=8xyz$$

在条件

$$\frac{x^2}{a^2}+\frac{y^2}{b^2}+\frac{z^2}{c^2}=1$$

下的最大值.

构造函数

$$F(x,y,z)=8xyz+\lambda\left(\frac{x^2}{a^2}+\frac{y^2}{b^2}+\frac{z^2}{c^2}-1\right)(x>0,y>0,z>0),$$

得方程组

$$\begin{cases}F'_x(x,y,z)=8yz+\dfrac{2\lambda x}{a^2}=0,\\[2ex] F'_y(x,y,z)=8xz+\dfrac{2\lambda y}{b^2}=0,\\[2ex] F'_z(x,y,z)=8xy+\dfrac{2\lambda z}{c^2}=0,\\[2ex] F'_\lambda(x,y,z)=\dfrac{x^2}{a^2}+\dfrac{y^2}{b^2}+\dfrac{z^2}{c^2}-1=0.\end{cases}$$

把前三式分别乘以x,y,z,然后与第四式联立,得

$$8xyz=-\frac{2}{3}\lambda,$$

再把它分别与前三式联立,解得

$$x=\frac{a}{\sqrt{3}},y=\frac{b}{\sqrt{3}},z=\frac{c}{\sqrt{3}}.$$

依题意可知,内接于椭球面体积最大的长方体是存在的,而方程组的解又是唯一的,故

$\left(\frac{a}{\sqrt{3}},\frac{b}{\sqrt{3}},\frac{c}{\sqrt{3}}\right)$就是所求的最大值点．所求的最大体积为

$$V_{\max}=\frac{8\sqrt{3}}{9}abc.$$

复习题8

1．求下列函数的定义域．

(1) $z=\frac{1}{x^2+y^2}$；　　(2) $z=\sqrt{x}\ln(x+y)$；

(3) $z=\arcsin\frac{y}{x}$；　　(4) $z=\sqrt{R^2-x^2-y^2}+\sqrt{x^2+y^2-r^2}\ (R>r>0)$．

2．设函数 $f(x,y)=\frac{xy(x^2-y^2)}{x^2+y^2}$，证明：$\lim\limits_{\substack{x\to 0\\ y\to 0}}f(x,y)=0$．

3．设函数 $f(x,y)=\frac{x^2y^2}{x^2y^2+(x-y)^2}$，证明：$\lim\limits_{\substack{x\to 0\\ y\to 0}}f(x,y)$ 不存在．

4．求下列函数的偏导数．

(1) $z=x^3y-xy^3$；　　(2) $z=e^{xy}\sin y$；

(3) $z=x^2\ln(x^2+y^2)$；　　(4) $z=\ln(x+\ln y)$．

5．证明：$z=xy+xe^{\frac{y}{x}}$ 满足方程 $x\frac{\partial z}{\partial x}+y\frac{\partial z}{\partial y}=xy+z$．

6．求下列函数的所有二阶偏导数．

(1) $u=xy+yz+zx$；　　(2) $z=x\ln(x+y)$；

(3) $z=\ln(x^2+y)$；　　(4) $z=x^y$．

7．求下列函数的全微分．

(1) $z=\cos(xy)$；　　(2) $u=x^{yz}$；

(3) $u=\ln(x^2+y^2+z^2)$；　　(4) $u=\frac{z}{x^2+y^2}$．

8．求下列复合函数的偏导数(或导数)．

(1) 设 $z=\ln(e^x+e^y)$，$y=x^3$，求$\frac{\mathrm{d}z}{\mathrm{d}x}$；

(2) 设 $u=x^2+y^2+xy$，$x=\sin t$，$y=e^t$，求$\frac{\mathrm{d}u}{\mathrm{d}t}$；

(3) 设 $z=\arctan\frac{u}{v}$，$u=x+y$，$v=x-y$，求$\frac{\partial z}{\partial x}$，$\frac{\partial z}{\partial y}$；

(4) 设 $z=f(x^2-y^2,e^{xy})$，且 f 具有一阶连续偏导数，求$\frac{\partial z}{\partial x}$，$\frac{\partial z}{\partial y}$；

(5) 设 $u=f(x,xy,xyz)$，且 f 具有一阶连续偏导数，求$\frac{\partial u}{\partial x}$，$\frac{\partial u}{\partial y}$，$\frac{\partial u}{\partial z}$；

(6) 设 $z=f(xy,x^2+y^2)$，且 f 具有二阶连续偏导数，求$\frac{\partial^2 z}{\partial x^2}$.

9. 求下列隐函数的导数(或偏导数).

(1)$\sin y+e^x-xy^2=0$，求$\frac{dy}{dx}$；　　(2)$e^z-xyz=0$，求$\frac{\partial z}{\partial x}$，$\frac{\partial z}{\partial y}$；

(3)$z^3+3xyz=0$，求$\frac{\partial z}{\partial x}$，$\frac{\partial z}{\partial y}$；　　(4)$e^z=x+y+z$，求$\frac{\partial^2 z}{\partial x\partial y}$.

10. 求下列函数的极值点.

(1)$z=x^2-xy+y^2-2x+y$；　　(2)$z=e^{2x}(x+y^2+2y)$；

(3)$z=x^2+5y^2-6x+10y+6$；　　(4)$z=x^3-y^3+3x^2+3y^2-9x$.

11. 求下列函数在指定范围内的最大值和最小值.

(1)$z=x^2-y^2$，$\{(x,y)\mid x^2+y^2\leqslant 4\}$；

(2)$z=x^2-xy+y^2$，$\{(x,y)\mid |x|+|y|\leqslant 1\}$.

12. 在球面 $x^2+y^2+z^2=5R^2$ 上的第一卦限部分求一点，使得 $u=xyz^3$ 取最大值.

13. 要建造一个容积为定值K的长方体无盖水池，应如何选择水池的尺寸，方可使它的表面积最小?

阅读材料

一、多元函数微积分简史

牛顿和莱布尼茨创造了微积分的基本方法，但他们留下了大量的问题要后人去解决，首先是微积分主要内容的扩展，其次是微积分还缺少逻辑基础.

多元函数微积分学是微积分学的一个重要组成部分.多元微积分是在一元微积分基本思想的发展和应用中自然而然地形成的，其基本概念都是在描述和分析物理现象及规律中，与一元微积分的基本概念合为一体的.将微积分算法推广到多元函数而建立偏导数理论和多重积分理论的主要是18世纪的数学家.这方面的贡献主要归功于尼古拉·伯努利、欧拉、拉格朗日、奥斯特罗格拉茨基和格林等数学家.

18世纪，伯努利、欧拉、拉格朗日、达朗贝尔、麦克劳林、拉普拉斯等数学家，随着对函数和极限研究的深入，把定积分概念推广到二重积分、三重积分，也对微积分基础做了深刻的研究，并且无穷级数、微分方程、变分法等微积分分支学科也初具规模.

偏导数的理论是由欧拉和法国数学家方丹、克莱罗与达朗贝尔在早期偏微分方程的研究中建立起来的.欧拉在关于流体力学的一系列文章中给出了偏导数运算法则、复合函数偏导数、偏导数反演及函数行列式等有关运算.1739年，克莱罗在关于地球形状的研究论文中首次提出全微分的概念.达朗贝尔在1743年的著作《动力学》和1747年关于弦振动的研究中，推广了偏导数的演算.不过当时一般都用同一个记号d表示通常导数与偏导数，现在用的专门的偏导数记号直到19世纪40年代由雅可比(Carl Gustav Jacob Jacobi，1804—1851)在其行列式理论中正式创用并逐渐普及.

二、数学家欧拉

欧拉(1707—1803)

欧拉(Leonhard Euler,1707—1783),1707年出生在瑞士巴塞尔,是18世纪最优秀的数学家,也是历史上最伟大的数学家之一,被称为"分析的化身".欧拉是18世纪科学界的代表人物,是那个时代的巨人.他是最有才华、最博学的人物之一,也是历史上最多产的一位数学家.他从19岁开始发表论文,直到76岁,半个多世纪写下856篇论文、32部专著,其中分析、代数、数论占40%,几何占18%,物理和力学占28%,天文学占11%,弹道学、航海学、建筑学占3%,彼得堡科学院为了他的著作,足足忙碌了47年.现在几乎每一个数学领域都可以看到欧拉的名字,从初等几何的欧拉线、多面体的欧拉定理、立体解析几何的欧拉变换公式、四次方程的欧拉解法到数论中的欧拉函数、微分方程的欧拉方程、级数论的欧拉常数、变分学的欧拉方程、复变函数的欧拉公式等数不胜数.欧拉生活、工作过的三个国家瑞士、俄国、德国,都把欧拉作为自己的数学家,为有他而感到骄傲.后人将他与阿基米德、牛顿、高斯并称为数学史上的"四杰".

第 9 章　二重积分

本章是多元函数积分学的内容．在一元函数积分学中知道，定积分是某种确定形式和的极限．这种和的极限的概念推广到定义在区域、曲线及曲面上多元函数的情形，便得到重积分、曲线积分以及曲面积分的概念．本章将介绍重积分（二重积分）的概念、计算方法以及它们在物理上的一些应用．

9.1　二重积分的概念与性质

9.1.1　二重积分的概念

1．曲顶柱体的体积

设有一立方体，它的底是 xOy 面上的闭区域 D，它的侧面是以 D 的边界曲线为准线而母线平行于 z 轴的柱面，它的顶是曲面 $z=f(x,y)$，这里 $f(x,y)\geqslant 0$ 且在 D 上连续（图 9－1）．这种立方体叫做**曲顶柱体**．现在定义并计算上述曲顶柱体的体积 V．

由于平顶柱体的高是不变的，它的体积可以用公式

$$体积=底面积\times 高$$

来定义和计算．关于曲顶柱体，当点 (x,y) 在区域 D 上变动时，高度 $f(x,y)$ 是个变量，因此它的体积不能直接用上述公式计算．但是根据本书求解曲边梯形面积的问题，不难想出利用“分割、取近似、求和、取极限”的方法原则可以解决目前的问题．

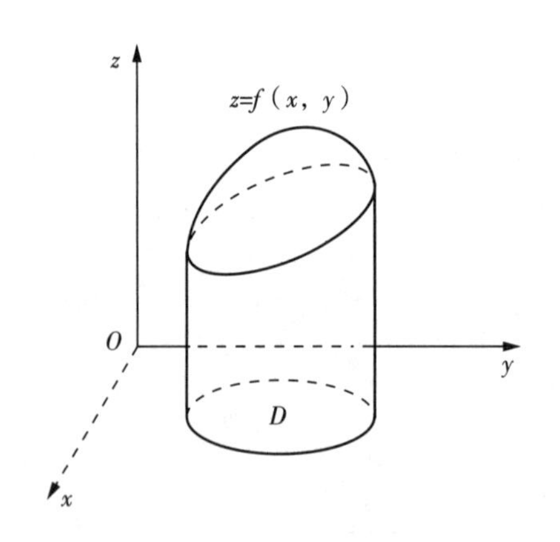

图 9－1　曲顶柱体

（1）**分割**．首先，用一组曲线网把 D 分成 n 个小闭区域．

$$\Delta\sigma_1,\Delta\sigma_2,\cdots,\Delta\sigma_n.$$

分别以这些小闭区域的边界曲线为准线，作母线平行于 z 轴的柱面，这些柱面把原来的曲顶柱体分别分为 n 个小曲顶柱体．

（2）**取近似**．当这些小闭区域的直径很小时，由于 $f(x,y)$ 连续，对同一个小闭区域来说，$f(x,y)$ 变化很小，这时小曲顶柱体可以近似看作平顶柱体．在每个 $\Delta\sigma_i$ 中任取一点 (ξ_i,η_i)，以 $f(\xi_i,\eta_i)$ 为高而底面为 $\Delta\sigma_i$ 的平顶柱体（图 9－2）的体积为

$$f(\xi_i,\eta_i)\Delta\sigma_i(i=1,2,\cdots,n).$$

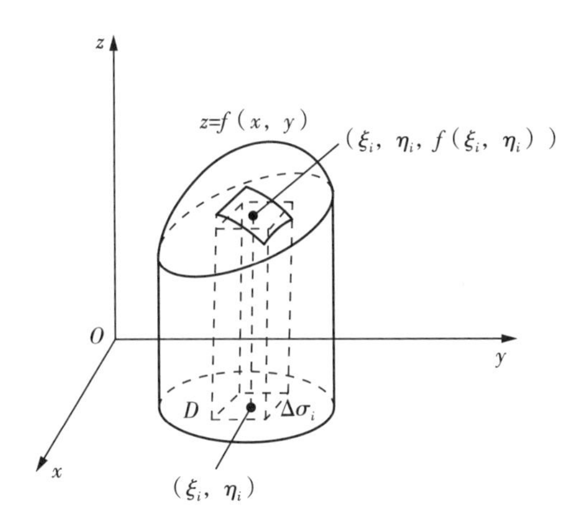

图 9－2　小曲顶柱体体积

(3) **求和**. 这 n 个平顶柱体体积之和为

$$\sum_{i=1}^{n} f(\xi_i,\eta_i)\Delta\sigma_i.$$

可以认为它是整个曲顶柱体体积的近似值.

(4) **取极限**. 令 n 个小闭区域的直径中最大值(记做 λ)趋于零,取上述和的极限,所得的极限便自然地定义为所论述曲顶柱体的体积 V,即

$$V=\lim_{\lambda\to 0}\sum_{i=1}^{n} f(\xi_i,\eta_i)\Delta\sigma_i.$$

2. 平面薄片的质量

设有一平面薄片位于 xOy 面的闭区域 D 上,它在点 (x,y) 处的面密度为 $\mu(x,y)$,假设 $\mu(x,y)>0$ 且在区域 D 上连续. 现在要计算该薄片的质量 M.

如果薄片是均匀的,即面密度是常数,那么薄片的质量可以用公式

$$质量=面密度\times面积$$

来计算.

现在面密度 $\mu(x,y)$ 是变量,薄片的质量就不能直接用上述公式计算. 但是这个问题也可以用上面处理曲顶柱体体积的方法来解决.

(1) **分割**. 用有限条曲线把区域 D 任意分成 n 个小区域,

$$\Delta\sigma_1,\Delta\sigma_2,\cdots,\Delta\sigma_n,$$

其中,$\Delta x_i(i=1,2,\cdots,n)$ 也表示第 i 个小区域的面积(图 9－3).

(2) **取近似**. 由于 $\mu(x,y)$ 连续,把薄片分成许多小块后,只要小块所占的小闭区域 $\Delta\sigma_i$

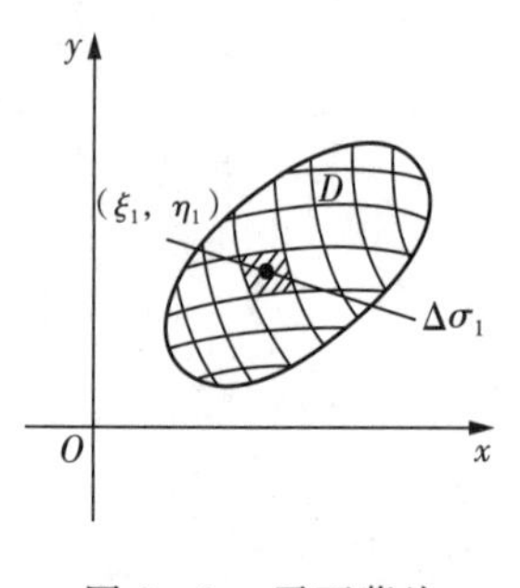

图 9-3 平面薄片

的直径很小，这些小块就可以近似地看成均匀的薄片．在$\Delta\sigma_i$上任取一点(ξ_i,η_i)，则

$$\mu(\xi_i,\eta_i)\Delta\sigma_i \quad (i=1,2,\cdots,n)$$

可以看作第i个小块质量的近似值．

(3) **求和**．把上面n个小区域上薄片的质量近似值加起来，得到整个薄片的近似值，即

$$M\approx\sum_{i=1}^{n}\mu(x,y)\Delta\sigma_i.$$

(4) **取极限**．令n个小闭区域的直径中最大值（记作λ）趋于零，取上述和的极限，所得的极限便自然地定义为所求薄片的质量M，即

$$M=\lim_{\lambda\to 0}\sum_{i=1}^{n}\mu(\xi_i,\eta_i)\Delta\sigma_i.$$

虽然上述两个问题的实际意义并不相同，但是所求量都归结为同一种形式的和式的极限．在其他实际问题中，往往也会遇到这类和式的极限，从数学上加以抽象，下面给出二重积分的定义．

2. 二重积分的定义

定义 设$f(x,y)$是有界闭区域D上的有界函数．将闭区域D任意分成n个小闭区域，

$$\Delta\sigma_1,\Delta\sigma_2,\cdots,\Delta\sigma_n,$$

其中，$\Delta\sigma_i$表示第i个小闭区域，也表示它的面积．在每个$\Delta\sigma_i$上任取一点(ξ_i,η_i)，作乘积$f(\xi_i,\eta_i)\Delta\sigma_i(i=1,2,\cdots,n)$，并作和$\sum\limits_{i=1}^{n}f(\xi_i,\eta_i)\Delta\sigma_i$．如果当各个小闭区域的直径中的最大值$\lambda\to 0$时，上述和式的极限总是存在，且与闭区域$D$的分法以及点$(\xi_i,\eta_i)$的取法无关，那么称此极限为函数$f(x,y)$在闭区域$D$上的二重积分，记作$\iint\limits_D f(x,y)\mathrm{d}\sigma$，即

$$\iint\limits_D f(x,y)\mathrm{d}\sigma=\lim_{\lambda\to 0}\sum_{i=1}^{n}f(\xi_i,\eta_i)\Delta\sigma_i \tag{9-1}$$

其中$f(x,y)$叫做**被积函数**，$f(\xi_i,\eta_i)\mathrm{d}\sigma$叫做**被积表达式**，$\mathrm{d}\sigma$叫做**面积元素**，$x$与$y$叫做**积分变量**，$D$叫做**积分区域**，$\sum\limits_{i=1}^{n}f(\xi_i,\eta_i)\Delta\sigma_i$叫做**积分和**．

在二重积分的定义中，闭区域D的划分是任意的，如果在直角坐标系中用平行于坐标轴的直线网来划分D，那么除了包含边界点的一些小闭区域外，其余的小闭区域都是矩形闭区域．设矩形闭区域$\Delta\sigma_i$的边长为Δx_j和Δy_k则，$\Delta\sigma_i=\Delta x_j\cdot\Delta y_k$，因此在直角坐标系中，常常将面积元素$\mathrm{d}\sigma$记作$\mathrm{d}x\mathrm{d}y$，而把二重积分记作

$$\iint\limits_D f(x,y)\mathrm{d}\sigma=\iint\limits_D f(x,y)\mathrm{d}x\mathrm{d}y,$$

其中，$d\sigma = dxdy$ 叫做直角坐标系中的面积元素．

二重积分存在定理　如果 $f(x,y)$ 在闭区域 D 上连续，则 $f(x,y)$ 在 D 上的二重积分一定存在，即 $f(x,y)$ 在 D 上可积．

二重积分的几何意义　如果 $f(x,y)\geqslant 0$，被积函数 $f(x,y)$ 可以解释为柱体在 xOy 上面，所以二重积分的几何意义就是柱体的体积．如果 $f(x,y)\leqslant 0$，被积函数 $f(x,y)$ 可以解释为柱体在 xOy 下面，二重积分绝对值仍然是柱体的体积，但是二重积分的值为负数．如果 $f(x,y)$ 在区域 D 上部分为正，部分为负，则 $f(x,y)$ 在 D 上的二重积分就等于 xOy 平面上方的柱体体积减去下方的柱体体积所得之差．

二重积分的物理意义　如果平面薄片所占区域为 D，在 D 上任意一点 (x,y) 处的面密度为 $\mu(x,y)$，则二重积分 $\iint\limits_D \mu(x,y)d\sigma$ 的物理意义表示此薄片的质量．

9.1.2　二重积分的性质

比较定积分与重积分的定义可以想到，二重积分与定积分有类似的性质．

性质1　设 α 和 β 为常数，则

$$\iint\limits_D [\alpha f(x,y)+\beta g(x,y)]d\sigma = \alpha\iint\limits_D f(x,y)d\sigma + \beta\iint\limits_D g(x,y)d\sigma.$$

性质2　如果闭区域 D 被有限条曲线分为有限个部分闭区域，那么在 D 上的二重积分等于在各部分闭区域上的二重积分之和．

例如，闭区域 D 分为两个闭区域 D_1 和 D_2，则

$$\iint\limits_D f(x,y)d\sigma = \iint\limits_{D_1} f(x,y)d\sigma + \iint\limits_{D_2} f(x,y)d\sigma.$$

这个性质表示二重积分对于积分区域具有可加性．

性质3　如果在闭区域 D 上，$f(x,y)\equiv 1$，σ 为 D 的面积，那么

$$\sigma = \iint\limits_D 1 d\sigma = \iint\limits_D d\sigma.$$

性质3的几何意义表示，高为1的平顶柱体的体积在数值上就等于柱体的底面积．

性质4　如果在闭区域 D 上，$f(x,y)\leqslant g(x,y)$，那么有

$$\iint\limits_D f(x,y)d\sigma \leqslant \iint\limits_D g(x,y)d\sigma.$$

特殊地，由于

$$-|f(x,y)| \leqslant f(x,y) \leqslant |f(x,y)|,$$

又有

$$\left|\iint\limits_D f(x,y)d\sigma\right| \leqslant \iint\limits_D |f(x,y)|d\sigma.$$

例 1 判断 $\iint\limits_{0<|x|+|y|<1} \ln(x^2+y^2)\mathrm{d}x\mathrm{d}y$ 的符号.

解 当 $0<|x|+|y|<1$ 时，$0<x^2+y^2\leqslant(|x|+|y|)^2<1$，则 $\ln(x^2+y^2)<0$.

由性质 4 可知 $\iint\limits_{0<|x|+|y|<1} \ln(x^2+y^2)\mathrm{d}x\mathrm{d}y < \iint\limits_{0<|x|+|y|<1} 0\mathrm{d}x\mathrm{d}y=0$.

例 2 比较积分 $\iint\limits_D \ln(x+y)\mathrm{d}\sigma$ 与 $\iint\limits_D [\ln(x+y)]^2\mathrm{d}\sigma$ 的大小，其中闭区域 D 是三角形闭区域，三个顶点分别为 $(1,0)$，$(1,1)$，$(2,0)$.

解 如图 9-4 所示，三角形斜边方程为 $x+y=2$. 在闭区域 D 内，有 $1\leqslant x+y\leqslant 2<e$，故 $0\leqslant \ln(x+y)<1$.

于是
$$\ln(x+y)>[\ln(x+y)]^2.$$

因此 $\iint\limits_D \ln(x+y)\mathrm{d}\sigma > \iint\limits_D [\ln(x+y)]^2\mathrm{d}\sigma$.

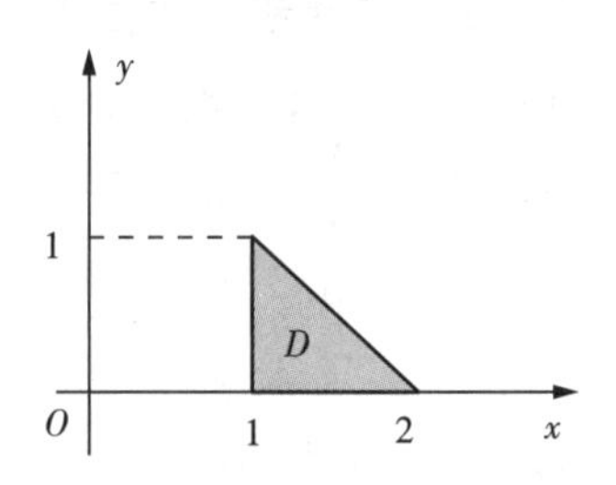

图 9-4 积分区域 D

性质 5 设 M 和 m 分别是 $f(x,y)$ 在闭区域 D 上的最大值和最小值，σ 是 D 的面积，则有

$$m\sigma\leqslant\iint\limits_D f(x,y)\mathrm{d}\sigma\leqslant M\sigma.$$

上述不等式是对于二重积分估值的不等式.

因为 $m\leqslant f(x,y)\leqslant M$，所以由性质 4 可知

$$\iint\limits_D m\,\mathrm{d}\sigma\leqslant\iint\limits_D f(x,y)\mathrm{d}\sigma\leqslant\iint\limits_D M\mathrm{d}\sigma.$$

再由性质 1 和性质 3，便可得此估值的不等式.

例 3 不做计算，估计 $I=\iint\limits_D e^{x^2+y^2}\mathrm{d}\sigma$ 的值，其中 D 是椭圆闭区域.

$$\frac{x^2}{a^2}+\frac{y^2}{b^2}=1(0<b<a).$$

解 由定积分知识可知闭区域 D 的面积 $\sigma=ab\pi$.

在闭区域 D 上，$0\leqslant x^2+y^2\leqslant a^2$，则 $1\leqslant e^0\leqslant e^{x^2+y^2}\leqslant e^{a^2}$.

由性质 5 可知，$\sigma\leqslant\iint\limits_D e^{x^2+y^2}\mathrm{d}\sigma\leqslant e^{a^2}\sigma$，故 $ab\pi\leqslant\iint\limits_D e^{x^2+y^2}\mathrm{d}\sigma\leqslant ab\pi e^{a^2}$.

性质 6(二重积分中值定理) 设函数 $f(x,y)$ 在闭区域 D 上连续，σ 是 D 的面积，则 D 上至少存在一点 (ξ,η)，使得

$$\iint\limits_D f(x,y)\mathrm{d}\sigma=f(\xi,\eta)\sigma.$$

证　显然 $\sigma \neq 0$. 把性质5中不等式各除以 σ,有

$$m \leqslant \frac{1}{\sigma}\iint_D f(x,y)\mathrm{d}\sigma \leqslant M.$$

根据在闭区域上连续函数的介值定理,在 D 上至少存在一点 (ξ,η) 使得函数在该点的值与这个确定的数值相等,即

$$\frac{1}{\sigma}\iint_D f(x,y)\mathrm{d}\sigma = f(\xi,\eta).$$

上式两端各乘以 σ,就得到所需要证明的公式.

9.2　二重积分的计算

按照二重积分的定义来计算二重积分,对少数特别简单的被积函数和积分区域来说是可行的,但对于一般的函数和积分区域来说这不是一种切实可行的方法. 本节介绍一种二重积分的计算方法,这种方法是把二重积分化为二次单积分(即两次定积分)来计算.

9.2.1　利用直角坐标计算二重积分

下面用几何观点来讨论二重积分 $\iint_D f(x,y)\mathrm{d}\sigma$ 的计算问题. 假定 $f(x,y)\geqslant 0$. 设积分闭区域 D 可以用不等式

$$\varphi_1(x) \leqslant y \leqslant \varphi_2(x), a \leqslant x \leqslant b$$

来表示(图9-5),其中函数 $\varphi_1(x)$、$\varphi_2(x)$ 是区间 $[a,b]$ 上的连续函数.

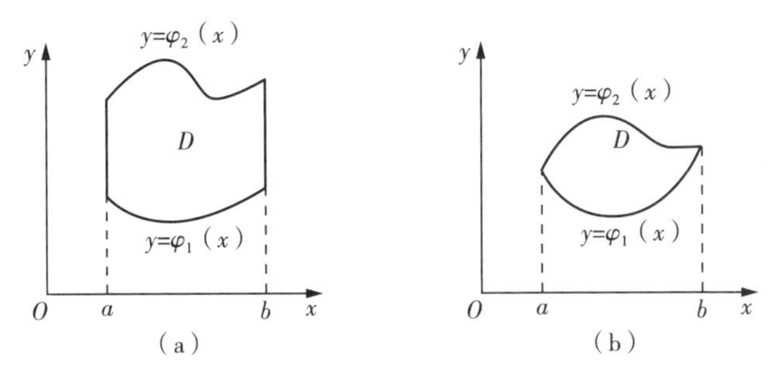

图9-5　X 型积分区域

按照定积分的几何意义,二重积分 $\iint_D f(x,y)\mathrm{d}\sigma$ 的值等于以 D 为底,曲面 $z=f(x,y)$ 为顶的曲顶柱体(图9-6)的体积. 下面应用第5章中计算"平行截面面积为已知的立体的体积"的方法来计算这个曲顶柱体的体积.

先计算截面面积. 为此,在区间 $[a,b]$ 上任意取定一点 x_0,过该点作平行于 yOz 的平面与曲顶柱体所得的截面是一个以区间 $[\varphi_1(x_0),\varphi_2(x_0)]$ 为底,曲线 $z=f(x_0,y)$ 为曲边的曲

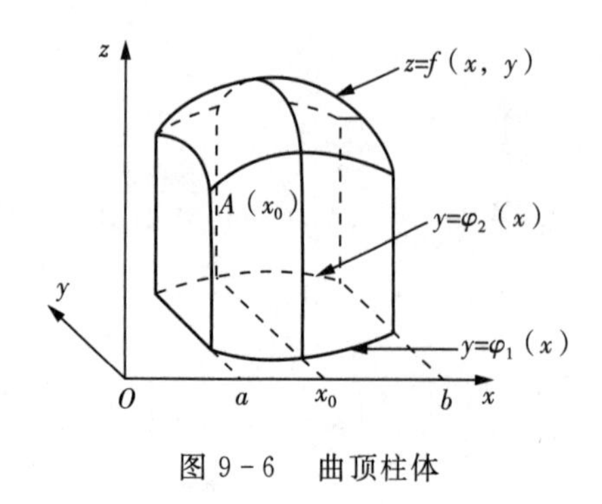

图 9-6　曲顶柱体

边梯形(图 9-6 中阴影部分),所以这截面的面积为

$$A(x_0)=\int_{\varphi_1(x_0)}^{\varphi_2(x_0)} f(x_0,y)\mathrm{d}y.$$

一般地,过区间$[a,b]$上任一点x且平行于yOz面的平面截曲顶柱体所得截面的面积为

$$A(x)=\int_{\varphi_1(x)}^{\varphi_2(x)} f(x,y)\mathrm{d}y.$$

于是,应用计算平行截面面积为已知的立体体积的方法,得曲顶柱体体积为

$$V=\int_a^b A(x)\mathrm{d}x=\int_a^b\left[\int_{\varphi_1(x)}^{\varphi_2(x)} f(x,y)\mathrm{d}y\right]\mathrm{d}x.$$

这个体积也就是所求二重积分的值,从而有等式

$$\iint_D f(x,y)\mathrm{d}\sigma=\int_a^b\left[\int_{\varphi_1(x)}^{\varphi_2(x)} f(x,y)\mathrm{d}y\right]\mathrm{d}x \tag{9-2}$$

上式右端的积分叫做**先对y,后对x的二次积分**.就是说,先把x看做常数,把$f(x,y)$只看做y的函数,并对y计算从$\varphi_1(x)$到$\varphi_2(x)$的定积分;然后再把计算的结果(x的函数)对x计算在区间$[a,b]$上的定积分.这个先对y,后对x积分的二重积分也常常记作

$$\int_a^b\mathrm{d}x\int_{\varphi_1(x)}^{\varphi_2(x)} f(x,y)\mathrm{d}y.$$

因此,式(9-2)也写成

$$\iint_D f(x,y)\mathrm{d}\sigma=\int_a^b\mathrm{d}x\int_{\varphi_1(x)}^{\varphi_2(x)} f(x,y)\mathrm{d}y \tag{9-3}$$

这就是把二重积分化为先对y,后对x的二次积分的公式.

在上述讨论中假定$f(x,y)\geqslant 0$,但实际公式(9-3)的成立并不受此条件的限制.

类似地,如果积分闭区域D可以用不等式

$$\psi_1(y)\leqslant x\leqslant\psi_2(y),c\leqslant y\leqslant d$$

来表示(图 9-7),其中函数$\psi_1(x)$、$\psi_2(x)$在区间$[c,d]$上连续,那么

$$\iint_D f(x,y)\mathrm{d}\sigma=\int_c^d\left[\int_{\psi_1(y)}^{\psi_2(y)} f(x,y)\mathrm{d}x\right]\mathrm{d}y \tag{9-4}$$

上式右端的积分叫做**先对x,后对y的二次积分**,这个积分也常常记作

$$\iint_D f(x,y)\mathrm{d}\sigma=\int_c^d\mathrm{d}y\int_{\psi_1(y)}^{\psi_2(y)} f(x,y)\mathrm{d}x \tag{9-5}$$

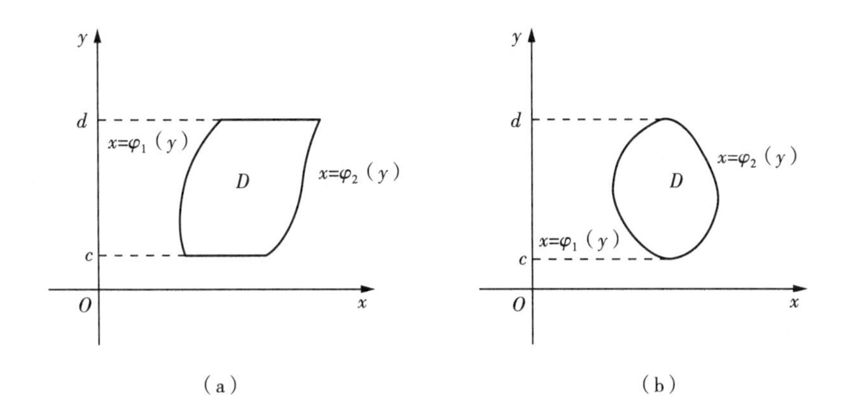

图 9-7　Y 型积分区域

这就是把二重积分化为先对 x，后对 y 的二次积分的公式．

称图 9-5 所示的积分区域为 X 型区域，其特点是穿过 D 内部且平行于 y 轴的直线与 D 的边界相交不多于两点，应用公式(9-3)时，其必须为 X 型区域．称图 9-7 为 Y 型区域，其特点是穿过 D 内部且平行于 x 轴的直线与 D 的边界相交不多于两点，应用公式(9-4)时，其必须为 Y 型区域．如果积分区域 D 如图 9-8 那样，既有一部分穿过 D 内部且平行于 y 轴的直线与 D 的边界相交多于两点，又有一部分穿过 D 内部且平行于 x 轴的直线与 D 的边界相交多于两点，那么 D 既不是 X 型也不是 Y 型．对于这种情形，可以把 D 分成几个部分，使它们都是 X 型或者 Y 型．例如，在图 9-8 中，把 D 分成三个部分，它们都是 X 型的区域，从而在三部分上的二重积分可以用公式(9-3) 各个部分上的二重积分求得后，根据二重积分的性质 2，它们的和就是在 D 上的二重积分．

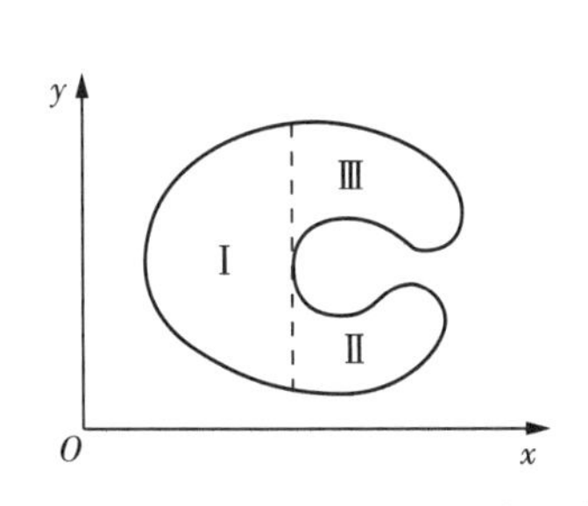

图 9-8　非 X 型非 Y 型积分区域

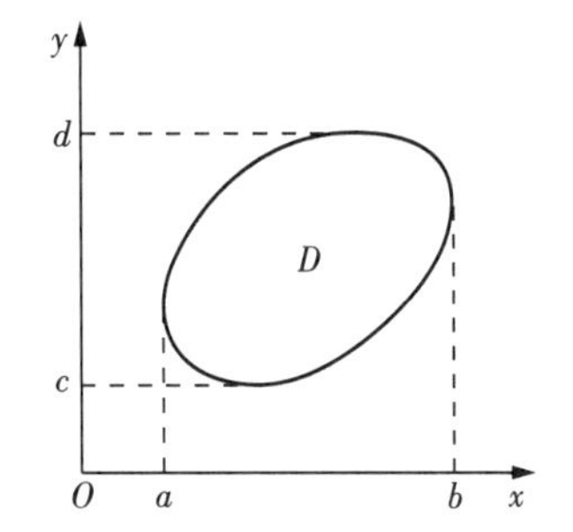

图 9-9　既是 X 型又是 Y 型积分区域

如果积分区域 D 既是 X 型，可以用不等式 $\varphi_1(x)\leqslant y\leqslant\varphi_2(x)$，$a\leqslant x\leqslant b$ 来表示；又是 Y 型，可以用不等式 $\psi_1(y)\leqslant x\leqslant\psi_2(y)$，$c\leqslant y\leqslant d$ 来表示(图 9-9)，那么由式(9-3) 和式(9-5) 可知

$$\int_a^b \mathrm{d}x\int_{\varphi_1(x)}^{\varphi_2(x)} f(x,y)\mathrm{d}y=\int_c^d \mathrm{d}y\int_{\psi_1(y)}^{\psi_2(y)} f(x,y)\mathrm{d}x \tag{9-6}$$

式(9-6) 表明，这两个不同次序的二次积分相等，因此它们都等于同一个二重积分

$$\iint_D f(x,y)\mathrm{d}\sigma.$$

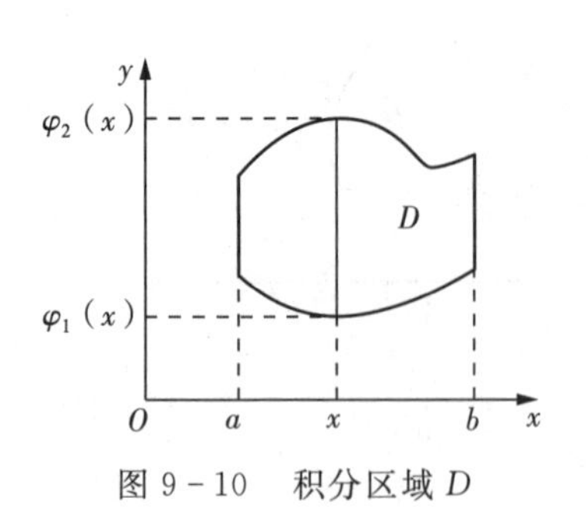

图 9－10　积分区域 D

将二重积分化为二次积分时，确定积分限是一个关键．积分限是根据积分区域 D 来确定的，先画出积分区域 D 的图像．假如积分区域 D 是 X 型的，如图 9－10 所示，在区间 $[a,b]$ 上任取定一个 x 值，积分区域上以这个 x 值为横坐标的点在一段直线上，这段直线垂直于 x 轴，在该线段上点的纵坐标从 $\varphi_1(x)$ 变到 $\varphi_2(x)$，这就是公式(9－2)中先把 x 看做常量而对 y 积分时的下限和上限．因为上面的 x 值是在 $[a,b]$ 上任意取定的，所以再把 x 看做变量而对 x 积分时，积分区间就是 $[a,b]$.

例 4　按两种不同的积分次序，把二重积分

$$\iint_D f(x,y)\mathrm{d}\sigma$$

化为二次积分，其中积分区域由直线 $x+y=1$ 和直线 $x-y=1$ 及 y 轴围成．

解　先画出积分区域 D 的图像(图 9－11)，分别求出边界直线的三个交点为(1,0)，(0,1) 和(0,－1).

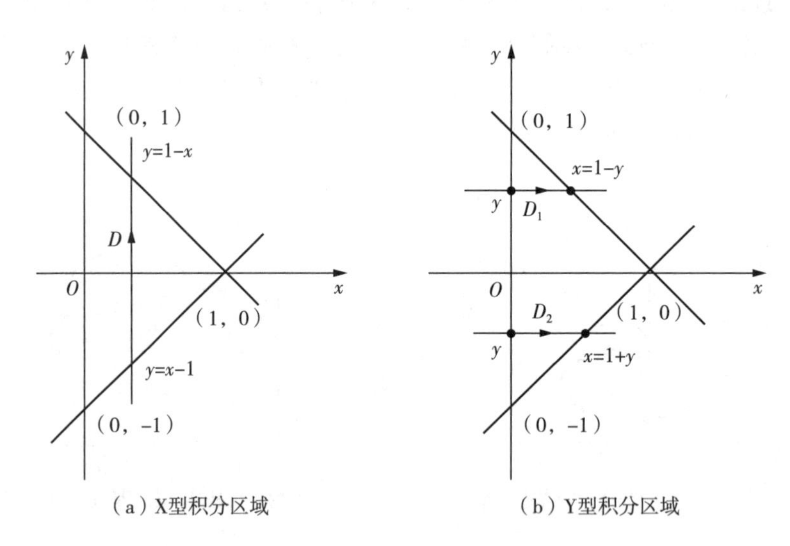

图 9－11

解法 1　化为先对 y 后对 x 的二次积分．

在 x 的变化区间[0,1]上任取一点 x，过 x 作平行于 y 的直线[图 9－11(a)]，它穿过区域 D 的内部时，由纵坐标为 $y=x-1$ 的点穿入，而由纵坐标为 $y=1-x$ 的点穿出，故得到对 y 的积分下限为 $x-1$，积分上限为 $1-x$，然后，让 x 在区间[0,1]上变动，所以对 x 的积分下限是 0，上限是 1. 于是

$$\iint\limits_{D} f(x,y)\mathrm{d}\sigma = \int_{0}^{1}\mathrm{d}x\int_{x-1}^{1-x} f(x,y)\mathrm{d}y.$$

解法 2　化为先对 x 后对 y 的二次积分．

因为用两条平行于 x 轴的直线穿过区域D 内部时，穿出的边界线曲线不同(两条不同的直线)，所以应把区域 D 按 x 轴上方及下方分成 D_1 和 D_2 两部分[图 9-11(b)]. 根据二重积分的性质 2 可知

$$\iint\limits_{D} f(x,y)\mathrm{d}\sigma = \iint\limits_{D_1} f(x,y)\mathrm{d}\sigma + \iint\limits_{D_2} f(x,y)\mathrm{d}\sigma.$$

在区域 D_1 上，y 的变化范围是区间[0,1]. 在[0,1]上任取一点 y，过 y 作平行于 x 轴的直线，它穿过区域 D_1 内部时．横坐标由 $x=0$ 的点穿入，而由横坐标为 $x=1-y$ 的点穿出，故得到对 x 的积分下限是 0，上限是 $1-y$. 然后让 y 在[0,1]上变动，故得到对 y 的积分下限是 0，上限是 1. 于是

$$\iint\limits_{D_1} f(x,y)\mathrm{d}\sigma = \int_{0}^{1}\mathrm{d}y\int_{0}^{1-y} f(x,y)\mathrm{d}x.$$

类似地，在区域 D_2 上，有

$$\iint\limits_{D_2} f(x,y)\mathrm{d}\sigma = \int_{-1}^{0}\mathrm{d}y\int_{0}^{1+y} f(x,y)\mathrm{d}x.$$

因此

$$\iint\limits_{D} f(x,y)\mathrm{d}\sigma = \int_{0}^{1}\mathrm{d}y\int_{0}^{1-y} f(x,y)\mathrm{d}x + \int_{-1}^{0}\mathrm{d}y\int_{0}^{1+y} f(x,y)\mathrm{d}x.$$

可见，根据积分区域 D 的图像，可知其为 X 型，故选择解法 1 较为合适．

例 2　计算$\iint\limits_{D} xy\,\mathrm{d}\sigma$，其中 D 是由抛物线 $y^2=x$ 及直线 $y=x-2$ 所围成的闭区域．

解　先画出积分区域 D 的图像(图 9-12)，分别求出边界直线的两个交点为(4,2) 和(1，-1).

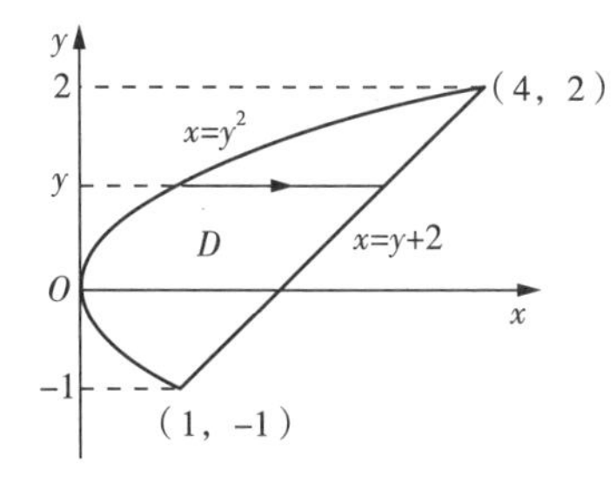

图 9-12　Y 型积分区域

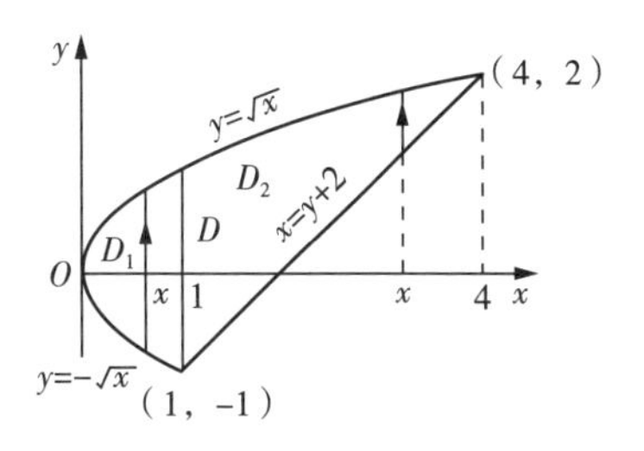

图 9-13　X 型积分区域

解法 1 化为先对 x 后对 y 的二次积分．

在 y 的变化区间 $[-1,2]$ 上任取一点 y，过点 y 作平行于 x 的直线(图 9-12)，它穿过区域 D 的内部时，由横坐标为 $x=y^2$ 的点穿入，而由横坐标为 $x=y+2$ 的点穿出，故得对 x 积分的下限为 y^2，上限为 $y+2$，因此

$$\iint_D xy\,d\sigma=\int_{-1}^{2}dy\int_{y^2}^{y+2}xy\,dx=\int_{-1}^{2}\left[\frac{x^2}{2}y\right]_{y^2}^{y+2}dy=\frac{1}{2}\int_{-1}^{2}[y(y+2)^2-y^5]dy.$$

$$=\frac{1}{2}\left[-\frac{y^6}{6}+\frac{y^4}{4}+\frac{4}{3}y^3+2y^2\right]_{-1}^{2}=\frac{45}{8}.$$

解法 2 化为先对 y 后对 x 的二次积分．

因为用两条平行于 y 轴的直线穿过区域 D 内部时，穿出的边界线曲线不同，所以应把区域 D 按 $x=1$ 左右分为 D_1 和 D_2 两部分(图 9-13)．其中

$$D_1=\{(x,y)\mid -\sqrt{x}\leqslant y\leqslant\sqrt{x},0\leqslant x\leqslant 1\},$$

$$D_2=\{(x,y)\mid x-2\leqslant y\leqslant\sqrt{x},1\leqslant x\leqslant 4\}.$$

根据二重积分的性质 3 可知

$$\iint_D f(x,y)d\sigma=\iint_{D_1}f(x,y)d\sigma+\iint_{D_2}f(x,y)d\sigma.$$

在区域 D_1 上，x 的变化范围是区间 $[0,1]$．在 $[0,1]$ 上任取一点 x，过点 x 作平行于 y 轴的直线，它穿过区域 D_1 内部时，纵坐标由 $y=-\sqrt{x}$ 的点穿入，而由纵坐标为 $y=\sqrt{x}$ 的点穿出，故得到对 y 的积分下限是 $-\sqrt{x}$，上限是 $\sqrt{x}$．然后，让 x 在 $[0,1]$ 上变动，故得到对 x 的积分下限是 0，上限是 1．于是

$$\iint_{D_1}f(x,y)d\sigma=\int_0^1dx\int_{-\sqrt{x}}^{\sqrt{x}}xy\,dy=\frac{1}{2}\int_0^1[xy^2]\mid_{-\sqrt{x}}^{\sqrt{x}}dx=0.$$

在区域 D_2 上，x 的变化范围是区间 $[1,4]$．在 $[1,4]$ 上任取一点 x，过 x 作平行于 y 轴的直线，它穿过区域 D_2 内部时．纵坐标由 $y=x-2$ 的点穿入，而由纵坐标为 $y=\sqrt{x}$ 的点穿出，故得到对 y 的积分下限是 $x-2$，上限是 $\sqrt{x}$．然后，让 x 在 $[1,4]$ 上变动，故得到对 x 的积分下限是 1，上限是 4．于是

$$\iint_{D_2}f(x,y)d\sigma=\int_1^4dx\int_{x-2}^{\sqrt{x}}xy\,dy=\frac{1}{2}\int_1^4[xy^2]\mid_{x-2}^{\sqrt{x}}dx=\frac{45}{8}.$$

例 3 计算 $\iint_D x^2e^{-y^2}dxdy$，其中 D 是由直线 $y=x$，$y=1$ 及 $x=0$ 所围成的区域．

解　先画出积分区域 D 的图像(图 9-14),求出直线 $y=x$ 与 $y=1$ 的交点(1,1).

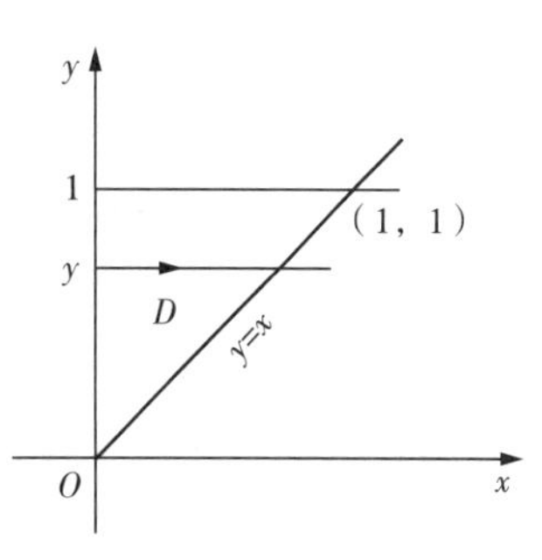

图 9-14　Y 型积分区域

区域 D 可以用不等式

$$0 \leqslant x \leqslant y, 0 \leqslant y \leqslant 1 \text{ 表示}.$$

把二重积分化为先对 x 后对 y 的二次积分. 直接采用公式(9-4),得

$$\iint_D x^2 e^{-y^2} \mathrm{d}x\mathrm{d}y = \int_0^1 \mathrm{d}y \int_0^y x^2 e^{-y^2} \mathrm{d}x = \int_0^1 e^{-y^2} \mathrm{d}y \int_0^y x^2 \mathrm{d}x$$

$$= \frac{1}{3}\int_0^1 y^3 e^{-y^2} \mathrm{d}y = \frac{1}{6}\int_0^1 y^2 e^{-y^2} \mathrm{d}y^2 \text{(令 } t=y^2\text{)}$$

$$= \frac{1}{6}\int_0^1 t e^{-t} \mathrm{d}t$$

$$= -\frac{1}{6}\left[te^{-t} + e^{-t}\right]_0^1 = \frac{1}{6} - \frac{1}{3e}.$$

注　本例题的计算中,如果先对 y 后对 x 积分,得

$$\iint_D x^2 e^{-y^2} \mathrm{d}x\mathrm{d}y = \int_0^1 x^2 \mathrm{d}x \int_x^1 e^{-y^2} \mathrm{d}y.$$

由于 e^{-y^2} 的原函数不能用初等函数来表示,先对 y 的积分是"积不出来"的,所以本例题只能先对 x 后对 y 积分.

下面举一个交换积分次序的例子.

例 4　交换下列积分的积分次序.

$$I = \int_0^1 \mathrm{d}y \int_{\sqrt{y}}^{3-2y} f(x,y)\mathrm{d}x.$$

解　由题意可知,积分区域 D(图 9-15) 可以表示为

$$\sqrt{y} \leqslant x \leqslant 3-2y, 0 \leqslant y \leqslant 1.$$

过抛物线 $x=\sqrt{y}$ 与直线 $x=3-2y$ 的交点(1,1),作平行于 y 轴的直线,把区域 D 分成 D_1 与 D_2 两个部分区域,分别表示为

$$D_1: 0 \leqslant y \leqslant x^2, 0 \leqslant x \leqslant 1,$$

$$D_2: 0 \leqslant y \leqslant \frac{1}{2}(3-x), 1 \leqslant x \leqslant 3.$$

根据二重积分性质 2,并利用公式(9-2),便可以得到先对 y 后对 x 的二次积分:

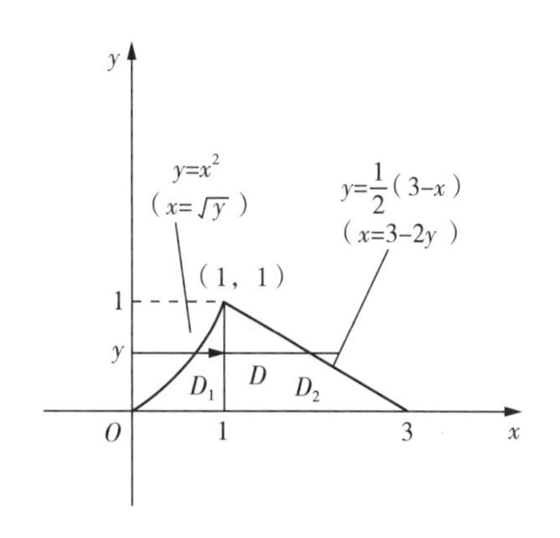

图 9-15　积分区域 D

$$I=\int_0^1 \mathrm{d}x\int_0^{x^2} f(x,y)\mathrm{d}y+\int_1^3 \mathrm{d}x\int_0^{\frac{1}{2}(3-x)} f(x,y)\mathrm{d}y.$$

注 交换二次积分的积分次序的一般步骤：

(1) 根据已给的二次积分的积分线，用不等式表示积分区域 D，画出区域 D 的图像；

(2) 根据积分区域 D 的图像，把 D 改用另一种不等式来表示，以确定改变积分次序后的积分限，把所给的二次积分化为另一种次序的二次积分．

9.2.2 利用极坐标计算二重积分

对于某些二重积分，它的被积函数用极坐标变量表达比较简单，而积分区域 D 的边界曲线用极坐标方程来表示比较方便，那么就可以考虑利用极坐标来计算二重积分．

如果把直角坐标系的原点取为极值点，把 Ox 轴的正半轴取为极轴，那么直角坐标系与极坐标之间(图 9－16) 有如下关系：

$$\begin{cases}x=r\cos\theta,\\ y=r\sin\theta.\end{cases}$$

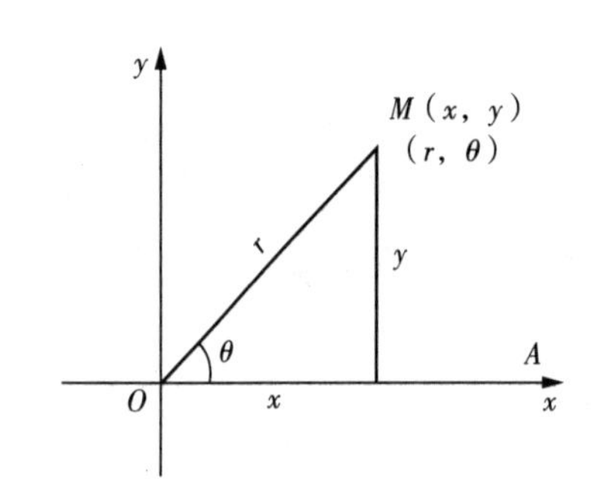

图 9－16 直角坐标与极坐标关系

经过这样的变换之后，直角坐标系中的二重积分 $\iint\limits_D f(x,y)\mathrm{d}\sigma$ 在极坐标中又有怎样的表现形式呢？

对于被积函数 $f(x,y)$，利用直角坐标系与极坐标之间的转换关系，可以变换为

$$f(x,y)=f(r\cos\theta,r\sin\theta).$$

现在再来求直角坐标系中的元素面积 $\mathrm{d}\sigma$. 在极坐标系中，点的表示方法是 (r,θ). 当 $r=$ 常数时，表示以极点 O 为圆心，以 r 为半径的圆；当 $\theta=$ 常数时，表示从极点 O 出发的一组射线．根据极坐标系的特点，假设在极坐标系中从极点 O 出发的射线穿过区域 D 且与其边界线相交不多于两点，采用 $r=$ 常数和 $\theta=$ 常数来分割区域 D [图 9－17(a)].

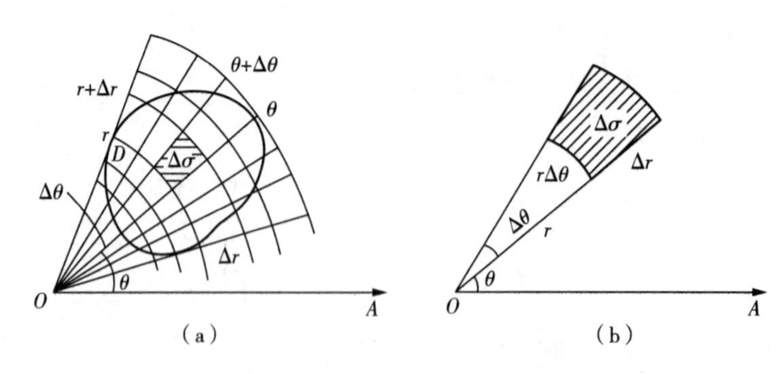

图 9－17 极坐标系下积分区域

设 $\Delta\sigma$ 是由半径分别为 r 和 $r+\Delta r$ 的两个圆弧与极角分别为 θ 和 $\theta+\Delta\theta$ 两条射线所围成的小区域[图 9 - 17(b)]. 该区域可以近似看成边长分别为 Δr 和 $r\Delta\theta$ 的小矩形，所以它的面积为

$$\Delta\sigma \approx r\Delta r\Delta\theta.$$

因此，直角坐标系中的元素面积 $d\sigma$ 在极坐标中可以表示为

$$d\sigma = r dr d\theta.$$

于是，可以得到二重积分在极坐标系中的表达式为

$$\iint_D f(x,y)d\sigma = \iint_D f(r\cos\theta, r\sin\theta) r dr d\theta \tag{9-7}$$

注　把直角坐标系中的二重积分变换为极坐标的形式时，应当记住两点：

(1) 变换被积函数，即 $f(x,y)$ 变为 $f(r\cos\theta, r\sin\theta)$；

(2) 变换面积元素，即 $d\sigma$(或 $dxdy$) 变为 $r dr d\theta$.

下面来说明如何把直角坐标系中的二重积分变化为二次积分来计算．

(1) 极点 O 在区域 D 之外的情形．

设积分区域 D 在极坐标系中可以用不等式

$$\varphi_1(\theta) \leqslant r \leqslant \varphi_2(\theta), \alpha \leqslant \theta \leqslant \beta$$

来表示(图 9 - 18)，其中函数 $\varphi_1(\theta), \varphi_2(\theta)$ 在 $[\alpha,\beta]$ 上连续．

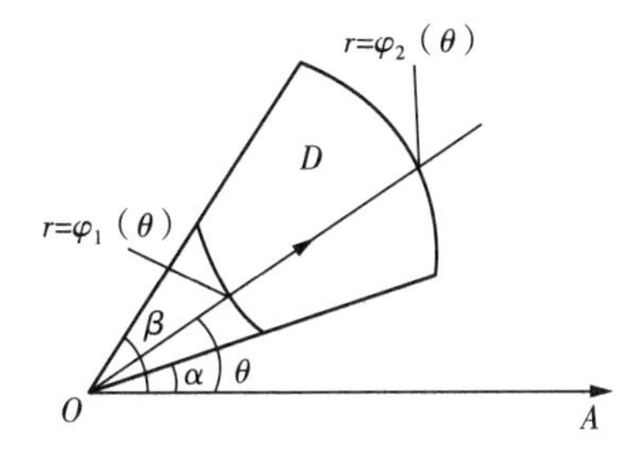

图 9 - 18　极点 O 在区域 D 之外

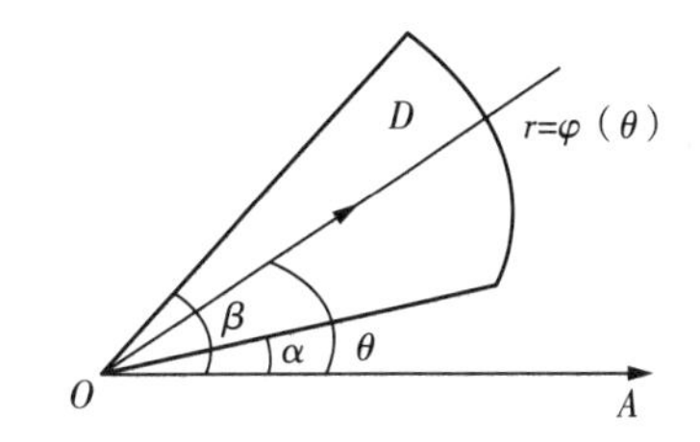

图 9 - 19　极点 O 在区域 D 边界上

与直角坐标系中把二重积分化为对积分变量 x,y 的二次积分类似．先在 θ 的变化区间 $[\alpha,\beta]$ 上任意取一 θ 值，过极点作极角为 θ 的射线，它穿过区域 D 的内部时，由 $r=\varphi_1(\theta)$ 的点穿入，$r=\varphi_2(\theta)$ 的点穿出(图 9 - 18)，从而可知，对 r 的积分下限是 $\varphi_1(\theta)$，上限是 $\varphi_2(\theta)$. 然后，θ 在 $[\alpha,\beta]$ 上变化，即

$$\iint_D f(r\cos\theta, r\sin\theta) r dr d\theta = \int_\alpha^\beta \left[\int_{\varphi_1(\theta)}^{\varphi_2(\theta)} f(r\cos\theta, r\sin\theta) r dr\right] d\theta \tag{9-8}$$

式(9 - 8) 也可以写为

$$\iint_D f(r\cos\theta, r\sin\theta) r dr d\theta = \int_\alpha^\beta d\theta \int_{\varphi_1(\theta)}^{\varphi_2(\theta)} f(r\cos\theta, r\sin\theta) r dr \tag{9-9}$$

特别地,如果积分区域为曲边扇形(图 9-19),即极点 O 在区域 D 边界上,那么可以将其看作是图(9-18)中当 $\varphi_1(\theta)=0,\varphi_2(\theta)=\varphi(\theta)$ 时的特例,这时区域 D 可以表示为

$$0\leqslant r\leqslant\varphi(\theta),\alpha\leqslant\theta\leqslant\beta.$$

其计算公式为

$$\iint\limits_D f(r\cos\theta,r\sin\theta)r\mathrm{d}r\mathrm{d}\theta=\int_\alpha^\beta\mathrm{d}\theta\int_0^{\varphi(\theta)}f(r\cos\theta,r\sin\theta)r\mathrm{d}r.$$

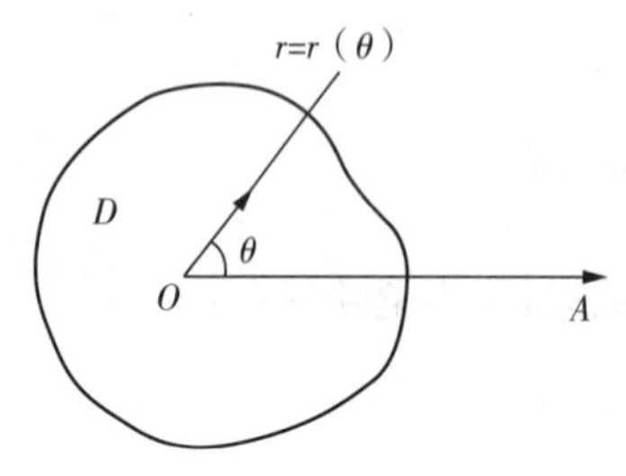

图 9-20　极点 O 在区域 D 内

(2) 极点 O 在区域 D 之内的情形.

设区域 D 的边界曲线是极坐标方程 $r=r(\theta)$(图 9-20),这时区域 D 可表示为

$$0\leqslant r\leqslant\varphi(\theta),0\leqslant\theta\leqslant2\pi.$$

在 θ 的变化区间 $[0,2\pi]$ 上任意固定一个 θ,过极点作一条射线,它从 $r=0$ 变到 $r=r(\theta)$. 因此对 r 积分的下限是 0,上限是 $r(\theta)$;对 θ 的积分区间是 $[0,2\pi]$. 于是得到

$$\iint\limits_D f(r\cos\theta,r\sin\theta)r\mathrm{d}r\mathrm{d}\theta=\int_0^{2\pi}\left[\int_0^{r(\theta)}f(r\cos\theta,r\sin\theta)r\mathrm{d}r\right]\mathrm{d}\theta \tag{9-10}$$

式(9-10)也可以写成

$$\iint\limits_D f(r\cos\theta,r\sin\theta)r\mathrm{d}r\mathrm{d}\theta=\int_0^{2\pi}\mathrm{d}\theta\int_0^{r(\theta)}f(r\cos\theta,r\sin\theta)r\mathrm{d}r \tag{9-11}$$

例 5　计算 $\iint\limits_D e^{-(x^2+y^2)}\mathrm{d}x\mathrm{d}y$,其中 D 是中心在原点,半径为 a 的圆形区域.

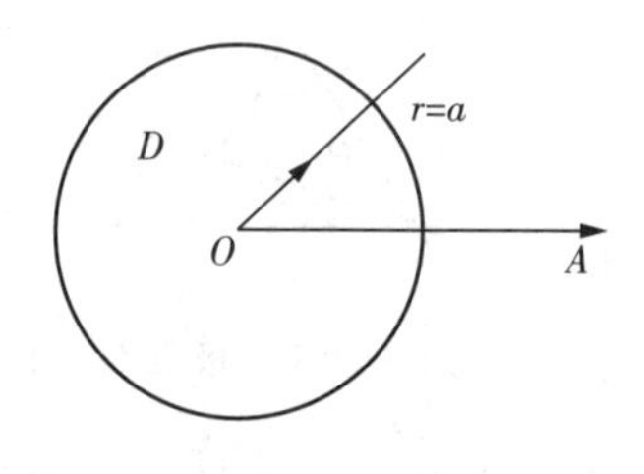

图 9-21　圆形区域

解　在极坐标系中,区域 D(图 9-21)可表示为 $0\leqslant r\leqslant a,0\leqslant\theta\leqslant2\pi$.

因为把直角坐标系变为极坐标时,$x^2+y^2=(r\cos\theta)^2+(r\sin\theta)^2=r^2$,

所以由公式(9-7)和式(9-11)得

$$=\iint\limits_D e^{-r^2}r\mathrm{d}r\mathrm{d}\theta$$

$$\iint\limits_D e^{-(x^2+y^2)}\mathrm{d}x\mathrm{d}y=\int_0^{2\pi}\mathrm{d}\theta\int_0^a e^{-r^2}r\mathrm{d}r=\frac{1}{2}\int_0^{2\pi}[-e^{-r^2}]_0^a\mathrm{d}\theta$$

$$=\frac{1}{2}(1-e^{-a^2})\int_0^{2\pi}\mathrm{d}\theta=\pi(1-e^{-a^2}).$$

注　本例题如果用直角坐标计算，由于积分$\int e^{-x^2}\mathrm{d}x$不能用初等函数表示，所以是不能直接算出结果的．

例6　计算$\iint\limits_D \cos\sqrt{x^2+y^2}\,\mathrm{d}x\mathrm{d}y$，其中区域$D$为圆环域：$\pi^2\leqslant x^2+y^2\leqslant 4\pi^2$在第一象限的部分．

解　积分区域D如图9－22所示，则在极坐标系下区域D可表示为

$$\pi\leqslant r\leqslant 2\pi,0\leqslant\theta\leqslant\frac{\pi}{2}.$$

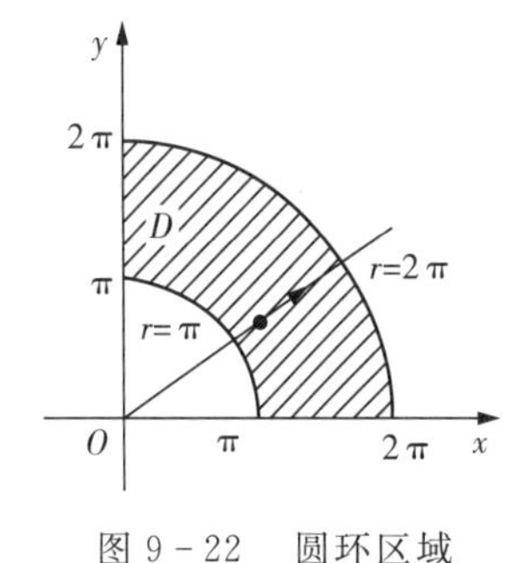

图9－22　圆环区域

于是

$$\iint\limits_D \cos\sqrt{x^2+y^2}\,\mathrm{d}x\mathrm{d}y=\int_0^{\frac{\pi}{2}}\mathrm{d}\theta\int_\pi^{2\pi} r\cos r\mathrm{d}r$$

$$=\int_0^{\frac{\pi}{2}}[r\sin r+\cos r]\Big|_\pi^{2\pi}\mathrm{d}\theta=\int_0^{\frac{\pi}{2}}2\mathrm{d}\theta=\pi.$$

例7　计算$\iint\limits_D x\,\mathrm{d}\sigma$，其中区域$D$是由圆$x^2+y^2=4$，$x^2+y^2=2x$与直线$x=0$所围成的区域．

解　积分区域D如图9－23所示，圆$x^2+y^2=4$及$x^2+y^2=2x$可以分别表示为

$$r=2\text{ 和 }r=2\cos\theta.$$

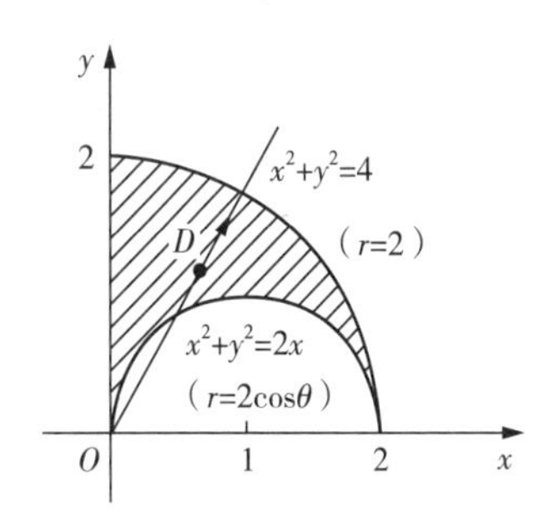

图9－23　积分区域D

由图9－23可知，极点O在区域D的边界上．在θ的变化区间$\left[0,\frac{\pi}{2}\right]$上任意取定$\theta$后，从极点出发作射线，它从$r=2\cos\theta$的点穿入，而从$r=2$的点穿出，因此区域$D$可表示为

$$0\leqslant\theta\leqslant\frac{\pi}{2},2\cos\theta\leqslant r\leqslant 2,$$

于是

$$\iint\limits_D x\,\mathrm{d}\sigma=\int_0^{\frac{\pi}{2}}\mathrm{d}\theta\int_{2\cos\theta}^{2} r^2\cos\theta\mathrm{d}r=\frac{1}{3}\int_0^{\frac{\pi}{2}}[\cos\theta r^3]_{2\cos\theta}^{2}\mathrm{d}\theta$$

$$=\frac{8}{3}\int_0^{\frac{\pi}{2}}(\cos\theta-\cos^4\theta)\mathrm{d}\theta=\frac{8}{3}\left[\int_0^{\frac{\pi}{2}}\cos\theta\mathrm{d}\theta-\int_0^{\frac{\pi}{2}}\cos^4\theta\mathrm{d}\theta\right]$$

$$=\frac{8}{3}\left(1-\frac{3}{4}\times\frac{1}{2}\times\frac{\pi}{2}\right)=\frac{8}{3}\left(1-\frac{3}{16}\pi\right).$$

一般地，如果积分区域为圆域、扇形域或环域等，而被积函数为 $f(x^2+y^2)$ 的形式时，采用极坐标计算可能会简单些.

9.3 二重积分的应用

9.3.1 计算平面薄片的质量与质心

由二重积分的物理意义可知，若平面薄片 D 的面密度为 $\mu(x,y)$，则此薄片的质量为

$$M=\iint\limits_D \mu(x,y)\mathrm{d}\sigma \tag{9-12}$$

首先，讨论平面上质点系的质心问题.

设 xOy 平面上有 n 个质点，它们位于点 $(x_1,y_1),(x_2,y_2),\cdots,(x_n,y_n)$ 处，质量分别为 $m_1,m_2,\cdots,m_n$，则称

$$M_x=\sum_{i=1}^{n}m_iy_i,\quad M_y=\sum_{i=1}^{n}m_ix_i$$

分别为该质点系对 x 轴和 y 轴的静矩.

由物理学知道，如果把质点系的总质量集中在点 $C(\bar{x},\bar{y})$ 处，使得总质量在 C 点处所产生的对 x 轴和 y 轴的静矩分别等于该质点对 x 轴、y 轴的静矩，即有

$$M\bar{x}=M_y,\quad M\bar{y}=M_x.$$

其中 $M=\sum\limits_{i=1}^{n}m_i$ 为质点系的总质量，那么这样的点 $C(\bar{x},\bar{y})$ 就是该质点系的质心，质心坐标为

$$\bar{x}=\frac{M_y}{M}=\frac{\sum\limits_{i=1}^{n}m_ix_i}{\sum\limits_{i=1}^{n}m_i},\quad \bar{y}=\frac{M_x}{M}=\frac{\sum\limits_{i=1}^{n}m_iy_i}{\sum\limits_{i=1}^{n}m_i}.$$

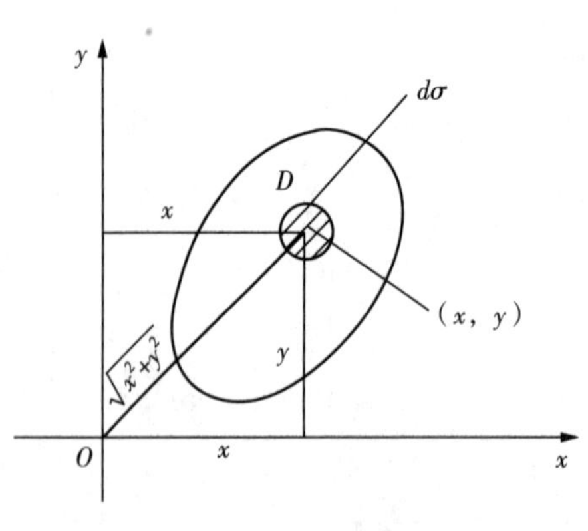

图 9-24　平面薄片

下面再来讨论质量连续分布的非均匀的平面薄片的质心问题.

设有一平面薄片，它在 xOy 面上占有区域 D，在点 (x,y) 处的面密度为 $\mu(x,y)$，且 $\mu(x,y)$ 在 D 上连续，求该薄片的质心坐标.

利用类似于定积分应用中的元素法，在区域 D 上任取一个直径很小的代表性小区域，(x,y) 为 $\mathrm{d}\sigma$ 内的任意一点(图 9-24). 由于 $\mathrm{d}\sigma$ 的直径很小，且 $\mu(x,y)$ 在 D 上连续，所以，薄片上相应于 $\mathrm{d}\sigma$ 小区域上的质量近似于

$\mu(x,y)\mathrm{d}\sigma$，这部分质量可以近似看作集中在点(x,y)处．于是，$\mathrm{d}\sigma$小块薄片关于y轴及x轴的静矩分别为

$$M_y=\iint_D x\mu(x,y)\mathrm{d}\sigma,\quad M_x=\iint_D y\mu(x,y)\mathrm{d}\sigma.$$

设该薄片D的质心为$C(\bar{x},\bar{y})$，总质量为M，则有

$$M\bar{x}=M_y, M\bar{y}=M_x.$$

其中

$$M=\iint_D \mu(x,y)\mathrm{d}\sigma,$$

因此薄片的质心坐标为

$$\bar{x}=\frac{M_y}{M}=\frac{\iint\limits_D x\mu(x,y)\mathrm{d}\sigma}{\iint\limits_D \mu(x,y)\mathrm{d}\sigma},\quad \bar{y}=\frac{M_x}{M}=\frac{\iint\limits_D y\mu(x,y)\mathrm{d}\sigma}{\iint\limits_D \mu(x,y)\mathrm{d}\sigma}\tag{9-13}$$

特别地，如果薄片是均匀的，即面密度$\mu(x,y)$为常数时，则式(9－13)分子、分母中的$\mu(x,y)$可以从积分号内提出去后约去，从而得到均匀薄片的质心坐标为

$$\bar{x}=\frac{1}{\sigma}\iint_D x\,\mathrm{d}\sigma,\quad \bar{y}=\frac{1}{\sigma}\iint_D y\,\mathrm{d}\sigma\tag{9-14}$$

其中，$\sigma=\iint\limits_D \mathrm{d}\sigma$是薄片所占的区域面积．此时，均匀薄片的质心也称为**形心**，它只与平面薄片所占区域D的形状有关．

例1　设有一个等腰直角三角形的薄片，腰长为a，各点处的面密度等于该点到直角顶点距离的平方，求该薄片的质心．

解　以直角三角形的直角顶点为坐标原点，两腰分别在x和y的正半轴上，则斜边AB的方程为$x+y=a$，薄片所占区域D如图9－25所示．

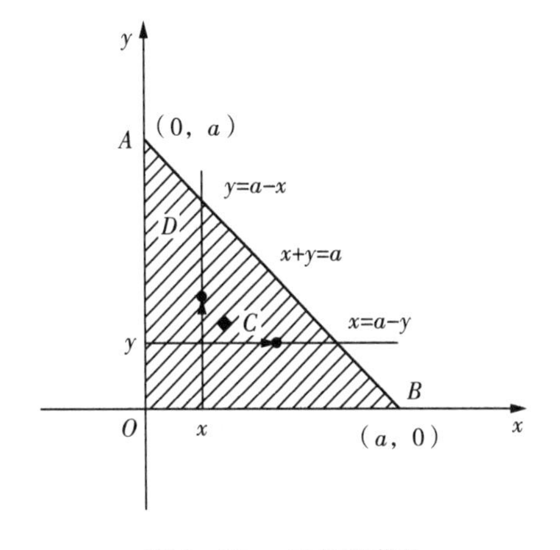

图9－25　三角形薄片

依题意，在区域D上任意一点(x,y)处的面密度为

$$\mu(x,y)=x^2+y^2,$$

所以

$$M=\iint\limits_{D}\mu(x,y)\mathrm{d}\sigma=\iint\limits_{D}(x^2+y^2)\mathrm{d}x\mathrm{d}y=\int_0^a\mathrm{d}x\int_0^{a-x}(x^2+y^2)\mathrm{d}y=\frac{a^4}{6},$$

$$M_x=\iint\limits_{D}y\mu(x,y)\mathrm{d}\sigma=\iint\limits_{D}y(x^2+y^2)\mathrm{d}x\mathrm{d}y=\int_0^a y\mathrm{d}y\int_0^{a-y}(x^2+y^2)\mathrm{d}x=\frac{a^5}{15},$$

$$M_y=\iint\limits_{D}x\mu(x,y)\mathrm{d}\sigma=\iint\limits_{D}x(x^2+y^2)\mathrm{d}x\mathrm{d}y=\int_0^a x\mathrm{d}x\int_0^{a-x}(x^2+y^2)\mathrm{d}y=\frac{a^5}{15}.$$

由公式(9－14),即可得到薄片的质心坐标为

$$\bar{x}=\frac{M_y}{M}=\frac{2}{5}a,\quad \bar{y}=\frac{M_x}{M}=\frac{2}{5}a,$$

故质心在点 $C\left(\frac{2}{5}a,\frac{2}{5}a\right)$ 处.

例 2 求位于两圆 $r=2\cos\theta,r=4\cos\theta$ 之间**均匀薄片**的质心.

解 如图 9－26 区域 D 关于 x 轴对称,所以均匀薄片的质心 $C(\bar{x},\bar{y})$ 必然落在 x 轴上,所以 $\bar{y}=0$.

由于薄片是均匀的,所求质心即形心,可利用公式(9－13) 计算 $\bar{x}$.

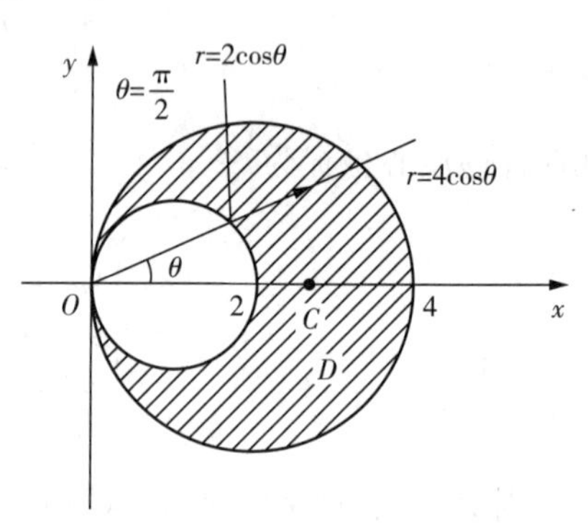

图 9－26 平面薄片

$$\iint\limits_{D}x\,\mathrm{d}\sigma=\iint\limits_{D}r\cos\theta\cdot r\mathrm{d}r\mathrm{d}\theta=\int_{-\frac{\pi}{2}}^{\frac{\pi}{2}}\mathrm{d}\theta\int_{2\cos\theta}^{4\cos\theta}r^2\cos\theta\mathrm{d}r=\frac{1}{3}\int_{-\frac{\pi}{2}}^{\frac{\pi}{2}}\left[r^3\cos\theta\right]_{2\cos\theta}^{4\cos\theta}\mathrm{d}\theta$$

$$=\frac{1}{3}\int_{-\frac{\pi}{2}}^{\frac{\pi}{2}}(64\cos^4\theta-8\cos^4\theta)\mathrm{d}\theta=\frac{56}{3}\int_{-\frac{\pi}{2}}^{\frac{\pi}{2}}\cos^4\theta\mathrm{d}\theta$$

$$=\frac{56}{3}\times2\int_0^{\frac{\pi}{2}}\cos^4\theta\mathrm{d}\theta=\frac{56}{3}\times2\times\frac{3}{4}\times\frac{1}{2}\times\frac{\pi}{2}=7\pi.$$

而区域 D 的面积 σ 等于半径为 2 与半径为 1 的两圆面积之差,即有

$$\sigma=\pi(2^2-1^2)=3\pi,$$

所以

$$\bar{x}=\frac{7\pi}{3\pi}=\frac{7}{3}.$$

因此所求平面薄片的质心,即形心为 $C\left(\frac{7}{3},0\right)$.

9.3.2 计算平面薄片的转动惯量

由物理学可知,质量为 m 的质点,绕距离为 r 的轴 L 转动时,表示转动惯性大小的物理

量 $I=mr^2$，称为质点对于轴 L 的**转动惯量**.

设 xOy 平面上有 n 个质点，它们位于点(x_1,y_1)，(x_2,y_2)，…，(x_n,y_n) 处，质量分别为 $m_1,m_2,\cdots,m_n$. 由物理学可知，该质点系对于 x 轴、y 轴及原点 O 的转动惯量依次为

$$I_x=\sum_{i=1}^{n}{y_i}^2m_i,\quad I_y=\sum_{i=1}^{n}{x_i}^2m_i,\quad I_O=\sum_{i=1}^{n}({x_i}^2+{y_i}^2)m_i.$$

下面来讨论质量连续分布的非均匀薄片的转动惯量的计算问题.

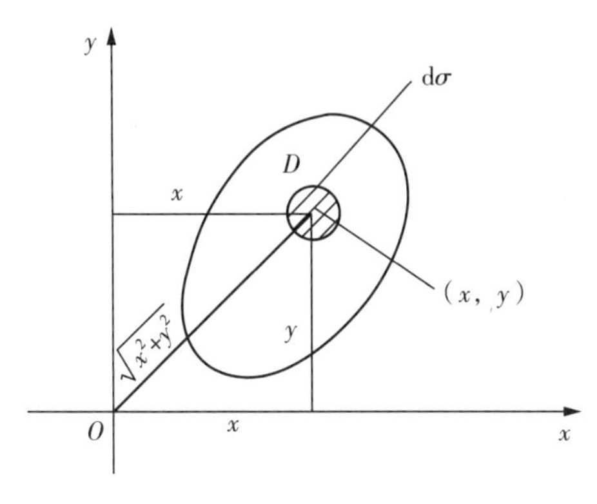

图 9-27　平面薄片

设有一平面薄片，它在 xOy 面上占有区域 D，在点(x,y) 处的面密度为 $\mu(x,y)$，且 $\mu(x,y)$ 在 D 上连续，求该薄片分别对于 x 轴、y 轴及原点 O 的转动惯量 I_x、I_y 和 I_O.

应用元素法，在区域 D 上任取一个直径很小的代表性小区域 $\mathrm{d}\sigma$(也表示面积)，(x,y) 为 $\mathrm{d}\sigma$ 内的任意一点(图 9-27).

由于 $\mathrm{d}\sigma$ 的直径很小，且 $\mu(x,y)$ 在 D 上连续，所以薄片上相应于 $\mathrm{d}\sigma$ 小区域上的质量近似于 $\mu(x,y)\mathrm{d}\sigma$，这部分质量可以近似看作集中在点(x,y) 处. 于是薄片对于 x 轴、y 轴及原点 O 的转动惯量元素分别为

$$\mathrm{d}I_x=y^2\mu(x,y)\mathrm{d}\sigma,\quad \mathrm{d}I_y=x^2\mu(x,y)\mathrm{d}\sigma,\quad \mathrm{d}I_O=(x^2+y^2)\mu(x,y)\mathrm{d}\sigma.$$

以这些元素为被积表达式，分别在区域 D 上做二重积分，得

$$I_x=\iint\limits_D y^2\mu(x,y)\mathrm{d}\sigma, I_y=\iint\limits_D x^2\mu(x,y)\mathrm{d}\sigma,\quad I_O=\iint\limits_D (x^2+y^2)\mu(x,y)\mathrm{d}\sigma \quad (9-15)$$

例 3　设有一质量均匀分部，总质量为 M，半径为 a 的圆形薄板的 $\frac{1}{4}$ 部分，绕过圆心且垂直于薄板所在平面的轴旋转，求它的转动惯量.

解　选取坐标系(图 9-28)，区域 D 在极坐标系中表示为

$$0\leqslant\theta\leqslant\frac{\pi}{2},0\leqslant r\leqslant a.$$

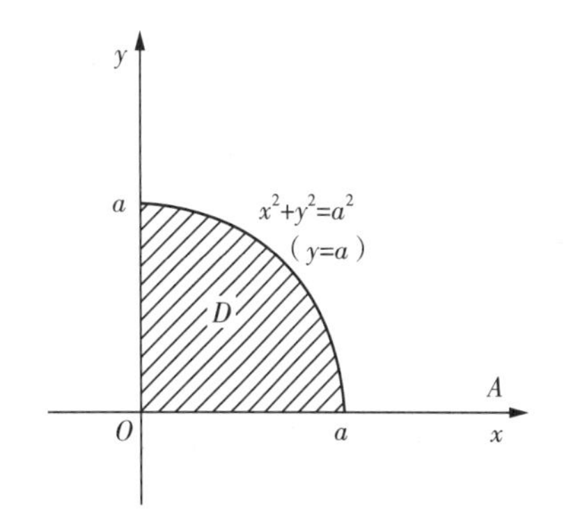

图 9-28　平面薄片

由题意可知，所求的转动惯量就是薄板对原点 O 的转动惯量 I_O. 因为薄板的总质量为 M，且是均匀分布的，所以薄板的面密度为

$$\mu=\frac{M}{\frac{1}{4}\pi a^2}=\frac{4M}{\pi a^2}.$$

于是,所求的转动惯量为

$$I_O=\iint\limits_D(x^2+y^2)\mu(x,y)\mathrm{d}\sigma=\iint\limits_D(x^2+y^2)\frac{4M}{\pi a^2}\mathrm{d}x\mathrm{d}y=\frac{4M}{\pi a^2}\iint\limits_D r^2\cdot r\mathrm{d}r\mathrm{d}\theta$$

$$=\frac{4M}{\pi a^2}\int_0^{\frac{\pi}{2}}\mathrm{d}\theta\int_0^a r^3\mathrm{d}r=\frac{4M}{\pi a^2}\cdot\frac{\pi}{2}\cdot\frac{a^4}{4}=\frac{1}{2}Ma^2.$$

例 4 求均匀平面薄片 D 对于 y 轴的转动惯量($\mu=1$),其中 $D:0\leqslant y\leqslant 1-x^2$(图 9-29).

解 $I_y=\iint\limits_D x^2\mathrm{d}\sigma=\iint\limits_D x^2\mathrm{d}x\mathrm{d}y=\int_{-1}^1 x^2\mathrm{d}x\int_0^{1-x^2}\mathrm{d}y$

$$=\int_{-1}^1 x^2(1-x^2)\mathrm{d}x=2\int_0^1(x^2-x^4)\mathrm{d}x$$

$$=\frac{4}{15}.$$

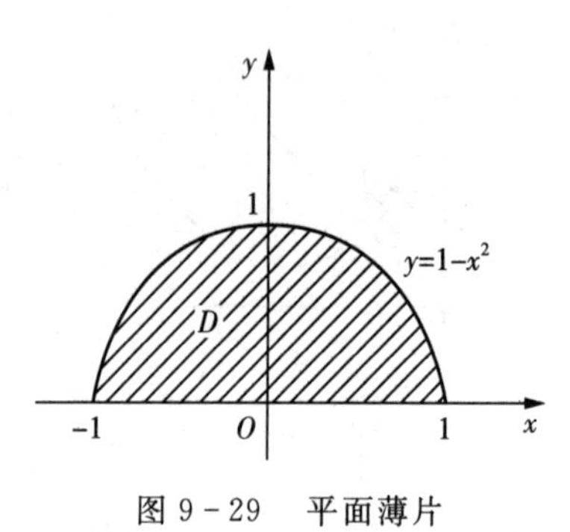

图 9-29 平面薄片

复习题 9

1. 选择题.

(1) 设函数 $f(x,y)$ 在 $D:x^2+y^2\leqslant a^2(a>0)$ 上连续,则$\iint\limits_D f(x,y)\mathrm{d}\sigma=$( ).

A. $\int_0^{2\pi}\mathrm{d}\theta\int_0^a f(r\cos\theta,r\sin\theta)\mathrm{d}r$ B. $4\int_0^{\frac{\pi}{2}}\mathrm{d}\theta\int_0^a f(r\cos\theta,r\sin\theta)r\mathrm{d}r$

C. $2\int_0^a\mathrm{d}x\int_{-\sqrt{a^2-x^2}}^{\sqrt{a^2-x^2}}f(x,y)\mathrm{d}y$ D. $\int_{-a}^a\mathrm{d}x\int_{-\sqrt{a^2-x^2}}^{\sqrt{a^2-x^2}}f(x,y)\mathrm{d}y$

(2) 设函数 $f(x,y)$ 在区域 $D:x^2+y^2\leqslant a^2$ 上连续,则当 $a\to 0$ 时,$\frac{1}{\pi a^2}\iint\limits_D f(x,y)\mathrm{d}x\mathrm{d}y$ 的极限( ).

A. 不存在 B. 等于 $f(0,0)$

C. 等于 $f(1,1)$ D. 等于 $f(1,0)$

(3) 设积分区域 $D:(x-1)^2+y^2\leqslant 1$,则$\iint\limits_D f(x,y)\mathrm{d}\sigma=$( ).

A. $\int_0^{\pi}\mathrm{d}\theta\int_0^{2\cos\theta}f(r\cos\theta,r\sin\theta)r\mathrm{d}r$ B. $\int_{-\pi}^{\pi}\mathrm{d}\theta\int_0^{2\cos\theta}f(r\cos\theta,r\sin\theta)r\mathrm{d}r$

C. $\int_{-\frac{\pi}{2}}^{\frac{\pi}{2}}\mathrm{d}\theta\int_0^{2\cos\theta}f(r\cos\theta,r\sin\theta)r\mathrm{d}r$ D. $2\int_0^{\frac{\pi}{2}}\mathrm{d}\theta\int_0^{2\cos\theta}f(r\cos\theta,r\sin\theta)r\mathrm{d}r$

2. 根据二重积分的性质,比较下列积分的大小.

(1)$\iint\limits_D (x+y)^2 \mathrm{d}\sigma$ 与 $\iint\limits_D (x+y)^3 \mathrm{d}\sigma$,其中积分区域 D 由圆周 $(x-2)^2+(y-1)^2=2$ 所围成;

(2)$\iint\limits_D \ln(x+y)\,\mathrm{d}\sigma$ 与 $\iint\limits_D [\ln(x+y)]^2 \mathrm{d}\sigma$,其中 D 是三角形闭区域,三顶点分别为 $(1,0)$,$(1,1)$,$(2,0)$.

3. 利用二重积分的性质估计下列积分的值.

(1)$I=\iint\limits_D (x^2+4y^2+9)\,\mathrm{d}\sigma$,其中 $D=\{(x,y)\mid x^2+y^2\leqslant 4\}$;

(2)$I=\iint\limits_D (x+y+1)\,\mathrm{d}\sigma$,其中 $D=\{(x,y)\mid 0\leqslant x\leqslant 1,0\leqslant y\leqslant 1\}$.

4. 画出积分区域,并计算下列二重积分.

(1)$\iint\limits_D x\sqrt{y}\,\mathrm{d}\sigma$,其中 D 是由两条抛物线 $y=\sqrt{x}$,$y=x^2$ 所围成的闭区域;

(2)$\iint\limits_D (x^2+y^2-x)\,\mathrm{d}\sigma$,其中 D 是由直线 $y=2$,$y=x$ 及 $y=2x$ 所围成的闭区域.

5. 改换下列二次积分的积分次序.

(1) $\int_0^1 \mathrm{d}y \int_0^y f(x,y)\,\mathrm{d}x$;　(2) $\int_0^2 \mathrm{d}y \int_{y^2}^{2y} f(x,y)\,\mathrm{d}x$.

6. 把下列积分化为极坐标形式,并计算积分值.

(1) $\int_0^{2a} \mathrm{d}x \int_0^{\sqrt{2ax-x^2}} (x^2+y^2)\,\mathrm{d}y$;　(2) $\int_0^a \mathrm{d}x \int_0^x \sqrt{x^2+y^2}\,\mathrm{d}y$.

7. 设薄片所占的闭区域 D 由 $y=\sqrt{2px}$,$x=x_0$,$y=0$ 所围成,求均匀薄片的质心.

8. 已知均匀矩形板(面密度为常量 μ)的长和宽分别为 b 和 h,计算此矩形板对于通过其形心且分别与一边平行的两轴的转动惯量.

阅读材料

多元函数微积分学是微积分的一个重要组成部分.多元函数积分是在一元微积分基本思想的发展和应用中自然而然地形成的.其基本概念都是在描述和分析物理现象及规律中,与一元微积分的基本概念合为一体的.将微积分算法推广到多元函数而建立偏导数理论和多重积分理论的主要是18世纪的数学家.这方面的贡献主要归功于尼古拉·伯努(Nicholaus Bernoulli,1687—1759)、欧拉、拉格朗日、奥斯特罗格拉茨基和格林等数学家.

作为微积分的基础的极限理论,古代中国毫不逊色于西方.早在公元前7世纪,我国庄周所著的《庄子》一书的《天下篇》中,记有“一尺之棰,日取其半,万世不竭”.公元前4世纪《墨经》中有了有穷、无穷、无限小(最小无内)、无穷大(最大无外)等的定义和极限、瞬时的概念.特别地,魏晋时期的刘徽在研究《九章算术》时,对割圆术进行批注,其提到“割之弥细，所失弥小，割之又割，以至于不可割也，则与圆周和体而无所失矣”．并指出圆面积公式中圆周与直径之比应是“至然之数”．为此，刘徽创立了求圆周率的方法——“割圆术”，即用边数不断增加的圆内接正多边形的面积来接近圆的面积．

对于二重积分的研究，我国古代学者早有建树．祖冲之之子祖暅在研究体积问题时，总结出“缘幂势既同，则积不容异”，其中幂指面积，“势”理解为高度．这就是著名的“祖暅原理”，即“两个物体在等高处的界面面积相等，那么这两个物体的体积必相等”．据此，祖暅给出了计算球体积的正确公式．

数学家祖暅(456年—536年)

数学家刘徽(约225年—约295年)

附录　极坐标简介

1. 极坐标的概念

在平面内取一个定点 O，由点 O 出发引一条射线 Ox 并取定一个长度单位；再选定度量角度的单位（通常取为弧度）及其正、负方向（通常取逆时针方向为正向，顺时针方向为负向），这样就建立了**极坐标系**. 定点 O 称为**极点**，射线 Ox 称为**极轴**.

设点 M 是平面内异于极点 O 的任意一点，则称点 M 到极点 O 的距离 $|MO|$ 为点 M 的极径，常记作 ρ；称以极轴 Ox 为始边、射线 OM 为终边的角 $\angle MOx$ 为点 M 的**极角**，常记作 θ. 有序实数组 (ρ,θ) 称为点 M 的**极坐标**. 这时点 M 可简记为 $M(\rho,\theta)$，见附图 1.

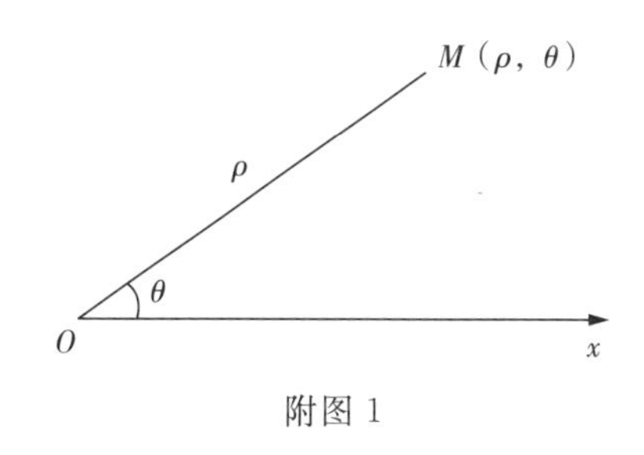

附图 1

在极点 O 处，$\rho=\theta$，θ 可以是任意实数.

在极坐标系中，若给定一组实数 $\rho(\rho\neq 0)$ 和 θ 的值，则可唯一确定一点 M；反之，给定平面内任意一个异于极点的点 M，它的极坐标可以有无数多个. 但是，如果限定 $\rho\geqslant 0$，$0\leqslant\theta\leqslant 2\pi$（或 $\rho\geqslant 0$，$-\pi\leqslant\theta\leqslant\pi$），那么点 M（除极点外）的极坐标是唯一确定的.

2. 直角坐标与极坐标的关系

在平面直角坐标系中，取极点与坐标原点重合，极轴与 x 轴的正半轴重合，并取相同的长度单位，从而就建立了极坐标系.

设平面上任意一点 M 的直角坐标为 (x,y)，极坐标为 (ρ,θ)，则由附图 2 易知，点 M 的直角坐标与极坐标之间有如下的关系：

$$x=\rho\cos\theta,\ y=\rho\sin\theta,$$

$$\rho^2=x^2+y^2,\ \tan\theta=\frac{y}{x}.$$

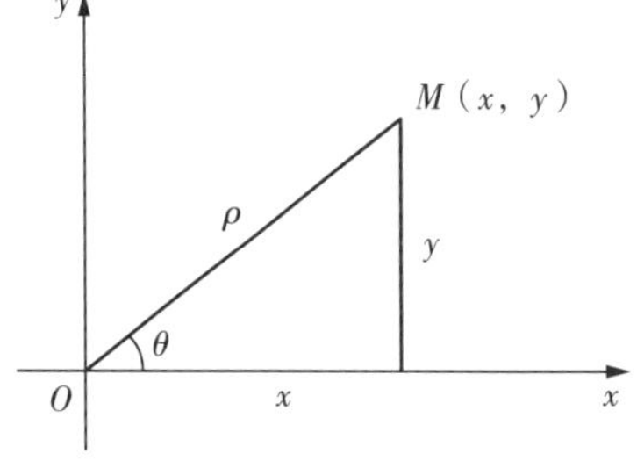

附图 2

利用上述关系式，可以把平面上曲线的直角坐标方程与极坐标方程互化. 经常用到的是把曲线的直角坐标方程化为极坐标方程.

参考文献

[1] 牛燕影,王增富．微积分[M]. 上海:上海交通大学出版社,2012.
[2] 同济大学数学系．高等数学(7 版)[M]. 北京:高等教育出版社,2014.
[3] 刘浩荣,郭景德．高等数学[M]. 上海:同济大学出版社,2014.
[4] 赵树嫄．微积分(4 版)[M]. 北京:中国人民大学出版社,2016.
[5] 汪子莲,丁珂．经济数学[M]. 西安:西安交通大学出版社,2017.

高等数学

练习册

班级______________________

姓名______________________

学号______________________

合肥工業大學出版社

目　　录

学院　　　　　　　班级　　　　　　　　姓名　　　　　　　　学号

第 1 章　函数、极限与连续

(一) 预备知识

一、用花括号记法表示下列集合.

1. 所有奇数的集合.

2. 数轴上到 1 的距离小于 2 的所有的点的集合.

3. 平面满足不等式 $x^2+y^2\leqslant 2$ 的点集.

二、设 $A=\{1,2,3,4\}$，$B=\{3,4,5,6\}$，求 $A\cup B$，$A\cap B$.

三、证明不等式.

1. $|x+y|\leqslant|x|+|y|$.

2. $|a-b|\leqslant|a-c|+|b-c|$.

四、区间 $[-2,3]$ 与集合 $(-\infty,-1)\cup(2,10)$ 的交集是怎么样的一个集合？

五、分别用邻域及集合的记号表示点 1 的 $\delta-$ 邻域和去心 $\delta-$ 邻域 $\left(\delta=\dfrac{1}{5}\right)$.

学院　　　　班级　　　　姓名　　　　学号

（二）函　数

一、选择题

1. 若 $\varphi(t)=t^3+1$,则 $\varphi(t^3+1)=$(　　).

A. t^3+1　　B. t^6+2　　C. t^9+2　　D. $t^9+3t^6+3t^3+2$

2. 设函数 $f(x)=\ln(3x+1)+\sqrt{5-2x}+\arcsin x$ 的定义域是(　　).

A. $\left(-\frac{1}{3},\frac{5}{2}\right)$　　B. $\left(-1,\frac{5}{2}\right)$　　C. $\left(-\frac{1}{3},1\right]$　　D. $(-1,1)$

3. 下列函数 $f(x)$ 与 $g(x)$ 相等的是(　　).

A. $f(x)=x^2,g(x)=\sqrt{x^4}$　　B. $f(x)=x,g(x)=(\sqrt{x})^2$

C. $f(x)=\frac{\sqrt{x-1}}{\sqrt{x+1}},g(x)=\sqrt{\frac{x-1}{x+1}}$　　D. $f(x)=\frac{x^2-1}{x-1},g(x)=x+1$

4. 下列函数中为奇函数的是(　　).

A. $y=\frac{\sin x}{x^2}$　　B. $y=xe^{-\frac{2}{x}}$　　C. $\frac{2^x-2^{-x}}{2}\sin x$　　D. $y=x^2\cos x+x\sin x$

5. 若函数 $f(x)=|x|,-2<x<2$,则 $f(x-1)$ 的值域为(　　).

A. $[0,2)$　　B. $[0,3)$　　C. $[0,2]$　　D. $[0,3]$

6. 函数 $y=10^{x-1}-2$ 的反函数是(　　).

A. $y=\lg\frac{x}{x-2}$　　B. $y=\log_x 2$　　C. $y=\log_2\frac{1}{x}$　　D. $y=1+\lg(x+2)$

7. 设函数 $g(x)=1-2x,f[g(x)]=\frac{1-x^2}{x^2}$,则 $f\left(\frac{1}{2}\right)$ 为(　　).

A. 30　　B. 15　　C. 3　　D. 1

二、填空题

1. 已知函数 $y=f(x)$ 的定义域是$[0,1]$,则 $f(x^2-1)$ 的定义域是________.

2. 若 $f(x)=\frac{1}{x}$,则 $f[f(x)]=$________,$f\{f[f(x)]\}=$________.

3. 若 $f\left(x+\frac{1}{x}\right)=x^2+\frac{1}{x^2}+3$,则 $f(x)=$________.

4. 函数 $y=\ln(x^2+1)$ 的单调下降区间为________.

三、函数 $y=x^2+1$ 在其定义域内是不是单调函数？若不是,指出它的单调区间.

四、若 $\varphi(x)=\lg\frac{1-x}{1+x}$，证明：$\varphi(y)+\varphi(z)=\varphi\left(\frac{y+z}{1+yz}\right)$.

五、一个正圆锥体内接于半径为 R 的球（即圆锥的顶点和底面圆周均在球面上），求圆锥的体积 V 与底面半径 r 之间的函数关系式.

六、设 $f(x)$ 适合 $af(x)+bf\left(\frac{1}{x}\right)=\frac{c}{x}$（$a$、$b$、$c$ 均为常数）且 $|a|\neq|b|$，试证：$f(-x)=-f(x)$.

学院　　　　　　班级　　　　　　姓名　　　　　　学号

(三) 数列的极限

一、下列数列哪些为有界数列？哪些为单调数列？哪些为收敛数列？若是收敛数列，指出它的极限．

1. $1,3,5,\cdots,2n+1,\cdots$.

2. $0,1,0,\frac{1}{2},0,\frac{1}{3},\cdots,\frac{1+(-1)^n}{n},\cdots$.

3. $\frac{1}{2},\frac{2}{3},\frac{3}{4},\cdots,\frac{n}{n+1},\cdots$.

4. $-1,1,-1,1,\cdots,(-1)^n,\cdots$.

二、写出一般项 x_n 如下的数列 $\{x_n\}$ 的前五项，观察它们的变化趋势，并写出极限．

1. $x_n=\frac{1}{n}\cos\frac{n\pi}{2}$.

2. $x_n=\dfrac{1+(-1)^n}{n}$.

三、根据数列极限的定义证明.

1. $\lim\limits_{n\to\infty}\dfrac{1}{\sqrt{n}}=0$.

2. $\lim\limits_{n\to\infty}\dfrac{5n+1}{3n-1}=\dfrac{5}{3}$.

四、判断题

1. 如果数列$\{u_n\}$以b为极限,那么在数列$\{u_n\}$中增加．去掉或改变有限项之后,所形成的新数列$\{u_{nk}\}$仍以b为极限.(　　)

2. 如果$\lim\limits_{n\to\infty}u_n v_n=0$,则有$\lim\limits_{n\to\infty}u_n=0$或$\lim\limits_{n\to\infty}v_n=0$.(　　)

3. 如果$\lim\limits_{n\to\infty}a_n$,$\lim\limits_{n\to\infty}b_n$均不存在,则$\lim\limits_{n\to\infty}a_n+b_n$必不存在.(　　)

五、设数列$\{x_n\}$收敛,证明数列$\{x_n\}$必定有界.

学院　　　　班级　　　　姓名　　　　学号

（四）函数的极限

一、选择题

1. 若函数 $f(x)$ 在某点 x_0 极限存在，则（　　）.

A. $f(x)$ 在 x_0 的函数值必存在且等于极限值

B. $f(x)$ 在 x_0 的函数值必存在，但不一定等于极限值

C. $f(x)$ 在 x_0 的函数值可以不存在

D. 如果 $f(x_0)$ 存在的话，必等于极限值

2. 如果 $\lim\limits_{x \to x_0^+} f(x)$ 与 $\lim\limits_{x \to x_0^-} f(x)$ 存在，则（　　）.

A. $\lim\limits_{x \to x_0} f(x)$ 存在且 $\lim\limits_{x \to x_0} f(x) = f(x_0)$

B. $\lim\limits_{x \to x_0} f(x)$ 存在，但不一定有 $\lim\limits_{x \to x_0} f(x) = f(x_0)$

C. $\lim\limits_{x \to x_0} f(x)$ 不一定存在

D. $\lim\limits_{x \to x_0} f(x)$ 一定不存在

二、利用函数极限的定义证明.

1. $\lim\limits_{n \to +\infty} \dfrac{1 + x^3}{2x^3} = \dfrac{1}{2}$.

2. $\lim\limits_{n \to +\infty} \dfrac{\sin x}{\sqrt{x}} = 0$.

3. $\lim_{x \to 2}(3x-2)=4$.

三、讨论函数 $\varphi(x)=\frac{|x|}{x}$ 在 $x \to 0$ 时的极限是否存在 .

学院　　　　　　　班级　　　　　　　姓名　　　　　　　学号

（五）极限的运算法则

一、选择题

1. 如果 $\lim\limits_{x\to x_0} f(x)$ 与 $\lim\limits_{x\to x_0} g(x)$ 都不存在，则（　　）.

A. $\lim\limits_{x\to x_0}[f(x)+g(x)]$ 及 $\lim\limits_{x\to x_0}[f(x)-g(x)]$ 一定不存在

B. $\lim\limits_{x\to x_0}[f(x)+g(x)]$ 及 $\lim\limits_{x\to x_0}[f(x)-g(x)]$ 一定都存在

C. $\lim\limits_{x\to x_0}[f(x)+g(x)]$ 及 $\lim\limits_{x\to x_0}[f(x)-g(x)]$ 一定不存在中恰有一个存在，另一个不存在

D. $\lim\limits_{x\to x_0}[f(x)+g(x)]$ 及 $\lim\limits_{x\to x_0}[f(x)-g(x)]$ 有可能存在

2. 下列各式极限存在的是（　　）.

A. $\lim\limits_{x\to +\infty} \sin x$　　　　B. $\lim\limits_{x\to +\infty} e^x$

C. $\lim\limits_{x\to +\infty} \dfrac{2x^2+4x}{x^2-1}$　　　　D. $\lim\limits_{x\to 0} \dfrac{1}{3^x-1}$

二、填空题

1. $\lim\limits_{x\to 2} \dfrac{x^3-3}{x-3}=$________.

2. $\lim\limits_{x\to 1} \dfrac{x-1}{\sqrt[3]{x}-1}=$________.

3. $\lim\limits_{x\to \infty}\left(1+\dfrac{1}{x}\right)\left(2-\dfrac{1}{x^2}+\dfrac{1}{x}\right)=$________.

4. $\lim\limits_{n\to \infty} \dfrac{(n+1)(n+2)(n+3)}{5n^3}=$________.

5. $\lim\limits_{x\to 0} x^2 \sin \dfrac{1}{x}=$________.

6. $\lim\limits_{x\to 0} \dfrac{4x^4-2x^2+x}{3x^2+2x}=$________.

7. $\lim\limits_{x\to \infty} \dfrac{(2x-3)^{20}(3x+2)^{30}}{(2x+1)^{50}}=$________.

三、求下列各式极限

1. $\lim\limits_{n\to \infty}\left(1+\dfrac{1}{2}+\dfrac{1}{4}+\cdots+\dfrac{1}{2^n}\right)$.

2. $\lim\limits_{h \to 0} \frac{(x+h)^2 - x^2}{h}$.

3. $\lim\limits_{x \to 1} \left(\frac{1}{1-x} - \frac{3}{1-x^3} \right)$.

4. $\lim\limits_{x \to -8} \frac{\sqrt{1-x} - 3}{2 + \sqrt[3]{x}}$.

5. $\lim\limits_{x \to +\infty} \frac{2^x - 1}{4^x + 1}$.

6. $\lim\limits_{x \to 1} \frac{x^m - x^n}{x^m + x^n - 2}$.

学院　　　　班级　　　　姓名　　　　学号

（六）极限存在的夹逼准则、两个重要极限

一、填空题

1. $\lim\limits_{x\to 0}\dfrac{\sin\omega x}{x}=$________.

2. $\lim\limits_{x\to 0}\dfrac{\sin 2x}{\sin 3x}=$________.

3. $\lim\limits_{x\to 0}x\cdot\cot 3x=$________.

4. $\lim\limits_{x\to \infty}\dfrac{\sin x}{2x}=$________.

5. $\lim\limits_{x\to \infty}\left(\dfrac{1+x}{x}\right)^{2x}=$________.

6. $\lim\limits_{x\to \infty}\left(1-\dfrac{1}{x}\right)^{x}=$________.

二、利用极限存在准则证明：$\lim\limits_{n\to\infty}n\left(\dfrac{1}{n^2+\pi}+\dfrac{1}{n^2+2\pi}+\cdots+\dfrac{1}{n^2+n\pi}\right)=1$.

三、利用极限存在准则证明数列$\sqrt{2}$，$\sqrt{2+\sqrt{2}}$，$\sqrt{2+\sqrt{2+\sqrt{2}}}$，… 极限存在，并求出该极限．

四、计算下列极限

1. $\lim\limits_{x \to 0} \dfrac{1-\cos 2x}{x\sin x}$.

2. $\lim\limits_{x \to \infty} \left(\dfrac{x+a}{x-a}\right)^{x}$.

3. $\lim\limits_{n \to \infty} \left(\dfrac{\sqrt{n^2+1}}{n+1}\right)^{n}$.

学院　　班级　　姓名　　学号

(七)无穷小、无穷大及无穷小的比较

一、选择题

1. 无穷小量是(　　).

A. 比零稍微大一点的数　　B. 一个很小很小的数

C. 以零为极限的一个变量　　D. 数零

2. 无穷个无穷小量之和,则(　　).

A. 必是无穷小量　　B. 必是无穷大量

C. 必是有界量　　D. 是无穷小,或是无穷大,或有可能是有界量

3. 如果 $\lim\limits_{x \to x_0^+} f(x)$ 与 $\lim\limits_{x \to x_0^-} f(x)$ 存在,则(　　).

A. $\lim\limits_{x \to x_0} f(x)$ 存在且 $\lim\limits_{x \to x_0} f(x) = f(x_0)$

B. $\lim\limits_{x \to x_0} f(x)$ 存在,但不一定有 $\lim\limits_{x \to x_0} f(x) = f(x_0)$

C. $\lim\limits_{x \to x_0} f(x)$ 不一定存在

D. $\lim\limits_{x \to x_0} f(x)$ 一定不存在

4. 当 $x \to 0$ 时,下列哪一个无穷小是对于 x 的三阶无穷小?(　　)

A. $\sqrt[3]{x^2} - \sqrt{x}$　　B. $\sqrt{a + x^3} - \sqrt{a}$ ($a > 0$ 是常数)

C. $x^3 + 0.0001x^2$　　D. $\sqrt[3]{\tan x}$

二、填空题

1. 凡无穷小量均以________为极限.

2. $\lim\limits_{x \to x_0} f(x) = A$ ________ $f(x) = A + \alpha$,(其中 $\lim\limits_{x \to x_0} \alpha = 0$).

3. 在同一过程中,若 $f(x)$ 是无穷大,则________是无穷小.

4. $\lim\limits_{x \to 0} \dfrac{\tan 3x}{\sin 2x} =$ ________.

5. $\lim\limits_{x \to 0} \dfrac{\arcsin x^n}{(\sin x)^m} =$ ________.

6. $\lim\limits_{x \to 0} \dfrac{\ln(1 + 2x)}{x} =$ ________.

7. $\lim\limits_{x \to 0} \dfrac{\sqrt{1 + x\sin x} - 1}{x^2 \arctan x} =$ ________.

8. $\lim\limits_{n \to \infty} 2^n \sin \dfrac{x}{2^n} =$ ________.

9. $\lim\limits_{x \to 0} \dfrac{(1 + ax)^{\frac{1}{n}} - 1}{x} =$ ________.

10. 当 $x \to 0$ 时，无穷小 $1-\cos x$ 与 mx^n 等价，则 $m=$________，$n=$________.

三、求下列各式的极限

1. $\lim\limits_{x \to 0} \dfrac{\tan x - \sin x}{\sin^3 x}$.

2. $\lim\limits_{\alpha \to \beta} \dfrac{e^\alpha - e^\beta}{\alpha - \beta}$.

3. $\lim\limits_{x \to 0} \dfrac{\sin \alpha x - \sin \beta x}{x}$.

4. $\lim\limits_{x \to a} \dfrac{\tan x - \tan a}{x - a}$.

四、设 $f(x) = \lim\limits_{n \to \infty} \dfrac{x^{2n-1} \sin \frac{\pi}{2} x + \cos(a + bx)}{x^{2n} + 1}$，求

(1) $f(x)$ 的表达式 .

(2) 确定 a, b 的值，使得 $\lim\limits_{x \to 1} f(x) = f(1)$，$\lim\limits_{x \to -1} f(x) = f(-1)$.

学院　　　　班级　　　　姓名　　　　学号

（八）函数的连续性与间断点

一、求下列函数的间断点，并判别间断点的类型

1. $f(x)=\dfrac{x}{(1+x)^2}$.

2. $f(x)=\dfrac{1+x}{2-x^2}$.

3. $f(x)=\dfrac{|x|}{x}$.

二、选择题

1. 在函数 $f(x)$ 的可去间断点 x_0 处，下面结论正确的是（　　）.

A. 函数 $f(x)$ 在 x_0 处左、右极限至少有一个不存在

B. 函数 $f(x)$ 在 x_0 处左、右极限存在，但不相等

C. 函数 $f(x)$ 在 x_0 处左、右极限存在且相等

D. 函数 $f(x)$ 在 x_0 处左、右极限都不存在

3. 设 $f(x)=\begin{cases} e^x, x<0, \\ a+x, x\geqslant 0, \end{cases}$ 要使 $f(x)$ 在 $x=0$ 处连续，则 $a=$（　　）.

A. 2　　B. 1　　C. 0　　D. -1

三、填空题

1. 指出 $y=\dfrac{x^2-1}{x^2-3x+2}$ 在 $x=1$ 是第________类间断点．在 $x=2$ 是第________类间断点．

2. 指出 $y=\dfrac{x^2-x}{|x|(x^2-1)}$ 在 $x=0$ 是第________类间断点．在 $x=1$ 是第________类间

断点．在 $x=-1$ 是第________类间断点．

四、研究函数 $y=\begin{cases}x, & |x|\leqslant 1\\ 1, & |x|>1\end{cases}$ 的连续性，并画出函数的图形．

五、指出下列函数在指定范围内的间断点，并说明这些间断点的类型，若是可去间断点，则补充或改变函数的定义使它连续：

(1) $f(x)=\begin{cases}x-1, & x\leqslant 1\\ 3-x, & x>1\end{cases}$，在 $x\in R$ 上．

(2) $f(x)=\dfrac{x}{\tan x}$，在 $x\in R$ 上．

六、试确定 a,b 的值，使 $f(x)=\dfrac{e^x-b}{(x-a)(x-1)}$，(1) 有无穷间断点 $x=0$.

(2) 有可去间断点 $x=1$.

学院　　　　班级　　　　姓名　　　　学号

（九）连续函数的运算及初等函数的连续性

一、填空题

1. $\lim\limits_{x\to 0}\sqrt{x^2+3x+4}=$________.

2. $\lim\limits_{x\to 0}\dfrac{\sqrt{x+1}-1}{x}=$________.

3. $\lim\limits_{x\to \frac{\pi}{6}}\ln(2\cos 2x)=$________.

4. $\lim\limits_{x\to \frac{\pi}{4}}\dfrac{\sqrt{2}-2\cos x}{\tan^2 x}=$________.

5. $\lim\limits_{t\to -2}\dfrac{e^t+1}{t}=$________.

6. 设 $f(x)=\begin{cases}e^x, x<0\\ a+x, x\geqslant 0\end{cases}$，当 $a=$________时，$f(x)$ 在$(-\infty,+\infty)$上连续.

7. 函数 $f(x)=\dfrac{x^4+x+1}{x^2+x-6}$ 的连续区间为________.

8. 设 $f(x)=\begin{cases}\cos\dfrac{\pi x}{2}, |x|\leqslant 1\\ |x-1|, |x|>1\end{cases}$，求 $\lim\limits_{x\to\frac{1}{2}}f(x)=$________，$\lim\limits_{x\to -1}f(x)=$________.

二、计算下列各极限

1. $\lim\limits_{x\to a}\dfrac{\sin x-\sin a}{x-a}$.

2. $\lim\limits_{x\to\infty}\left(\dfrac{2x-3}{2x+1}\right)^{x+1}$.

3. $\lim\limits_{x\to 3}\dfrac{\sqrt{1+x}-2}{x-3}$.

4. $\lim\limits_{x \to \infty} x(e^{\frac{1}{x}} - 1)$.

三、设 $f(x) = \begin{cases} a + x^2, x < 0, \\ 1, x = 0, \\ \ln(b + x + x^2), x > 0. \end{cases}$ 已知 $f(x)$ 在 $x = 0$ 处连续,试确定 a 和 b 的值.

四、$f(x) = \lim\limits_{n \to \infty} \dfrac{x^{2n-1} + ax^2 + bx}{x^{2n} + 1}$,求

(1) $f(x)$ 的表达式.

(2) 当 $f(x)$ 连续时,求 a 和 b 的值.

学院　　　　班级　　　　姓名　　　　学号

（十）闭区间上连续函数的性质

一、根据连续函数的性质，验证方程 $x^5 - 3x = 1$ 至少有一个根介于 1 和 2 之间．

二、验证方程 $x \cdot 2^x = 1$ 至少有一个小于 1 的根．

三、证明方程 $x = a\sin x + b$，其中，$a > 0, b > 0$，至少有一个正根，且它不超过 $a + b$.

四、设 $f(x)$ 在 $[a,b]$ 上连续，且 $f(a)<a, f(b)>b$，试证：在 (a,b) 内至少有一点 ξ，使得 $f(\xi)=\xi$.

五、若 $f(x)$ 在 $[a,b]$ 上连续，$a<x_1<x_2<\cdots<x_n<b$，则在 $[x_1,x_n]$ 上必有 ξ，使 $f(x)=\dfrac{f(x_1)+f(x_2)+\cdots\cdots+f(x_n)}{n}$.

学院　　　　　班级　　　　　姓名　　　　　学号

第 2 章　导数与微分

（一）导数的概念

一、选择题

1. 设函数 $y=f(x)$，当自变量 x 由 x_0 改变到 $x_0+\Delta x$ 时，相应函数的改变量 $\Delta y=$（　　）.

A. $f(x_0+\Delta x)$　　B. $f(x_0)+\Delta x$　　C. $f(x_0+\Delta x)-f(x_0)$　　D. $f(x_0)\Delta x$

2. 设 $f(x)$ 在 x_0 处可导，则 $\lim\limits_{\Delta x\to 0}\dfrac{f(x_0-\Delta x)-f(x_0)}{\Delta x}=$（　　）.

A. $-f'(x_0)$　　B. $f'(-x_0)$　　C. $f'(x_0)$　　D. $2f'(x_0)$

3. 函数 $f(x)$ 在点 x_0 连续，是 $f(x)$ 在点 x_0 可导的（　　）.

A. 必要不充分条件　　B. 充分不必要条件

C. 充分必要条件　　D. 既不充分也不必要条件

4. 若函数 $f(x)$ 在点 a 连续，则 $f(x)$ 在点 a（　　）.

A. 左导数存在　　B. 右导数存在

C. 左、右导数都存在　　D. 有定义

5. $f(x)=|x-2|$ 在点 $x=2$ 处的导数是（　　）.

A. 1　　B. 0　　C. -1　　D. 不存在

6. 曲线 $y=2x^3-5x^2+4x-5$ 在点 $(2,-1)$ 处切线斜率等于（　　）.

A. 8　　B. 12　　C. -6　　D. 6

7. 设 $f(x)$ 在 (a,b) 内连续，且 $x_0\in(a,b)$，则在点 x_0 处（　　）.

A. $f(x)$ 的极限存在，且可导　　B. $f(x)$ 的极限存在，但不一定可导

C. $f(x)$ 的极限不存在　　D. $f(x)$ 的极限不一定存在

二、填空题

1. 设 $f(x)$ 在点 $x=a$ 处可导，则 $\lim\limits_{n\to 0}\dfrac{f(a)-f(a-h)}{h}=$________.

2. 函数 $y=|x+1|$ 导数不存在的点是________.

3. 曲线 $y=x-\dfrac{1}{x}$ 与 x 轴交点的切线方程是________.

三、设函数 $f(x)$ 在点 0 可导，且 $f(0)=0$，求$\lim\limits_{x\to 0}\dfrac{f(x)}{x}$.

四、求函数的导数.

(1) $y=x^4$.

(2) $y=\dfrac{\sqrt{x}}{\sqrt[3]{x}}$.

五、求曲线 $y=\cos x$ 上点 $M\left(\dfrac{\pi}{6},\dfrac{\sqrt{3}}{2}\right)$ 处的切线方程与法线方程.

学院　　　　　班级　　　　　姓名　　　　　学号

（二）函数的四则运算、反函数和复合函数的求导法则

一、选择题

1. 曲线 $y=2x^3-5x^2+4x-5$ 在点 $(2,-1)$ 处切线斜率等于（　　）.

A. 8　　B. 12　　C. -6　　D. 6

2. 若函数 $f(x)$ 在点 x_0 处有导数，而函数 $g(x)$ 在点 x_0 处没有导数，则 $F(x)=f(x)+g(x)$，$G(x)=f(x)-g(x)$ 在 x_0 处（　　）.

A. 一定都没有导数　　B. 一定都有导数

C. 恰有一个有导数　　D. 至少一个有导数

3. 设函数 $f(x)=x(x-1)(x-2)(x-3)(x-4)$，则 $f'(0)=$（　　）.

A. 0　　B. 24　　C. 36　　D. 48

4. 设 $f(x)=\begin{cases}\dfrac{2}{3}x^3, x\leqslant 1\\ x^2, x>1\end{cases}$，则 $f(x)$ 在点 $x=1$ 处的（　　）.

A. 左、右导数都存在　　B. 左导数存在，但右导数不存在

C. 左导数不存在，但右导数存在　　D. 左、右导数都不存在

5. $y=\arctan\dfrac{1}{x}$，则 $y'=$（　　）.

A. $-\dfrac{1}{1+x^2}$　　B. $\dfrac{1}{1+x^2}$　　C. $-\dfrac{x^2}{1+x^2}$　　D. $\dfrac{x^2}{1+x^2}$

6. 设函数 $y=f(u)$ 是可导的，且 $u=x^2$，则 $\dfrac{\mathrm{d}y}{\mathrm{d}x}=$（　　）.

A. $f'(x^2)$　　B. $xf'(x^2)$　　C. $2xf'(x^2)$　　D. $x^2f(x^2)$

二、填空题

1. 曲线 $y=\ln x$ 在点 $P(e,1)$ 处的切线方程是________.

2. 若函数 $y=e^x(\cos x+\sin x)$，则 $\dfrac{\mathrm{d}y}{\mathrm{d}x}=$________.

3. 若函数 $y=8x^3+x+x^{\frac{1}{3}}+7$，则 $y'=$________.

4. 设函数 $f(x)=\sin\left(2x+\dfrac{\pi}{2}\right)$，则 $f'\left(\dfrac{\pi}{4}\right)=$________.

5. 若 $f(x)$ 可导，$y=f\{f[f(x)]\}$，则 $y'=$________.

三、若 $f(x)=\begin{cases}e^{ax}, & x<0\\ b+\sin 2x, & x\geqslant 0\end{cases}$ 在 $x=0$ 处可导，求 a,b 的值.

四、求下列函数的导数.

(1) $y=e^{x}\sin x+x\ln x$.

(2) $y=\dfrac{2x+3}{x^{2}-5x+5}$.

(3) $y=\dfrac{\tan x}{\sqrt[3]{x^{2}}}$

(4) $y=2^{x}\arctan x$.

(5) $y=\sqrt[3]{2+3x^{3}}$

(6) $y=e^{x}\arcsin x+\ln 3$.

学院　　　　　　班级　　　　　　姓名　　　　　　学号

（三）高阶导数

一、选择题

1. 设 $y=e^{f(x)}$ 且 $f(x)$ 二阶可导，则 $y''=$（　　）.

A. $e^{f(x)}$　　　　B. $e^{f(x)}f''(x)$

C. $e^{f(x)}[f'(x)f''(x)]$　　　　D. $e^{f(x)}\{[f'(x)]^2+f''(x)\}$

2. 设 $f(x)=\begin{cases}x^2-2x+2, & x>1\\ 1, & x\leqslant 1\end{cases}$，则 $f(x)$ 在 $x=1$ 处（　　）.

A. 不连续　　　　B. 连续，但不可导

C. 连续，且有一阶导数　　　　D. 有任意阶导数

二、填空题

1. 已知 $y=x^2e^{x^2}$，则 $y^{(2)}(0)=$________，$y^{(3)}(0)=$________.

2. 若 $f(x)=x^2\cos 2x$，则 $f''(0)=$________.

3. 设 $y=\ln\sqrt{\dfrac{1-x}{1+x^2}}$，则 $y''|_{x=0}=$________.

三、求下列函数的二阶导数：

1. $y=xe^{x^2}$.

2. $y=\dfrac{1}{1+x^3}$.

3. $y=(\cos^2 x)\ln x$.

四、求下列函数指定阶的导数：

(1) $y = x^3 - 5x^2 + 7x - 2$，求 y'''.

(2) $y = x(2x-1)^2(x+3)^3$，求 $y^{(6)}, y^{(7)}$.

(3) $y = \frac{\ln x}{x}$，求 $y^{(5)}$.

五、设 $y = f(x^2)$ 若 $f''(x)$ 存在，求 $\frac{d^2 y}{dx^2}$.

学院　　　　班级　　　　姓名　　　　学号

(四) 隐函数的导数　由参数方程所确定的函数的导数

一、填空题

1. 设函数 $y=y(x)$ 由方程 $xy-e^{x}+e^{y}=0$ 所确定,则 $y'(0)=$________.

2. 若 $f(x)=\begin{cases}x=t^{2}+2t\\ y=\ln(1+t)\end{cases}$,则 $\left.\dfrac{\mathrm{d}y}{\mathrm{d}x}\right|_{t=0}=$________.

3. 曲线 $(5y+2)^{3}=(2x+1)^{5}$ 在点 $\left(0,-\dfrac{1}{5}\right)$ 处的切线方程是________.

4. 已知 $\begin{cases}x=a(\sin t-t\cos t)\\ y=a(\cos t+t\sin t)\end{cases}$,则 $\left.\dfrac{\mathrm{d}x}{\mathrm{d}y}\right|_{t=\frac{3}{4}\pi}=$________.

5. 曲线 $\begin{cases}x=1+t^{2}\\ y=t^{3}\end{cases}$ 在 $t=2$ 处的切线方程为________.

6. 曲线 $\begin{cases}x=e^{t}\sin 2t\\ y=e^{t}\cos t\end{cases}$ 在点(0,1)处的法线方程为________.

二、求下列函数的一阶导数.

1. $y\sin x-\cos(x-y)=0$.

2. $\begin{cases}x=\ln(1+t^{2}),\\ y=\arctan t.\end{cases}$

三、求下列函数的导数.

1. $y=x^{x}$.

2. $y=\dfrac{\sqrt{x+2}\,(3-x)^{4}}{(1+x)^{5}}$.

四、求下列函数的二阶导数.

1. $y=\sin(x+y)$.

2. $\begin{cases}x=a\cos t,\\ y=b\sin t.\end{cases}$

学院　　　　　　班级　　　　　　姓名　　　　　　学号

（五）函数的微分

一、选择题

1. 函数 $y=f(x)$ 在某点处有增量 $\Delta x=0.2$，对应的函数增量的主部等于 0.8，则 $f'(x)=$（　　）.

A. 0.4　　　B. 0.16　　　C. 4　　　D. 1.6

2. 若 $f(x)$ 为可微分函数，当 $\Delta x \to 0$ 时，则在点 x 处的 $\Delta y-\mathrm{d}y$ 是关于 Δx 的（　　）.

A. 高阶无穷小　　B. 等价无穷小　　C. 低阶无穷小　　D. 不可比较

二、填空题

1. 若函数 $y=e^{x}(\cos x+\sin x)$，则 $\mathrm{d}y=$________.

2. 设 $y=\sqrt[7]{x}+\sqrt[x]{7}+\sqrt[7]{7}$，求 $\mathrm{d}y\big|_{x=2}=$________.

3. 若 $f(u)$ 可导，且 $y=\sin f(e^{-x})$，则 $\mathrm{d}y=$________.

4. $\mathrm{d}(\quad)=\sqrt{x}\,\mathrm{d}x$　　　　$\mathrm{d}(\quad)=e^{-\frac{x}{2}}\mathrm{d}x$

$\mathrm{d}(\quad)=\dfrac{1}{\sqrt{1-x^{2}}}\mathrm{d}x$　　　　$\mathrm{d}(\quad)=\dfrac{\mathrm{d}x}{1+x^{2}}$

$\mathrm{d}(\quad)=\dfrac{x\mathrm{d}x}{1+x^{2}}$　　　　$\sin x\mathrm{d}x=\mathrm{d}(\quad)$

$\dfrac{\mathrm{d}x}{1+x}=\mathrm{d}(\quad)$　　　　$\dfrac{1}{1+4x^{2}}\mathrm{d}x=\mathrm{d}(\quad)$

三、求函数的微分.

1. $y=x\cos 2x$.

2. $y=e^{\sqrt{1-x^2}}$.

四、已知 $y=(x-1)^2$，计算在 $x=0$ 处，当 $\Delta x=\frac{1}{2}$ 时的 Δy 及 $\mathrm{d}y$.

学院　　　　　　班级　　　　　　姓名　　　　　　学号

第3章　中值定理与导数的应用

(一) 中值定理

一、选择题

1. 在下列四个函数中,在[-1 , 1]上满足罗尔定理条件的函数是(　　).

A. $y=8|x|+1$　　B. $y=4x^2+1$　　C. $y=\frac{1}{x^2}$　　D. $y=|\sin x|$

2. 函数 $f(x)=\sqrt[3]{8x-x^2}$,则(　　).

A. 在任意闭区间$[a,b]$上罗尔定理一定成立

B. 在[0,8]上罗尔定理不成立

C. 在[0,8]上罗尔定理成立

D. 在任意闭区间上,罗尔定理都不成立

3. 下列函数中在$[1,e]$上满足拉格朗日定理条件的是(　　).

A. $\ln(\ln x)$　　B. $\ln x$　　C. $\frac{1}{\ln x}$　　D. $\ln(2-x)$

二、填空题

1. 函数 $f(x)=2x^2-x-3$ 在区间 $\left[-1,\frac{3}{2}\right]$ 上满足罗尔定理的条件中的 $\xi=$________.

2. 在$[-1,3]$上,函数 $f(x)=1-x^2$ 满足拉格朗日中值定理中的 $\xi=$________.

3. 函数 $f(x)=e^x$ 及 $F(x)=x^2$ 在$[a,b](b>a>0)$上满足柯西中值定理的条件,即存在点 $\xi\in(a,b)$,有________.

三、证明不等式:若 $0<b<a$,则$\frac{a-b}{a}<\ln\frac{a}{b}<\frac{a-b}{b}$.

学院　　　　班级　　　　姓名　　　　学号

（二）洛必达法则

一、选择题

1. 设$\lim\limits_{x\to x_0}\dfrac{f(x)}{g(x)}$为未定型，则$\lim\limits_{x\to x_0}\dfrac{f'(x)}{g'(x)}$存在是$\lim\limits_{x\to x_0}\dfrac{f(x)}{g(x)}$也存在的（　　）．

A. 必要条件　　B. 充分条件

C. 充分必要条件　　D. 既非充分也非必要条件

2. 下列求极限问题不能使用洛必达法则的是（　　）．

A. $\lim\limits_{x\to\frac{\pi}{2}}\dfrac{\ln\sin x}{(\pi-2x)^2}$　　B. $\lim\limits_{x\to+\infty}x\left(\dfrac{\pi}{2}-\arctan x\right)$

C. $\lim\limits_{x\to\infty}\dfrac{x-\sin x}{x+\sin x}$　　D. $\lim\limits_{x\to\infty}\left(1+\dfrac{k}{x}\right)^x$

二、判断题

1. $\lim\limits_{x\to+\infty}\dfrac{e^x+e^{-x}}{e^x-e^{-x}}$无法用洛必达法则求，故此极限不存在．（　　）

2. 因$\lim\limits_{x\to\infty}\dfrac{x+\cos x}{x}=\lim\limits_{x\to\infty}\dfrac{1-\sin x}{1}$，故此极限不存在．（　　）

3. $\lim\limits_{x\to 0}\dfrac{x+\cos x}{\sin x}=\lim\limits_{x\to 0}\dfrac{(x+\cos x)'}{(\sin x)'}=\lim\limits_{x\to 0}\dfrac{1-\sin x}{\cos x}=1$．（　　）

三、用洛必达法则求下列极限

1. $\lim\limits_{x\to 0}\dfrac{\sin^2x-x^2}{x^4}$．　　2. $\lim\limits_{x\to 0}\dfrac{3^x+3^{-x}-2}{x^2}$．

3. $\lim\limits_{x\to 0}\left(\dfrac{1}{\ln(1+x)}-\dfrac{1}{x}\right)$．　　4. $\lim\limits_{x\to\frac{\pi}{6}}\dfrac{1-2\sin x}{\cos 3x}$．

5. $\lim\limits_{x\to 0}(1+x^2)^{\frac{1}{x}}$．　　6. $\lim\limits_{x\to+\infty}\left(\dfrac{\pi}{2}-\arctan x\right)^{\frac{1}{\ln x}}$．

学院＿＿＿＿＿＿班级＿＿＿＿＿＿姓名＿＿＿＿＿＿学号＿＿＿＿＿＿

（三）函数单调性与曲线的凹凸性

一、选择题

1. 设函数 $y=\dfrac{2x}{1+x^2}$，在（　　）.

A. $(-\infty,+\infty)$ 上单调增加

B. $(-\infty,+\infty)$ 上单调减少

C. $(-1,1)$ 上单调增加，其余区间单调减少

D. $(-1,1)$ 上单调减少，其余区间单调增加

2. 曲线 $y=\dfrac{e^x}{1+x}$（　　）.

A. 有一个拐点　　B. 有两个拐点　　C. 有三个拐点　　D. 无拐点

3. 已知 $f(x)$ 在 $[a,b]$ 上连续，在 (a,b) 内可导，且当 $x\in(a,b)$ 时，有 $f'(x)>0$，又已知 $f(a)<0$，则（　　）.

A. $f(x)$ 在 $[a,b]$ 上单调增加，且 $f(b)>0$

B. $f(x)$ 在 $[a,b]$ 上单调减少，且 $f(b)<0$

C. $f(x)$ 在 $[a,b]$ 上单调增加，且 $f(b)<0$

D. $f(x)$ 在 $[a,b]$ 上单调增加，但 $f(b)$ 正负号无法确定

4. 函数 $y=x\arctan x$ 的图形在（　　）.

A. $(-\infty,+\infty)$ 处是凸的

B. $(-\infty,+\infty)$ 处是凹的

C. $(-\infty,0)$ 处为凸的，在 $(0,+\infty)$ 处为凹的

D. $(-\infty,0)$ 处为凹的，在 $(0,+\infty)$ 处为凸的

5. 若在区间 (a,b) 内，函数 $f(x)$ 的一阶导数 $f'(x)>0$，二阶导数 $f''(x)<0$，则函数 $f(x)$ 在此区间内是（　　）.

A. 单调减少，曲线上凹　　B. 单调增加，曲线上凹

C. 单调减少，曲线下凹　　D. 单调增加，曲线下凹

6. 曲线 $y=(x-5)^{\frac{5}{3}}+2$（　　）.

A. 有极值点 $x=5$，但无拐点　　B. 有拐点 $(5,2)$，但无极值点

C. $x=5$ 有极值点且 $(5,2)$ 是拐点　　D. 既无极值点，又无拐点

二、填空题

1. 曲线 $y=x^3$ 拐点是＿＿＿＿＿＿.

2. 曲线 $y=\begin{cases}x\ln x^2, & x\neq 0,\\ 0, & x=0\end{cases}$ 的图形在＿＿＿＿＿＿上是凹的，在＿＿＿＿＿＿上是凸的，

________是该曲线的拐点．

三、求下列函数图形的凹凸区间与拐点．

1．$y=x^3-5x^2+3x+5$.

2．$y=\ln(1+x^2)$．

3．$y=e^{-x^2}$．

四、若曲线$y=ax^3+bx^2+cx+d$在点$x=0$处有极值$y=0$，点$(1,1)$为拐点，求a,b,c,d的值．

学院　　　　　班级　　　　　姓名　　　　　学号

（四）函数的极值与最值

一、选择题

1. 函数 $f(x)=x^{\frac{2}{3}}-(x^2-1)^{\frac{1}{3}}$ 在区间$(0,2)$上最小值为（　　）.

A. $\frac{729}{4}$　　B. 0　　C. 1　　D. 无最小值

2. 函数 $f(x)=3x^5-5x^3$ 在 R 上有（　　）.

A. 四个极值点　　B. 三个极值点　　C. 两个极值点　　D. 一个极值点

3. 函数 $y=f(x)$ 在 $x=x_0$ 处取得极大值，则必有（　　）.

A. $f''(x_0)=0$　　B. $f''(x_0)<0$

C. $f'(x_0)=0$ 且 $f''(x_0)<0$　　D. $f'(x_0)=0$ 或 $f'(x_0)$ 不存在

4. 下列说法中正确的是（　　）.

A. 函数 $f(x)$ 的极大值不一定大于它的极小值

B. 当 $x>0$ 时，$f'(x)>g'(x)$，则当 $x>0$ 时，$f(x)>g(x)$

C. 函数 $f(x)$ 在(a,b)内不可导，则它在(a,b)内一定无极值

D. $f(x)$ 在$[a,b]$上连续，$f(x_0)(a<x_0<b)$ 是极大值，则在$[a,b]$上 $f(x)<f(x_0)$

二、求下列函数 $y=f(x)$ 的单调性区间与极值点（极大值或极小值点）.

1. $f(x)=2x^3-15x^2+36x-270$.

2. $f(x)=(x-1)\sqrt[3]{x^2}$.

三、求 $f(x)=x+2\cos x$ 在 $\left[0,\frac{\pi}{2}\right]$ 上的最大值.

四、证明方程 $x^5-5x+1=0$ 有且仅有一个小于 1 的正实根.

五、要造一个圆柱形无盖蓄水池，容水 300 m^3，底的单位造价是周围的单位造价的两倍，要使水池造价最低，问其底半径与高各是多少？

学院　　　　　　班级　　　　　　姓名　　　　　　学号

（五）函数图形的描绘

一、选择题

1. 下列关于曲线 $y=\frac{x}{3-x^2}$ 的渐近线的说法正确的是（　　）.

A. 没有水平渐近线，也没有斜渐近线

B. $x=\sqrt{3}$ 为其垂直渐近线，但无水平渐近线

C. 既有垂直渐近线，又有水平渐近线

D. 只有水平渐近线

2. 曲线 $y=\frac{x}{1-x^2}$ 的渐近线有（　　）条.

A. 1　　B. 2　　C. 3　　D. 4

3. 曲线 $y=\frac{1}{f(x)}$ 有水平渐近线的充分条件是（　　）.

A. $\lim\limits_{x\to\infty}f(x)=0$　　B. $\lim\limits_{x\to\infty}f(x)=\infty$

C. $\lim\limits_{x\to0}f(x)=0$　　D. $\lim\limits_{x\to0}f(x)=\infty$

二、填空题

1. 曲线 $y=e^{\frac{1}{x}}-1$ 的水平渐近线的方程为________.

2. 曲线 $y=\frac{3x^2-4x+5}{(x+3)^2}$ 的铅直渐近线的方程为________.

三、作出函数 $f(x)=\frac{2x-1}{(x-1)^2}$ 的图形.

学院　　　　　　班级　　　　　　姓名　　　　　　学号

（六）曲　率

一、选择题

1. 抛物线 $y=x^2-4x+3$ 在顶点处的曲率及曲率半径为多少？正确的答案是（　　）.

A. 顶点 $(2,-1)$ 处的曲率为 $\frac{1}{2}$，曲率半径为 2

B. 顶点 $(2,-1)$ 处的曲率为 2，曲率半径为 $\frac{1}{2}$

C. 顶点 $(-1,2)$ 处的曲率为 1，曲率半径为 1

D. 顶点 $(-1,2)$ 处的曲率为 $\frac{1}{2}$，曲率半径为 2

二、填空题

1. 曲率处处为零的曲线为________. 曲率处处相等的曲线为________.

2. 抛物线 $y=x^2-4x+3$ 在顶点处的曲率为________. 曲率半径为________.

3. 曲线 $y=\ln(x+\sqrt{1+x^2})$ 在 $(0,0)$ 处的曲率为________.

三、求曲线 $xy=12$ 在点 $(3,4)$ 处的曲率.

四、求 $y=\sin x$ 在点 $\left(\frac{\pi}{2},1\right)$ 处的曲率.

五、求曲线 $y=e^x$ 上曲率半径为最小的点．

六、求曲线 $\begin{cases} x=a(t-\sin t) \\ y=a(1-\cos t) \end{cases}$ 在 $t=t_0$ 处的曲率．

学院　　　　　　班级　　　　　　姓名　　　　　　学号

第 4 章　不定积分

(一) 原函数与不定积分

一、填空题

1. 一个已知函数,有________个原函数,其中任意两个原函数的差是一个________.

2. $f(x)$ 的________称为 $f(x)$ 的不定积分.

3. 把 $f(x)$ 的一个原函数的图形叫作函数 $f(x)$ 的________,它的方程是 $y=F(x)$,这样的不定积分 $\int f(x)\mathrm{d}x$ 在几何上就表示________,它的方程是 $y=F(x)+C$.

4. 由 $F'(x)=f(x)$ 可知,在积分曲线族 $y=F(x)+C$ 上横坐标相同的点处作切线,这些切线彼此是________的.

5. 若 $f(x)$ 在某区间上________,则在该区间上 $f(x)$ 的原函数一定存在.

二、计算题

1. $\int x\sqrt{x}\,\mathrm{d}x$.

2. $\int \frac{\mathrm{d}x}{x^2\sqrt{x}}$.

3. $\int (x^2 - 3x + 2)\mathrm{d}x$.

4. $\int \frac{x^2}{x^2+1}\mathrm{d}x$.

三、一曲线过点$(e^2,3)$,且在任一点切线的斜率等于该点横坐标的倒数,求该曲线方程.

学院　　　　　　班级　　　　　　姓名　　　　　　学号

(二)换元积分法

一、填空题

1. 若$\int f(x)\mathrm{d}x = F(x) + C$,而 $u = \Phi(x)$,则$\int f(u)\mathrm{d}u =$ ________.

2. 求$\sqrt{x^2 - a^2}$ 时,可作变量代换________,然后再求积分.

3. 求$\dfrac{1}{x\sqrt{1+x^2}}\mathrm{d}x$ 时可先令 $x =$ ________.

4. $x\mathrm{d}x =$ ________ $\mathrm{d}(1 - x^2)$.

5. $e^{-\frac{x}{2}}\mathrm{d}x =$ ________ $\mathrm{d}(1 + e^{-\frac{x}{2}})$.

6. $\dfrac{\mathrm{d}x}{x} =$ ________ $\mathrm{d}(3 - 5\ln x)$.

7. $\dfrac{\mathrm{d}x}{1+9x^2} =$ ________ $\mathrm{d}(arctg\,3x)$.

8. $\dfrac{x\mathrm{d}x}{\sqrt{1-x^2}} =$ ________ $\mathrm{d}(\sqrt{1-x^2})$.

9. $\int \dfrac{\sin\sqrt{t}}{\sqrt{t}}\mathrm{d}t =$ ________.

二、求下列不定积分(第一类换元积分法).

1. $\int \dfrac{\mathrm{d}x}{x\ln x\ln(\ln x)}$.

2. $\int \tan\sqrt{1+x^2}\,\dfrac{x\mathrm{d}x}{\sqrt{1+x^2}}$.

3. $\int \dfrac{\mathrm{d}x}{e^x + e^{-x}}$

4. $\int x^2\sqrt{1+x^3}\,\mathrm{d}x$.

5. $\int \frac{\sin x \cos x}{1+\sin^4 x} \mathrm{d}x$.

二、求下列不定积分(第二类换元积分法).

1. $\int \frac{\mathrm{d}x}{1+\sqrt{2x}}$.

2. $\int x\sqrt{\frac{x}{2a-x}}\mathrm{d}x$.

三、设 $I_n=\int \tan^n x\mathrm{d}x$,求证. $I_n=\frac{1}{n-1}\tan^{n-1}x-I_{n-2}$, 并求$\int \tan^5 x\mathrm{d}x$.

学院　　　　班级　　　　姓名　　　　学号

（三）分部积分法

一、选择题

1. $\int \ln \frac{x}{2} dx =$（　　）.

A. $x\ln \frac{x}{2} - 2x + C$　　B. $x\ln \frac{x}{2} - 4x + C$

C. $x\ln \frac{x}{2} - x + C$　　D. $x\ln \frac{x}{2} + x + C$

2. 设$\csc^2 x$ 是 $f(x)$ 的一个原函数，则$\int xf(x)dx =$（　　）.

A. $x\csc^2 x - \cot x + C$　　B. $x\csc^2 x + \cot x + C$

C. $-x\csc^2 x - \cot x + C$　　D. $-x\csc^2 x + \cot x + C$

3. 设 $f'(\ln x) = 1 + x$，则 $f(x) =$（　　）.

A. $\ln x + \frac{1}{2}(\ln x)^2 + C$　　B. $x + \frac{x^2}{2} + C$

C. $x + e^x + C$　　D. $e^x + \frac{1}{2}e^{2x} + C$

4. 设 $\ln f(x) = \cos x$，则$\int \frac{xf'(x)}{f(x)} dx =$（　　）.

A. $x\cos x - \sin x + C$　　B. $x\sin x + \cos x + C$

C. $x\cos x + \sin x + C$　　D. $x\sin x - \cos x + C$

5. $\int xf''(x) dx =$（　　）.

A. $f(x) + C$　　B. $xf(x) + C$

C. $xf'(x) - f(x) + C$　　D. $f'(x) - xf(x) + C$

二、填空题

1. $\int x\sin x dx =$________.

2. $\int \arcsin x dx =$________.

3. $\int \ln(1 + x^2) dx =$________.

4. $\int xe^{-x} dx =$________.

5. $\int (x^2 + 1)\ln x dx =$________.

三、计算题

1. $\int e^{-\sqrt[3]{x}}\mathrm{d}x$.

2. $\int (x^2-1)\sin 2x\mathrm{d}x$.

3. $\int x^2\arctan x\mathrm{d}x$

4. $\int \ln(x+\sqrt{x^2+1})\mathrm{d}x$.

5. $\int x\tan^2 x\mathrm{d}x$

6. $\int \frac{\ln^3 x}{x^2}\mathrm{d}x$.

学院＿＿＿＿ 班级＿＿＿＿ 姓名＿＿＿＿ 学号＿＿＿＿

（四）有理函数的积分

一、填空题

1. $\int \frac{3}{x^3+1}\mathrm{d}x=\int\left(\frac{A}{x+1}+\frac{Bx+C}{x^2-x+1}\right)\mathrm{d}x$，其 $A=$＿＿＿＿，$B=$＿＿＿＿，$C=$＿＿＿＿.

2. $\int\left[\frac{A}{(x+1)^2}+\frac{B}{x+1}+\frac{C}{x-1}\right]\mathrm{d}x$，其中 $A=$＿＿＿＿，$B=$＿＿＿＿，$C=$＿＿＿＿.

3. 计算$\int \frac{\mathrm{d}x}{2+\sin x}$，可用万能代换 $\sin x=$＿＿＿＿，$\mathrm{d}x=$＿＿＿＿.

4. 计算$\int \frac{\mathrm{d}x}{\sqrt{ax+b}+m}$，$t=$＿＿＿＿，$x=$＿＿＿＿，$\mathrm{d}x=$＿＿＿＿.

二、求下列不定积分.

1. $\int \frac{x\mathrm{d}x}{(x+1)(x+2)(x+3)}$.

2. $\int \frac{\mathrm{d}x}{(x^2+1)(x^2+x)}$.

3. $\int \frac{\sqrt{x+1}-1}{\sqrt{x+1}+1}\mathrm{d}x$.

4. $\int\sqrt{\frac{1-x}{1+x}}\,\frac{\mathrm{d}x}{x}$.

三、求下列不定积分．

1. $\int\frac{\sin x}{1+\sin x}\mathrm{d}x$.

2. $\int\frac{\sqrt[3]{x}}{x(\sqrt{x}+\sqrt[3]{x})}\mathrm{d}x$.

学院　　　　　　　　班级　　　　　　　　姓名　　　　　　　　学号

第5章　定积分及其应用

（一）定积分的概念

一、选择题

1. 已知 $f(a)=\int_0^1(2ax^2-a^2x)\mathrm{d}x$，则 $f(a)$ 的最大值是（　　）.

A. $\frac{2}{3}$　　B. $\frac{2}{9}$　　C. $\frac{4}{3}$　　D. $\frac{4}{9}$

2. 下列等于1的积分是（　　）.

A. $\int_0^1 x\mathrm{d}x$　　B. $\int_0^1(x+1)\mathrm{d}x$　　C. $\int_0^1 1\mathrm{d}x$　　D. $\int_0^1\frac{1}{2}\mathrm{d}x$

3. $\int_0^1|x^2-4|\mathrm{d}x=$（　　）.

A. $\frac{11}{3}$　　B. $\frac{22}{3}$　　C. $\frac{23}{3}$　　D. $\frac{25}{3}$

4. $\int_{-\frac{\pi}{2}}^{\frac{\pi}{2}}(1+\cos x)\mathrm{d}x$ 等于（　　）.

A. π　　B. 2　　C. $\pi-2$　　D. $\pi+2$

5. $\int_0^2|x^2-1|\mathrm{d}x$ 的值是（　　）.

6. A. $\frac{2}{3}$　　B. $\frac{4}{3}$　　C. 2　　D. $\frac{8}{3}$

7. $\int_{-2}^2\sqrt{4-x^2}\mathrm{d}x$ 的值是（　　）.

A. $\frac{\pi}{2}$　　B. π　　C. 2π　　D. 4π

8. $\int_0^1(e^x+e^{-x})\mathrm{d}x=$（　　）.

A. $e+\frac{1}{e}$　　B. $2e$　　C. $\frac{2}{e}$　　D. $e-\frac{1}{e}$

9. 求由 $y=e^x$，$x=2$，$y=1$ 围成的曲边梯形的面积时，若选择 x 为积分变量，则积分区间为（　　）.

A. $[0,e^2]$　　B. $[0,2]$　　C. $[1,2]$　　D. $[0,1]$

10. $\int_{-1}^{1}(x^3+\tan x+x^2\sin x)\mathrm{d}x=$（　　）.

A. 0　　B. $2\int_{0}^{1}(x^3+\tan x+x^2\sin x)\mathrm{d}x$

C. $2\int_{-1}^{0}(x^3+\tan x+x^2\sin x)\mathrm{d}x$　　D. $2\int_{0}^{1}|x^3+\tan x+x^2\sin x|\mathrm{d}x$

二、填空题

1. 已知函数 $f(x)=3x^2+2x+1$，若$\int_{-1}^{1}f(x)\mathrm{d}x=2f(a)$ 成立，则 $a=$________.

2. 设函数 $f(x)=ax^2+1$，若$\int_{0}^{1}f(x)\mathrm{d}x=2$，则 $a=$________.

3. 已知 $a\in\left[0,\frac{\pi}{2}\right]$，则当$\int_{0}^{a}(\cos x-\sin x)\mathrm{d}x$ 取最大值时，$a=$________.

4. 计算：$\int_{-2}^{2}(\sin x+2)\mathrm{d}x=$________.

5. 已知 $f(x)$ 为偶函数，且$\int_{0}^{6}f(x)\mathrm{d}x=8$，则$\int_{-6}^{6}f(x)\mathrm{d}x=$________，

6. 计算$\int_{0}^{1}\sqrt{1-x^2}\,\mathrm{d}x=$________.

三、求由曲线 $y=2x+3$，$y=1$，$y=2$，$x=0$ 所围图形的面积.

学院________ 班级________ 姓名________ 学号________

(二) 定积分的性质

一、填空题

1. 如果积分区间$[a,b]$被点c分成$[a,c]$与$[c,b]$，则定积分的可加性可以表示为$\int_a^b f(x)\mathrm{d}x=$________.

2. 如果$f(x)$在$[a,b]$上的最大值与最小值分别为M与m，则$\int_a^b f(x)\mathrm{d}x$有如下的估计式：________.

3. 当$a>b$时，我们规定$\int_a^b f(x)\mathrm{d}x$与$\int_b^a f(x)\mathrm{d}x$的关系是________.

4. 积分中值公式$\int_a^b f(x)\mathrm{d}x=f(\xi)(b-a)$，$(a\leqslant\xi\leqslant b)$的几何意义为________.

5. 比较下列积分的大小关系.

(1) $\int_0^1 x^2\mathrm{d}x$________$\int_0^1 x^3\mathrm{d}x$；(2) $\int_1^2 \ln x\mathrm{d}x$________$\int_1^2 (\ln x)^2\mathrm{d}x$；

(3) $\int_0^1 e^x\mathrm{d}x$________$\int_0^1 (x+1)\mathrm{d}x$.

二、证明：$\int_a^b kf(x)\mathrm{d}x=k\int_a^b f(x)\mathrm{d}x$($k$为常数).

三、估计$\int_2^0 e^{x^2-x}\mathrm{d}x$的值.

四、证明不等式$\int_1^2 \sqrt{x+1}\,\mathrm{d}x \geqslant \sqrt{2}$.

五、设 $f(x)$ 与 $g(x)$ 在$[a,b]$上连续，证明：

1. 若在$[a,b]$上 $f(x) \geqslant 0$，且 $f(x)$ 不恒等于 0，则$\int_a^b f(x)\mathrm{d}x > 0$.

2. 若在$[a,b]$上 $f(x) \geqslant 0$，且$\int_a^b f(x)\mathrm{d}x = 0$，则$[a,b]$上 $f(x) \equiv 0$.

学院　　　　班级　　　　姓名　　　　学号

(三)微积分基本公式

一、填空题

1. $\dfrac{\mathrm{d}}{\mathrm{d}x}\left(\int_a^b e^{-\frac{x^2}{2}}\mathrm{d}x\right)=$________.

2. $\dfrac{\mathrm{d}}{\mathrm{d}x}\int_x^{-2}\sqrt[3]{t}\ln(t^2+1)\mathrm{d}t=$________.

3. $\int_0^2 f(x)\mathrm{d}x=$________,其中 $f(x)=\begin{cases}x^2,0\leqslant x\leqslant 1\\ 2-x,1<x<2\end{cases}$.

4. $\int_4^9\sqrt{x}(1+\sqrt{x})\mathrm{d}x=$________.

5. $\int_{\frac{1}{\sqrt{3}}}^{\sqrt{3}}\dfrac{\mathrm{d}x}{1+x^2}=$________.

6. $\lim\limits_{x\to 0}\dfrac{\int_0^x\cos t^2\mathrm{d}t}{x}=$________.

二、求下列极限

1. $\lim\limits_{x\to+\infty}\dfrac{\left(\int_0^x e^{t^2}\mathrm{d}t\right)^2}{\int_0^x e^{2t^2}\mathrm{d}t}$.

2. $\lim\limits_{x\to+0}\dfrac{\int_0^{x^{\frac{1}{2}}}(1-\cos t^2)\mathrm{d}t}{x^{\frac{5}{2}}}$.

三、计算下列各定积分.

1. $\int_1^2\left(x^2+\dfrac{1}{x^2}\right)\mathrm{d}x$.

2. $\int_{-\frac{1}{2}}^{\frac{1}{2}}\dfrac{\mathrm{d}x}{\sqrt{1-x^2}}$.

3. $\int_{-1}^{0}\frac{3x^4+3x^2+1}{x^2+1}\mathrm{d}x$.

4. $\int_{0}^{2\pi}|\sin x|\mathrm{d}x$.

四、求函数 $f(x)=\int_{0}^{x}\frac{3t+1}{t^2-t+1}\mathrm{d}t$ 在区间 $[0,1]$ 上的最大值与最小值 .

学院　　　　　　班级　　　　　　姓名　　　　　　学号

（四）定积分的换元法

一、填空题

1. $\int_{\frac{\pi}{3}}^{\pi}\sin\left(x+\frac{\pi}{3}\right)\mathrm{d}x=$ ________ .

2. $\int_{0}^{\pi}(1-\sin^{3}\theta)\mathrm{d}\theta=$ ________ .

3. $\int_{0}^{\sqrt{2}}\sqrt{2-x^{2}}\,\mathrm{d}x=$ ________ .

4. $\int_{-\frac{1}{2}}^{\frac{1}{2}}\frac{(\arcsin x)^{2}}{\sqrt{1-x^{2}}}\mathrm{d}x=$ ________ .

二、计算下列定积分 .

1. $\int_{0}^{\frac{\pi}{2}}\sin\varphi\cos^{3}\varphi d\varphi$.

2. $\int_{1}^{\sqrt{3}}\frac{\mathrm{d}x}{x^{2}\sqrt{1+x^{2}}}$.

3. $\int_{\frac{3}{4}}^{1}\frac{\mathrm{d}x}{\sqrt{1-x}-1}$.

4. $\int_{-\frac{\pi}{2}}^{\frac{\pi}{2}}\sqrt{\cos x-\cos^{3}x}\,\mathrm{d}x$.

5. $\int_{0}^{\pi}\sqrt{1+\cos 2x}\,\mathrm{d}x$.

6. $\int_{-\frac{\pi}{2}}^{\frac{\pi}{2}}4\cos^{4}\theta\mathrm{d}x$.

三、设 $f(x)=\begin{cases}1+x^2, x\leqslant 0\\ e^{-x}, x>0\end{cases}$，求$\int_1^3 f(x-2)\mathrm{d}x$.

四、已知 xe^x 为 $f(x)$ 的一个原函数，求$\int_0^1 f'(x)\mathrm{d}x$.

五、设 $f(x)$ 在$[-a,a]$连续，证明：$\int_{-a}^{a} f(x)\mathrm{d}x=\int_{-a}^{a} f(-x)\mathrm{d}x$.

学院　　　　班级　　　　姓名　　　　学号

（五）定积分的分部积分法与反常积分

一、填空题

1. 设 n 为正奇数，则 $\int_0^{\frac{\pi}{2}} \sin^n x \, dx =$ ________.

2. 设 n 为正偶数，则 $\int_0^{\frac{\pi}{2}} \cos^n x \, dx =$ ________.

3. $\int_0^1 xe^{-x} dx =$ ________.

4. $\int_1^e x\ln x dx =$ ________.

5. $\int_0^1 x\arctan x dx =$ ________.

二、计算下列定积分.

1. $\int_1^e \sin(\ln x) dx$.

2. $\int_{\frac{1}{e}}^e |\ln x| dx$.

三、已知 $f(x) = \tan^2 x$，求 $\int_0^{\frac{\pi}{4}} f'(x) f''(x) dx$.

四、讨论广义积分的敛散性，当收敛时并指出其值．

(1) $\int_{1}^{+\infty} \frac{\mathrm{d}x}{\sqrt{x}}$.

(2) $\int_{-\infty}^{+\infty} \frac{\mathrm{d}x}{x^{2}+9}$.

(3) $\int_{0}^{2} \frac{\mathrm{d}x}{(1-x)^{2}}$.

学院　　　　班级　　　　姓名　　　　学号

(六)定积分在几何中的应用

一、填空题

1. 求由抛物线 $y=x^2+2x$,直线 $x=1$ 和 x 轴所围图形的面积为________.

2. 由曲线 $x^2+y^2=4y, x=2\sqrt{y}$ 及直线 $y=4$ 所围成图形的面积为 ________.

3. 曲线 $y=\sqrt{x}-\frac{1}{3}\sqrt{x^3}$ 相应于区间$[1,3]$上的一段弧的长度为 ________.

二、选择题

1. 由曲线 $y=x^2, x=y^2$ 所围成的平面图形的面积为(　　).

A. $\frac{1}{3}$　　B. $\frac{2}{3}$　　C. $\frac{1}{2}$　　D. $\frac{3}{2}$

2. 曲线 $y=\frac{e^x+e^{-x}}{2}$ 相应于区间$[0,a]$上的一段弧线的长度为(　　).

A. $\frac{e^a+e^{-a}}{2}$　　B. $\frac{e^a-e^{-a}}{2}$　　C. $\frac{e^a+e^{-a}}{2}+1$　　D. $\frac{e^a+e^{-a}}{2}-1$

3. 由曲线 $y=e^x, x=0, y=2$ 所围成的曲边梯形的面积为(　　).

A. $\int_1^2 \ln y \mathrm{d}y$　　B. $\int_0^{e^2} e^x \mathrm{d}y$　　C. $\int_1^{\ln 2} \ln y \mathrm{d}y$　　D. $\int_1^2 (2-e^x)\,\mathrm{d}x$

三、解答题

1. 求 C 的值$(0<C<1)$,使两曲线 $y=x^2$ 与 $y=Cx^3$ 所围成图形的面积为$\frac{2}{3}$.

2. 已知曲线 $x=ky^2(k>0)$ 与直线 $y=-x$ 所围图形的面积为$\frac{9}{48}$ 试求 k 的值.

学院　　　　　　班级　　　　　　姓名　　　　　　学号

第 6 章　常微分方程

(一) 微分方程的基本概念

一、判断题

1. $y=5x^2$ 是微分方程 $xy'=2y$ 的解.(　　)

2. $y=x^2e^x$ 是微分方程 $y''-2y'+y=0$ 的解.(　　)

3. $y=C_1e^{\lambda_1 x}+C_2e^{\lambda_2 x}$($C_1$、$C_2$ 为任意常数)是微分方程 $y''-(\lambda_1+\lambda_2)y'+\lambda_1\lambda_2 y=0$ 的通解.(　　)

二、填空题

1. $xy'''+2y''+x^2y=0$ 是________阶微分方程.

2. $L\frac{\mathrm{d}^2Q}{\mathrm{d}t^2}+R\frac{\mathrm{d}Q}{\mathrm{d}t}+\frac{Q}{c}=0$ 是________阶微分方程.

3. $\frac{\mathrm{d}\rho}{\mathrm{d}\theta}+\rho=\sin^2\theta$ 是________阶微分方程.

4. $(7x-6y)\mathrm{d}x+(x+y)\mathrm{d}y=0$ 是________阶微分方程.

5. 一个二阶微分方程的通解应含有________个任意常数.

三、下列各题中,确定函数关系中所含的参数,使函数满足所给的初始条件.

1. $x^2-y^2=C, y|_{x=0}=5$.

2. $y=C_1e^x+C_2e^{-x}, y(0)=1, y'(0)=0$.

四、求下列微分方程满足所给初始条件的特解．

1. $\dfrac{\mathrm{d}y}{\mathrm{d}x}=\sin x, y|_{x=0}=1$.

2. $\dfrac{\mathrm{d}^2 y}{\mathrm{d}x^2}=6x, y|?_{x=0}=0, y'|_{x=0}=2$.

五、写出下列条件确定的曲线所满足的微分方程．

1. 曲线在点(x,y)处切线斜率等于该点横坐标的平方．

2. 曲线上的点$P(x,y)$处的法线与x轴交点为Q，且线段PQ被y轴平分．

学院　　　　　　班级　　　　　　姓名　　　　　　学号

（二）变量可分离的微分方程及齐次方程

一、选择题

1. 下列函数（c 为任意常数）哪个是方程 $xy'=y\left(1+\ln\frac{y}{x}\right)$ 的通解？（　　）

A. $y=x$　　B. $y=cx$　　C. $y=xe^{cx}$　　D. $y=cxe^{x}$

2. 方程 $\frac{dx}{y^2}+\frac{dy}{x^2}=0$ 的通解为（　　）.

A. $y^3+x^3=c$　　B. $y^3-x^3=c$　　C. $y^3+3x^2=c$　　D. $x^3+3y^2=c$

3. $y^2dx+(x^2-xy)dy=0$ 的方程类型是（　　）.

A. 可分离变量　　B. 齐次方程　　C. 线性方程　　D. 均不是

二、求下列微分方程的通解 .

1. $y'=xy+x+y+1$.

2. $(y+1)^2\frac{dy}{dx}+x^3=0$.

3. $xy'-y\ln y=0$.

4. $(e^{x+y}-e^x)dx+(e^{x+y}+e^y)dy=0$.

三、求下列微分方程的特解：

1. $\cos x\sin y\mathrm{d}y=\cos y\sin x\mathrm{d}x, y|_{x=0}=\frac{\pi}{4}$.

2. $\cos y\mathrm{d}x+(1+e^{-x})\sin y\mathrm{d}y=0, y|_{x=0}=\frac{\pi}{4}$.

四、求下列微分方程的通解.

1. $xy'=y(\ln y-\ln x)$.

2. $(x^2+y^2)\mathrm{d}x-xy\mathrm{d}y=0$.

五、求下列微分方程满足所给初始条件的特解.

1. $(y^2-3x^2)\mathrm{d}y+2xy\mathrm{d}x=0, y|_{x=0}=1$.

2. $y'=\frac{x}{y}+\frac{y}{x}, y|_{x=1}=2$.

六、利用变量代换求下列方程的通解.

1. $y'=(x+y)^2$.

2. $xy'+y=y\ln(xy)$.

学院　　　　　　　班级　　　　　　　姓名　　　　　　　学号

（三）一阶线性微分方程

一、选择题

1. 下列方程不是一阶线性微分方程的是(　　).

A. $(xy+1)\mathrm{d}y-y\mathrm{d}x=0$　　　B. $y\mathrm{d}x-x\mathrm{d}y+y^2x\mathrm{d}x=0$

C. $\dfrac{\mathrm{d}y}{\mathrm{d}x}=\dfrac{1}{x+y^2}$　　　D. $y'-2y=5$

2. 设 $y_1(x)$ 是 $y'+p(x)y=q(x)$ 的一个特解，c 为任意常数，则该方程通解为(　　).

A. $y=y_1+e^{-\int p(x)\mathrm{d}x}$　　　B. $y=y_1+ce^{-\int p(x)\mathrm{d}x}$

C. $y=cy_1+e^{\int p(x)\mathrm{d}x}$　　　D. $y=y_1+ce^{\int p(x)\mathrm{d}x}$

二、求下列微分方程的通解.

1. $y'+y\cos x=e^{-\sin x}$.

2. $y\ln y\mathrm{d}x+(x-\ln y)\mathrm{d}y=0$.

3. $(y^2-6x)\dfrac{\mathrm{d}y}{\mathrm{d}x}+2y=0$.

三、利用适当的变量代换求微分方程的通解.

1. $\frac{\mathrm{d}y}{\mathrm{d}x}=\frac{1}{x-y}+1$.

2. $\frac{\mathrm{d}y}{\mathrm{d}x}=\frac{1}{x\sin^{2}(xy)}-\frac{y}{x}$.

四、求一曲线方程,这曲线过原点,且它在点(x,y)处的切线斜率为$2x+y$.

学院　　　　班级　　　　姓名　　　　学号

（四）可降阶的高阶微分方程

一、求下列微分方程的通解．

1. $y''' = xe^x$.

2. $y'' = 1 + y'^2$.

3. $y'' = (y')^3 + y'$.

4. $y'' + \frac{2}{1-y} y'^2 = 0$.

二、求下列微分方程满足所给初始条件的特解．

1. $y^3 y'' + 1 = 0, y|_{x=1} = 1, y'|_{x=1} = 1$.

2. $y''-ay'^2=0, y|_{x=0}=0, y'|_{x=0}=-1$.

三、已知 $y_1=3, y_2=3+x^2, y_3=3+x^2+e^x$ 都是微分方程 $(x^2-2x)y''-(x^2-2)y'+(2x-2)y=6(x-1)$ 的解，求此方程所对应齐次方程的通解 .

四、试求 $y''=x$ 的经过点 $M(0,1)$ 且在此点与直线 $y=\frac{x}{2}+1$ 相切的曲线方程 .

学院　　　　班级　　　　姓名　　　　学号

（五）二阶常系数线性齐次微分方程

一、选择题

1. 设 $f(x)=e^{x^2+\frac{1}{x^2}}$，$g(x)=e^{x^2-\frac{1}{x^2}}$，$h(x)=e^{\left(\frac{1}{x}-x\right)^2}$ 则（　　）.

A. $f(x)$ 与 $g(x)$ 线性相关　　B. $h(x)$ 与 $g(x)$ 线性相关

C. $f(x)$ 与 $h(x)$ 线性相关　　D. 任意两个都线性无关

2. 设微分方程 $y''+p(x)y'+q(x)y=f(x)$ 有三个特解 $y_1=e^x$，$y_2=xe^x$，$y_3=x^2e^x$，则该方程的通解为（　　）.

A. $(C_1+C_2x)xe^x+e^x$

B. $(C_1+C_2x)xe^x-e^x$

C. $(C_1+C_2x)xe^x+(1-C_1-C_2)e^x$

D. $(C_1+C_2x)xe^x-(1-C_1-C_2)e^x$

二、求下列微分方程的通解.

1. $y''-4y'=0$.

2. $4\frac{\mathrm{d}^2x}{\mathrm{d}t^2}-20\frac{\mathrm{d}x}{\mathrm{d}t}+25x=0$.

3. $y''+6y'+13y=0$.

三、求下列微分方程满足初始条件的特解．

1. $4y''+4y'+y=0, y|_{x=0}=2, y'|_{x=0}=0$.

2. $y''-4y'+13y=0, y|_{x=0}=0, y'|_{x=0}=3$.

四、求作一个二阶常系数齐次线性微分方程，使 $1, e^x, 2e^x, e^x+3$ 都是它的解．

学院　　　　班级　　　　姓名　　　　学号

（六）二阶常系数线性非齐次微分方程

一、填空题

1. 在求微分方程 $y''-y=e^{x}+xe^{x}$ 的特解时，应设 $y^{*}=$________.

2. 在求微分方程 $y''-6y'+9y=e^{3x}(x-1)$ 的特解时，应设 $y^{*}=$________.

二、求下列微分方程的通解．

1. $y''+3y'+2y=3xe^{-x}$.

2. $y''-y=\sin^{2}x$.

三、求下列微分方程满足初始条件的特解．

1. $y''-4y'=5, y|_{x=0}=1, y'|_{x=0}=0$.

2. $y''-2y'+y=xe^{x}-e^{x}, y|_{x=1}=1, y'|_{x=1}=1$.

3. $y''+4y=\frac{1}{2}(x+\cos 2x), y|_{x=0}=0, y'|_{x=0}=0.$

四、写出微分方程 $y''-4y'+4y=6x^2+8e^{2x}$ 的待定特解形.

学院______ 班级______ 姓名______ 学号______

第7章　向量代数与空间解析几何

(一) 向量及其线性运算

一、填空题

1. 向量是________的量.

2. 向量的________叫作向量的模.

3. ________的向量叫作单位向量.

4. ________的向量叫作零向量.

5. 与________无关的向量称为自由向量.

6. 平行于同一直线的一组向量叫作________,三个或三个以上平行于同一平面的一组向量叫作________.

7. 两向量________,我们称这两个向量相等.

8. 两个模相等、________的向量互为逆向量.

9. 把空间中一切单位向量归结到共同的始点,则终点构成________.

10. 把平行于某一直线的一切单位向量归结到共同的始点,则终点构成____________.

11. 要使 $|\vec{a}+\vec{b}|=|\vec{a}-\vec{b}|$ 成立,向量 $\vec{a},\vec{b}$ 应满足________.

12. 要使 $|\vec{a}+\vec{b}|=|\vec{a}|+|\vec{b}|$ 成立,向量 $\vec{a},\vec{b}$ 应满足________.

13. 已知 $\vec{a}=(3,5,-1),\vec{b}=(2,2,2),\vec{c}=(4,-1,-3)$,则 $2\vec{a}-3\vec{b}-4\vec{c}=$________.

14. 已知向量 $\vec{a}=2\vec{i}+2\vec{j}-\vec{k}$,则 $|\vec{a}|=$________,$\vec{e}_a$ ________.

15. 已知向量 $\vec{a}=2\vec{i}+3\vec{j}+4\vec{k}$ 的始点为(1,-1,5),则它的终点为________.

16. $|\vec{i}+\vec{j}|\vec{k}=$________,$|\vec{i}+\vec{k}|\vec{j}=$________.

17. 已知两点 $M_1(0,1,2)$ 和 $M_2(1,-1,0)$,则向量 $\overrightarrow{M_1M_2}=$________;$-2\overrightarrow{M_1M_2}=$________.

18. 已知两点 $M_1(4,\sqrt{2},1)$ 和 $M_2(3,0,2)$,则向量 $\overrightarrow{M_1M_2}=$________,$|\overrightarrow{M_1M_2}|=$________,方向余弦 $\cos\alpha=$________;$\cos\beta=$________;$\cos\gamma=$________;方向角 $\alpha=$________,$\beta=$________,$\gamma=$________.

19. 已知向量 $\vec{a}=\vec{i}+\vec{j}+\vec{k}, \vec{b}=2\vec{i}-3\vec{j}+5\vec{k}, \vec{c}=-2\vec{i}-\vec{j}+2\vec{k}$，则 $\vec{a}^0=$ ________；$\vec{b}^0=$ ________；$\vec{c}^0=$ ________.

20. 一向量与 xOy, yOz, zOx 三个坐标面的夹角 α, β, γ 满足 $\cos^2\alpha+\cos^2\beta+\cos^2\gamma=$ ________.

二、判断题

1. $2\vec{a}>\vec{a}$.（　　）

2. 满足 $\vec{a}+\vec{b}+\vec{c}=0$ 的三个非零向量 $\vec{a}, \vec{b}, \vec{c}$ 能构成一个三角形.（　　）

3. $\vec{i}+\vec{j}+\vec{k}$ 是单位向量.（　　）

4. 与 x, y, z 三坐标轴的正向夹角相等的向量，其方向角为 $\left(\frac{\pi}{3}, \frac{\pi}{3}, \frac{\pi}{3}\right)$.（　　）

三、解答题

1. 在空间直角坐标系中，指出下列各点在哪个卦限.

$A(1,-5,3)$，　$B(2,4,-1)$)，$C(1,-5,-6)$，　$D(-1,-2,1)$.

2. 已知点 $A(a,b,c)$，求它在各坐标平面上及各坐标轴上的垂足的坐标(即投影点的坐标).

3. 求点 $P(x,y,z)$ 分别对称于 y 轴，z 轴及 xOy，xOz 坐标面的点的坐标.

4. 在 yOz 坐标面上，求与三个点 $A(3,1,2)$，$B(4,-2,-2)$，$C(0,5,-1)$ 等距离的点的坐标.

5. 在 z 轴上，求与点 $A(-4,1,7)$，点 $B(3,5,-2)$ 等距离的点．

6. 根据下列条件求点 B 的未知坐标．

(1) $A(4,-7,1)$，$B(6,2,z)$，　$|AB|=11$.

(2) $A(2,3,4)$，$B(x,-2,4)$，　$|AB|=5$.

7. 一向量的终点在点 $B(2,-1,7)$，它在 x 轴，y 轴和 z 轴上的投影依次为 4，−4 和 7，求这向量的起点 A 的坐标．

8. 求平行于向量 $\vec{a}=(6,7,-6)$ 的单位向量．

9. 给四点 $A(1,-2,3)$，$B(4,-4,-3)$，$C(2,4,3)$ 和 $D(8,6,6)$. 求向量 $\overrightarrow{AB}$ 在向量 $\overrightarrow{CD}$ 上的投影．

10. 用向量的方法证明．对角线互相平分的四边形是平行四边形．

11. 把 ABC 的 BC 边五等分，设分点依次为 D_1,D_2,D_3,D_4，再把各分点与点 A 连接，试以 $\overrightarrow{AB}=c$，$\overrightarrow{BC}=a$ 表示向量 $\overrightarrow{D_1A}$，$\overrightarrow{D_2A}$，$\overrightarrow{D_3A}$，$\overrightarrow{D_4A}$.

12. 过点 $P_0(x_0,y_0,z_0)$ 分别作平行于 z 轴的直线和平行于 xOy 面的平面，问在它们上面的点的坐标各有什么特点？

13. 用向量证明三角形两边中点的连线平行且等于第三边的一半．

学院＿＿＿＿＿＿＿＿班级＿＿＿＿＿＿＿＿姓名＿＿＿＿＿＿＿＿学号＿＿＿＿＿＿＿＿

（二）向量的数量积与向量积

一、填空题

1. 两向量的内积为零的充分必要条件是至少其中有一个向量为＿＿＿＿，或者它们相互＿＿＿＿．

2. 两向量的外积为零的充分必要条件是至少其中有一个向量为＿＿＿＿，或者它们相互＿＿＿＿．

3. $|\vec{a}\times\vec{b}|$ 的几何意义是以 $\vec{a},\vec{b}$ 为其邻边的＿＿＿＿．

4. 已知$(\vec{a},\vec{b})=\dfrac{2\pi}{3}$，且 $|\vec{a}|=1$，$|\vec{b}|=2$，则$(\vec{a}\times\vec{b})^2=$＿＿＿＿．

5. 设 $\vec{a}=3\vec{i}-\vec{j}-2\vec{k}$，$\vec{b}=\vec{i}+2\vec{j}-\vec{k}$，则 $\vec{a}\cdot\vec{b}=$＿＿＿＿，$\vec{a}\times\vec{b}=$＿＿＿＿，$(-2\vec{a})\cdot 3\vec{b}=$＿＿＿＿，$\vec{a}\times 2\vec{b}=$＿＿＿＿，$\cos(\vec{a},\vec{b})=$＿＿＿＿．

6. 设 $\vec{a}=2\vec{i}-3\vec{j}+\vec{k}$，$\vec{b}=\vec{i}-\vec{j}+3\vec{k}$，$\vec{c}=\vec{i}-2\vec{j}$，则$(\vec{a}\cdot\vec{b})\vec{c}-(\vec{a}\cdot\vec{c})\vec{b}=$＿＿＿＿，$(\vec{a}+\vec{b})\times(\vec{b}+\vec{c})=$＿＿＿＿，$(\vec{a}\times\vec{b})\cdot\vec{c}=$＿＿＿＿．

二、判断题

1. 若 $\vec{a}\cdot\vec{b}=\vec{b}\cdot\vec{c}$，且 $\vec{b}\neq\vec{0}$，则 $\vec{a}=\vec{c}$．（　　）

2. 若 $\vec{a}\times\vec{b}=\vec{b}\times\vec{c}$，且 $\vec{b}\neq\vec{0}$，则 $\vec{a}=\vec{c}$．（　　）

3. 若 $\vec{a},\vec{b}$ 均为单位向量，且 $\vec{a}\times\vec{b}=\vec{c}$，则 $\vec{a}\cdot\vec{b}=1$，且 $|\vec{c}|=1$．（　　）

4. 若 $\vec{a}\cdot\vec{b}=0$，则 $\vec{a},\vec{b}$ 中至少有一个是 $\vec{0}$．（　　）

5. $\vec{a}\cdot(\vec{a}\cdot\vec{b})=|\vec{a}|^2\vec{b}$．（　　）

6. $(\vec{a}\cdot\vec{b})^2=|\vec{a}|^2|\vec{b}|^2$．（　　）

7. $\vec{a}\cdot(\vec{b}\cdot\vec{b})=\vec{a}|\vec{b}|^2$．（　　）

8. $(\vec{a}+\vec{b})^2+(\vec{a}-\vec{b})^2=2(\vec{a}^2+\vec{b}^2)$．　（约定：$\vec{x}\cdot\vec{x}=\vec{x}^2$）（　　）

三、已知 $\vec{a},\vec{b},\vec{c}$ 为单位向量，且满足 $\vec{a}+\vec{b}+\vec{c}=\vec{0}$，求 $\vec{a}\cdot\vec{b}+\vec{b}\cdot\vec{c}+\vec{c}\cdot\vec{a}$．

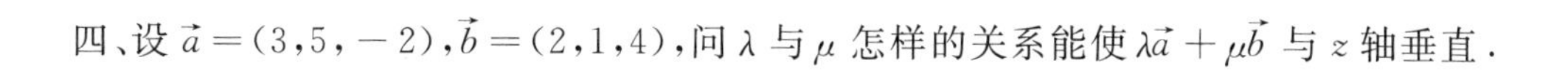

四、设 $\vec{a}=(3,5,-2)$，$\vec{b}=(2,1,4)$，问 λ 与 μ 怎样的关系能使 $\lambda\vec{a}+\mu\vec{b}$ 与 z 轴垂直．

五、设 $\vec{a}+3\vec{b}$ 和 $7\vec{a}-5\vec{b}$ 垂直，$\vec{a}-4\vec{b}$ 和 $7\vec{a}-2\vec{b}$ 垂直，求非零向量 $\vec{a}$ 与 $\vec{b}$ 的夹角．

六、计算以 $\vec{p}=2\vec{a}+3\vec{b}$ 和 $\vec{q}=\vec{a}-4\vec{b}$ 为边的平行四边形的面积，其中 $\vec{a}$ 和 $\vec{b}$ 是互相垂直的单位向量．

学院　　　　班级　　　　姓名　　　　学号

（三）空间平面及其方程

一、填空题

1. 平面 $Ax+By+Cz=0$ 必通过________,(其中 A,B,C 不全为零).

2. 平面 $By+Cz+D=0$ ________ x 轴.

3. 平面 $By+Cz=0$ ________ x 轴.

4. 通过点 $(3,0,-1)$ 且与平面 $3x-7y+5z-12=0$ 平行的平面方程为________.

5. 通过 $(a,0,0)$,$(0,b,0)$,$(0,0,c)$ 三点的平面方程为________.

6. 平面 $2x-2y+z+5=0$ 与 xOy 面的夹角余弦为________,与 yOz 面的夹角余弦为________,与 zOx 面的夹角余弦为________.

7. 三平面 $x+3y+z=1$,$2x-y-z=0$ 和 $x-2y-2z+3=0$ 的交点为________.

二、求过点 $(1,1,-1)$,$(-2,-2,2)$ 和 $(1,-1,2)$ 三点的平面方程.

三、平面过点 $(1,0,1)$,且平行于向量 $\vec{a}=(2,1,1)$ 和 $\vec{b}=(1,-1,0)$,求此平面方程.

四、求通过 z 轴和点 $(-3,1,-2)$ 的平面方程.

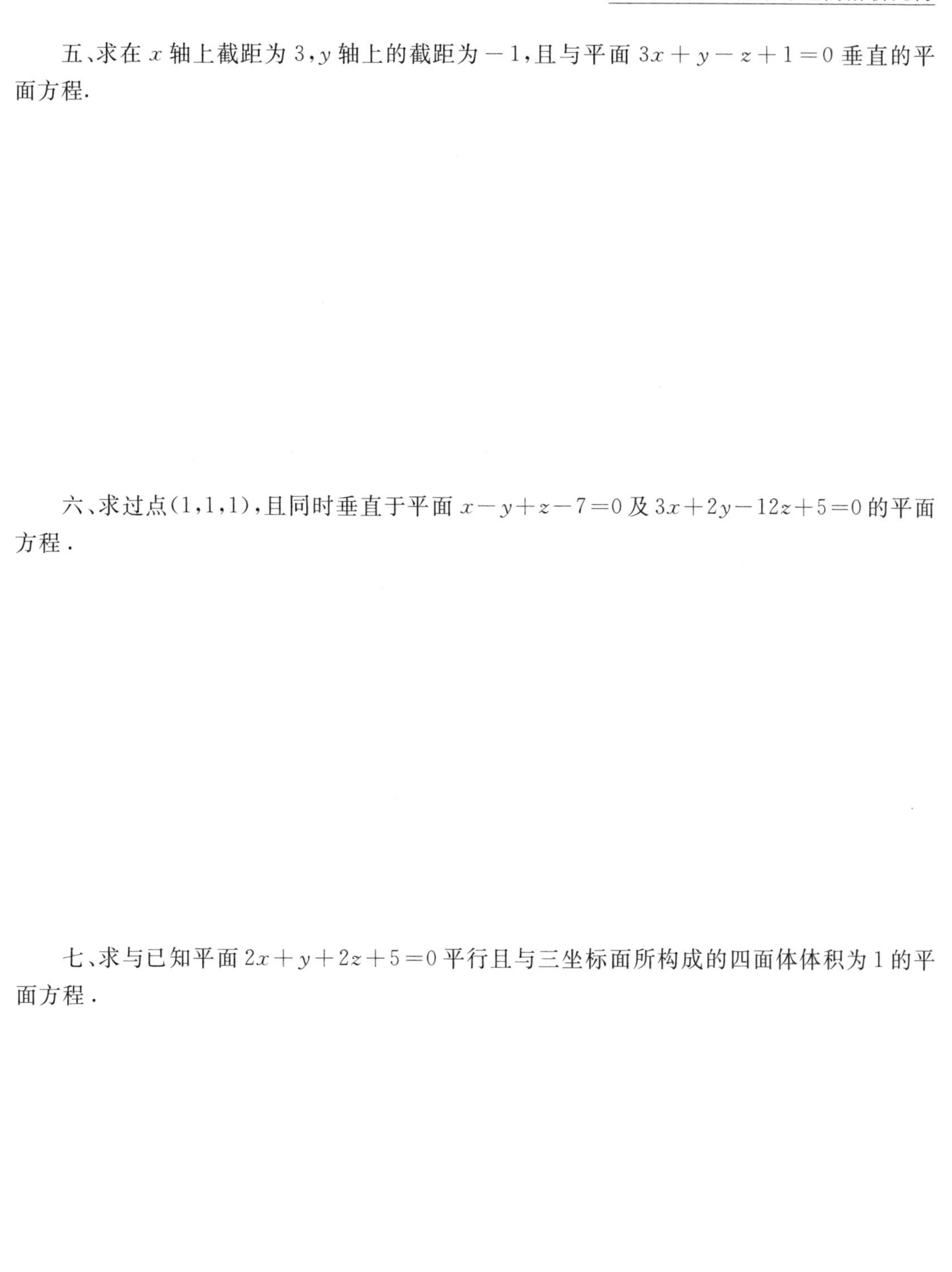

五、求在 x 轴上截距为 3，y 轴上的截距为 -1，且与平面 $3x+y-z+1=0$ 垂直的平面方程.

六、求过点(1,1,1)，且同时垂直于平面 $x-y+z-7=0$ 及 $3x+2y-12z+5=0$ 的平面方程.

七、求与已知平面 $2x+y+2z+5=0$ 平行且与三坐标面所构成的四面体体积为 1 的平面方程.

学院　　　　班级　　　　姓名　　　　学号

（四）空间直线及其方程

一、填空题

1. 通过点$(4,-1,3)$且平行于直线$\frac{x-3}{2}=\frac{y}{1}=\frac{z-1}{5}$的直线方程为________.

2. 过点$M_1(3,-2,1)$和$M_2(-1,0,2)$的直线方程为________.

3. 直线$\frac{x}{3}=\frac{y}{-2}=\frac{z}{7}$与直线$\frac{x+2}{1}=\frac{y-2}{-2}=\frac{z+3}{-1}$的夹角为________.

4. 直线$\begin{cases}5x-3y+3z-9=0\\3x-2y+z-1=0\end{cases}$与直线$\begin{cases}2x+2y-z+23=0\\3x+8y+z-18=0\end{cases}$的夹角余弦为________.

5. 直线$\frac{x-2}{3}=\frac{y+2}{1}=\frac{z-3}{-4}$和平面$x+y+z=3$的位置关系为________.

6. 点$(-1,2,0)$在平面$x+2y-z+1=0$上的投影为________.

二、用对称式方程及参数方程表示直线$\begin{cases}x-y+z=1,\\2x+y+z=4.\end{cases}$

三、求过点$(3,1,-2)$且垂直于直线$\frac{x-4}{5}=\frac{y+3}{2}=\frac{z}{1}$的平面方程.

四、求过点$(3,1,-2)$且通过直线$\frac{x-4}{5}=\frac{y+3}{2}=\frac{z}{1}$的平面方程．

五、求过点$M(2,1,3)$且与直线$\frac{x+1}{3}=\frac{y-1}{2}=\frac{z}{-1}$垂直相交的直线方程．

六、求点$P(3,-1,2)$到直线$\begin{cases}x+y-z+1=0,\\2x-y+z-4=0\end{cases}$的距离．

学院　　　　班级　　　　姓名　　　　学号

（五）空间曲面及其方程

一、填空题

1. 与 z 轴和点 $A(1,3,-1)$ 等距离的点的轨迹方程是________.

2. 以点 $O(2,-2,1)$ 为球心，且通过坐标原点的球面方程是________.

3. 球面 $x^2+y^2+z^2-2x+4y-4z-7=0$ 的球心是点________，半径 $R=$________.

4. 将 zOx 面上的抛物线 $z^2=5x$ 绕 x 轴旋转一周，所生成的旋转曲面的方程是________.

5. 将 yOz 面上的圆 $y^2+z^2=9$ 绕 z 轴旋转一周，所生成的旋转曲面的方程是________.

6. 将 xOy 面上的双曲线 $x^2-9y^2=6$ 绕 x 轴旋转一周，所生成的旋转曲面的方程是________.

二、选择题

1. 方程 $x^2+2y^2=1$ 在空间解析几何中表示（　　）.

A. 椭圆柱面　B. 抛物柱面　C. 双曲柱面　D. 圆锥面

2. 方程 $z=2x^2+3y^2$ 在空间解析几何中表示（　　）.

A. 抛物柱面　B. 椭圆抛物面

C. 双曲抛物面　D. 旋转抛物面

3. 在空间直角坐标系中，方程 $2x-3y=0$ 的图形是（　　）.

A. 通过 z 轴的平面　B. 垂直于 z 轴的平面

C. 通过原点的直线　D. 平行于 z 轴的平面

4. 旋转曲面 $x^2-y^2-z^2=1$ 是（　　）.

A. xOy 面上的双曲线 $x^2-y^2=1$ 绕 y 轴旋转一周所得

B. xOz 面上的双曲线 $x^2-z^2=1$ 绕 z 轴旋转一周所得

C. xOy 面上的双曲线 $x^2-y^2=1$ 绕 x 轴旋转一周所得

D. xOy 面上的圆 $x^2+y^2=1$ 绕 x 轴旋转一周所得

三、指出下列方程在平面解析几何和空间解析几何中分别表示什么图形.

(1) $x=2$.　(2) $x^2+y^2=4$.　(3) $y=x+1$.

四、指出下列方程表示什么曲面，并画出图形．

1. $z=x^2+y^2$.

2. $z=\sqrt{x^2+y^2}$.

3. $\left(x-\frac{a}{2}\right)^2+y^2=\left(\frac{a}{2}\right)^2$.

4. $z=\sqrt{4-x^2-y^2}$.

5. $z=2-x^2-y^2$.

学院　　　　　　班级　　　　　　姓名　　　　　　学号

（六）空间曲线及其方程

一、填空题

1. 曲面 $x^2+9y^2=10z$ 与 yOz 平面的交线是________.

2. 通过曲线 $2x^2+y^2+z^2=16$，$x^2+z^2-y^2=0$，且母线平行于 y 轴的柱面方程是________.

3. 曲线 $x^2+z^2+3yz-2x+3z-3=0$，$y-z+1=0$ 在 xOz 平面上的投影方程是________.

4. 方程组 $\begin{cases} y=5x+1, \\ y=2x-3 \end{cases}$ 在平面解析几何中表示________，在空间解析几何中表示________.

5. 方程组 $\begin{cases} \dfrac{x^2}{4}+\dfrac{y^2}{9}=1, \\ y=3 \end{cases}$ 在平面解析几何中表示________，在空间解析几何中表示________.

6. 方程 $\begin{cases} \dfrac{x^2}{9}+\dfrac{y^2}{4}+z^2=1, \\ y=1. \end{cases}$ 在空间表示________.

二、画出下列曲线在第一卦限的图形.

1. $\begin{cases} z=\sqrt{4-x^2-y^2}, \\ x-y=0 \end{cases}$

2. $\begin{cases} x^2+y^2=a^2, \\ x^2+z^2=a^2. \end{cases}$

三、求曲线$\begin{cases} y^2+z^2-2x=0, \\ z=3 \end{cases}$在 xOy 面上的投影的方程，并指出原曲线是什么曲线.

四、求球面 $x^2+y^2+z^2=9$ 与平面 $x+z=1$ 的交线在 xOy 面上的投影的方程.

五、将曲线$\begin{cases} x^2+y^2+z^2=9, \\ y=x \end{cases}$化为参数方程.

学院　　　　班级　　　　姓名　　　　学号

第8章　多元函数微分法及其应用

（一）多元函数的基本概念

一、判定下列集合哪些是区域、闭区域、有界、无界？并分别指出它们的边界．

1. $\{(x,y)\mid x+y\leqslant 1\}$．

2. $\{(x,y)\mid 1<x^2+y^2\leqslant 4\}$．

3. $\{(x,y)\mid y>x^2\}$．

4. $\{(x,y)\mid x^2+(y-1)^2\geqslant 1\}\cap\{(x,y)\mid x^2+(y-2)^2\leqslant 4\}$．

二、已知函数 $f(x,y)=x^2+y^2-xy\tan\dfrac{x}{y}$，试求 $f(tx,ty)$．

三、试证函数 $F(x,y)=\ln x \cdot \ln y$ 满足关系式

$F(xy,uv)=F(x,u)+F(x,v)+F(y,u)+F(y,v)$.

四、设 $f\left(x+y,\dfrac{y}{x}\right)=x^2-y^2$,求 $f(x,y)$.

五、求下列各函数的定义域:

1. $z=\ln(y^2-2x+1)$.

2. $z=\dfrac{1}{\sqrt{x+y}}+\dfrac{1}{\sqrt{x-y}}$.

3. $z=\sqrt{x-\sqrt{y}}$.

4. $z=\ln(y-x)+\dfrac{\sqrt{x}}{\sqrt{1-x^2-y^2}}$.

5. $u=\sqrt{R^2-x^2-y^2-z^2}+\dfrac{1}{\sqrt{x^2+y^2+z^2-r^2}}$,$R>r>0$.

6. $f(x,y)=\arcsin\dfrac{x}{y^2}+\ln(1-\sqrt{y})$.

学院　　　　　班级　　　　　姓名　　　　　学号

（二）二元函数的极限与连续

一、求下列各极限：

1. $\lim\limits_{(x,y)\to(0,1)} \dfrac{1-xy}{x^2+y^2}$.

2. $\lim\limits_{(x,y)\to(1,0)} \dfrac{\ln(x+e^y)}{\sqrt{x^2+y^2}}$.

3. $\lim\limits_{(x,y)\to(0,0)} \dfrac{2-\sqrt{xy+4}}{xy}$.

4. $\lim\limits_{(x,y)\to(0,0)} \dfrac{xy}{\sqrt{2-e^{xy}}-1}$.

5. $\lim\limits_{(x,y)\to(2,0)} \dfrac{\tan(xy)}{y}$.

6. $\lim\limits_{(x,y)\to(0,0)} \dfrac{1-\cos(x^2+y^2)}{(x^2+y^2)e^{x^2y^2}}$.

二、证明下列极限不存在：

1. $\lim\limits_{(x,y)\to(0,0)} \dfrac{x+y}{x-y}$.

2. $\lim\limits_{(x,y)\to(0,0)} \dfrac{x^2y^2}{x^2y^2+(x-y)^2}$.

三、函数 $z=\dfrac{y^2+2x}{y^2-2x}$ 在何处是间断的？

四、证明 $\lim\limits_{(x,y)\to(0,0)} \dfrac{xy}{\sqrt{x^2+y^2}}=0$.

学院　　　　班级　　　　姓名　　　　学号

（三）偏导数

一、求下列函数的偏导数：

1. $z = x^3 y - y^3 x$.

2. $z = xy + \dfrac{x}{y}$.

3. $z = \sqrt{\ln(xy)}$.

4. $z = \sin(xy) + \cos^2(xy)$.

5. $z = \ln\tan\dfrac{x}{y}$.

6. $z = (1 + xy)^y$.

7. $u=\arctan(x-y)^{z}$.

二、求下列函数的$\frac{\partial^2 z}{\partial x^2}$,$\frac{\partial^2 z}{\partial y^2}$,$\frac{\partial^2 z}{\partial x\partial y}$.

1. $z=x^4+y^4-4x^2y^2$.

2. $z=\arctan\frac{y}{x}$.

3. $z=x\ln(x+y)$

4. $z=e^{xy}$.

三、设 $f(x,y,z)=xy^2+yz^2+zx^2$，求 $f_{xx}(0,0,1)$，$f_{xz}(1,0,2)$，$f_{yz}(0,-1,0)$，$f_{zzx}(2,0,1)$.

学院　　　　　　班级　　　　　　姓名　　　　　　学号

（四）全微分

一、考虑二元函数 $f(x,y)$ 的下面四条性质：

(1) $f(x,y)$ 在点 (x_0,y_0) 连续 .

(2) $f_x(x,y)$、$f_y(x,y)$ 在点 (x_0,y_0) 连续 .

(3) $f(x,y)$ 在点 (x_0,y_0) 可微分 .

(4) $f_x(x_0,y_0)$、$f_y(x_0,y_0)$ 存在 .

若用“$P\Rightarrow Q$”表示可由性质 P 推出性质 Q，则下列四个选项中正确的是（　　）.

A. $(2)\Rightarrow(3)\Rightarrow(1)$　　B. $(3)\Rightarrow(2)\Rightarrow(1)$

C. $(3)\Rightarrow(4)\Rightarrow(1)$　　D. $(3)\Rightarrow(1)\Rightarrow(4)$

二、求下列函数的全微分：

1. $z=xy+\dfrac{x}{y}$.

2. $z=\sin(xy+1)$.

3. $z=\dfrac{y}{\sqrt{x^2+y^2}}$.

4. $u=x^{yz}$.

三、求函数 $z=\ln(1+x^2+y^2)$ 当 $x=1,y=2$ 时的全微分.

四、求函数 $z=\dfrac{y}{x}$ 当 $x=2,y=1,\Delta x=0.1,\Delta y=-0.2$ 时的全增量和全微分.

五、求函数 $z=e^{xy}$ 当 $x=1,y=1,\Delta x=0.15,\Delta y=0.1$ 时的全微分.

学院　　　　班级　　　　姓名　　　　学号

（五）多元复合函数的导数

一、设 $z=u^2+v^2$，而 $u=x+y, v=x-y$，求 $\frac{\partial z}{\partial x}, \frac{\partial z}{\partial y}$.

二、设 $z=u^2\ln v$，而 $u=\frac{x}{y}, v=3x-2y$，求 $\frac{\partial z}{\partial x}, \frac{\partial z}{\partial y}$.

三、设 $z=e^{x-2y}$，而 $x=\sin t, y=t^3$，求 $\frac{\mathrm{d}z}{\mathrm{d}t}$.

四、设 $z=\arcsin(x-y)$，而 $x=3t, y=4t^3$，求 $\frac{\mathrm{d}z}{\mathrm{d}t}$.

五、设 $z=\arctan(xy)$，而 $y=e^x$，求 $\frac{\mathrm{d}z}{\mathrm{d}x}$.

六、设 $u=\frac{e^{ax}(y-z)}{a^2+1}$，而 $y=a\sin x, z=\cos x$，求 $\frac{\mathrm{d}u}{\mathrm{d}x}$.

七、设 $z=\arctan\frac{x}{y}$，而 $x=u+v, y=u-v$，验证 $\frac{\partial z}{\partial u}+\frac{\partial z}{\partial v}=\frac{u-v}{u^2+v^2}$.

八、求下列函数的一阶偏导数(其中 f 具有一阶连续偏导数)：

1. $u=f(x^2-y^2, e^{xy})$.

2. $u=f\left(\frac{x}{y}, \frac{y}{z}\right)$.

3. $u=f(x, xy, xyz)$.

九、求下列函数的 $\frac{\partial^2 z}{\partial x^2}, \frac{\partial^2 z}{\partial x \partial y}, \frac{\partial^2 z}{\partial y^2}$(其中 f 具有二阶连续偏导数)：

1. $z=f(xy, y)$. 2. $z=f\left(x, \frac{x}{y}\right)$.

3. $z=f(xy^2, x^2y)$. 4. $z=f(x^2+y^2)$.

学院　　　　班级　　　　姓名　　　　学号

（六）隐函数的求导公式

一、设 $\sin y+e^{x}-xy^{2}=0$，求 $\frac{dy}{dx}$.

二、设 $\ln\sqrt{x^{2}+y^{2}}=\arctan\frac{y}{x}$，求 $\frac{dy}{dx}$.

三、设 $x+2y-2\sqrt{xyz}=0$，求 $\frac{\partial z}{\partial x}$ 及 $\frac{\partial z}{\partial y}$.

四、设 $\frac{x}{z}=\ln\frac{z}{y}$，求 $\frac{\partial z}{\partial x}$ 及 $\frac{\partial z}{\partial y}$.

五、设 $2\sin(x+2y-3z)=x+2y-3z$，证明$\frac{\partial z}{\partial x}+\frac{\partial z}{\partial y}=1$.

六、设 $x^2+y^2+z^2=4z$，求$\frac{\partial^2 z}{\partial x^2}$.

七、设 $z^3-3xyz=a^3$，求$\frac{\partial^2 z}{\partial x\partial y}$.

学院　　　　班级　　　　姓名　　　　学号

（七）多元函数的极值

一、已知函数 $f(x,y)$ 在点 $(0,0)$ 处的某个邻域内连续，且 $\lim\limits_{(x,y)\leftarrow(0,0)} \dfrac{f(x,y)-xy}{(x^2+y^2)^2}=1$，则下列四个选项中正确的是（　　）.

A. 点 $(0,0)$ 不是 $f(x,y)$ 的极值点　　B. 点 $(0,0)$ 是 $f(x,y)$ 的极大值点

C. 点 $(0,0)$ 是 $f(x,y)$ 的极小值点　　D. 无法判断 $(0,0)$ 是否为 $f(x,y)$ 的极值点

二、求函数 $f(x,y)=4(x-y)-x^2-y^2$ 的极值.

三、求函数 $f(x,y)=(6x-x^2)(4y-y^2)$ 的极值.

四、求函数 $f(x,y)=x^2+xy+y^2-2x-y$ 的极值.

五、求函数 $z=xy$ 在适合附加条件 $x+y=1$ 下的极大值.

六、求函数 $z=x^2+y^2+2xy-2x$ 在条件 $x^2+y^2=1$ 下的最大值、最小值.

七、某工厂要用铁板做成一个体积为 2 m^3 的有盖长方体水箱. 问当长、宽、高各取怎样的尺寸时,才能使用料最省.

第9章　二重积分

（一）二重积分的概念与性质

一、利用二重积分定义证明．

1. $\iint\limits_{D} \mathrm{d}\sigma = \sigma$（其中 σ 为 D 的面积）．

2. $\iint\limits_{D} kf(x,y)\mathrm{d}\sigma = k\iint\limits_{D} f(x,y)\mathrm{d}\sigma$（其中 k 为常数）．

3. $\iint\limits_{D} f(x,y)\mathrm{d}\sigma = \iint\limits_{D_1} f(x,y)\mathrm{d}\sigma + \iint\limits_{D_2} f(x,y)\mathrm{d}\sigma$，其中 $D=D_1\cup D_2$，D_1、D_2 为两个无公共内点的闭区域．

二、根据二重积分的性质,比较下列积分的大小.

1. $\iint\limits_D (x+y)^2 \mathrm{d}\sigma$ 与 $\iint\limits_D (x+y)^3 \mathrm{d}\sigma$,其中积分区域 D 由 x 轴、y 轴与直线 $x+y=1$ 所围成.

2. $\iint\limits_D \ln(x+y) \mathrm{d}\sigma$ 与 $\iint\limits_D [\ln(x+y)]^2 \mathrm{d}\sigma$,其中 $D=\{(x,y) \mid 3 \leqslant x \leqslant 5, 0 \leqslant y \leqslant 1\}$.

四、利用二重积分的性质估计下列积分的值.

1. $I=\iint\limits_D xy(x+y) \mathrm{d}\sigma$,其中 $D=\{(x,y) \mid 0 \leqslant x \leqslant 1, 0 \leqslant y \leqslant 1\}$.

2. $I=\iint\limits_D \sin^2 x \sin^2 y \mathrm{d}\sigma$,其中 $D=\{(x,y) \mid 0 \leqslant x \leqslant \pi, 0 \leqslant y \leqslant \pi\}$.

学院　　　　　班级　　　　　姓名　　　　　学号

（二）二重积分的计算

一、画出积分区域，并计算下列二重积分．

1. $\iint\limits_{D} xy^2 \mathrm{d}\sigma$，其中 D 是由圆周 $x^2+y^2=4$ 及 y 轴所围成的右半闭区域．

2. $\iint\limits_{D} e^{x+y} \mathrm{d}\sigma$，其中 $D=\{(x,y)\mid |x|+|y|\leqslant 1\}$．

二、改换下列二次积分的积分次序．

1. $\int_0^1 \mathrm{d}y \int_{-\sqrt{1-y^2}}^{\sqrt{1-y^2}} f(x,y)\mathrm{d}x$.

2. $\int_1^2 \mathrm{d}x \int_{2-x}^{\sqrt{2x-x^2}} f(x,y)\mathrm{d}y$.

3. $\int_1^e \mathrm{d}x \int_0^{\ln x} f(x,y)\mathrm{d}y$.

三、计算下列二重积分.

1. $\int_0^1 \mathrm{d}x \int_{x^2}^{x} (x^2+y^2)^{-\frac{1}{2}}\mathrm{d}y$.

2. $\int_0^a \mathrm{d}y \int_0^{\sqrt{a^2-y^2}} (x^2+y^2)\mathrm{d}x$.

学院　　　　班级　　　　姓名　　　　学号

（三）二重积分的应用

一、设薄片所占的闭区域 D 如下，求均匀薄片的质心．

1. D 是半椭圆形闭区域$\left\{(x,y)\left|\frac{x^2}{a^2}+\frac{y^2}{b^2}\leqslant 1, y\geqslant 0\right.\right\}$．

2. D 是介于两个圆 $\rho=a\cos\theta$，$\rho=b\cos\theta(0<a<b)$ 之间的闭区域．

二、设平面薄板所占的闭区域 D 由抛物线 $y=x^2$ 及直线 $y=x$ 所围成，它在点(x,y)处的面密度 $\mu(x,y)=x^2y$，求该薄片的质心．

三、设均匀薄片(面密度为常数 1) 所占区域 D 如下,求指定的转动惯量.

1. $D=\left\{(x,y)\left|\dfrac{x^2}{a^2}+\dfrac{y^2}{b^2}\leqslant 1\right.\right\}$,求 I_y.

2. D 由抛物线 $y^2=\dfrac{9}{2}x$ 与直线 $x=2$ 所围成,求 I_x 和 I_y.

3. D 为矩形闭区域 $\{(x,y)\mid 0\leqslant x\leqslant a,0\leqslant y\leqslant b\}$,求 I_x 和 I_y.